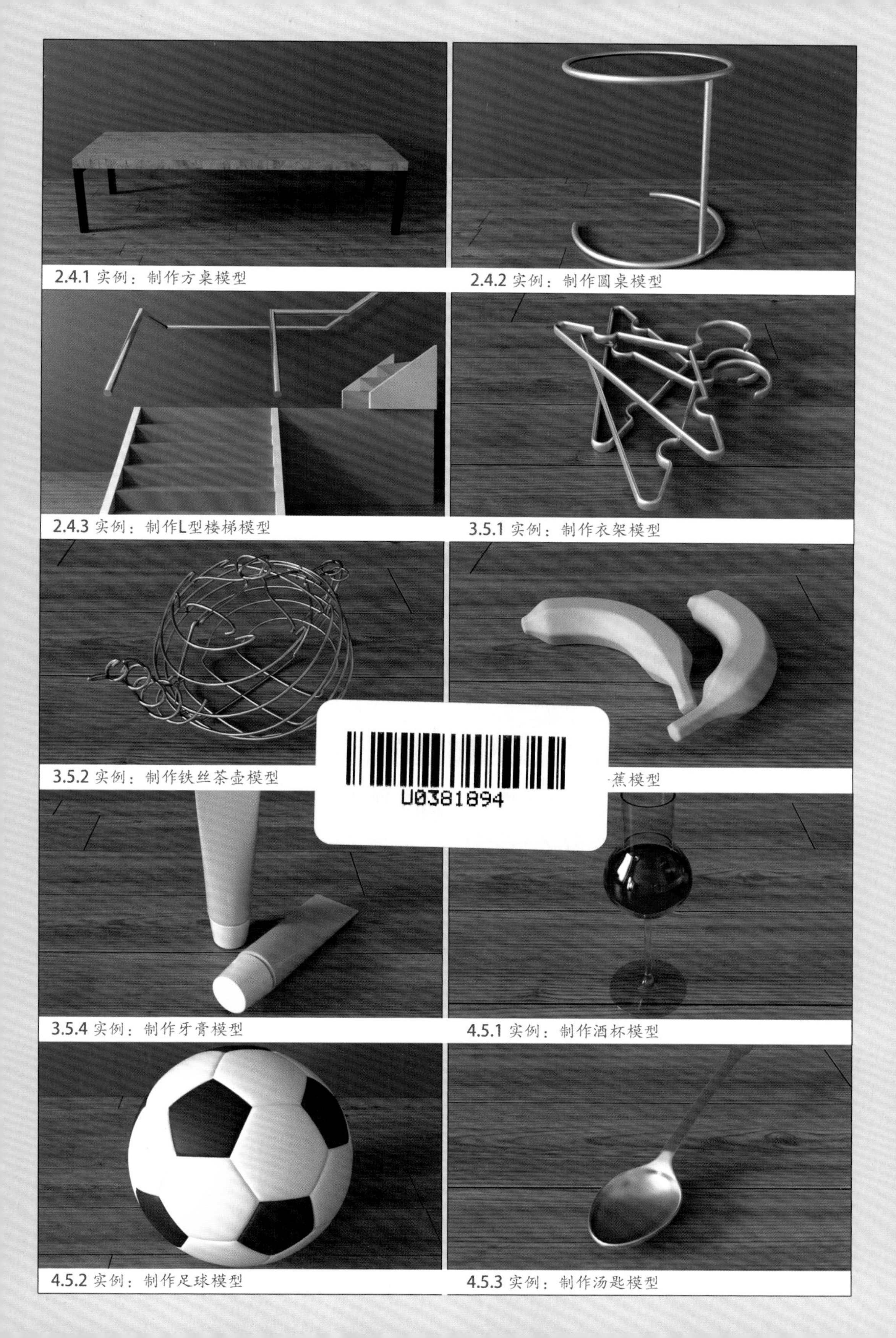

2.4.1 实例：制作方桌模型

2.4.2 实例：制作圆桌模型

2.4.3 实例：制作L型楼梯模型

3.5.1 实例：制作衣架模型

3.5.2 实例：制作铁丝茶壶模型

蕉模型

3.5.4 实例：制作牙膏模型

4.5.1 实例：制作酒杯模型

4.5.2 实例：制作足球模型

4.5.3 实例：制作汤匙模型

4.5.4 实例：制作果盘模型

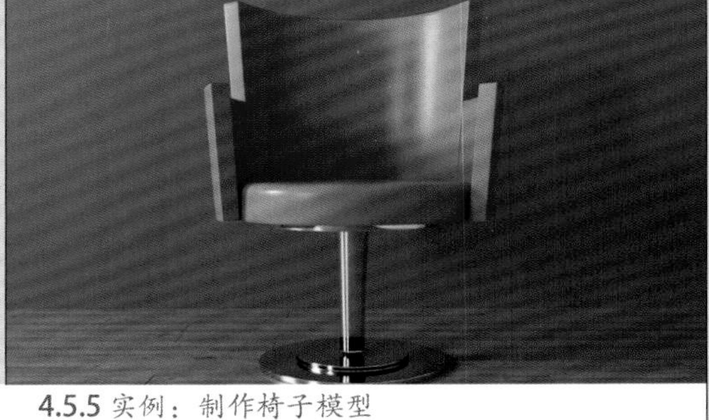

4.5.5 实例：制作椅子模型

4.5.6 实例：制作篮子模型

4.5.7 实例：制作杯子模型

4.5.8 实例：制作柜子模型

4.5.9 实例：制作沙发模型

5.4.1 实例：制作静物照明效果

5.4.2 实例：制作灯泡照明效果

5.4.3 实例：制作室内天光照明效果

5.4.4 实例：制作室内阳光照明效果

6.5.1 实例：制作玻璃材质

6.5.2 实例：制作金属材质

6.5.3 实例：制作玉石材质

6.5.4 实例：制作叶片材质

6.5.5 实例：制作摆台材质

6.5.6 实例：制作陶瓷材质

6.5.7 实例：制作镂空材质

6.5.8 实例：制作车漆材质

7.3.1 实例：制作景深效果

7.3.2 实例：制作运动模糊效果

8.3 综合实例：制作客厅天光效果图

8.3.1 制作布料材质

8.3.2 制作木纹材质

8.3.3 制作金属材质

8.3.4 制作背景墙材质

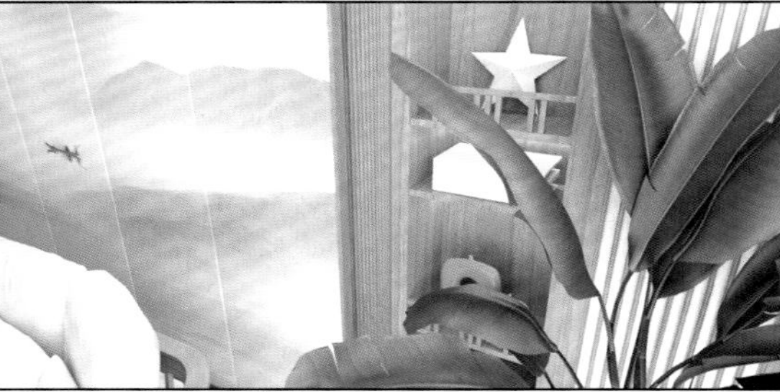

8.3.5 制作叶片材质

8.3.6 制作玻璃材质

8.4 综合实例：制作建筑日光效果图

8.4.1 制作砖墙材质

8.4.2 制作瓦片材质

8.4.3 制作玻璃材质

8.4.4 制作围栏材质

8.4.5 制作石墙材质

8.4.6 制作树叶材质

9.5.1 实例：制作足球滚动动画

9.5.2 实例：制作气缸运动动画

9.5.3 实例：制作汽车行驶动画

9.5.4 实例：制作蜡烛燃烧动画

9.5.5 实例：制作蝴蝶飞舞动画

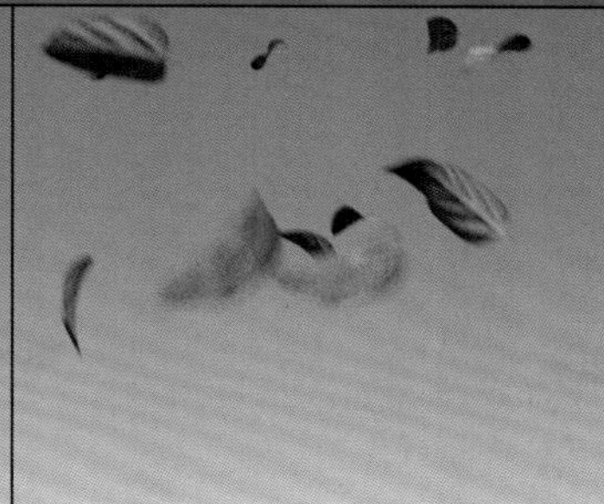
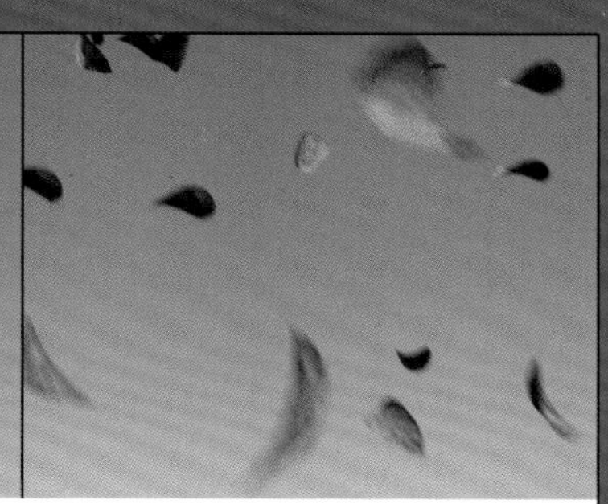

10.3.1 实例：制作树叶飘落动画

10.3.2 实例：制作文字吹散动画

10.3.3 实例：制作雪花飞舞动画

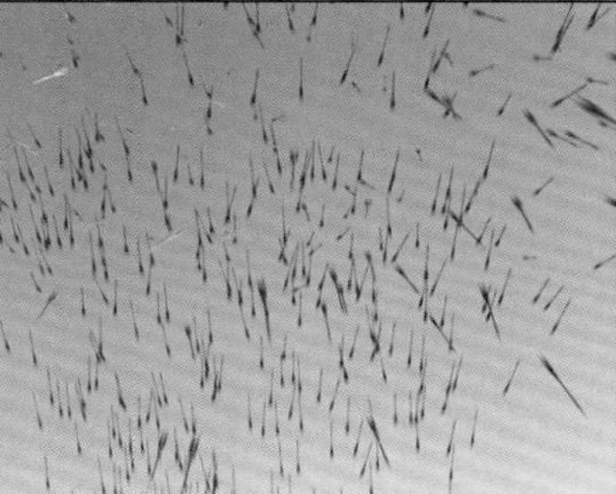
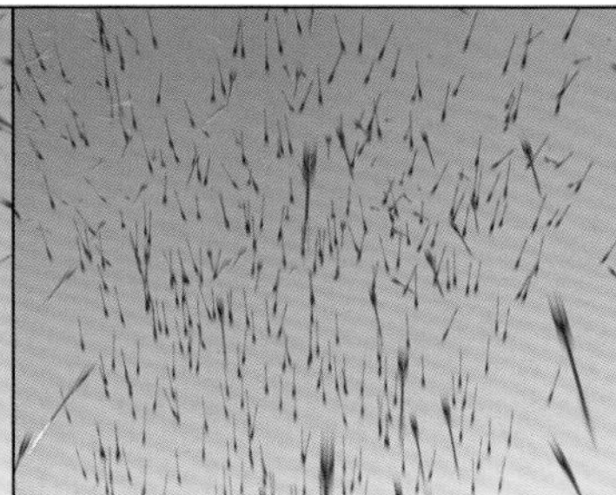

10.3.4 实例：制作“箭雨”动画

10.3.5 实例：制作移形换位动画

11.3.1 实例：制作地毯毛发效果　　11.3.2 实例：制作牙刷毛发效果

12.4.1 实例：制作苹果下落动画

12.4.2 实例：制作球体撞击动画

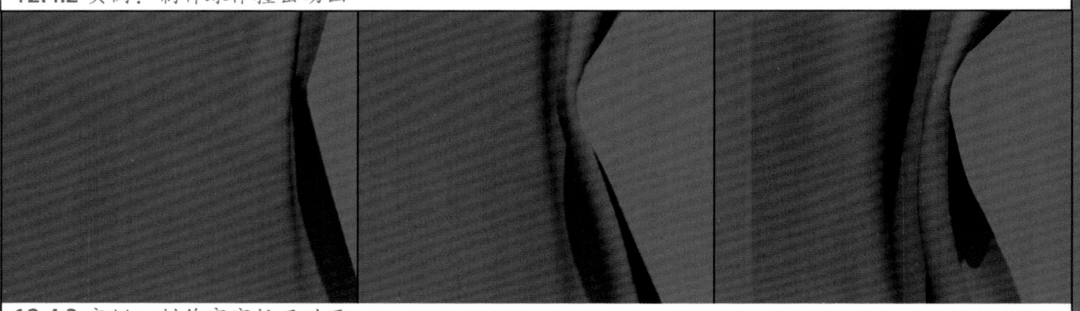

12.4.3 实例：制作窗帘拉开动画

12.4.4 实例：制作旗帜飘动动画

来阳 /编著

人 民 邮 电 出 版 社
北 京

图书在版编目（CIP）数据

3ds Max 2022工具详解与实战 ： 视频微课 ： 全彩版/
来阳编著. -- 北京 ： 人民邮电出版社， 2022.3
ISBN 978-7-115-57972-0

Ⅰ. ①3… Ⅱ. ①来… Ⅲ. ①三维动画软件 Ⅳ.
①TP391.414

中国版本图书馆CIP数据核字(2021)第235982号

内 容 提 要

本书介绍了中文版 3ds Max 2022 软件的常用功能及实际应用，面向零基础读者，帮助其快速全面地掌握 3ds Max 2022 软件。

全书以重要技术为主线，分为 12 章，系统介绍了软件功能及各种实用案例的制作方法，主要包含初识 3ds Max 2022、几何体建模、图形建模、高级建模、灯光技术、材质与贴图、摄影机技术、渲染与输出、动画技术、粒子系统、毛发系统、动力学技术等内容。软件的基础操作都配有视频微课，主要技术点通过技术实例进行讲解，技术实例讲解按照“实例介绍→思路分析→步骤演示→举一反三”的顺序进行编写。实例选择强调针对性和实用性，既可达到强化训练的目的，又可让读者更多地了解实际工作中可能出现的问题和处理方法。

本书提供所有案例的素材和源文件，以及辅助教学的 PPT 课件等资源，适合作为院校和培训机构相关专业课程的教程，也可作为 3ds Max 自学人员的参考用书。

◆ 编　　著　来　阳
　责任编辑　罗　芬
　责任印制　王　郁　胡　南
◆ 人民邮电出版社出版发行　　北京市丰台区成寿寺路 11 号
　邮编　100164　　电子邮件　315@ptpress.com.cn
　网址　https://www.ptpress.com.cn
　北京宝隆世纪印刷有限公司印刷
◆ 开本：700×1000　1/16　　彩插：4
　印张：16　　2022 年 3 月第 1 版
　字数：294 千字　　2022 年 3 月北京第 1 次印刷

定价：89.90 元

读者服务热线：(010)81055410　印装质量热线：(010)81055316
反盗版热线：(010)81055315
广告经营许可证：京东市监广登字 20170147 号

资源与支持

在应用商店中搜索下载“每日设计”App，打开 App，搜索书号“57972”，即可进入本书页面，获得全方位增值服务。

配套资源

① 导读音频：由作者讲解，介绍全书的精华内容。

② 配套讲义：对全书知识点的梳理及总结，方便读者更好地掌握学习重点。

③ 思维导图：通览全书讲解逻辑，帮助读者明确学习目标。

软件学习

① 实例的素材文件和源文件：让实践之路畅通无阻，便于读者通过对比作者制作的效果，完善自己的作品。在“每日设计”App 本书详情页面的末尾可以直接获取下载链接。

② 视频微课：书中的基础知识和实例都配有视频微课进行详细讲解。在“每日设计”App 本书页面的“配套视频”栏目，读者可以在线观看或下载全部配套视频。

▍拓展学习

① 热文推荐：在“每日设计”App 的“热文推荐”栏目，读者可以了解 3ds Max 的最新信息和操作技巧。

② 老师好课：在“每日设计”App 的“老师好课”栏目，读者可以学习其他相关的优质课程，全方位提高自己。

目 录

第1章 初识 3ds Max 2022

第2章 几何体建模

第3章 图形建模

目录

第4章

高级建模......042

第5章

灯光技术......085

第6章

材质与贴图......100

目录

目 录

初识 3ds Max 2022

1.1　3ds Max 2022 概述

随着科技的迅猛发展和硬件的不断升级，三维软件也紧跟时代的脚步逐年更新换代。自从 1996 年 4 月，第一个可以在 Windows 系统上运行的 3D Studio Max 1.0 诞生以来，经过二十多年的不断发展和完善，该软件现在才以目前的最新版本 3ds Max 2022 面貌呈现给大家。3ds Max 软件拥有大量的忠实用户，可以说是当今很受欢迎的高端三维动画软件之一，其卓越的性能和友好的操作界面得到了众多世界知名动画公司及数字艺术家的认可。越来越多的三维艺术作品通过这一软件被制作出来，并飞速地融入人们的生活中。

本书内容以 3ds Max 2022 软件进行讲解，力求由浅入深地为读者详细讲解该软件的基本操作及技术应用，使读者逐步掌握该软件的使用方法及操作技巧，并制作出高品质的效果图及动画作品。图 1-1 所示为 3ds Max 2022 的软件启动界面。

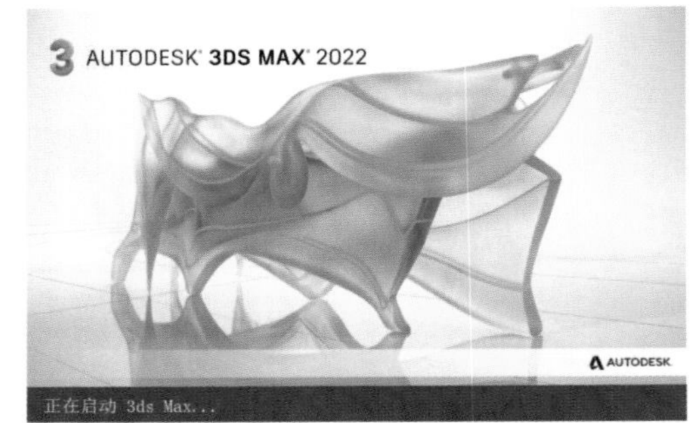

图 1-1

1.2　3ds Max 2022 应用范围

3ds Max 2022 是 Autodesk 公司生产的旗舰级动画软件，该软件为从事数字媒体艺术、风景园林、建筑工程、城市规划、产品设计、室内装潢、三维游戏及电影特效等视觉设计的工作人员提供了一整套全面的 3D 建模、动画、渲染及合成的解决方案，应用领域非常广泛，下面介绍一些 3ds Max 2022 的主要应用领域。

1.2.1　建筑表现设计

随着社会经济、文化、科技的发展，人们越来越关注居住及工作空间和环境的美感和舒适度，这使得建筑表现设计越来越受到人们的重视。图 1-2 和图 1-3 均为使用 3ds Max 软件制作的建筑表现设计作品。

1.2.2　室内空间设计

室内空间设计与建筑表现设计联系紧密，不可分割。建筑表现设计是对建筑外观进行设计，室内空间设计则是对建筑内部空间进行规划及功能分区。配合 Autodesk

公司的 Auto CAD 软件，使用 3ds Max 软件可以更好地表现建筑设计和空间设计方案，如图 1-4 和图 1-5 所示。

图 1-2

图 1-3

图 1-4

图 1-5

1.2.3　园林景观设计

园林景观设计是指在一定区域内对道路、绿植、水文等进行一系列的改造设计，使环境具有美学欣赏价值，并满足日常使用功能需求。设计师使用 3ds Max 软件，可以轻松完成园林景观的改造设计，极大地节省项目的完成时间。图 1-6 和图 1-7 所示的效果图就是使用 3ds Max 软件制作的。

图 1-6

图 1-7

1.2.4 其他领域应用

除了以上应用领域外，3ds Max 软件还在工业设计、影视广告、游戏动漫及数字创作等多个领域广泛应用。在工业设计方面，3D 打印机的出现，使得三维软件制图已经成为工业产品设计流程中的重要一环。在影视广告方面，自从工业光魔公司在 1975 年参与第一部《星球大战》的特效制作以来，电影特效技术在七十年代又重新得到电影公司的认可。时至今日，工业光魔公司已然成为可以代表当今世界顶尖水准的一流电影特效制作公司，其特效作品《钢铁侠》《变形金刚》《加勒比海盗》等，均给予了观众无比震撼的视觉体验。在游戏动漫方面，好的游戏不仅需要动人的剧情、有趣的关卡设计，更需要华丽的美术视觉效果，这些也需使用 3ds Max 软件。三维软件图像技术课程也成为数字艺术相关专业的必修课，使用 3ds Max 软件创作出来的图形图像产品逐渐得到了传统艺术家们的认可，并在美术创作比赛中占有一席之地。

1.3 3ds Max 2022 的工作界面

3ds Max 2022 的界面设计非常合理，当用户在电脑上安装好该软件后，可以通过双击桌面上的图标来启动软件，默认状态下，软件界面为英文版。如果希望使用中文版界面，用户可以执行“开始”菜单中的“Autodesk>3ds Max 2022-Simplified Chinese”命令。

3ds Max 2022 的工作界面主要包括软件的标题栏、菜单栏、主工具栏、视图工作区、命令面板、时间滑块、轨迹栏、动画关键帧控制区、动画播放控制区和 Maxscript 迷你脚本听侦器等部分，如图 1-8 所示。扫描图 1-9 中的二维码，可观看 3ds Max2022 工作界面详解视频。

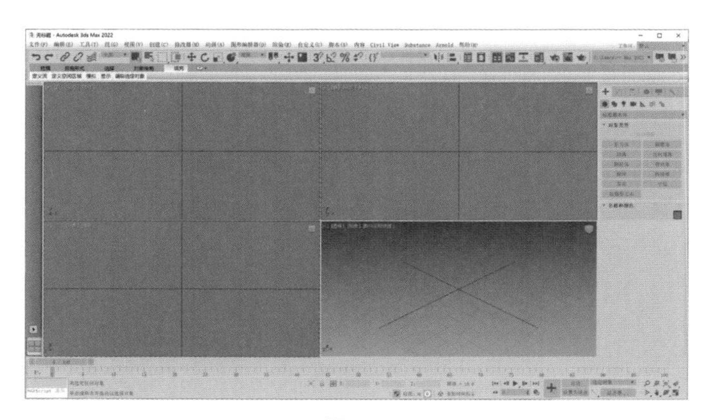

图 1-8

图 1-9

1.4　3ds Max 2022 的基本操作

1.4.1　对象选择

图 1-10

在大多数情况下，在对象上执行某个操作或者执行场景中的对象之前，首先要选中它们。因此，选择操作是建模和设置动画过程的基础操作。3ds Max 是一种面向操作对象的软件，3D 场景中的每个对象可以对不同的命令集作出响应，用户可通过先选择对象然后选择命令来应用命令。这种工作模式类似于“名词 - 动词”的工作流，先选择对象（名词），然后选择命令（动词）。因此，正确快速地选择物体、对象在整个 3ds Max 操作中显得尤为重要。扫描图 1-10 中的二维码，可观看对象选择操作详解视频。

1.4.2　变换操作

3ds Max 提供了多个用于对场景中的对象进行变换操作的工具，如图 1-11 所示。使用这些工具可以很方便地改变对象在场景中的位置、方向及大小。扫描图 1-12 中的二维码，可观看对象变换操作详解视频。

图 1-11

图 1-12

1.4.3　复制对象

在进行三维项目的制作时，常常需要一些相同的模型来构建场景，如饭店大厅里摆放的桌椅、餐桌上的餐具、公园里的长椅等。我们在进行建模的时候，不必重复制作相同的模型，使用 3ds Max 的一个常用功能——复制对象，即可复用已有模型。扫描图 1-13 中的二维码，可观看复制对象操作视频详解。

1.4.4　文件存储

当我们完成某一个阶段的工作后，最重要的操作就是存储文件。不要小看这一操作，因为我们在存储文件时，会遇到各种各样的问题。如还未来得及保存文件时，3ds Max 突然自动结束任务；如需要将 3ds Max 工程文件移动至另一台计算机上进行操作；如需要将文件临时存储为一个备份文件以备将来修改等。扫描图 1-14 中的二维码，可观看文件存储详解视频。

图 1-13　　图 1-14

几何体建模

2.1　几何体概述

3ds Max 2022 在“创建”面板的“几何体”分类中为用户提供了一些简单的几何体模型。图 2-1 所示的书桌、柜子等，图 2-2 所示的茶几、沙发等，都可以用简单的几何体创建。在刚接触建模学习时，我们应当熟练掌握并使用这些几何体的参数设置。

图 2-1

图 2-2

“创建”面板内有几何体、图形、灯光、摄影机、辅助对象、空间扭曲和系统这 7 类模型创建工具，如图 2-3 所示。本章重点讲解“几何体”分类中的常用工具。

单击“几何体”按钮在其下方的选择框右侧单击下拉按钮，会弹出图 2-4 所示的下拉菜单，其中内置了“标准基本体”“扩展基本体”“复合对象”“粒子系统”等命令选项。

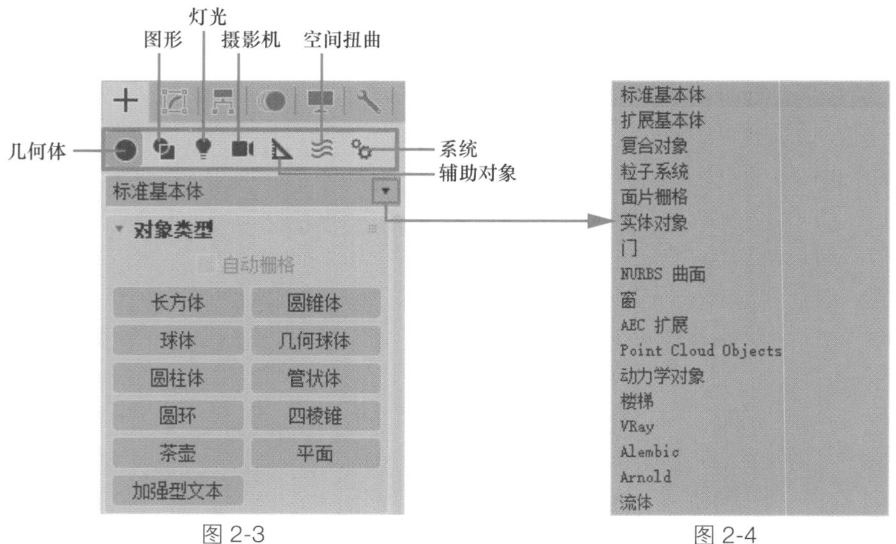

图 2-3　　　　图 2-4

2.2 标准基本体

3ds Max 2022 中“创建”面板内的“标准基本体”为用户提供了用于创建 11 种不同对象的按钮，分别为“长方体”按钮、“圆锥体”按钮、“球体”按钮、“几何球体”按钮、“圆柱体”按钮、“管状体”按钮、“圆环”按钮、“四棱锥”按钮、“茶壶”按钮、“平面”按钮和“加强型文本”按钮，如图 2-5 所示。扫描图 2-6 中的二维码，可观看常用的标准基本体详解视频。

图 2-5

图 2-6

2.3 门与窗

3ds Max 2022 除了为用户提供标准基本体模型，还提供了一些用于工程建模的标准建筑模型，如门、窗、楼梯、栏杆、墙，以及植物模型，使设计师通过调节少量的参数即可快速制作出符合行业标准的建筑模型，如图 2-7 和图 2-8 所示。

图 2-7

图 2-8

3ds Max 2022 提供了 3 种不同类型的门和 6 种不同类型的窗户供用户选择使用，如图 2-9 所示。扫描图 2-10 中的二维码，可观看常用类型的门和窗的详解视频。

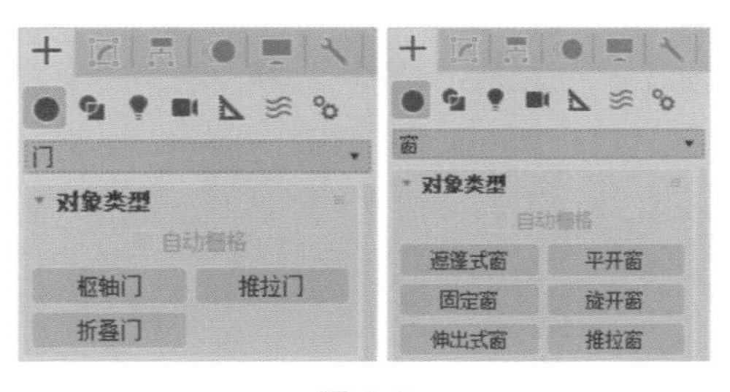

图 2-9

图 2-10

2.4 技术实例

2.4.1 实例：制作方桌模型

实例介绍

本实例将为大家讲解如何使用标准基本体来快速地制作一个方桌模型，方桌模型的渲染效果如图 2-11 所示。

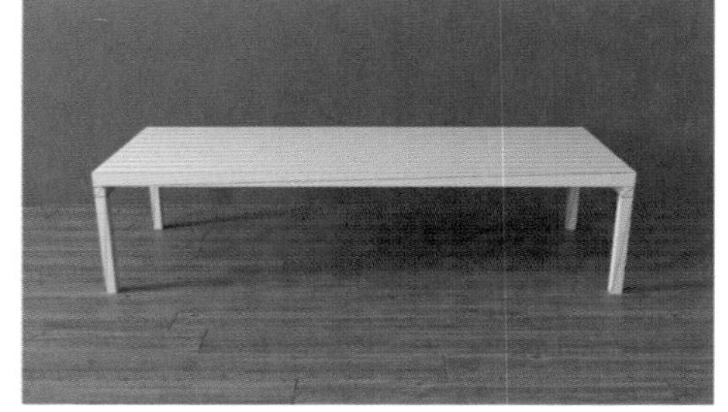

图 2-11

思路分析

在制作实例前，需要先观察方桌模型的形态，再从“创建”面板中选择对应的按钮进行制作。

步骤演示

❶ 启动中文版 3ds Max 2022 软件，在“创建”面板中单击“长方体”按钮，如图 2-12 所示。在场景中绘制一个长方体模型，如图 2-13 所示。

❷ 在“修改”面板中，设置长方体的参数，如图 2-14 所示。

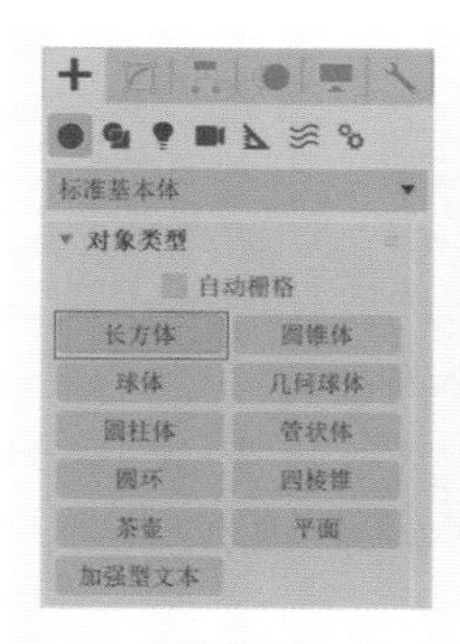

图 2-12

图 2-13

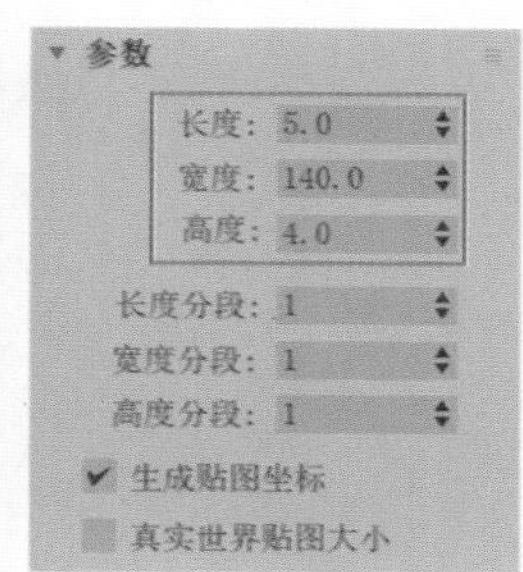

图 2-14

③ 设置完成后，按住 Shift 键，配合“移动”工具对长方体进行复制，在系统自动弹出的“克隆选项”对话框中设置以“实例”的方式进行复制，设置“副本数”值为 9，如图 2-15 所示。制作出如图 2-16 所示的模型效果。

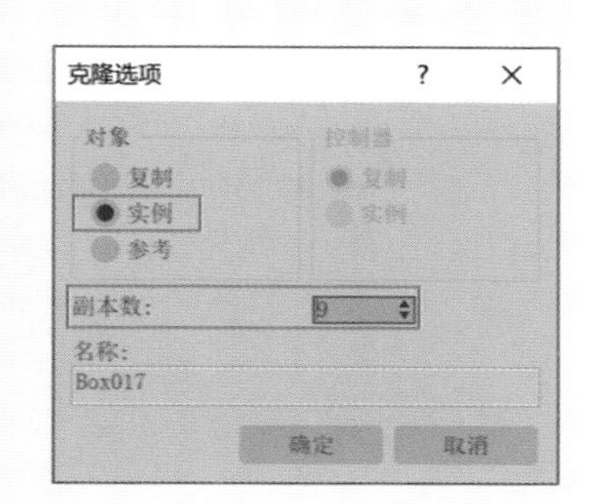

图 2-15

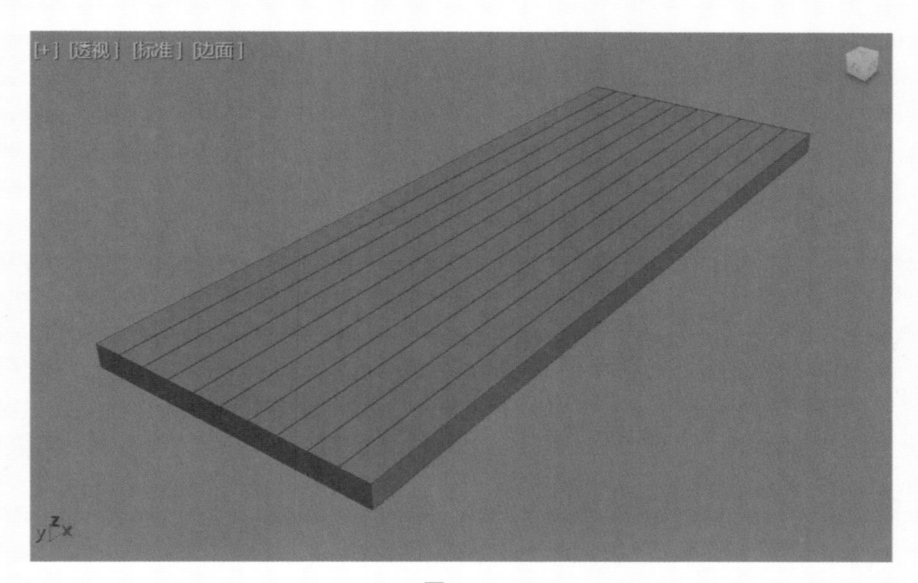

图 2-16

④ 在场景中创建一个长方体，在“修改”面板中设置其参数，如图 2-17 所示。将其移动至图 2-18 所示位置，制作出桌子的支撑模型。

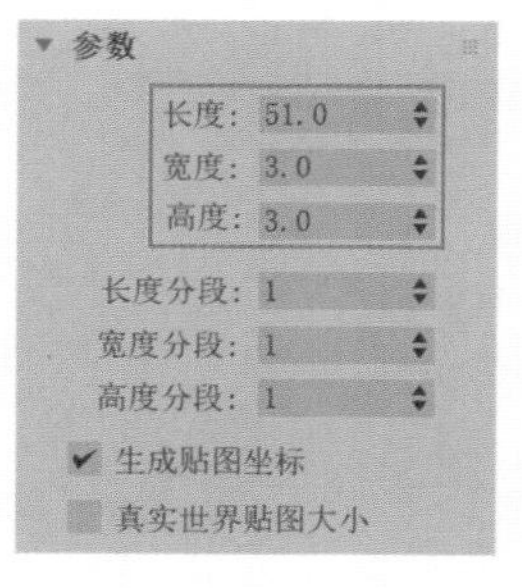

图 2-17

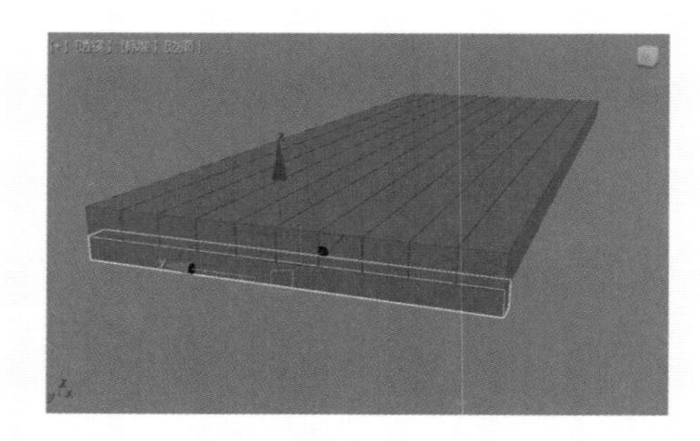
图 2-18

⑤ 在场景中创建一个长方体，在“修改”面板中设置其参数，如图 2-19 所示。将其移动至图 2-20 所示位置，制作出桌子腿模型。

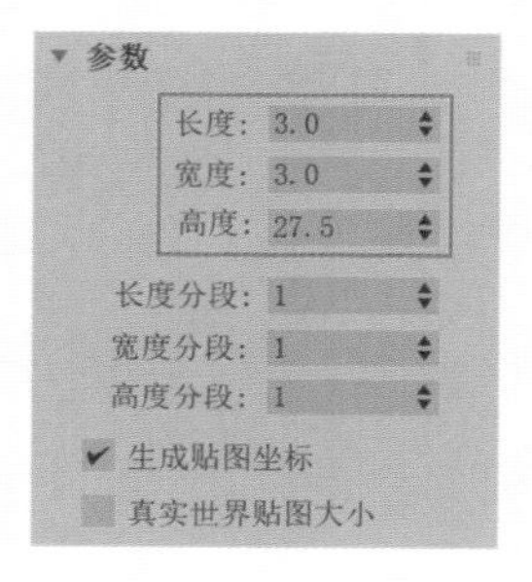

图 2-19

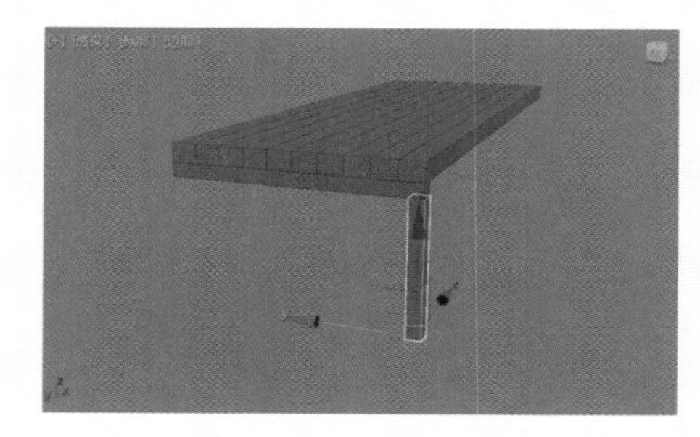
图 2-20

⑥ 复制刚刚创建的长方体，并将其移动至图 2-21 所示位置，制作出第 2 个桌子腿模型。

⑦ 以相同的操作步骤制作出桌子另一侧的两个桌子腿模型。设置完成后，本实例模型的最终完成效果如图 2-22 所示。

图 2-21

图 2-22

学习完本实例后，读者可以尝试制作形态较为相似的其他桌子模型。

2.4.2 实例：制作圆桌模型

实例介绍

本实例将为大家讲解如何使用标准基本体来快速地制作一个圆桌模型，圆桌模型的渲染效果如图 2-23 所示。

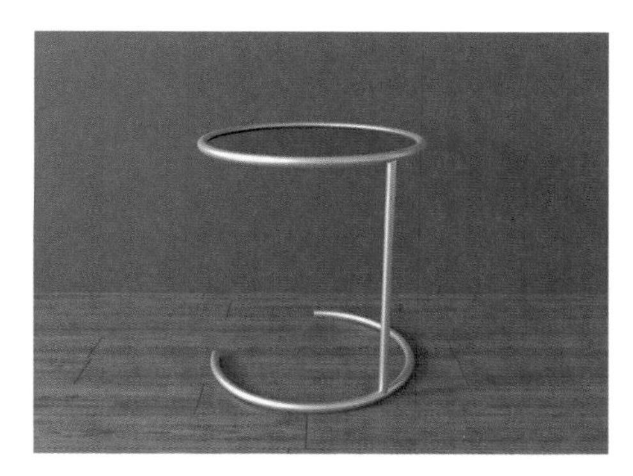

图 2-23

思路分析

在制作实例前，需要先观察圆桌的形态，再从“创建”面板中选择对应的按钮进行制作。

步骤演示

❶ 启动中文版 3ds Max 2022 软件，在“创建”面板中单击“圆环”按钮，如图 2-24 所示。在场景中绘制一个圆环模型，如图 2-25 所示。

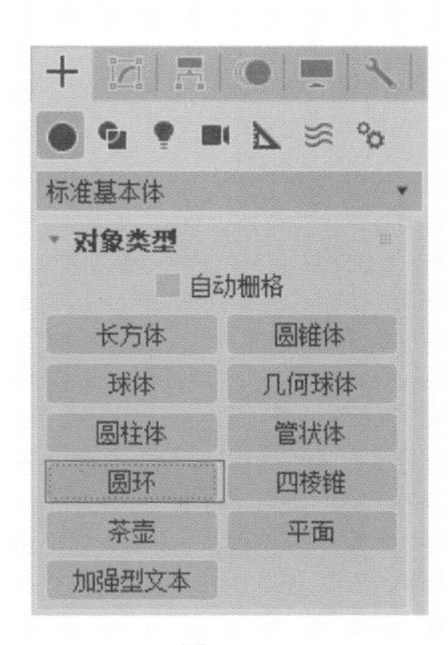

图 2-24

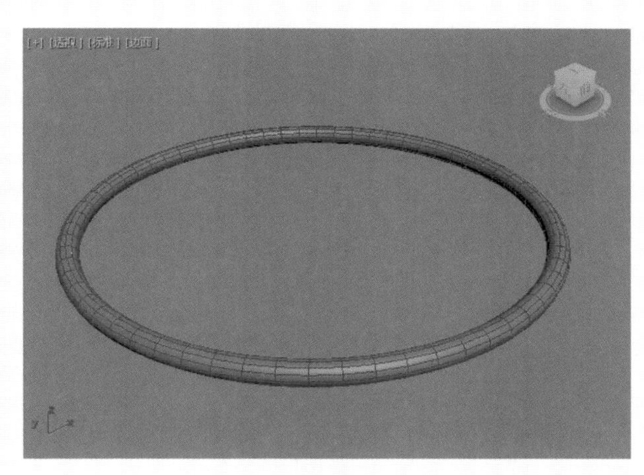

图 2-25

❷ 在“修改”面板中，将“半径 1”的值调整为 46，将“半径 2”的值调整为 2，将“分段”的值调整为 64，勾选“启用切片”选项，将“切片起始位置”的值调整为 -90，将“切片结束位置”的值调整为 0，如图 2-26 所示。

❸ 设置完成后，圆环的视图显示结果如图 2-27 所示。

❹ 按住 Shift 键，在圆环上单击并按住鼠标左键向上拖曳，复制出一个圆环模型，如图 2-28 所示。

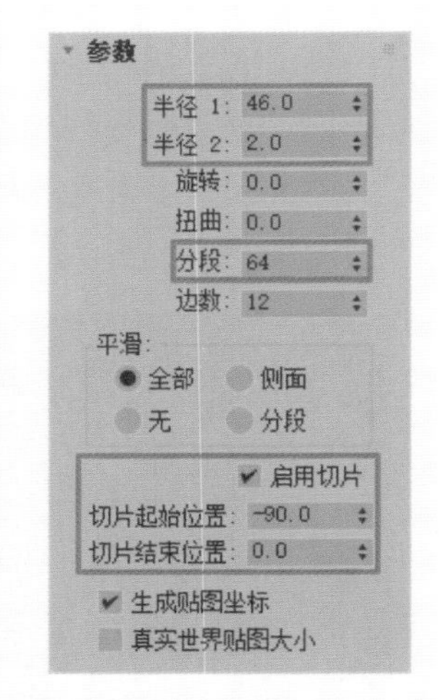

图 2-26

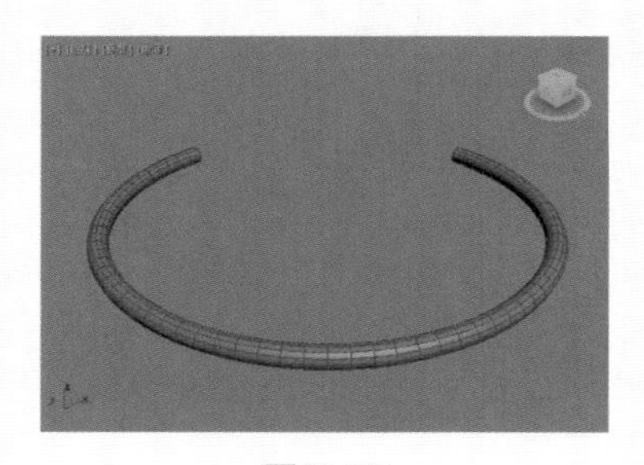

图 2-27

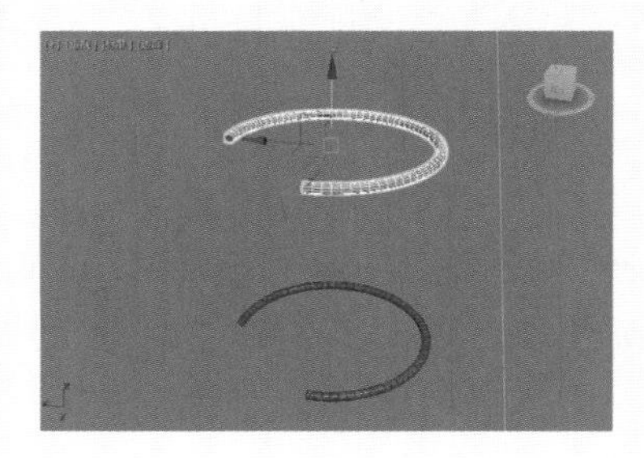

图 2-28

❺ 在“修改”面板中取消勾选“启用切片”选项，如图 2-29 所示，使其恢复为一个完整闭合的圆环模型。

❻ 在“创建”面板中单击“圆柱体”按钮，如图 2-30 所示。

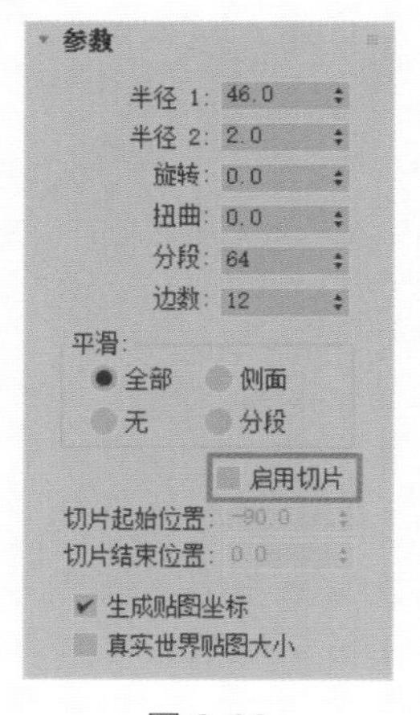

图 2-29

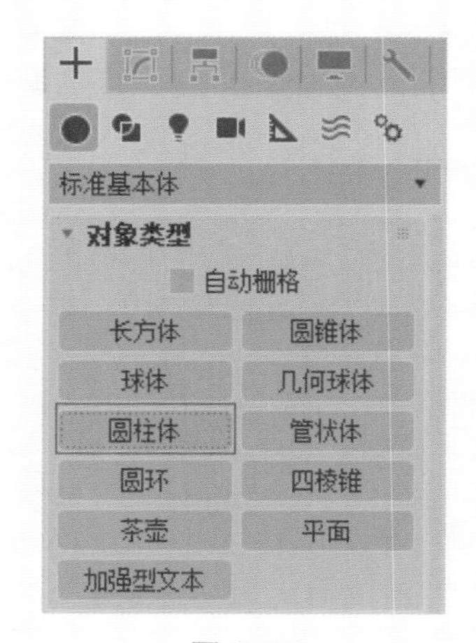

图 2-30

⑦ 在场景中创建一个圆柱体模型，并在其“修改”面板中，将圆柱体的“半径”值调整为 2，将“高度”值调整为 102，如图 2-31 所示。

⑧ 设置完成后，调整圆柱体模型的位置，如图 2-32 所示。

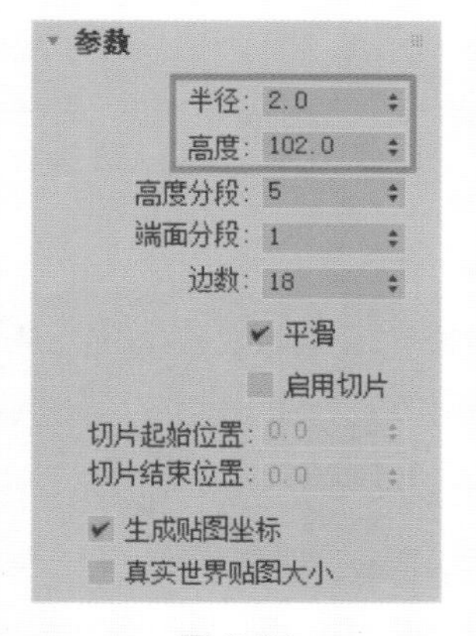

图 2-31

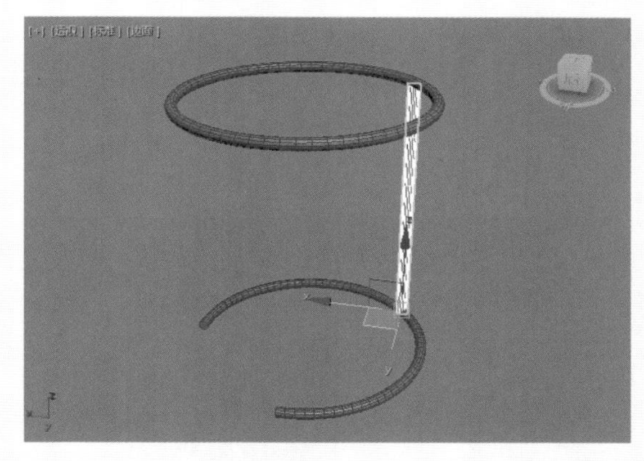

图 2-32

⑨ 再次单击“圆柱体”按钮，在场景中创建一个圆柱体。在“修改”面板中将“半径”值调整为 46，将“高度”值调整为 1，将“边数”值调整为 32，如图 2-33 所示。

⑩ 设置完成后，调整圆柱体的位置，如图 2-34 所示。

⑪ 本实例模型的最终完成效果如图 2-35 所示。

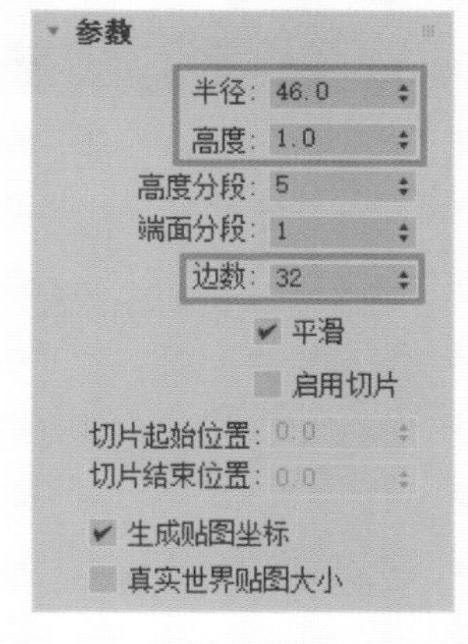

图 2-33

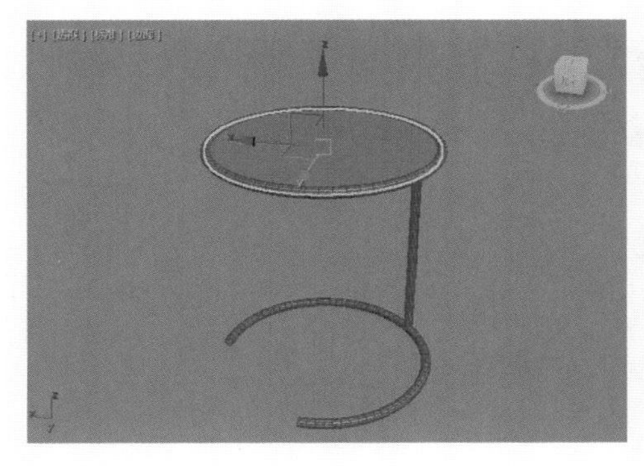

图 2-34

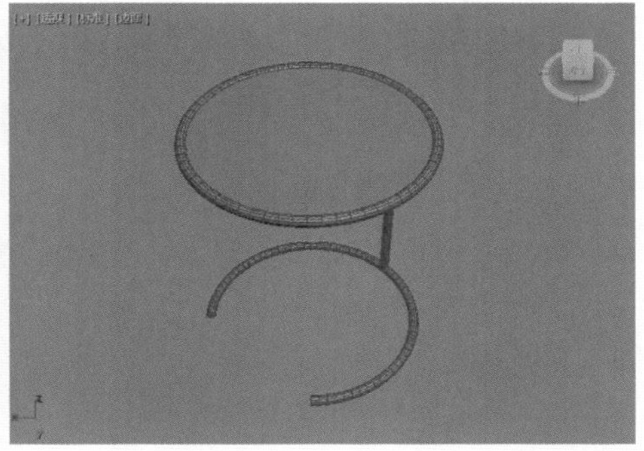

图 2-35

学习完本实例后，读者还可以尝试制作形态较为相似的圆凳模型。

2.4.3　实例：制作 L 型楼梯模型

实例介绍

本实例将为大家讲解 L 型楼梯的制作方法，模型制作完成后的渲染效果如图 2-36 所示。

图 2-36

思路分析

在制作实例前，需要先观察 L 型楼梯模型的形态，再从“创建”面板中选择对应的按钮进行制作。

步骤演示

❶ 启动中文版 3ds Max 2022 软件，在“创建”面板中单击“L 型楼梯”按钮，如图 2-37 所示。在场景中创建一个 L 型楼梯的模型，如图 2-38 所示。

图 2-37

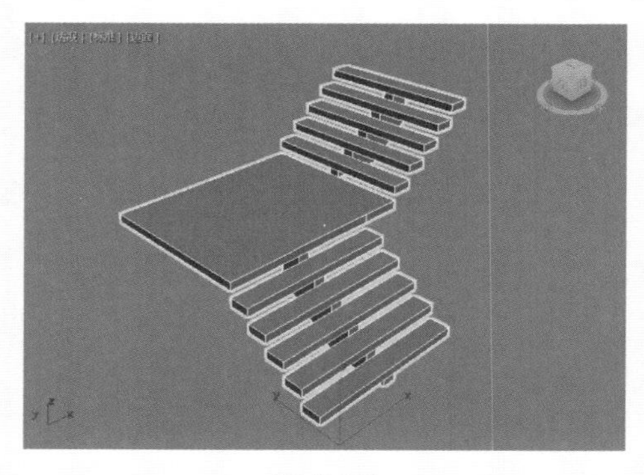

图 2-38

❷ 在“修改”面板中，设置楼梯的“类型”为“落地式”，并分别勾选“扶手”的“左”和“右”选项，如图 2-39 所示。设置后可以得到图 2-40 所示的模型效果。

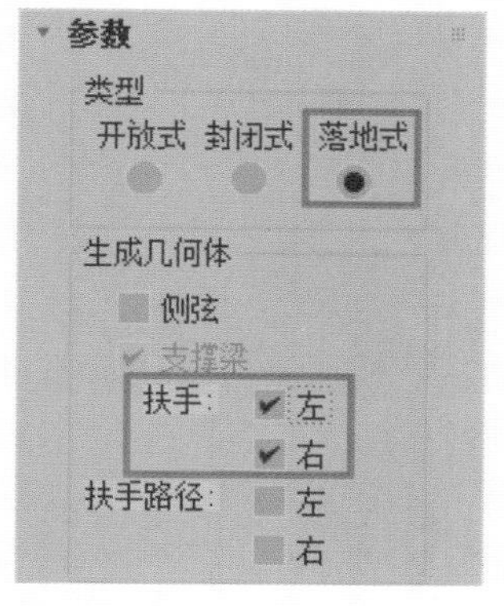

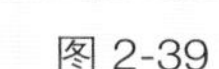
图 2-39

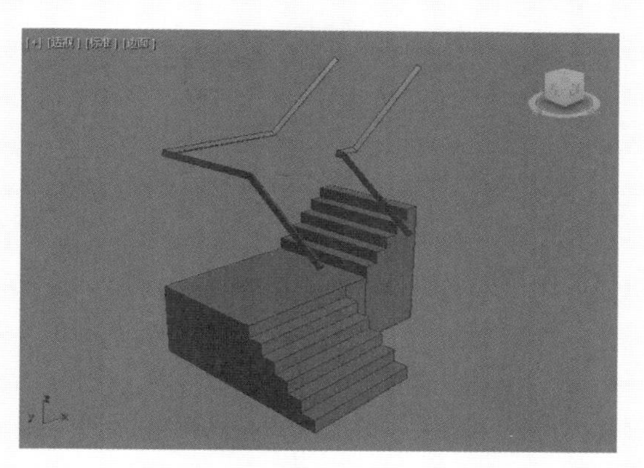

图 2-40

❸ 设置“长度 1”的值为 80cm，“长度 2”的值为 40cm，“宽度”值为 80cm，“角度”值为 90，“偏移”值为 60cm，“总高”值为 100cm，“竖板数”值为 10，如图 2-41 所示。

❹ 在“栏杆”卷展栏中，设置“高度”值为 60cm，“偏移”值为 0cm，“分段”值为 12，“半径”值为 2cm，如图 2-42 所示。

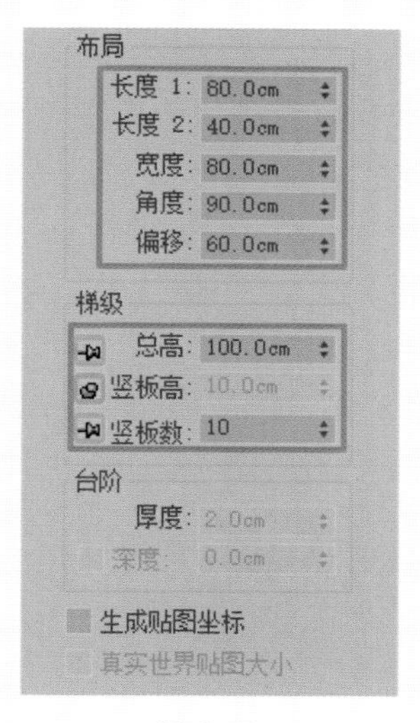

图 2-41

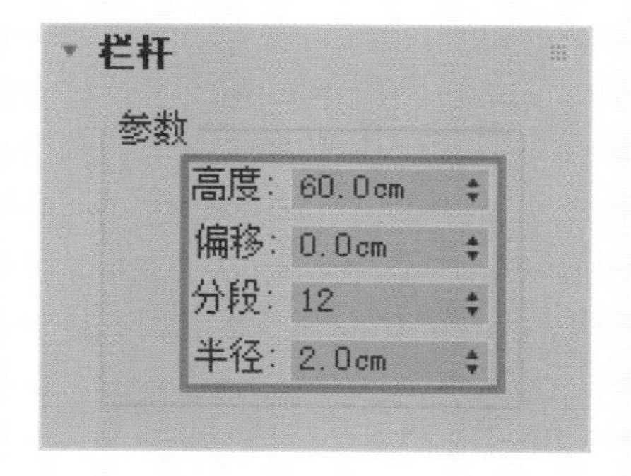

图 2-42

❺ 在“侧弦”卷展栏中，设置“深度”值为 80cm，“宽度”值为 4cm，“偏移”值为 0cm，如图 2-43 所示。

❻ 设置完成后，本实例模型的最终效果如图 2-44 所示。

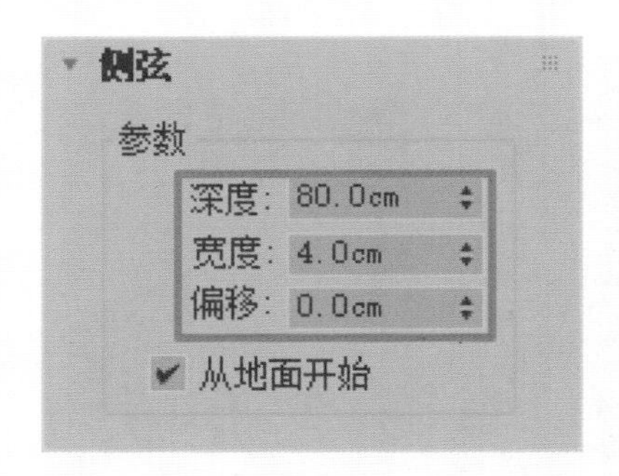

图 2-43

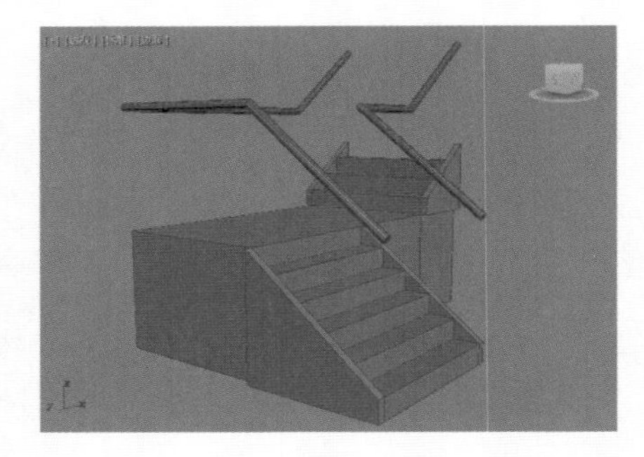

图 2-44

举一反三

学习完本实例后，读者可以尝试制作参数较为相似的直线楼梯、U 型楼梯和螺旋楼梯模型。

图形建模

3.1　图形概述

在 3ds Max 2022 软件中，有一些模型如果使用几何体进行建模会非常麻烦，而且效果也不尽如人意。如果换一种建模思路，使用二维图形进行建模则会非常容易，并且可以得到造型精美的理想效果，比如说精致的餐具、屋顶的吊灯等，如图 3-1 和图 3-2 所示。

图 3-1

图 3-2

3ds Max 2022 为用户提供了多种预先设计好的二维图形，几乎包含了所有常用的图形类型。如果用户觉得在 3ds Max 2022 中绘制曲线比较麻烦，那么还可以选择使用其他绘图软件（如 Illustrator、CorelDraw、AutoCAD 等）进行图形创作。使用这些软件绘制的图形作品全部都可以直接导入到 3ds Max 2022 中使用。

二维图形建模方式与上一章所讲的几何体非常相似，在学习本章内容时，可以先尝试使用这些按钮来创建图形。

3.2　样条线

在“创建”面板中单击“图形”按钮。在显示的面板中，我们可以看到“样条线”类型中共有 13 个命令按钮，分别为“线”按钮、“矩形”按钮、“圆”按钮、“椭圆”按钮、“弧”按钮、“圆环”按钮、“多边形”按钮、“星形”按钮、“文本”按钮、“螺旋线”按钮、“卵形”按钮、“截面”按钮和“徒手”按钮，如图 3-3 所示。常用的样条线详解视频，可扫描图 3-4 中的二维码进行观看。

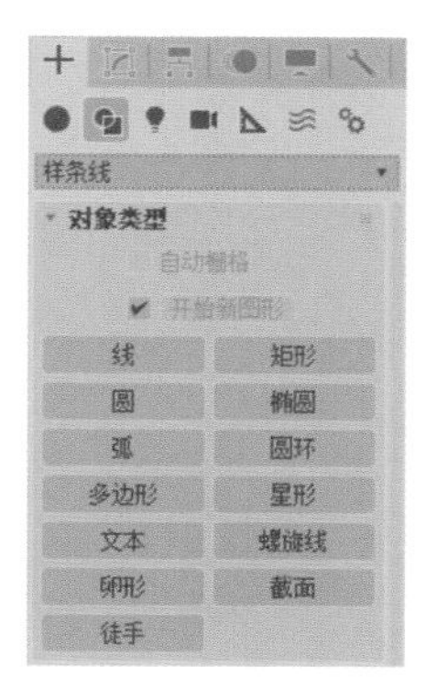

图 3-3

图 3-4

3.3　可编辑样条线

使用 3ds Max 2022 软件所提供的这些图形按钮创建出来的二维图形，都是可以进行编辑的。比如将几个图形合并，又或是对某一个图形进行变形操作。在默认情况下，只有“线”工具是可以直接进行编辑操作的，在其“修改”面板中，我们可以看到“线”工具共分为“顶点”“线段”和“样条线”这 3 个子层级，如图 3-5 所示。其他图形工具需要进行一个“转换”操作，才可将其转换为可编辑的样条线对象。

将一个图形转换为可编辑的样条线对象的方法主要有以下 3 种。

方法 1：选择图形，在任意视图内单击鼠标右键，在弹出的快捷菜单上选择并执行“转换为 / 转换为可编辑样条线”命令，如图 3-6 所示。

图 3-5

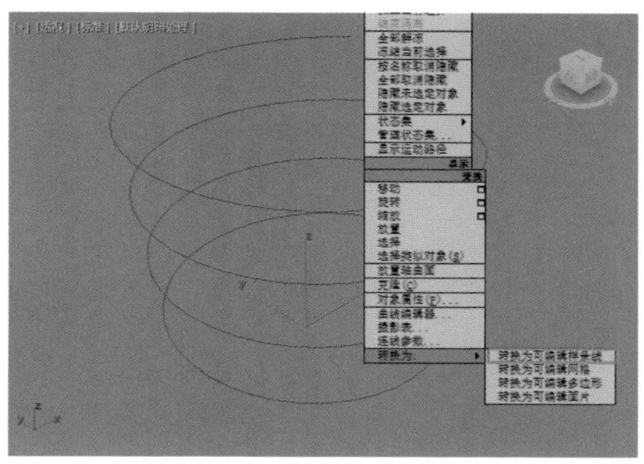

图 3-6

方法 2：选择图形，在“修改”面板中对其添加“编辑样条线”修改器来进行曲线编辑，如图 3-7 所示。

方法 3：选择图形，直接在“修改”面板中的对象名称上单击鼠标右键，在弹出的菜单中选择并执行“转换为：可编辑样条线”命令，如图 3-8 所示。

可编辑样条线一共具有 5 个卷展栏，分别是“渲染”卷展栏、“插值”卷展栏、“选择”卷展栏、“软选择”卷展栏和“几何体”卷展栏，如图 3-9 所示。较为常用的可编辑样条线详解视频，可扫描图 3-10 中的二维码进行观看。

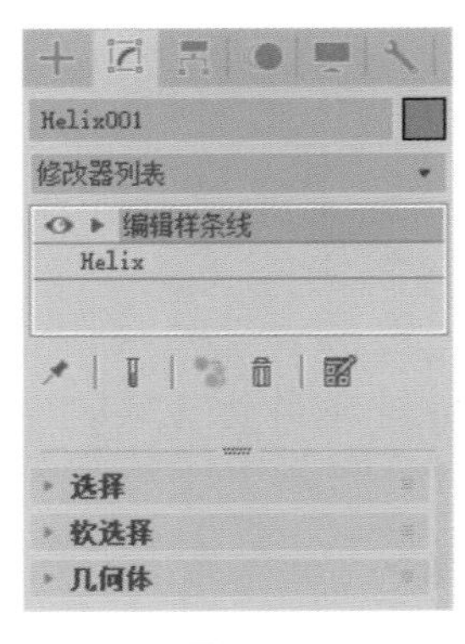

图 3-7

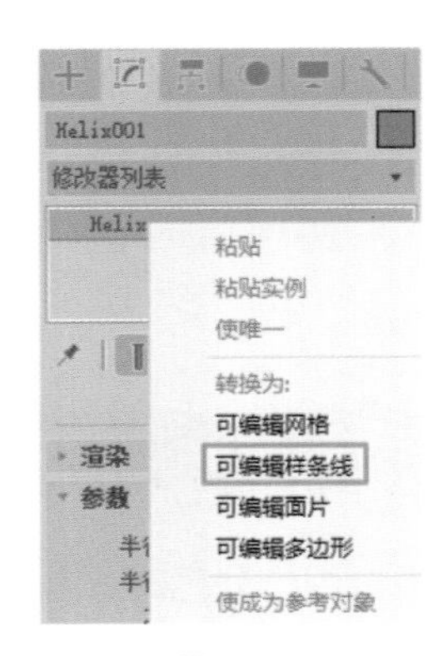

图 3-8

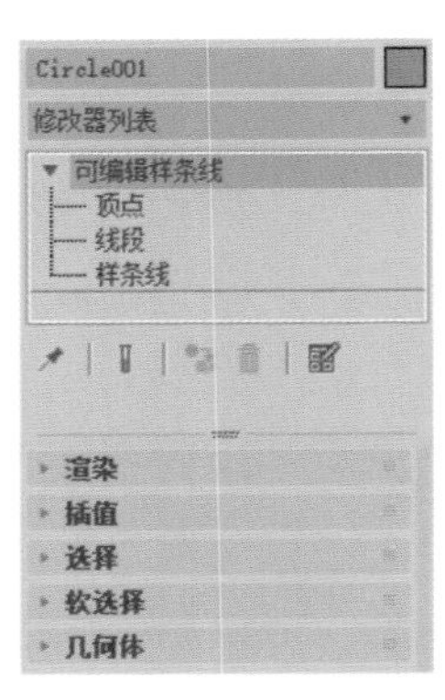

图 3-9

图 3-10

3.4 放样

“放样”命令位于“创建”面板中下拉列表的“复合对象”里。默认状态下，按钮的颜色呈灰色显示，不可使用，只有当用户选择了场景中的样条线对象时，才可以激活该按钮，如图 3-11 所示。

“放样”命令起源于古代的造船技术，以船的龙骨为路径，在不同的位置放入大小、形状不同的木板来制作船体。如今，三维软件借鉴了类似的原理，以一条线当作路径，通过在路径的不同位置上添加其他作为横截面的曲线来生成模型。“放样”的“参数”面板如图 3-12 所示，分为“创建方法”卷展栏、“曲面参数”卷展栏、“路径参数”卷展栏、“蒙皮参数”卷展栏和“变形”卷展栏 5 个部分。较为常用的放样详解视频，可扫描图 3-13 中的二维码进行观看。

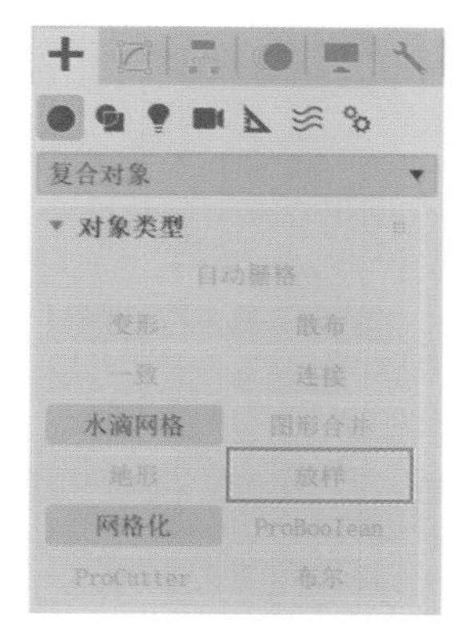

图 3-11

图 3-12

图 3-13

3.5 技术实例

3.5.1 实例：制作衣架模型

实例介绍

本实例将为大家讲解如何快速地制作一个衣架模型，模型的渲染效果如图 3-14 所示。

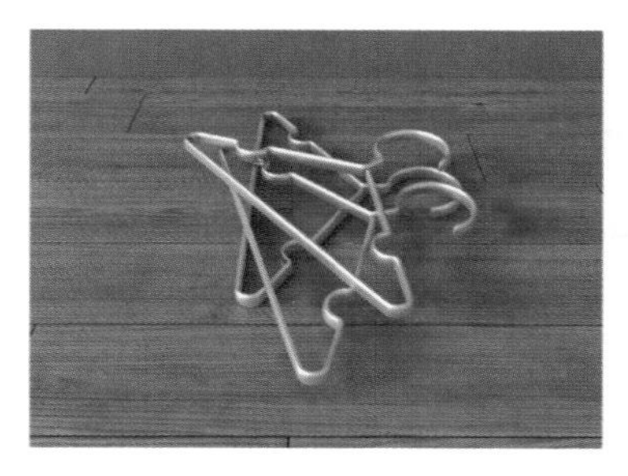

图 3-14

思路分析

在制作实例前，需要先观察衣架的形态，再从“创建”面板中选择对应的按钮进行制作。

步骤演示

❶ 启动中文版3ds Max 2022软件，单击“创建”面板中的“圆”按钮，如图3-15所示。

❷ 在“前”视图中创建一个圆形，如图3-16所示。

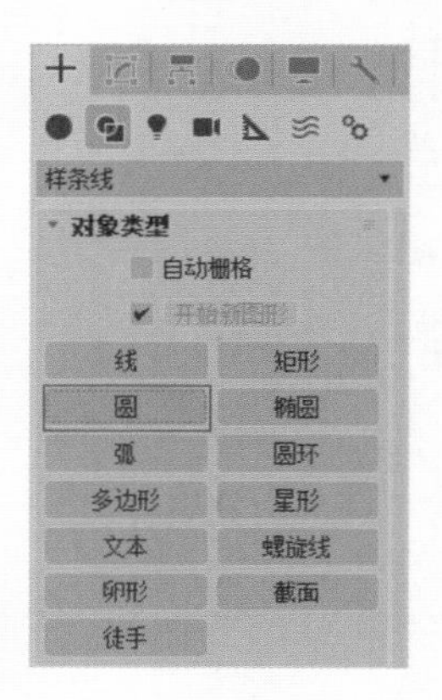

图3-15

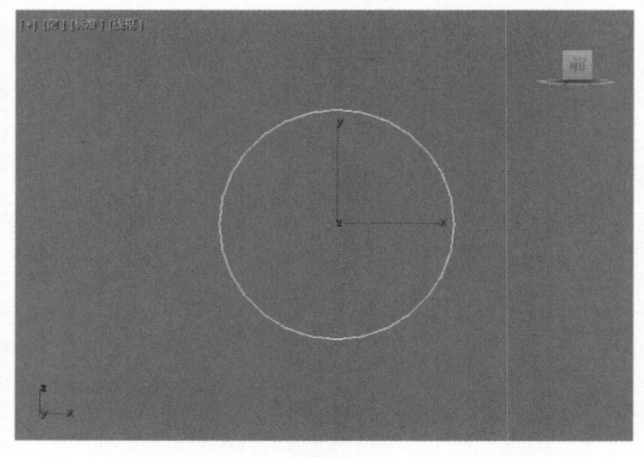

图3-16

❸ 单击“创建”面板中的“矩形”按钮，如图3-17所示。

❹ 在“前”视图中创建一个矩形，如图3-18所示。创建矩形图形时需注意两个图形之间的大小比例关系。

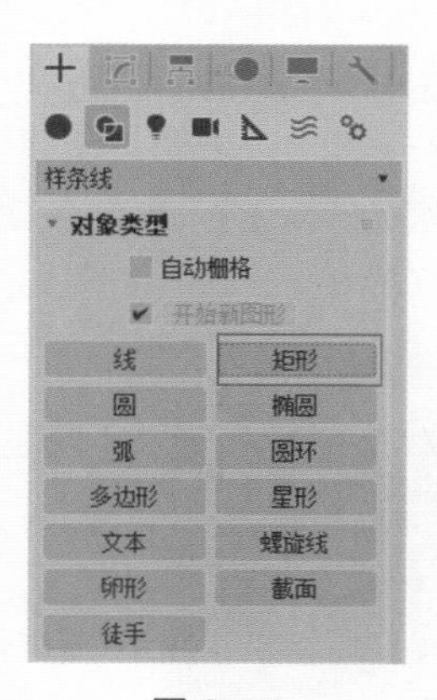

图3-17

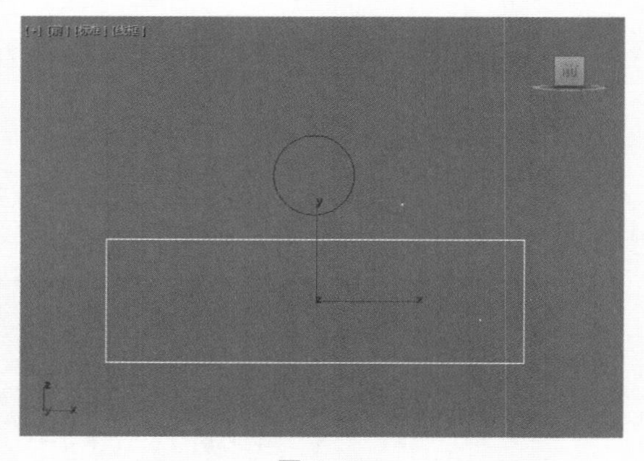

图3-18

❺ 单击“创建”面板中的“线”按钮，如图3-19所示。

❻ 按住Shift键在“前”视图中创建一根直线，如图3-20所示。

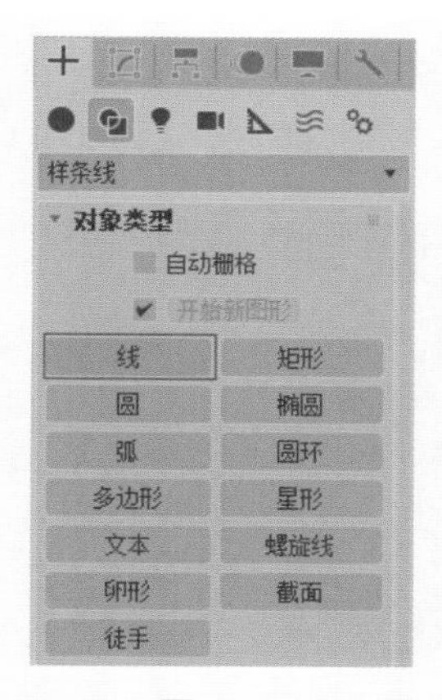

图 3-19

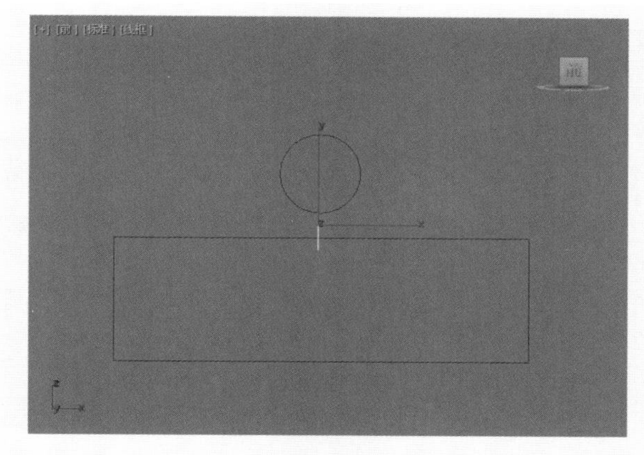

图 3-20

❼ 选择直线，在“修改”面板中，展开“几何体”卷展栏，单击“附加”按钮，如图 3-21 所示。

❽ 对场景中的矩形和圆形分别进行附加操作，将其合并为一个图形，如图 3-22 所示。

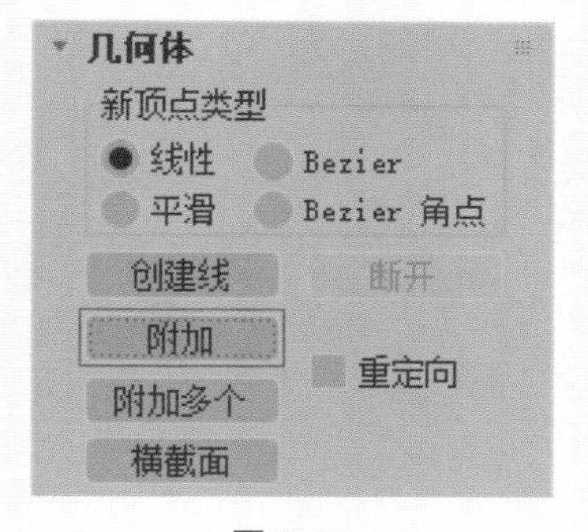

图 3-21

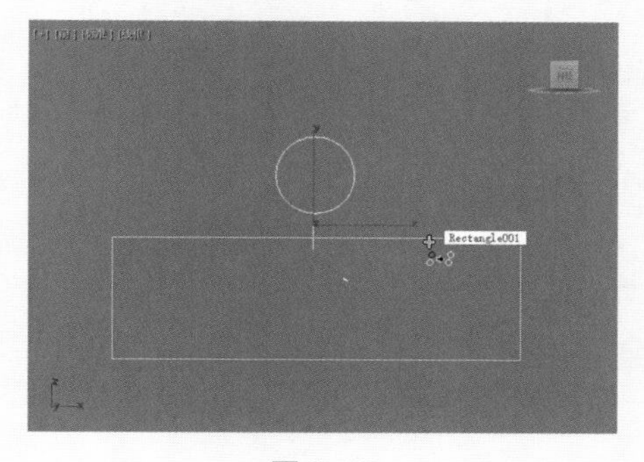

图 3-22

❾ 选择图 3-23 所示的两个顶点，单击“熔合”按钮，如图 3-24 所示，将选中的两个顶点的位置熔合为一处。

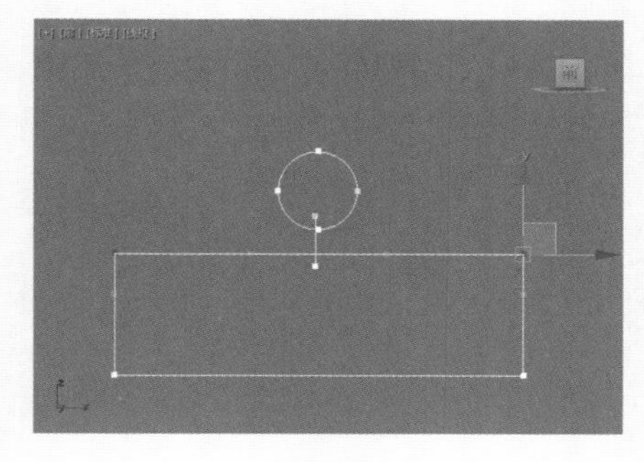

图 3-23

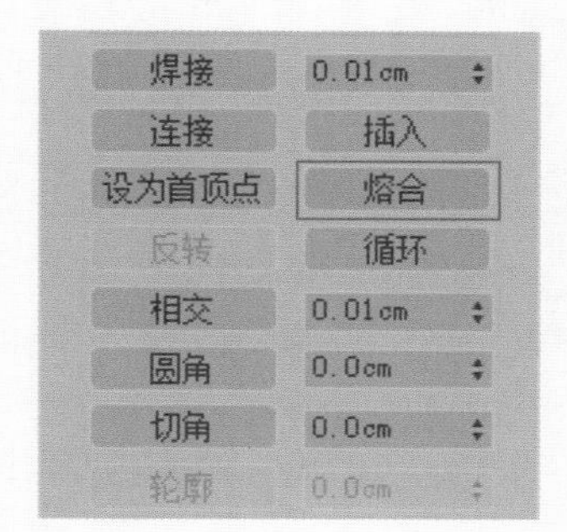

图 3-24

⑩ 单击“焊接”按钮，如图 3-25 所示。将所选的两个顶点焊接为一个顶点，焊接完成后如图 3-26 所示。

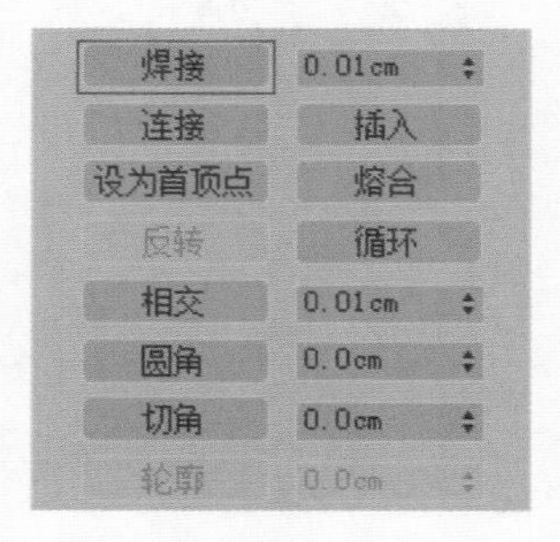

图 3-25

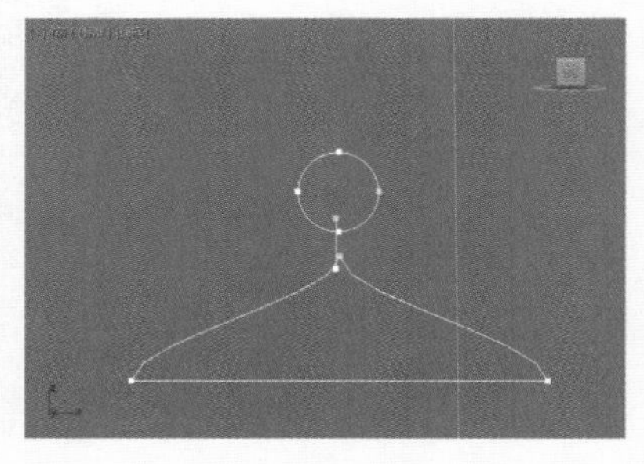

图 3-26

⑪ 选择图 3-27 所示的顶点，单击鼠标右键，在弹出的快捷菜单中将所选择的顶点设置为“角点”，如图 3-28 所示。

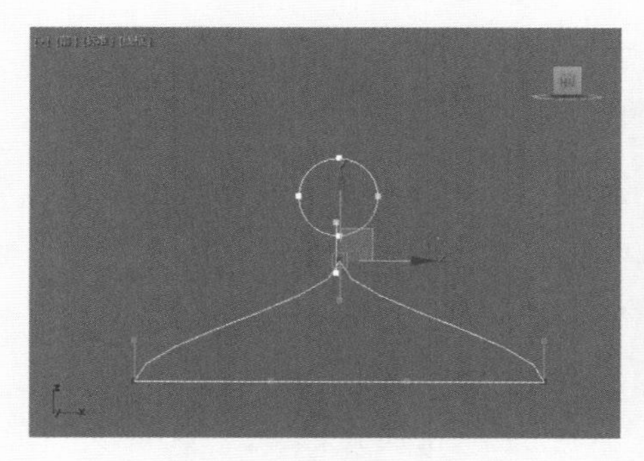

图 3-27

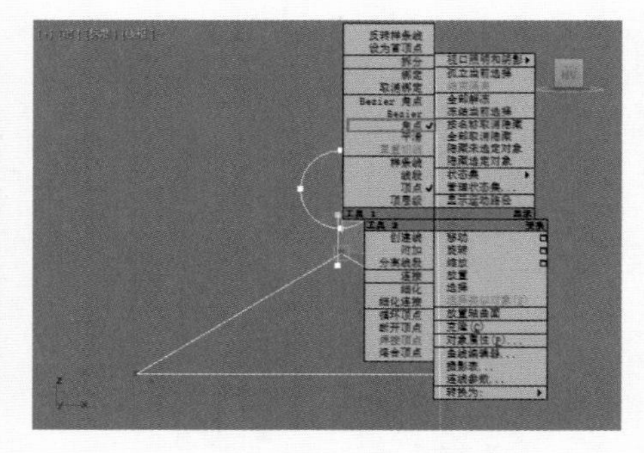

图 3-28

⑫ 在“几何体”卷展栏中，单击“圆角”按钮，如图 3-29 所示。对图 3-30 所示的两处顶点进行圆角操作。

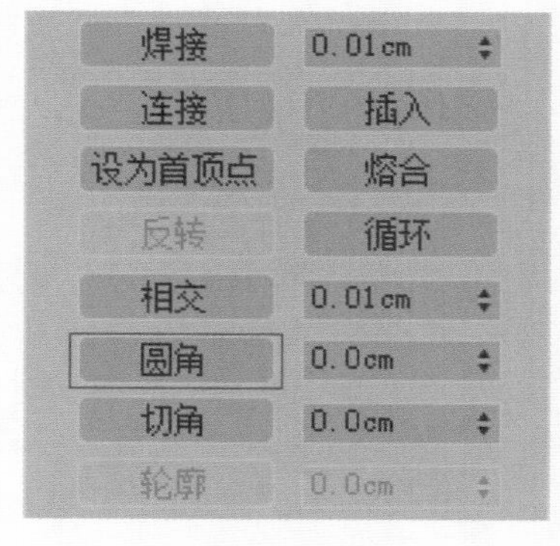

图 3-29

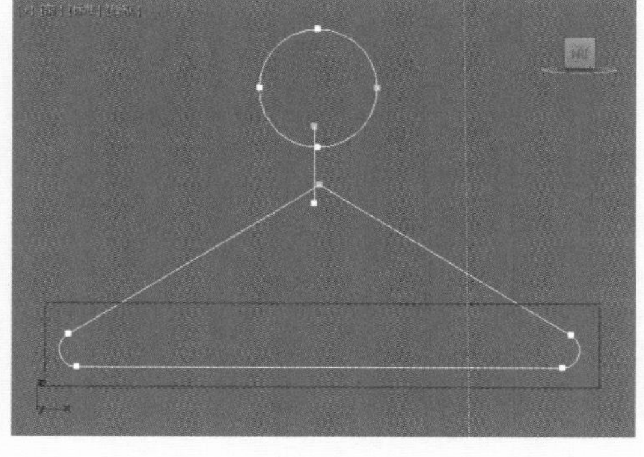

图 3-30

⑬ 在图 3-31 所示位置处，创建两个同等大小的圆形。

⑭ 将场景中刚绘制出来的两个圆形通过“附加”操作，使之成为一个整体，如图 3-32 所示。

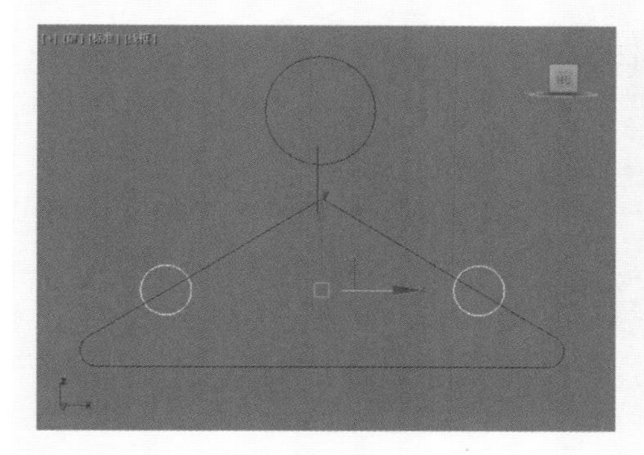

图 3-31

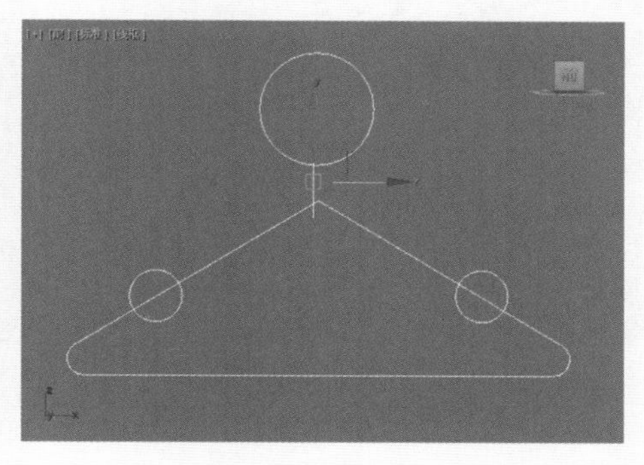

图 3-32

⑮ 在“修改”面板中，进入“样条线”子层级，单击“修剪”按钮，如图 3-33 所示。

⑯ 将多余的线段剪掉，制作出图 3-34 所示的图形。

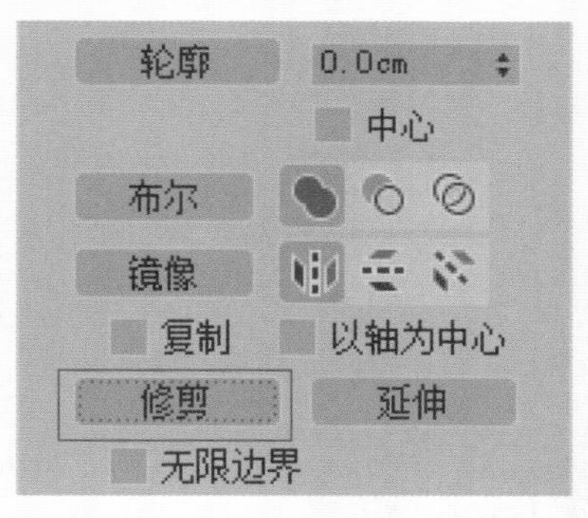

图 3-33

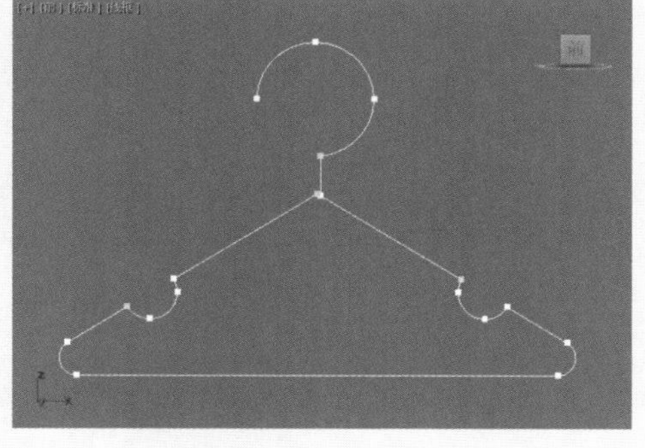

图 3-34

⑰ 使用之前用过的“焊接”按钮和“圆角”按钮对线条进行细化，制作出图 3-35 所示的线条。

⑱ 展开“渲染”卷展栏，勾选“在渲染中启用”选项和“在视口中启用”选项，并设置“长度”值为 8，“宽度”值为 3，如图 3-36 所示。

⑲ 设置完成后，衣架的模型显示效果如图 3-37 所示。

⑳ 在“修改”面板中，为衣架模型添加“网格平滑”修改器，并设置“迭代次数”的值为 2，如图 3-38 所示。

㉑ 本实例的衣架模型最终效果如图 3-39 所示。

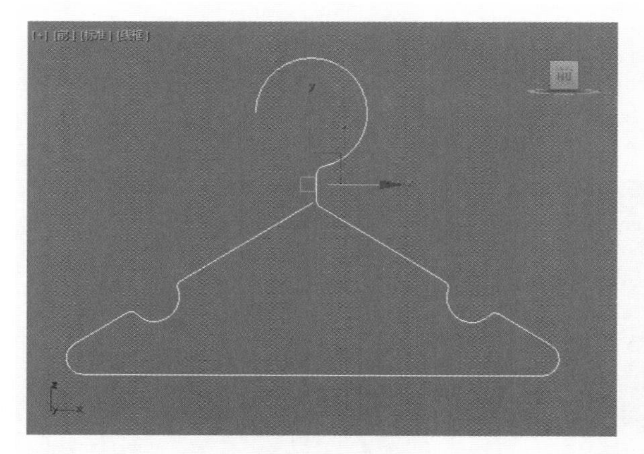

图 3-35

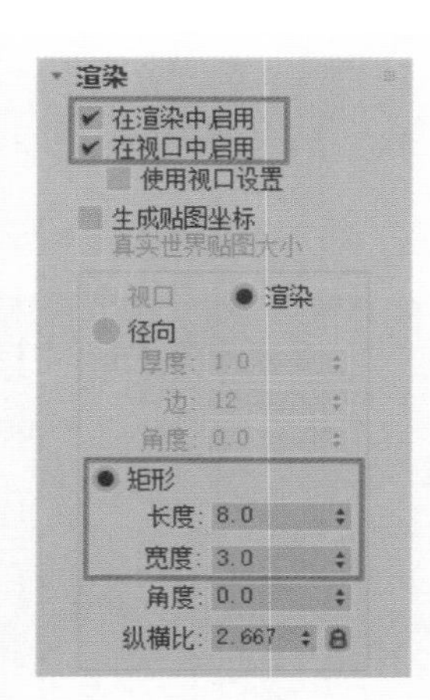

图 3-36

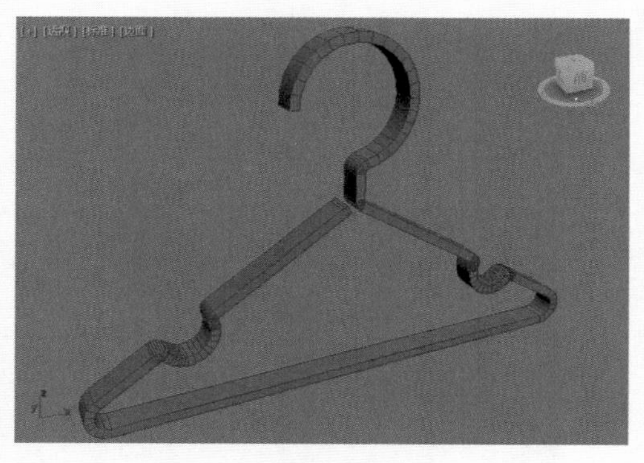

图 3-37

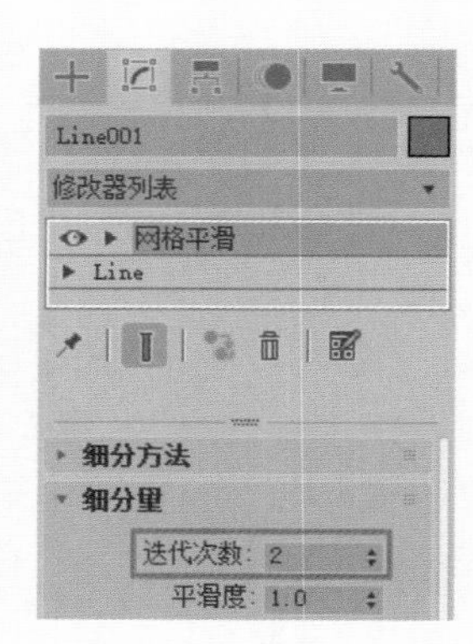

图 3-38

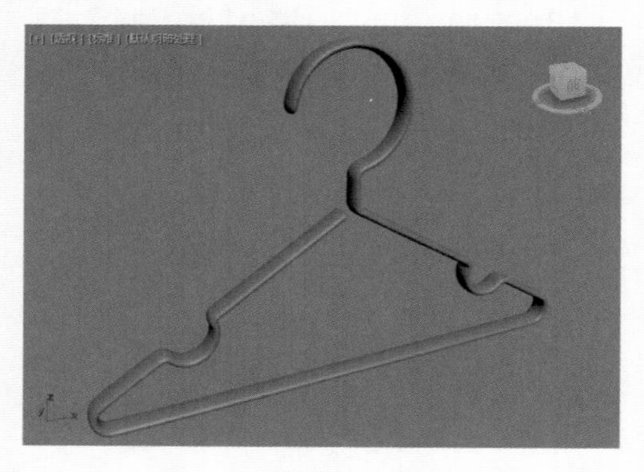

图 3-39

学习完本实例后，读者可以尝试制作其他呈线条形态的模型。

3.5.2 实例：制作铁丝茶壶模型

实例介绍

本实例将为大家讲解如何制作一个铁丝材质的创意茶壶摆件模型，创意茶壶模型的渲染效果如图 3-40 所示。

图 3-40

步骤演示

❶ 启动中文版 3ds Max 2022 软件，在“创建”面板中单击“茶壶”按钮，如图 3-41 所示。在场景中创建一个茶壶模型。

图 3-41

❷ 在“修改”面板中，设置茶壶的“半径”值为 30，“分段”值为 20，提高茶壶的细节程度，如图 3-42 所示。调整完成后的茶壶模型显示效果如图 3-43 所示。

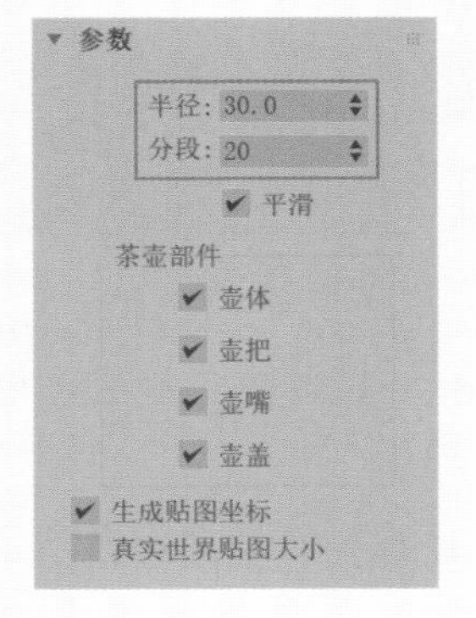

图 3-42

图 3-43

❸ 单击“创建”面板中的“截面”按钮，如图 3-44 所示，在场景中创建一个截面对象。

❹ 选择截面对象，在“前”视图中沿 Y 轴方向旋转 30 度，如图 3-45 所示。

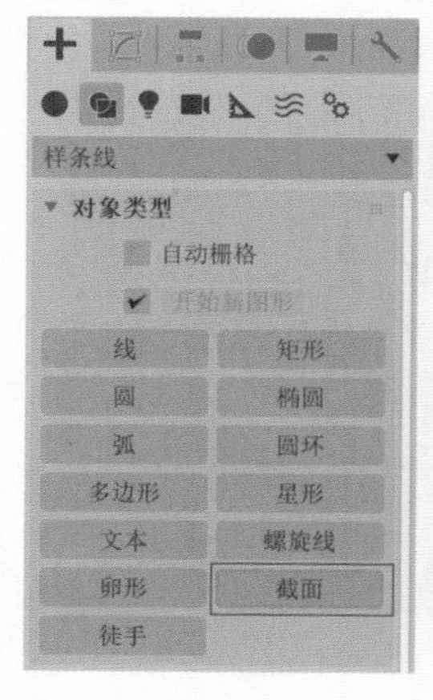

图 3-44

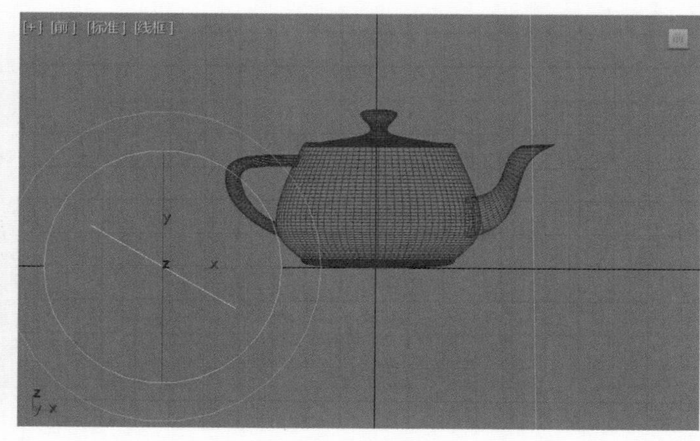

图 3-45

❺ 在“前”视图中，移动截面的位置，如图 3-46 所示，使得截面与茶壶模型相交。

❻ 选择场景中的截面对象，在“修改”面板中，单击“创建图形”按钮，如图 3-47 所示，即可在场景中创建一条茶壶的截面曲线。

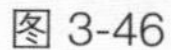

图 3-46

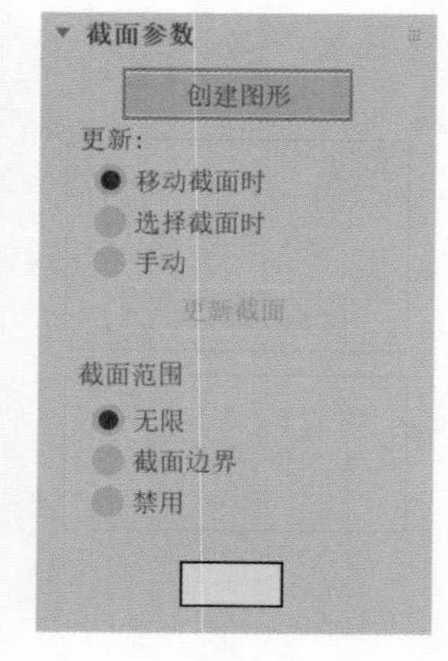

图 3-47

❼ 选择场景中的截面对象，向上移动至图 3-48 所示的位置，再次单击“创建图形”按钮，在场景中生成第二条茶壶的截面曲线。

❽ 重复以上操作步骤，连接创建茶壶对象的截面曲线，效果如图 3-49 所示。

图 3-48

图 3-49

⑨ 以相似的操作得到茶壶对象 X 轴上的一条截面曲线，如图 3-50 所示。

⑩ 截面曲线创建完成后，删除场景中的截面对象和茶壶对象，如图 3-51 所示。

图 3-50

图 3-51

⑪ 选择场景中任意一条曲线，在“修改”面板中，单击“附加多个”按钮，如图 3-52 所示。将场景中的其他曲线全部附加进来，如图 3-53 所示。

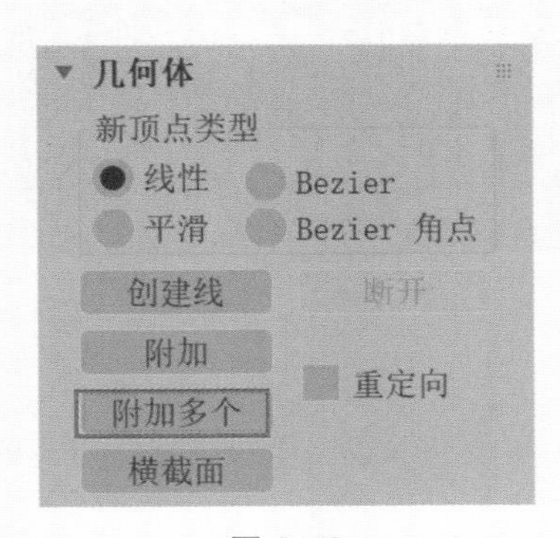

图 3-52

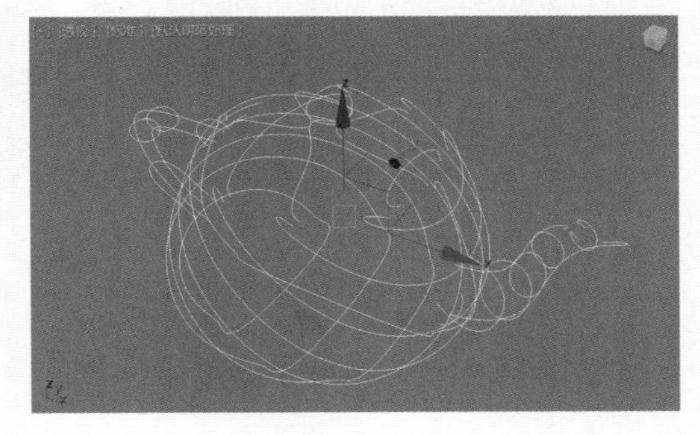

图 3-53

⑫ 展开“渲染”卷展栏，勾选“在渲染中启用”选项和“在视口中启用”选项，并设置曲线的“厚度”值为 1，为曲线添加厚度效果，如图 3-54 所示。

⑬ 本实例的最终模型效果如图 3-55 所示。

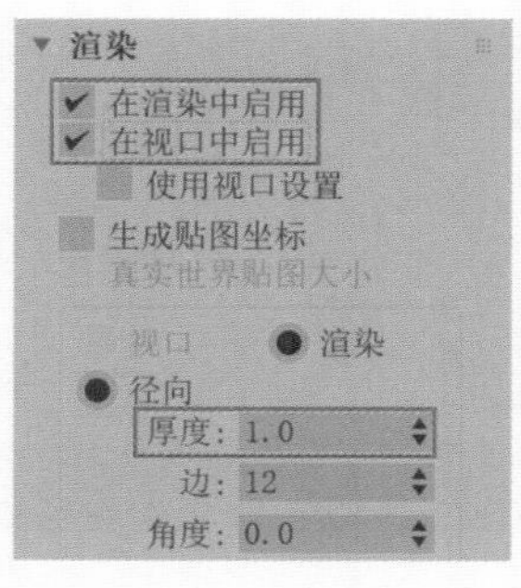

图 3-54

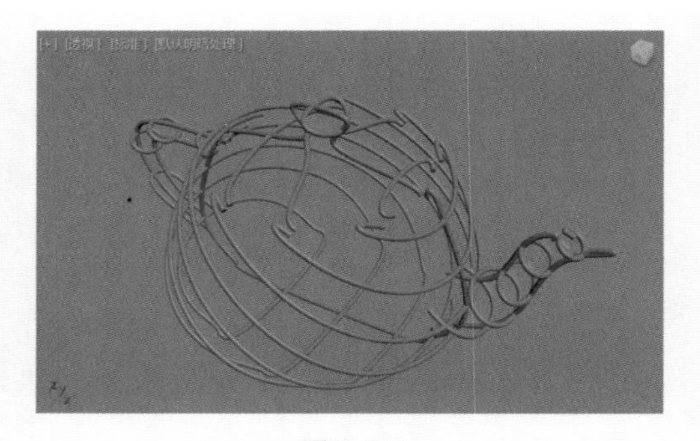

图 3-55

学习完本实例后，读者可以尝试使用类似的方法制作出毛线球模型。

3.5.3 实例：制作香蕉模型

实例介绍

本实例将为大家讲解香蕉模型的制作方法，制作完成后模型的渲染效果如图 3-56 所示。

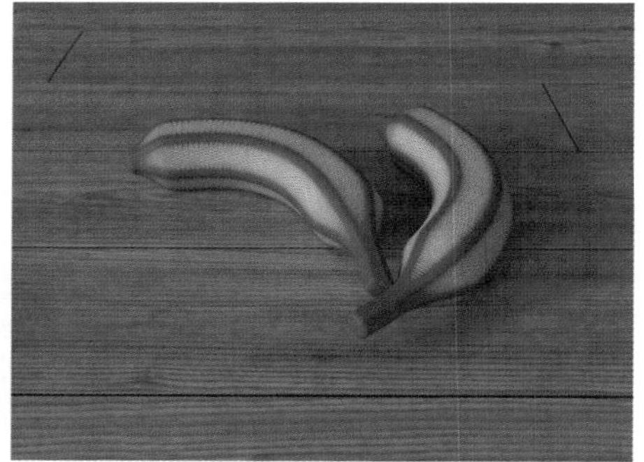

图 3-56

思路分析

在制作实例前，需要先观察香蕉模型的形态，再从“创建”面板中选择对应的按钮进行制作。

步骤演示

❶ 启动中文版 3ds Max 2022 软件，在“创建”面板中单击“线”按钮，如图 3-57 所示。在场景中创建一条曲线，如图 3-58 所示。

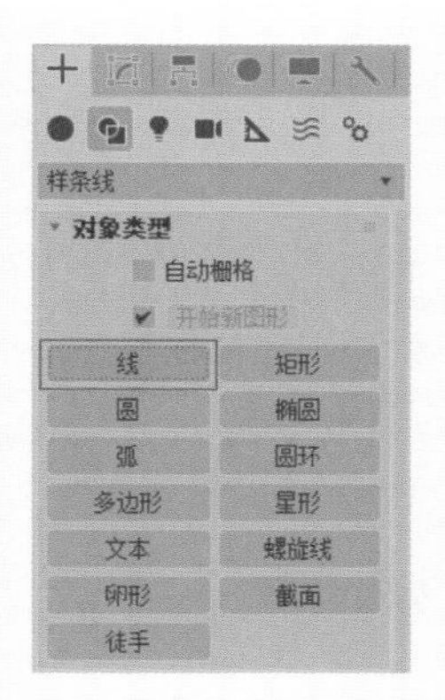

图 3-57

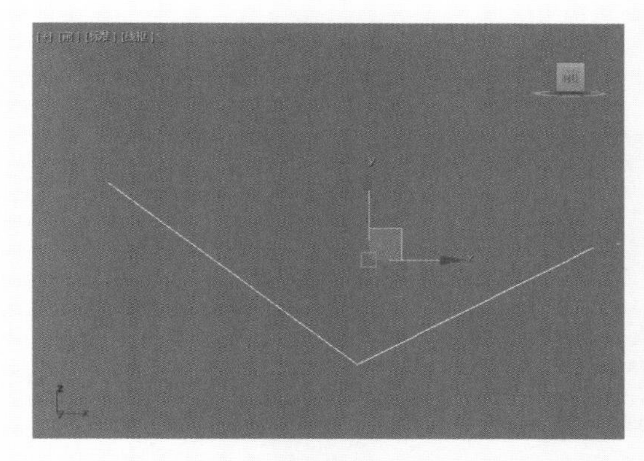

图 3-58

❷ 选择曲线上的所有顶点，如图 3-59 所示。将点的类型设置为“平滑”，可以得到如图 3-60 所示的曲线效果。

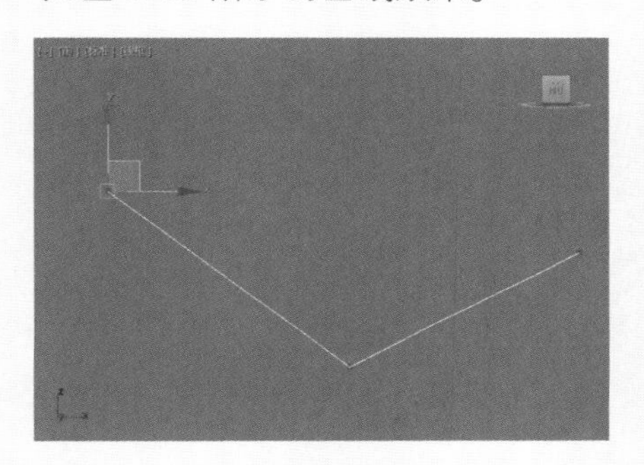

图 3-59

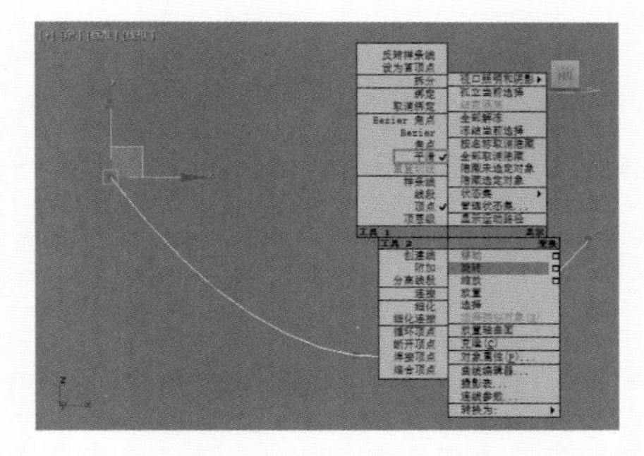

图 3-60

❸ 单击“创建”面板中的“多边形”按钮，如图 3-61 所示。

❹ 在场景中创建一个多边形，并在“修改”面板中调整其参数，如图 3-62 所示。

❺ 再次创建一个多边形，并在“修改”面板中调整其参数，如图 3-63 所示。

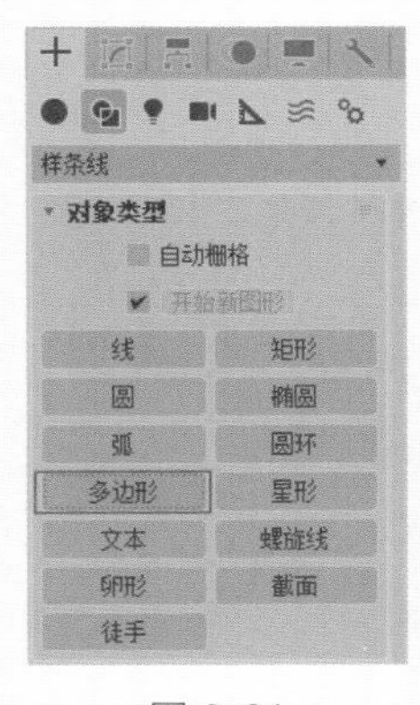

图 3-61

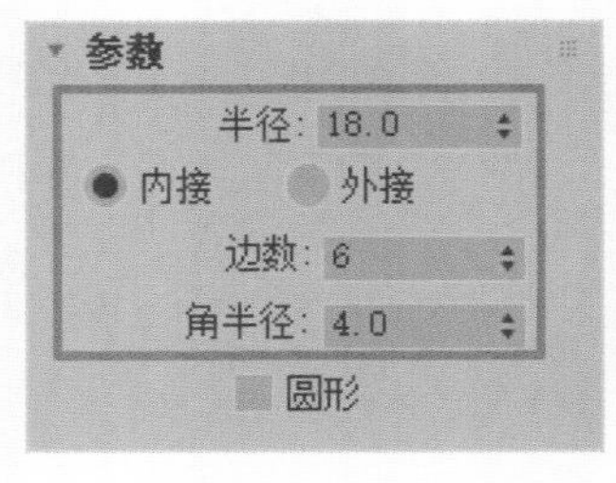

图 3-62

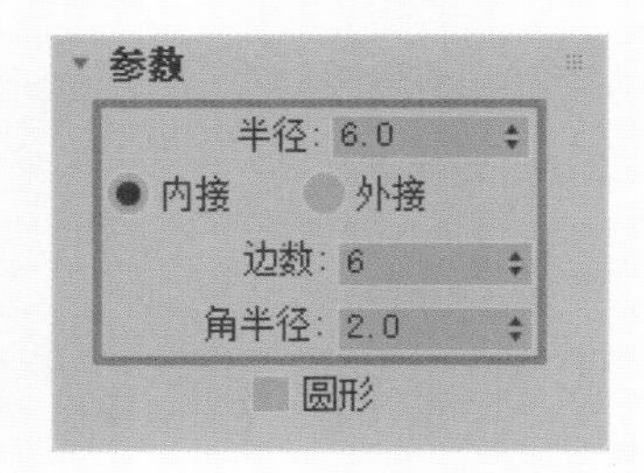

图 3-63

❻ 设置完成后，场景中的三条曲线显示效果如图 3-64 所示。

❼ 选择绘制出来的第一条曲线，单击“创建”面板中的“放样”按钮，如图 3-65 所示。

图 3-64

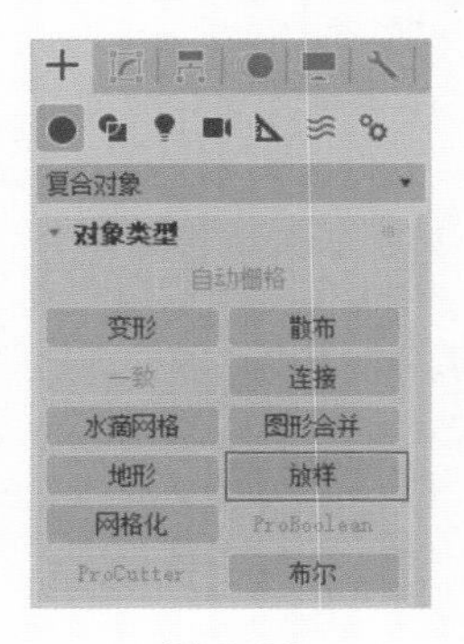

图 3-65

❽ 在“路径参数”卷展栏中，将“路径”的值设置为 0，单击“获取图形”按钮，如图 3-66 所示。拾取场景中的圆形，如图 3-67 所示。

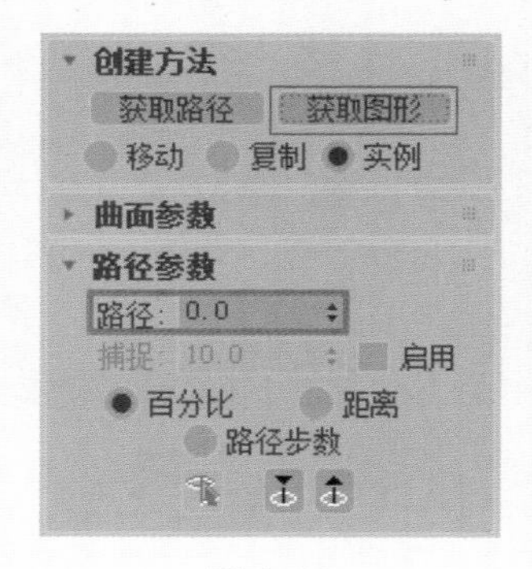

图 3-66

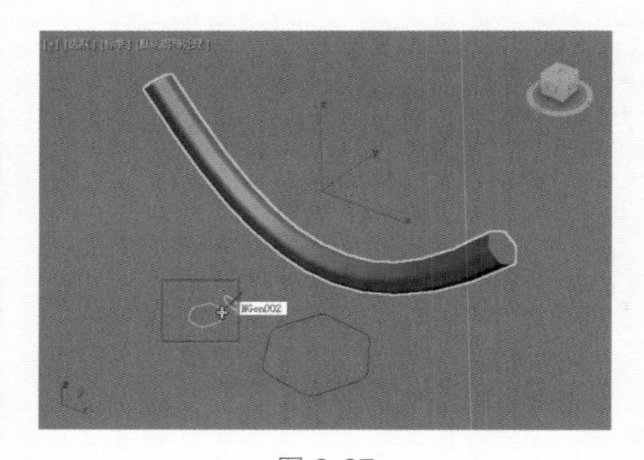

图 3-67

❾ 在“路径参数”卷展栏中，将“路径”的值设置为 10，单击“获取图形”按钮，如图 3-68 所示。拾取场景中的圆形，如图 3-69 所示。

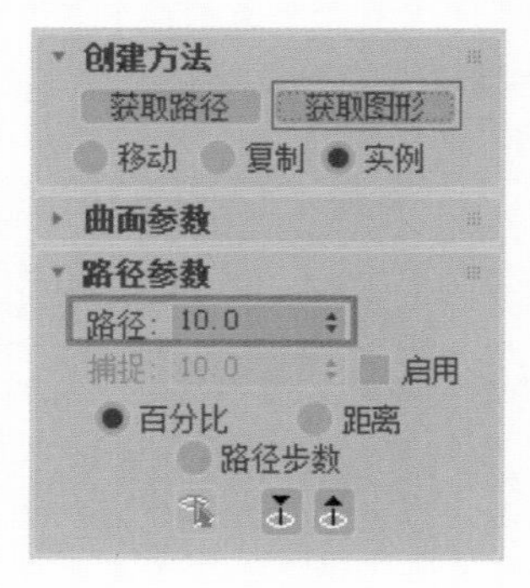

图 3-68

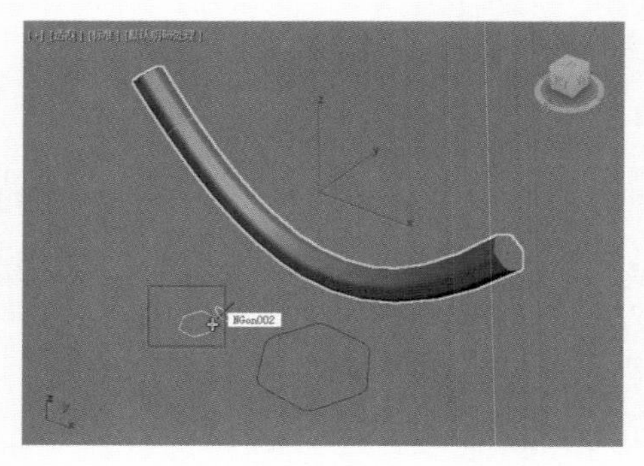

图 3-69

⑩ 在“路径参数”卷展栏中，将“路径”的值设置为 25，单击“获取图形”按钮，拾取场景中的圆形，如图 3-70 所示。

⑪ 在“路径参数”卷展栏中，将“路径”的值设置为 90，单击“获取图形”按钮，拾取场景中的圆形，如图 3-71 所示。

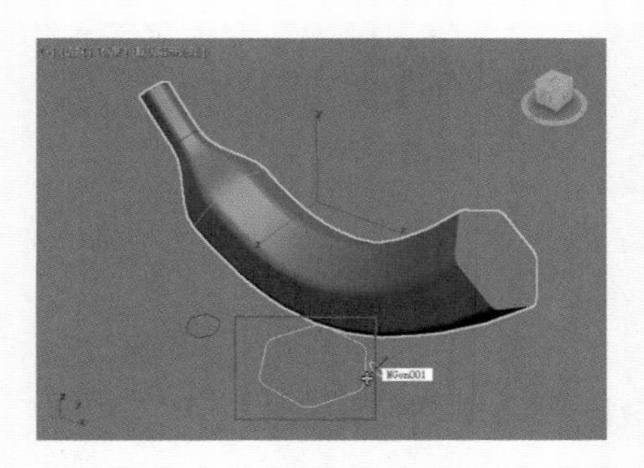

图 3-70

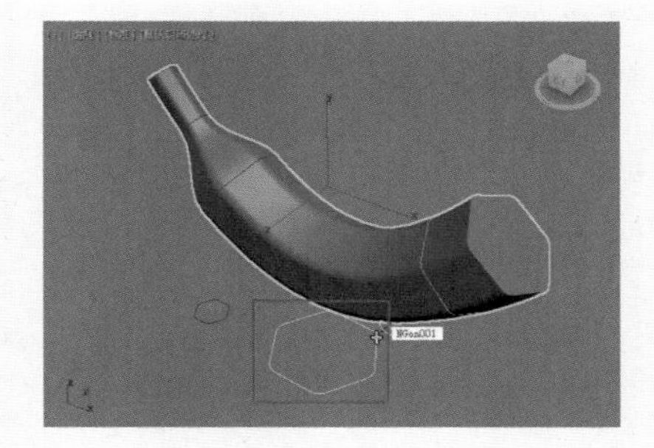

图 3-71

⑫ 在“路径参数”卷展栏中，将“路径”的值设置为 100，单击“获取图形”按钮，拾取场景中的圆形，如图 3-72 所示。

⑬ 在“修改”面板中，为香蕉模型添加“网格平滑”修改器，展开“细分量”卷展栏，设置“迭代次数”的值为 2，如图 3-73 所示。

⑭ 本实例的最终模型完成效果如图 3-74 所示。

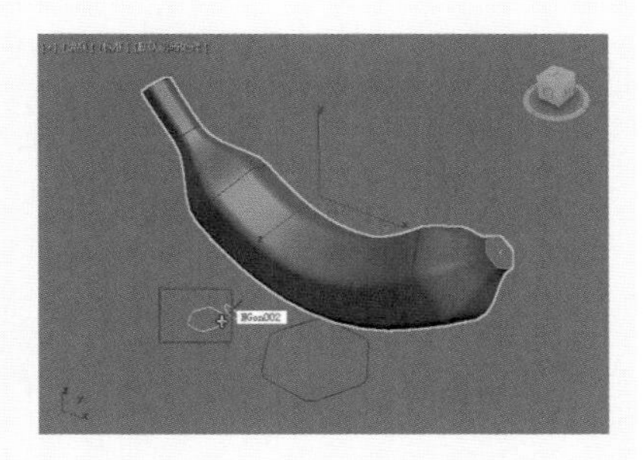

图 3-72

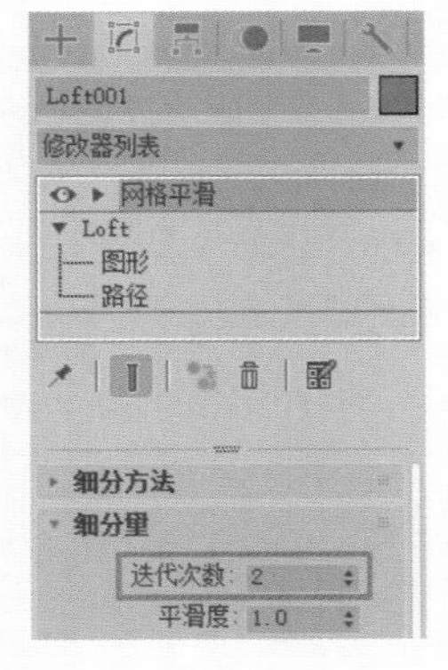

图 3-73

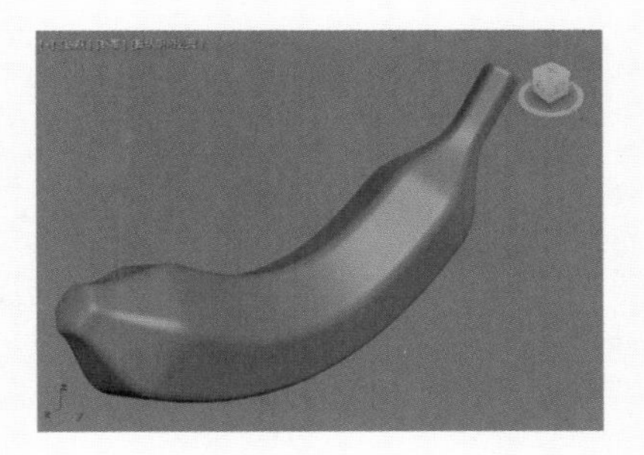

图 3-74

学习完本实例后，读者可以尝试制作出一串香蕉的模型效果。

3.5.4 实例：制作牙膏模型

实例介绍

本实例将为大家讲解牙膏模型的制作方法，制作完成后模型的渲染效果如图3-75所示。

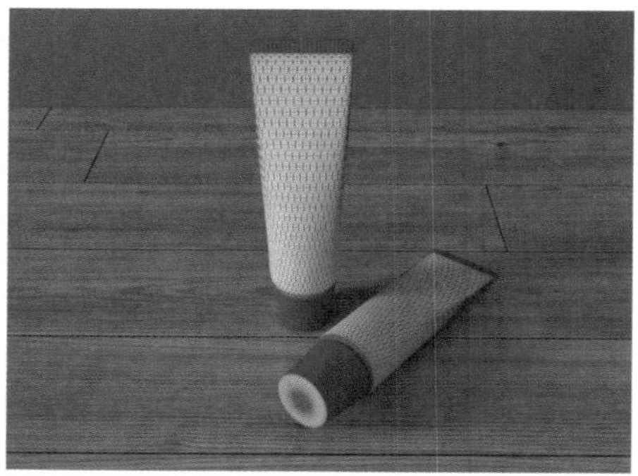

图 3-75

思路分析

在制作实例前，需要先观察牙膏模型的形态，再从“创建”面板中选择对应的按钮进行制作。

步骤演示

❶ 启动中文版3ds Max 2022软件，在“创建”面板中单击“线”按钮，如图3-76所示。在“前”视图中由下向上创建一条直线，如图3-77所示。

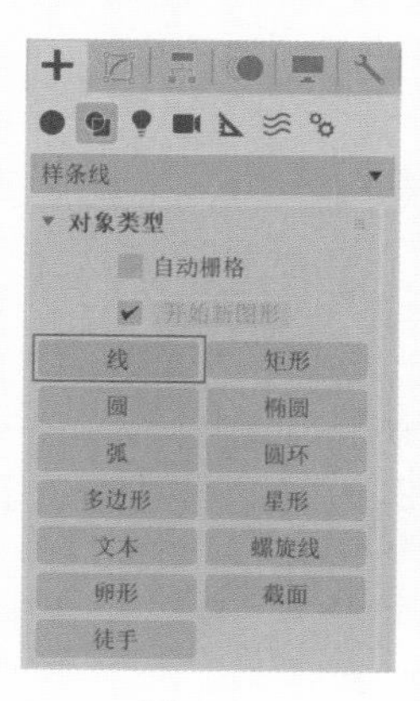

图 3-76

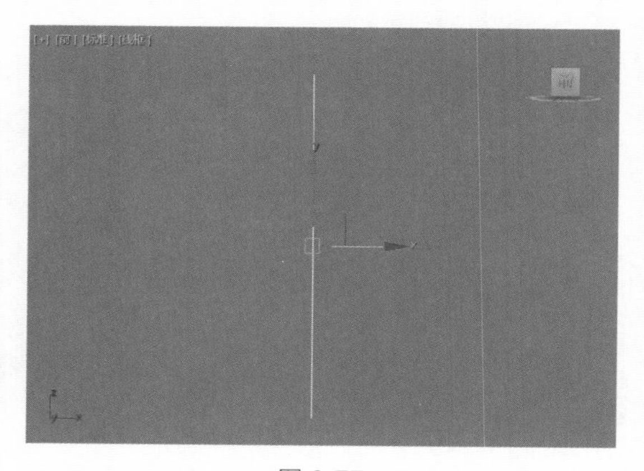

图 3-77

❷ 单击“创建”面板中的“矩形”按钮，如图3-78所示。在场景中创建一个矩形，如图3-79所示。

❸ 在“修改”面板中，设置矩形的参数，如图 3-80 所示。

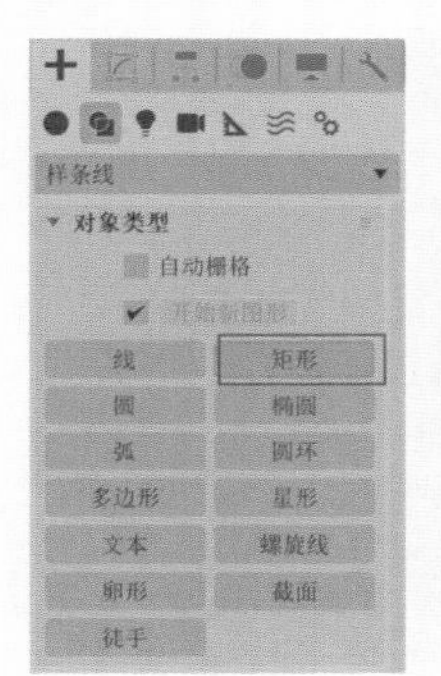

图 3-78

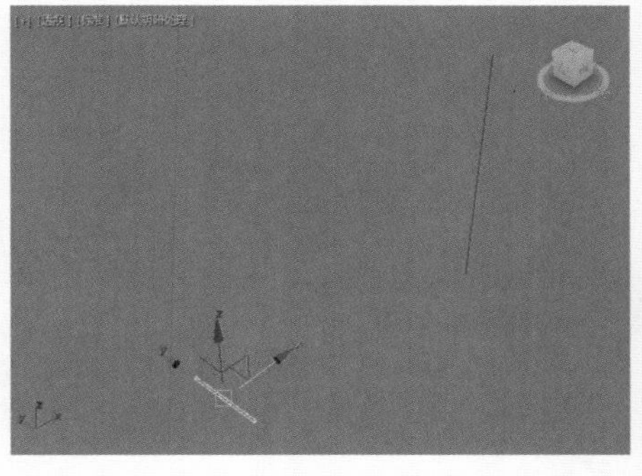

图 3-79

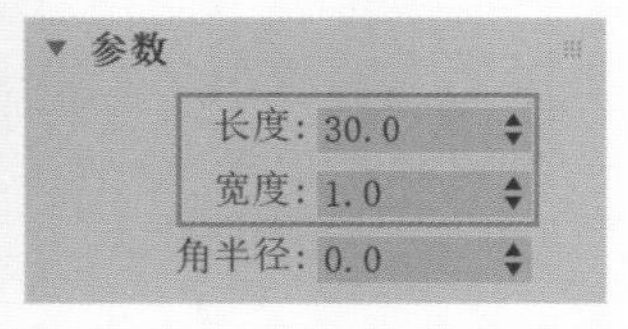

图 3-80

❹ 单击“创建”面板中的“圆”按钮，如图 3-81 所示。在场景中创建 1 个圆形，如图 3-82 所示。

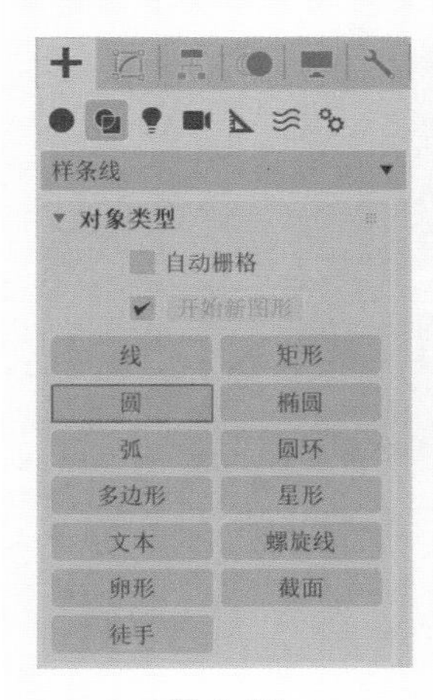

图 3-81

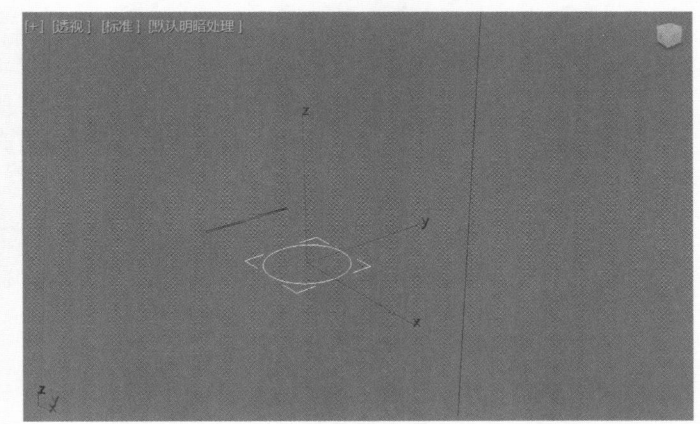

图 3-82

❺ 在“修改”面板中，设置圆形的参数，如图 3-83 所示。

❻ 再次创建一个圆形，在“修改”面板中，设置圆形的参数，如图 3-84 所示。

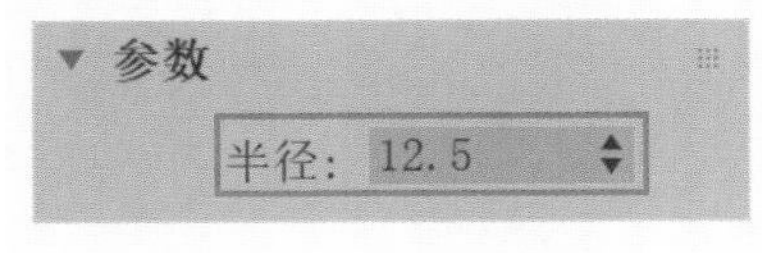

图 3-83

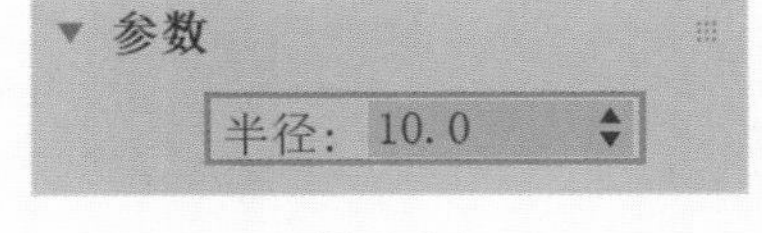

图 3-84

❼ 选择场景中的直线，单击“创建”面板中的“放样”按钮，如图 3-85 所示。

❽ 在“路径参数”卷展栏中，将“路径”的值设置为 0，单击“获取图形”按钮，如图 3-86 所示。拾取场景中的圆形，如图 3-87 所示。

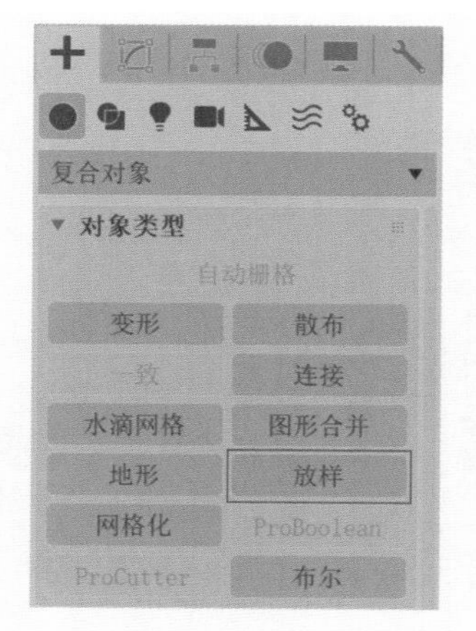

图 3-85

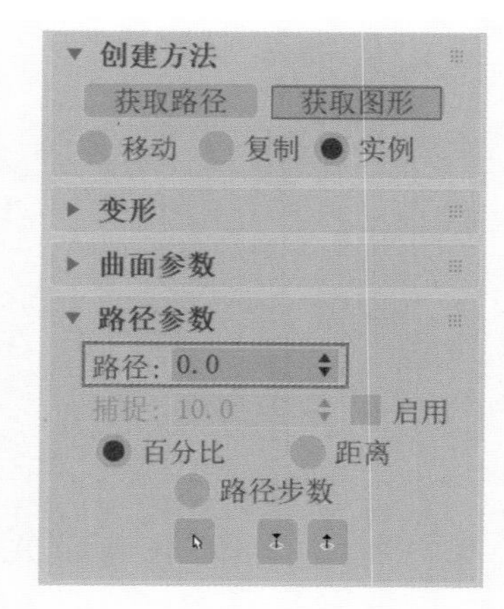

图 3-86

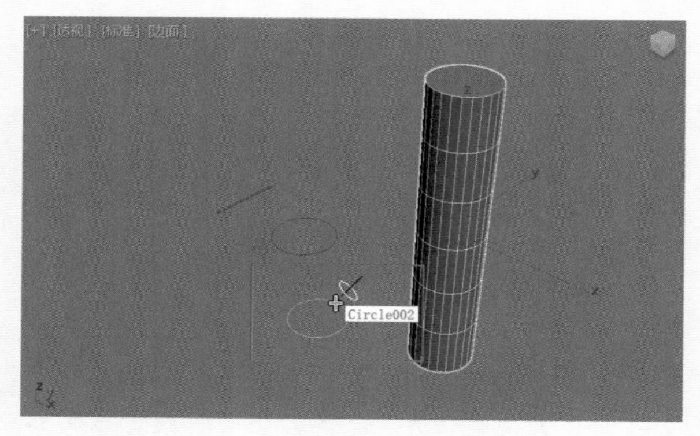

图 3-87

⑨ 在“路径参数”卷展栏中，将“路径”的值设置为 3，单击“获取图形”按钮，如图 3-88 所示。拾取场景中的圆形，如图 3-89 所示。

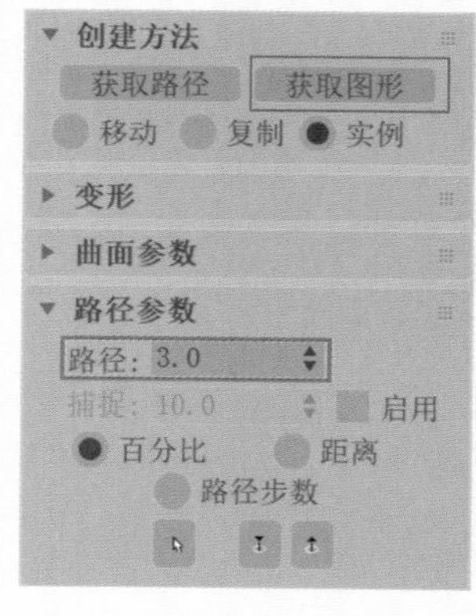

图 3-88

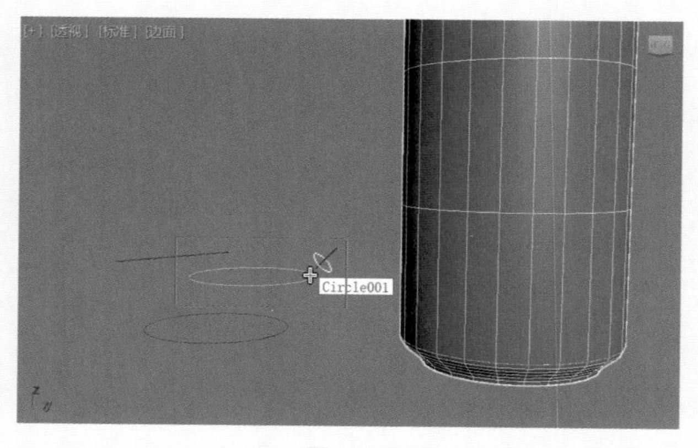

图 3-89

⑩ 在“路径参数”卷展栏中，将“路径”的值设置为 95，单击“获取图形”按钮，如图 3-90 所示。拾取场景中的矩形，如图 3-91 所示。

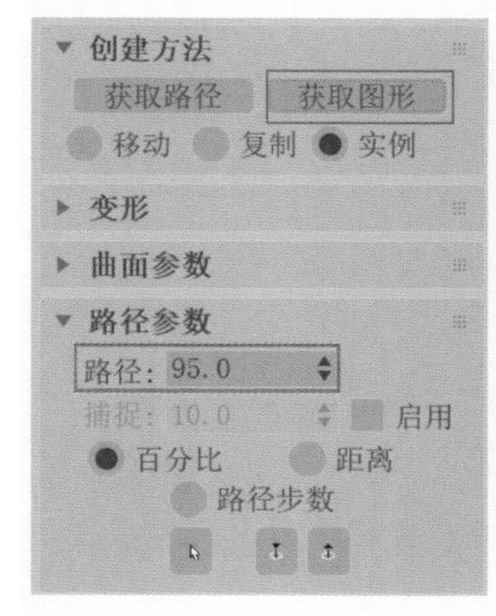

图 3-90

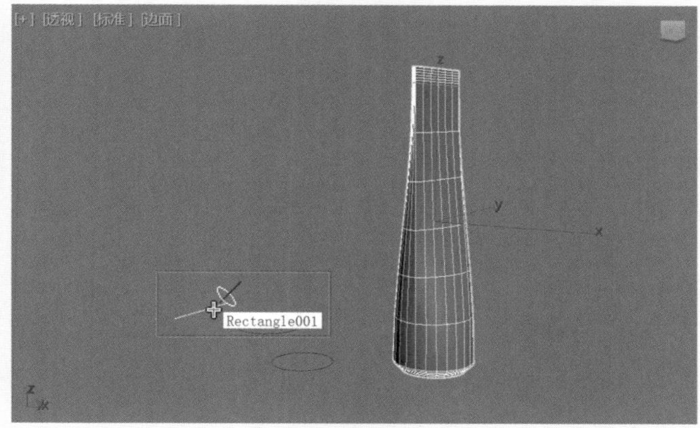

图 3-91

⑪ 现在观察牙膏模型的形状，我们不难发现模型上的布线感觉有点扭曲，如图 3-92 所示。

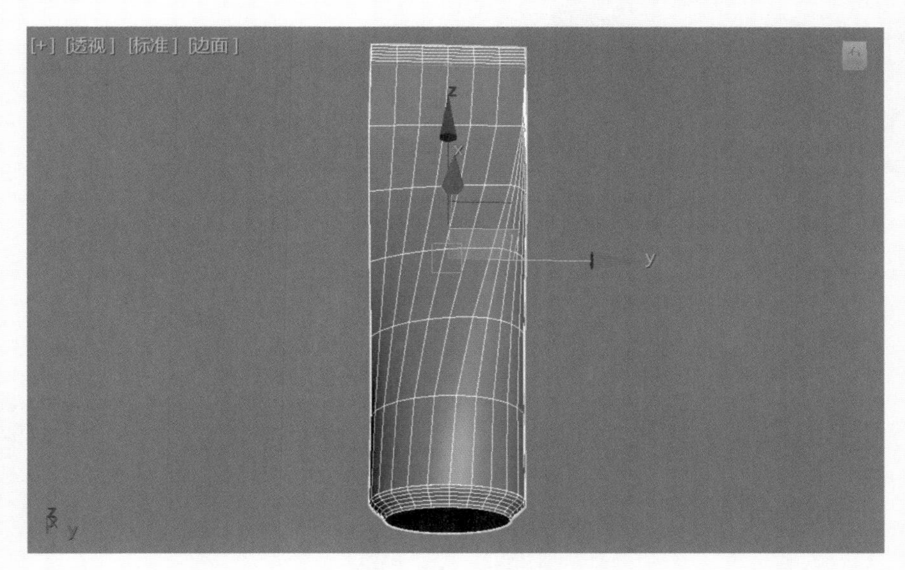

图 3-92

⑫ 在“修改”面板中，单击“比较”按钮，如图 3-93 所示。在系统自动弹出的“比较”面板中，我们可以单击“拾取图形”按钮，将牙膏模型上的图形依次拾取进来，拾取后的效果如图 3-94 所示。

图 3-93

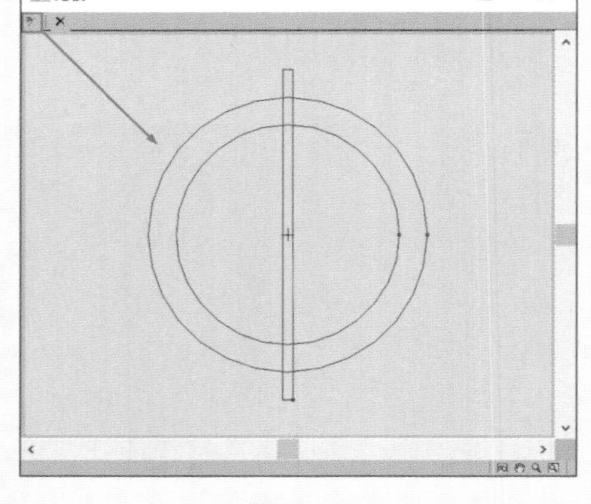

图 3-94

⑬ 在“透视”视图中，对牙膏模型上的矩形进行旋转，调整牙膏模型布线效果，如图 3-95 所示。调整完成后，“比较”面板中的图形显示效果如图 3-96 所示。

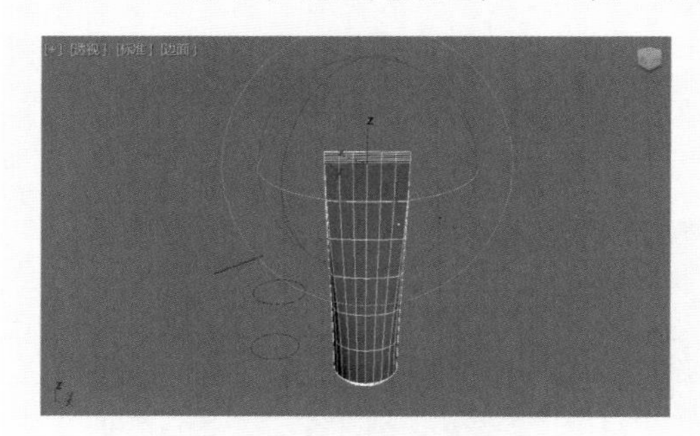

图 3-95

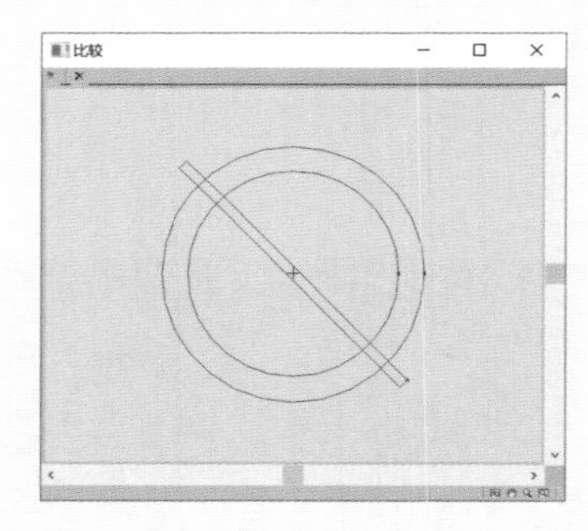

图 3-96

⑭ 在“修改”面板中，为牙膏模型添加“网格平滑”修改器，展开“细分量”卷展栏，设置“迭代次数”的值为 2，如图 3-97 所示。

⑮ 设置完成后，牙膏模型的形态如图 3-98 所示，可以看到模型变得平滑了许多。

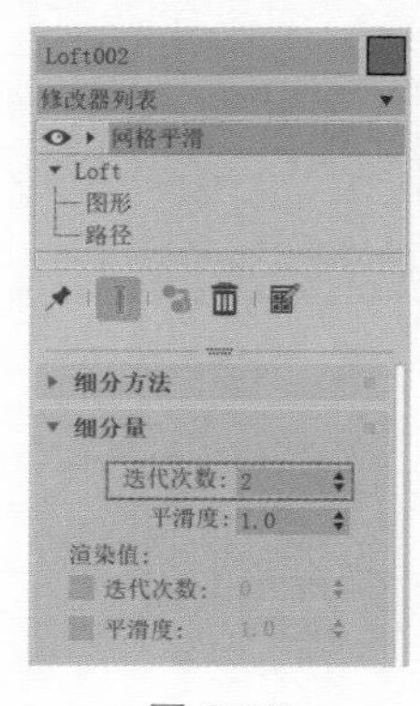

图 3-97

图 3-98

⑯ 单击“创建”面板中的“圆锥体”按钮，如图 3-99 所示。在场景中创建一个圆锥体模型用来制作牙膏盖模型。

⑰ 在“修改”面板中，调整圆锥体的各项参数值，如图 3-100 所示。

图 3-99

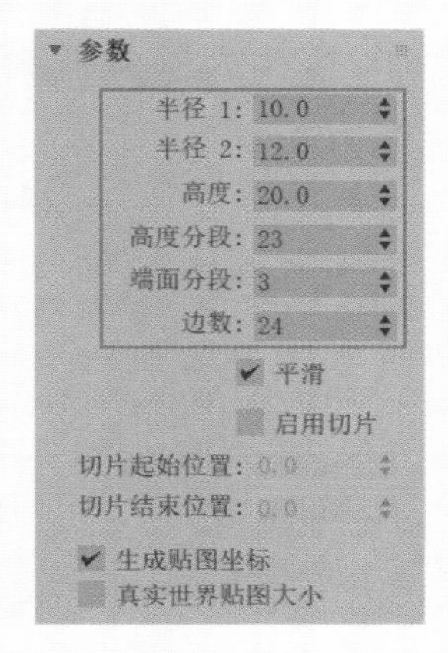

图 3-100

⑱ 以相同的操作步骤为圆锥体添加“网格平滑”修改器，展开“细分量”卷展栏，设置“迭代次数”的值为 2，如图 3-101 所示。

⑲ 调整圆锥体模型的位置至牙膏模型的底部，本实例的最终模型完成效果如图 3-102 所示。

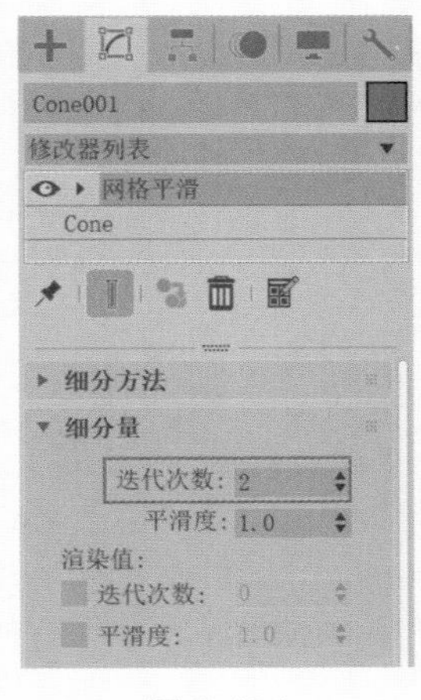

图 3-101

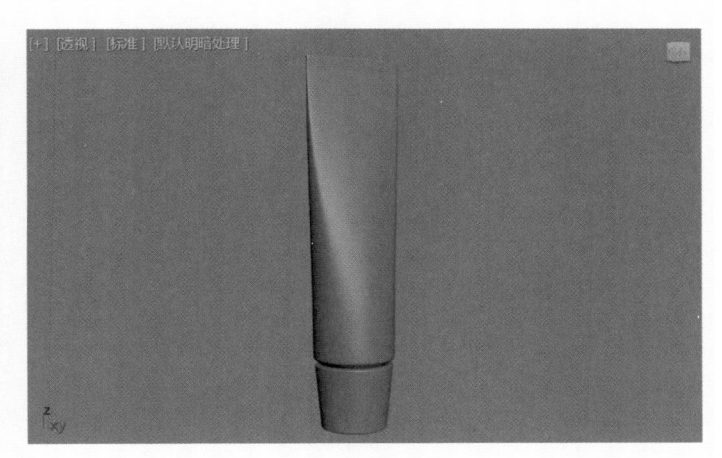

图 3-102

学习完本实例后，读者可以尝试制作形态较为相似的瓶子或管状模型。

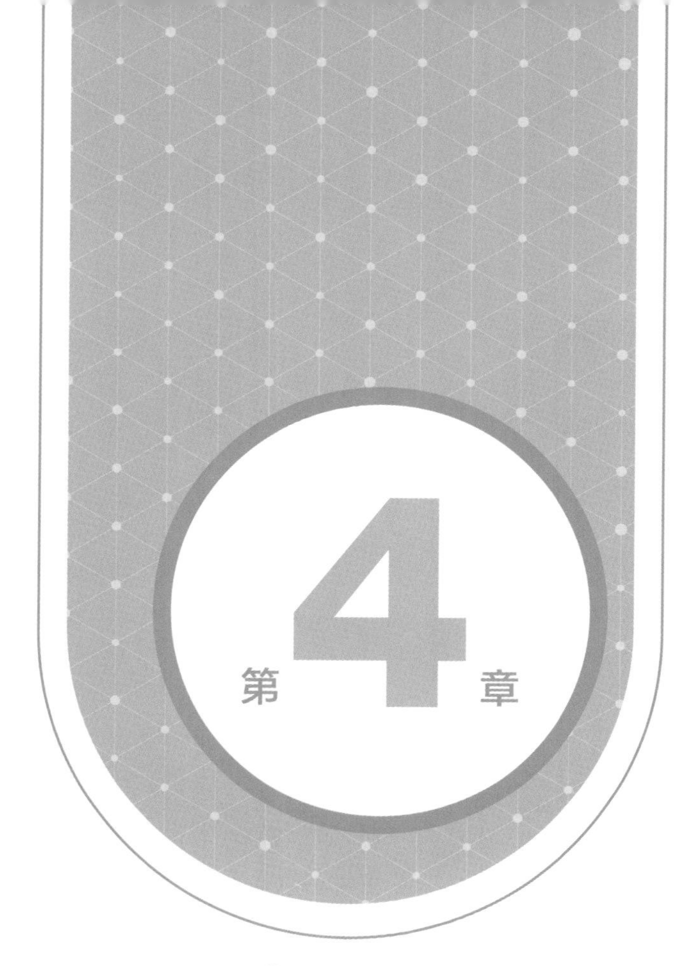

高级建模

4.1 高级建模概述

在深入学习建模技术时，用户会发现仅仅依靠前两章所介绍的几何体建模技术和图形建模技术已经无法制作出形体更加复杂、表面细节更多的三维模型，如图 4-1 和图 4-2 所示。那么，诸如这样细节丰富的模型究竟如何制作呢？这就需要掌握命令更加繁多的修改器的用法，如“车削”修改器、“涡轮平滑”修改器、FFD 修改器、“编辑多边形”修改器等。我们将在本章为读者详细讲解它们的使用方法和制作技巧。

图 4-1

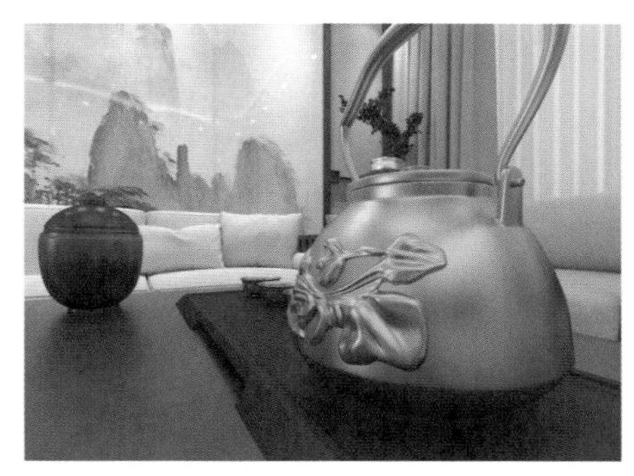

图 4-2

4.2 修改器概述

“修改器”是用于对模型进行重新塑形、编辑贴图、添加动画等制作的命令集合。这些命令集合被放置于“修改”面板中的“修改器列表”里，如图 4-3 所示。当用户选择了场景中的对象后，就激活了“修改”面板，然后便可以在“修改器列表”里选择合适的修改器来进行下一步的操作。需要注意的是，如果选择了不同类型的操作对象，“修改器列表”里出现的修改器也会不同。扫描图 4-4 中的二维码，可观看有关修改器的基本使用方法详解视频。

图 4-3

图 4-4

4.3 常用修改器

3ds Max 2022 软件给用户提供了许多修改器，在“修改”面板中的“修改器列表”里，我们可以看到修改器默认分为“选择修改器”“世界空间修改器”和“对象空间修改器”这三大部分，如图 4-5 所示。扫描图 4-6 中的二维码，可观看常用修改器的详解视频。

对象空间修改器
Arnold Properties
Cloth
CreaseSet
FFD 2x2x2
FFD 3x3x3
FFD 4x4x4
FFD(圆柱体)
FFD(长方体)
Filter Mesh Colors By Hue
HSDS
MassFX RBody
mCloth
MultiRes
OpenSubdiv
Particle Skinner
Physique
STL 检查
UV as Color
UV as HSL Color
UV as HSL Gradient
UV as HSL Gradient With M
UVW 变换
UVW 展开
UVW 贴图
UVW 贴图添加
UVW 贴图清除
X 变换
专业优化
优化
体积选择
体积选择
保留
倾斜
切片
切角
删除网格
删除面片
加权法线
变形器
噪波
四边形网格化
壳
多边形选择
对称
属性承载器
平滑
弯曲
影响区域
扭曲
投影
折缝
拉伸
按元素分配材质
按通道选择
挤压
推力
摄影机贴图
数据通道
晶格
曲面变形
替换
材质
松弛
柔体
法线
波浪
涟漪
涡轮平滑
点缓存
焊接
球形化
粒子面创建器
细分
细化
编辑多边形
编辑法线
编辑网格
编辑面片
网格平滑
网格选择
置换
置换近似
蒙皮
蒙皮包裹
蒙皮包裹面片
蒙皮变形
融化
补洞
贴图缩放器
路径变形
转化为多边形
转化为网格
转化为面片
链接变换
锥化
镜像
面挤出
面片变形
面片选择
顶点焊接
顶点绘制

图 4-5

图 4-6

4.4 多边形建模

多边形建模技术是目前流行的三维建模方式之一，实际上也是 3ds Max 的修改器命令之一。用户只需要为场景中的对象添加“编辑多边形”修改器，即可使用这一技术。使用多边形建模技术几乎可以做出任何模型，如工业产品模型、建筑景观模型、卡通角色模型等。图 4-7 和图 4-8 所示分别为使用多边形建模技术制作出来的三维模型。

图 4-7

图 4-8

“编辑多边形”修改器的子层级包含了“顶点”“边”“边界”“多边形”和“元素”这 5 个层级，如图 4-9 所示。并且，在每个子层级中又分别包含不同的针对多边形及子层级的建模修改命令。扫描图 4-10 中的二维码，可观看编辑多边形子对象层级详解视频。

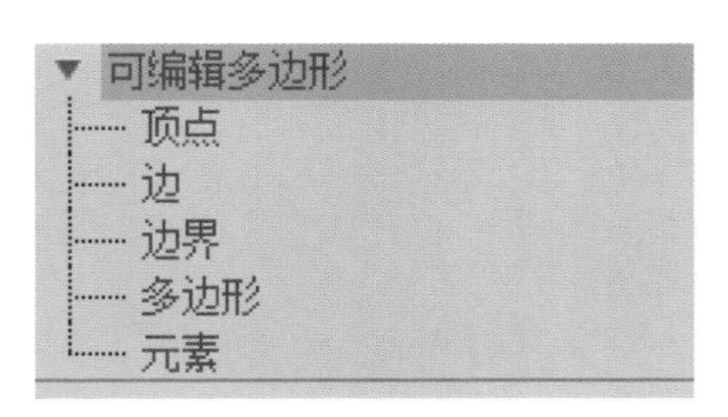

图 4-9

图 4-10

4.5 技术实例

4.5.1 实例：制作酒杯模型

实例介绍

本实例将为大家讲解如何使用“车削”修改器来制作一个酒杯模型，酒杯模型的渲染效果如图 4-11 所示。

图 4-11

思路分析

在制作实例前，需要先观察酒杯模型的形态，然后使用“线”工具绘制出酒杯的剖面线条来制作酒杯模型。

步骤演示

❶ 启动中文版 3ds Max 2022 软件，单击“创建”面板中的“线”按钮，如图 4-12 所示。

❷ 在“前”视图中绘制出酒杯的大概轮廓，如图 4-13 所示。

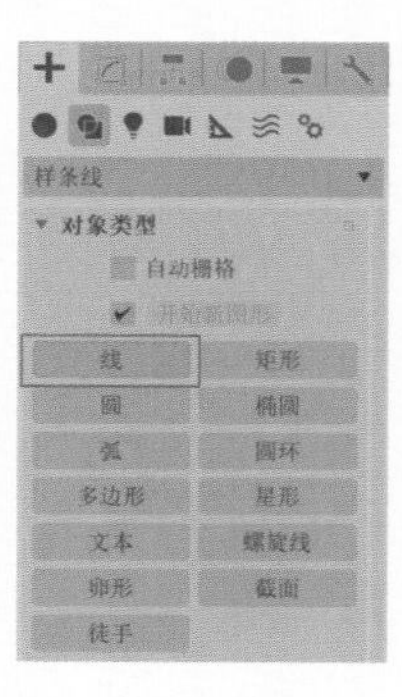

图 4-12

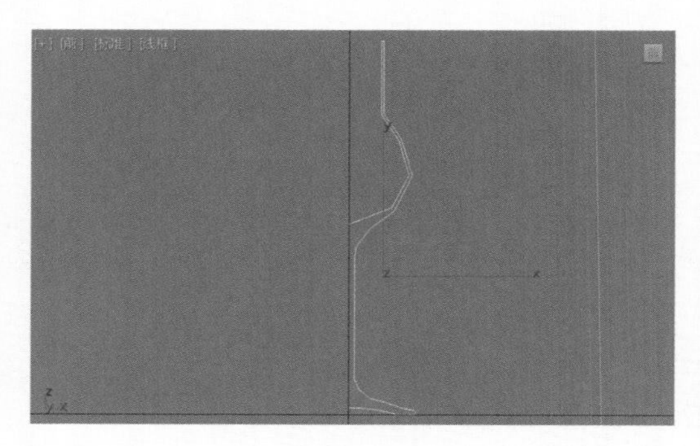

图 4-13

❸ 在“修改”面板中，进入“顶点”子层级，选择图 4-14 所示的顶点，单击鼠标右

键，在弹出的四元菜单上选择并执行“平滑”命令，将所选择的点由默认的“角点”转换为“平滑”，如图 4-15 所示。

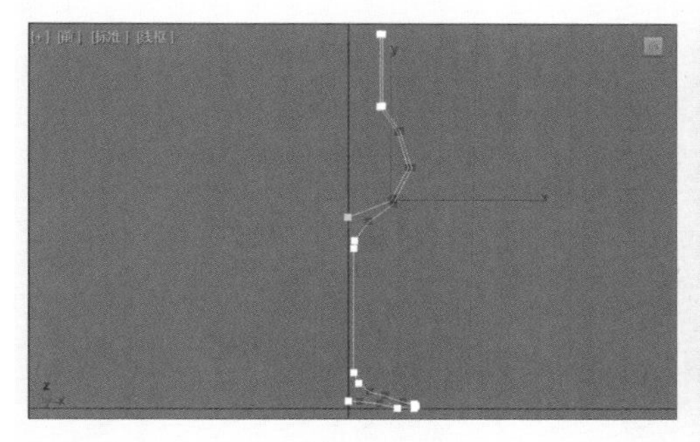

图 4-14

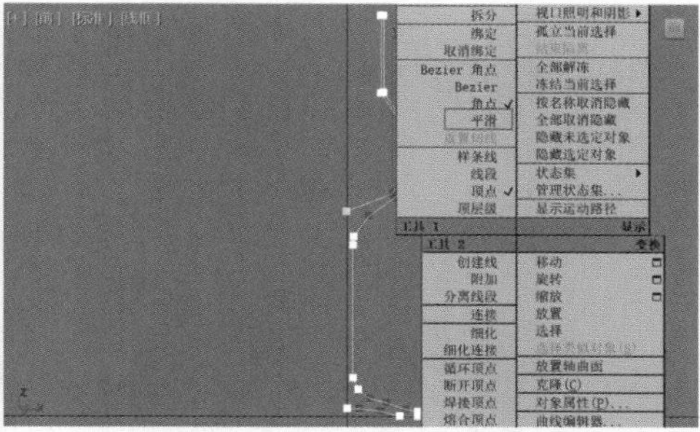

图 4-15

❹ 转换完成后，调整曲线的形态至图 4-16 所示效果。

❺ 选择绘制完成后的曲线，在“修改”面板中，为其添加“车削”修改器，如图 4-17 所示。

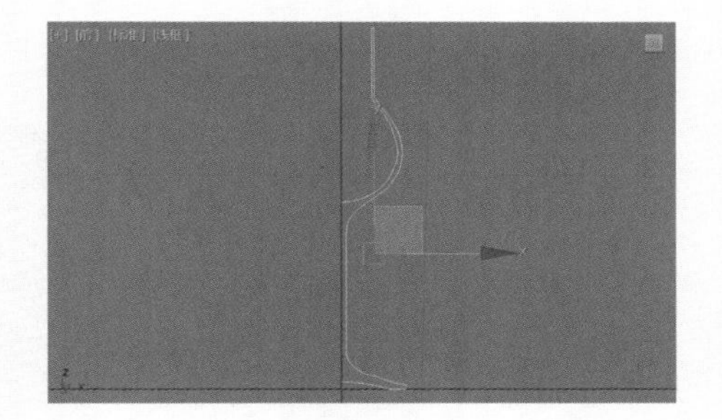

图 4-16

图 4-17

❻ 在“修改”面板中，展开“参数”卷展栏，勾选“焊接内核”和“翻转法线”选项，设置“分段”值为 32，将“对齐”的方式设置为“最小”，如图 4-18 所示。

❼ 设置完成后，酒杯的效果如图 4-19 所示。

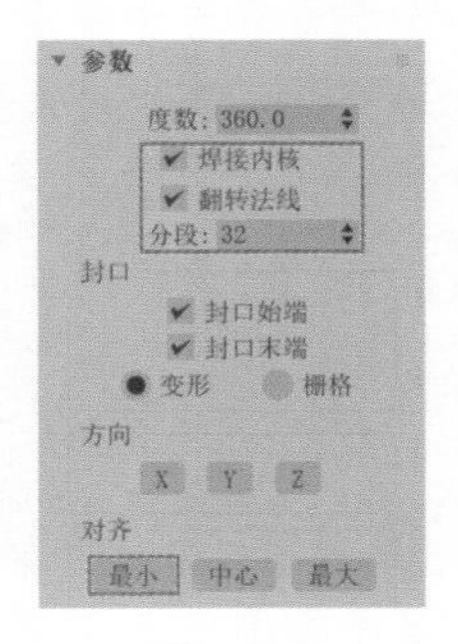

图 4-18

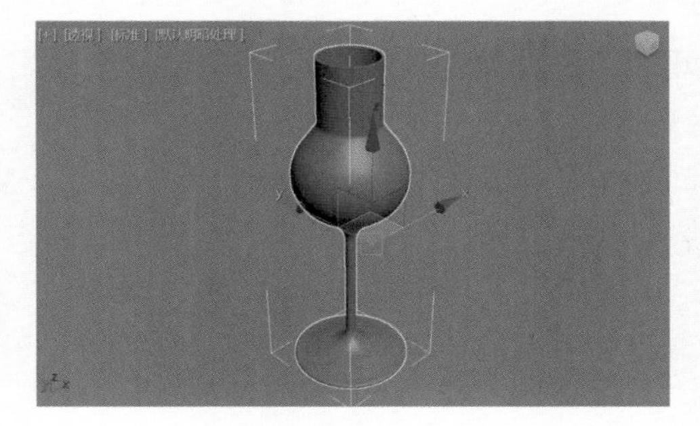

图 4-19

❽ 选择酒杯模型，右击并执行“克隆”命令，如图 4-20 所示。在系统自动弹出的“克隆选项”对话框中选择“复制”选项，如图 4-21 所示，这样可以在同样的位置复制出一个酒杯模型。

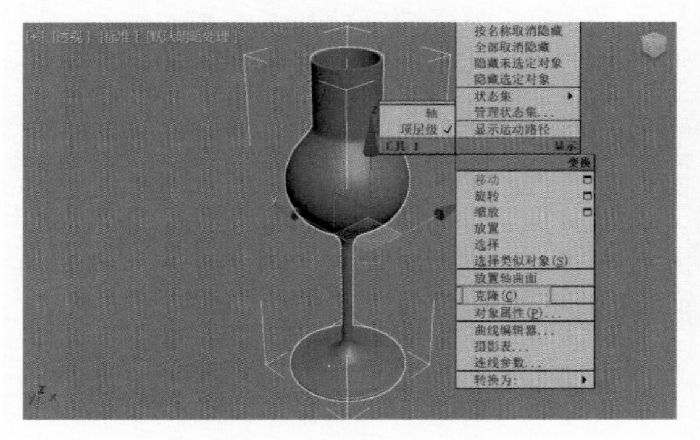

图 4-20

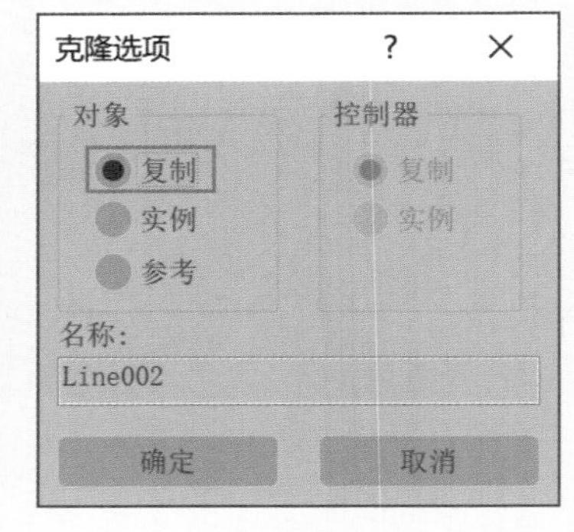

图 4-21

❾ 在“修改”面板中，进入曲线的“顶点”子对象层级。选择图 4-22 所示的顶点，单击“断开”按钮，如图 4-23 所示。将其打断后，删除多余的线段，并调整曲线的形态，如图 4-24 所示。

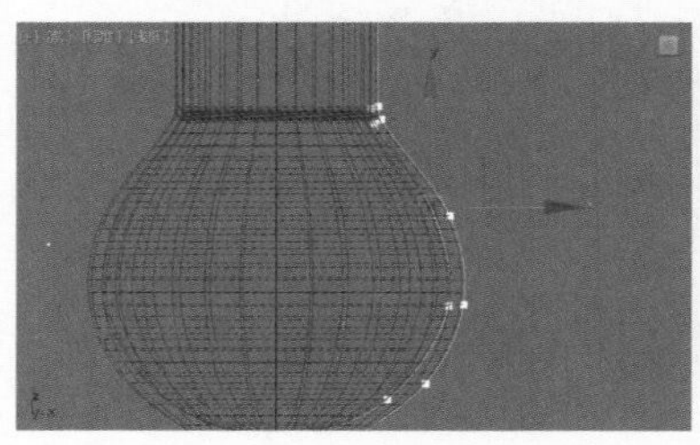

图 4-22

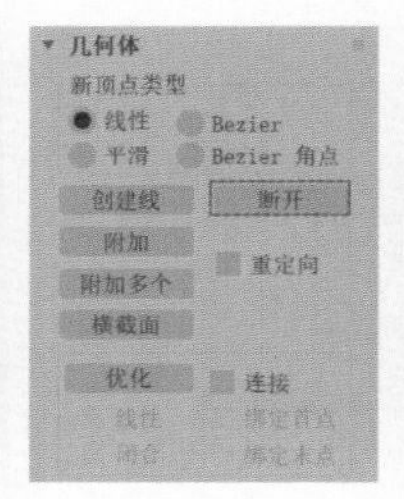

图 4-23

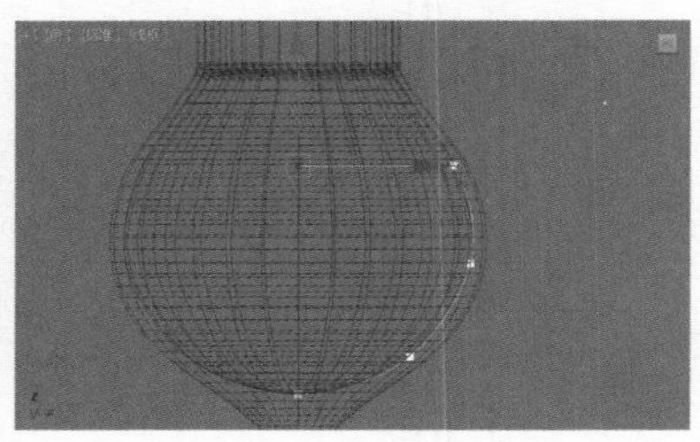

图 4-24

❿ 退出曲线的“顶点”子对象层级后，可以看到瓶子中的饮料模型制作完成，如图 4-25 所示。

⓫ 本实例最终制作完成后的模型效果如图 4-26 所示。

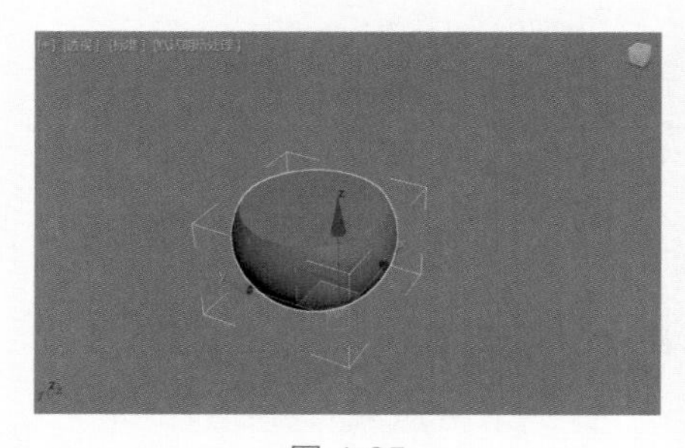

图 4-25

图 4-26

学习完本实例后，读者可以尝试制作形态较为相似的其他杯子、碗、瓶子等模型。

4.5.2　实例：制作足球模型

实例介绍

本实例将为大家讲解如何使用多个修改器来制作一个足球模型，足球模型的渲染效果如图 4-27 所示。

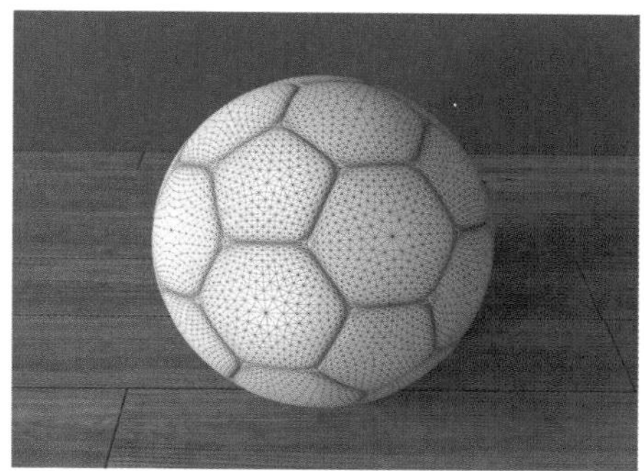

图 4-27

思路分析

在制作实例前，需要先观察足球的形态，再从“创建”面板中选择对应的按钮进行制作。

步骤演示

❶ 启动中文版 3ds Max 2022 软件，单击“创建”面板中的“异面体”按钮，如图 4-28 所示。在场景中创建一个异面体对象，如图 4-29 所示。

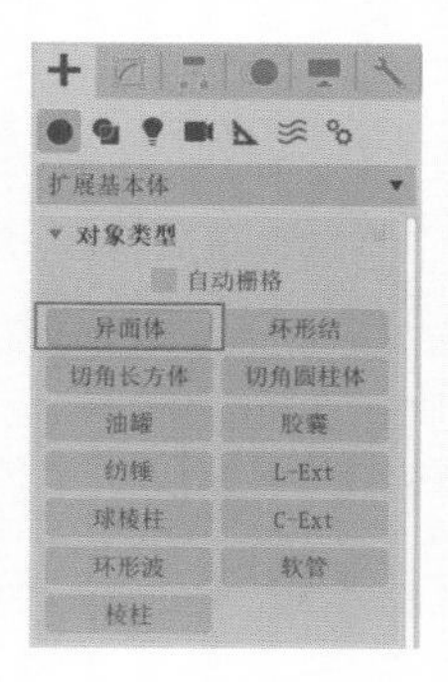

图 4-28

图 4-29

❷ 在“修改”面板中，设置异面体的“系列”为“十二面体 / 二十面体”选项，在“系列参数”中，设置 P 值为 0.36，如图 4-30 所示。

❸ 设置完成后，异面体的模型显示效果如图 4-31 所示。

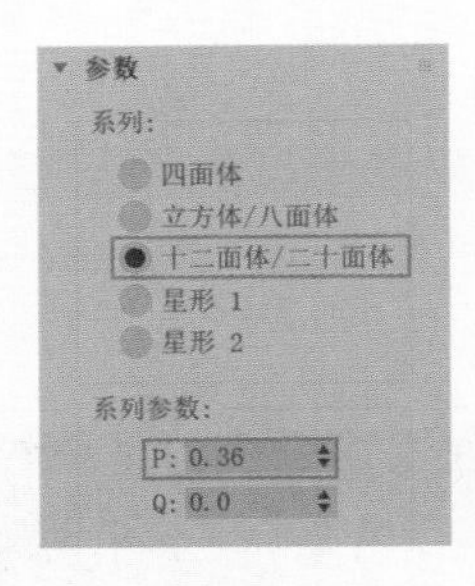

图 4-30

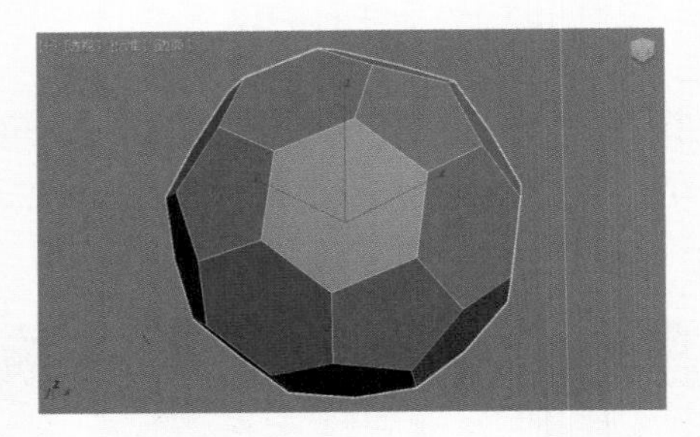

图 4-31

❹ 单击鼠标右键，在弹出的快捷菜单中选择并执行“转换为 / 转换为可编辑网格”命令，如图 4-32 所示。

❺ 在“修改”面板中，进入到“多边形”子层级，选择图 4-33 所示的所有面。单击“修改”面板中的“炸开”按钮，如图 4-34 所示。在系统自动弹出的“炸开为对象”对话框中单击“确定”按钮，如图 4-35 所示。

❻ 退出“多边形”子层级，选择场景中的所有被炸开的模型，如图 4-36 所示。

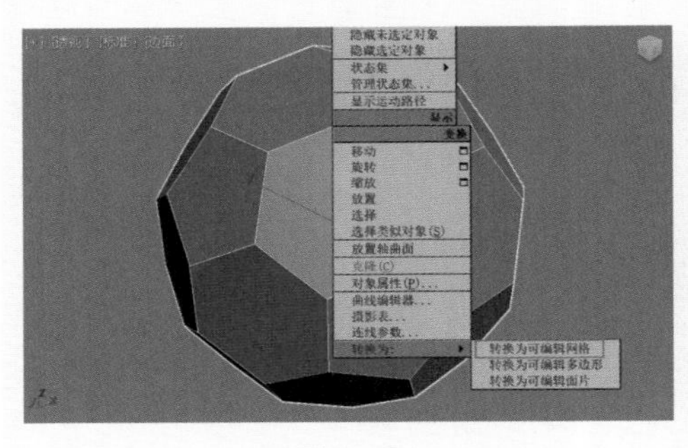

图 4-32

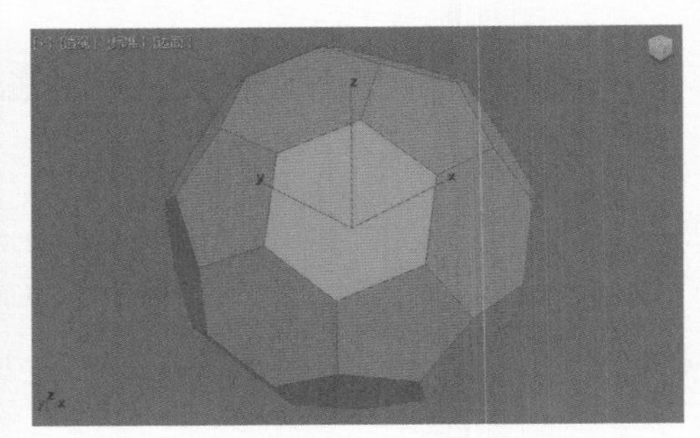

图 4-33

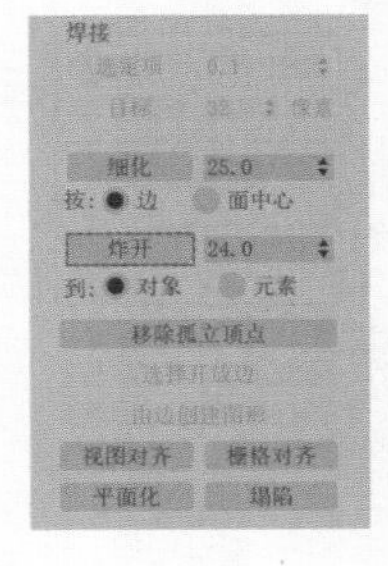

图 4-34

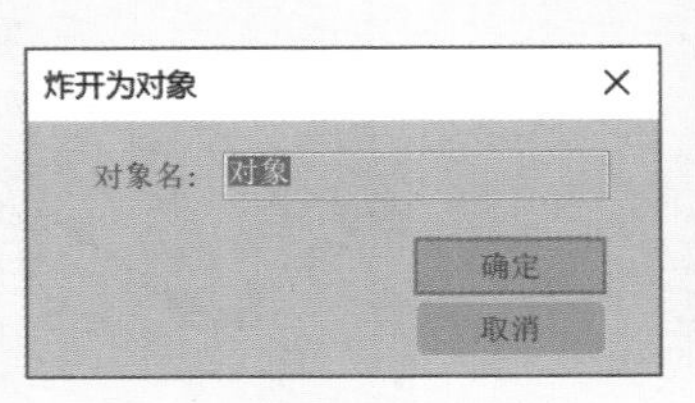

图 4-35

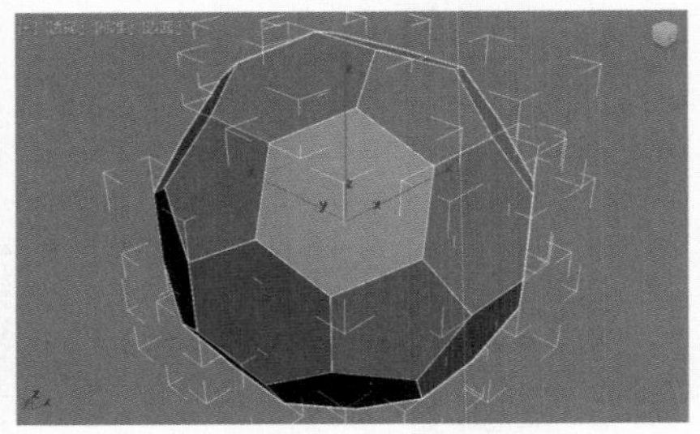

图 4-36

❼ 添加“涡轮平滑”修改器，并设置“主体”的“迭代次数”值为 2，如图 4-37 所示。

❽ 设置完成后，模型的显示效果如图 4-38 所示。

❾ 在“修改”面板中，为所有选择的对象添加“球形化”修改器，如图 4-39 所示。

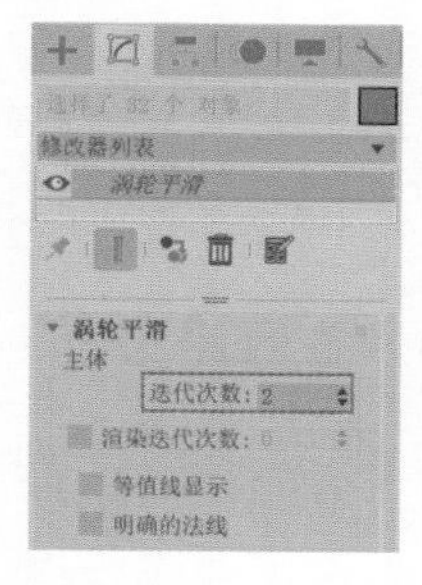

图 4-37

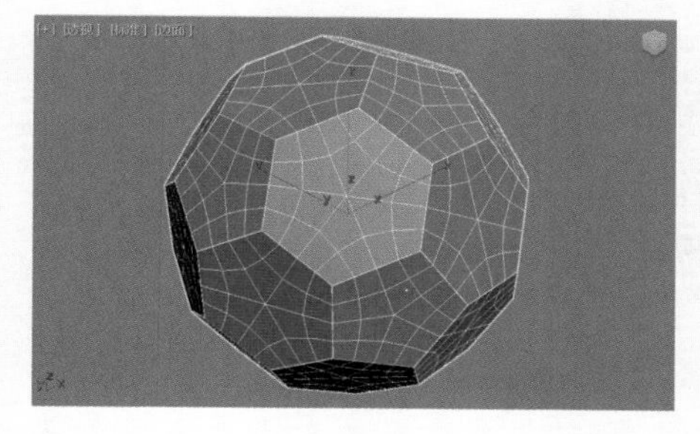

图 4-38

图 4-39

❿ 添加完成后，模型看起来像球体一样光滑，如图 4-40 所示。

⓫ 在“修改”面板中，为所有选择的对象添加“网格选择”修改器，如图 4-41 所示。

⓬ 进入“网格选择”修改器的“多边形”子层级，按下组合键 Ctrl+A，选择所有面，如图 4-42 所示。

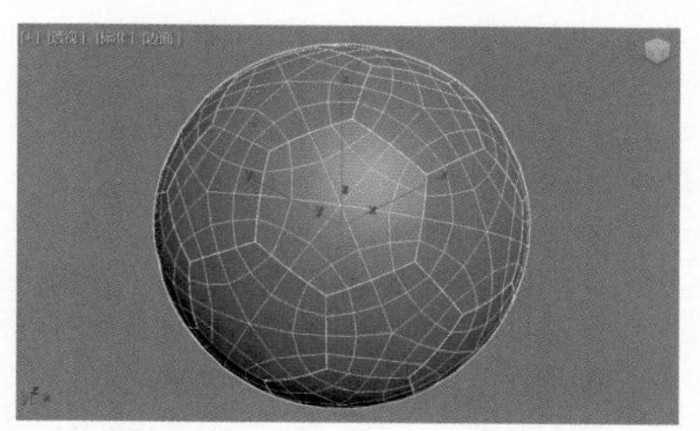

图 4-40

图 4-41

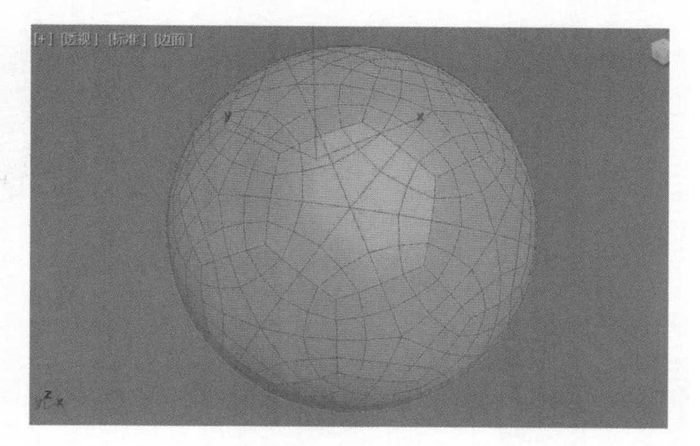

图 4-42

⓭ 在“修改”面板中，为所有选择的对象添加“面挤出”修改器，并调整“数量”的值为 1，“比例”的值为 95，如图 4-43 所示。

⓮ 设置完成后，模型的显示效果如图 4-44 所示。

⑮ 在“修改”面板中，为所有选择的对象添加“网格平滑”修改器，如图 4-45 所示。

图 4-43

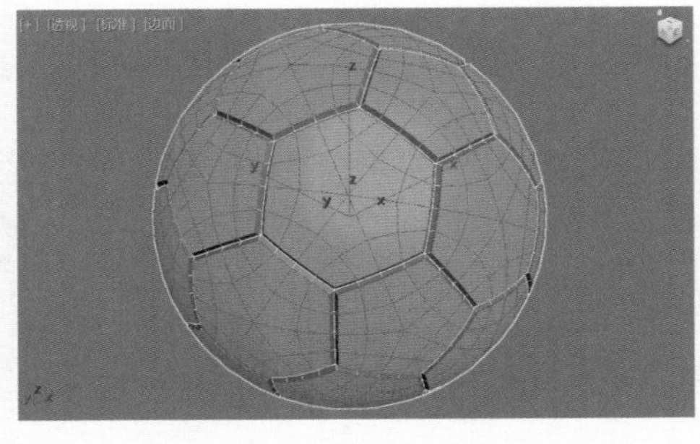

图 4-44

图 4-45

⑯ 在“细分方法”卷展栏中，设置“细分方法”的选项为“四边形输出”；在“细分量”卷展栏中，设置“迭代次数”的值为 2，如图 4-46 所示，使得足球模型看起来更加光滑一些。

⑰ 本实例的最终模型制作效果如图 4-47 所示。

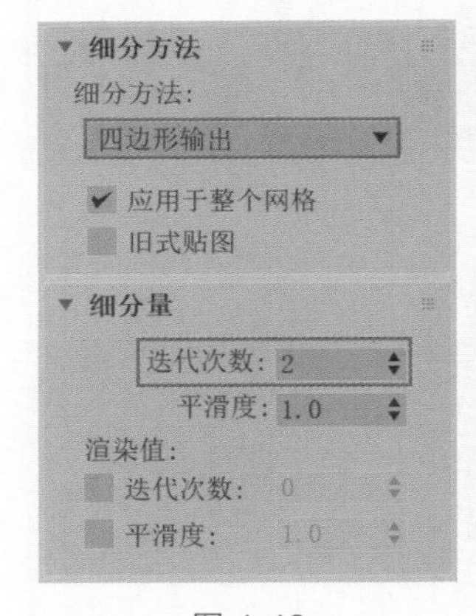

图 4-46

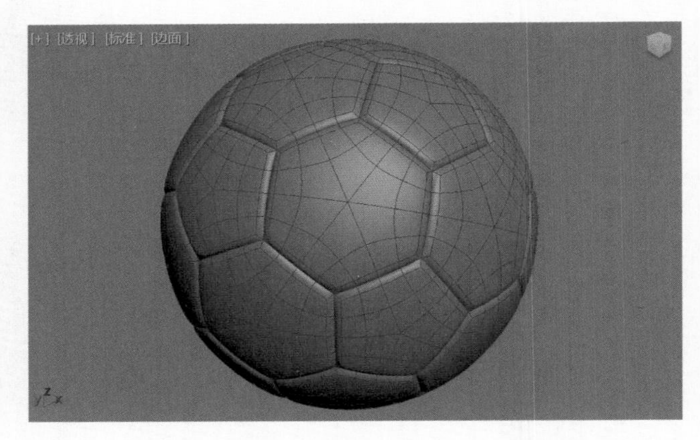

图 4-47

学习完本实例后，读者可以尝试制作形态较为相似的排球模型。

4.5.3 实例：制作汤匙模型

实例介绍

本实例将为大家讲解配合使用多个修改器来制作汤匙模型的方法，制作完成后模型的渲染效果如图 4-48 所示。

图 4-48

思路分析

在制作实例前，需要先观察汤匙模型的形态，再从“创建”面板中选择合适的按钮进行制作。

步骤演示

❶ 启动中文版 3ds Max 2022 软件，在“创建”面板中单击“球体”按钮，如图 4-49 所示。在“前”视图中创建一个球体的模型，如图 4-50 所示。

❷ 在“修改”面板中，设置球体的“半径”值为 10，“分段”值为 12，如图 4-51 所示，可以得到图 4-52 所示的模型效果。

❸ 为球体模型添加“编辑多边形”修改器，如图 4-53 所示。

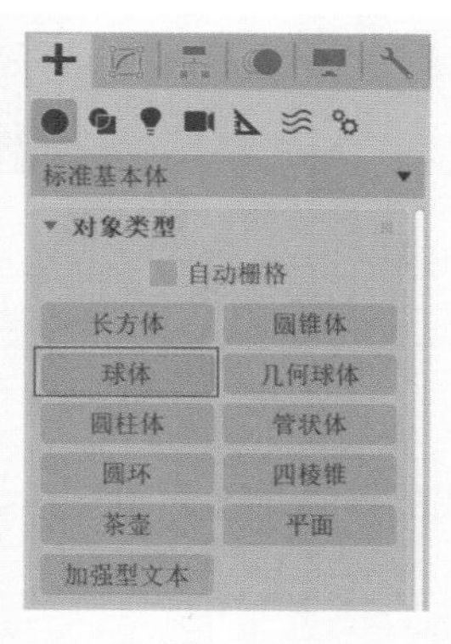

图 4-49

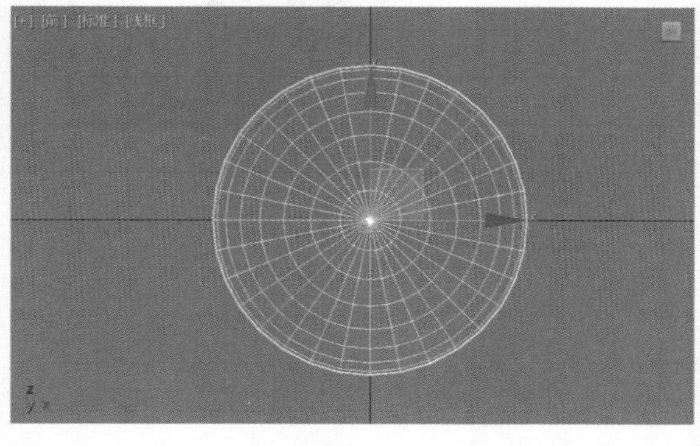

图 4-50

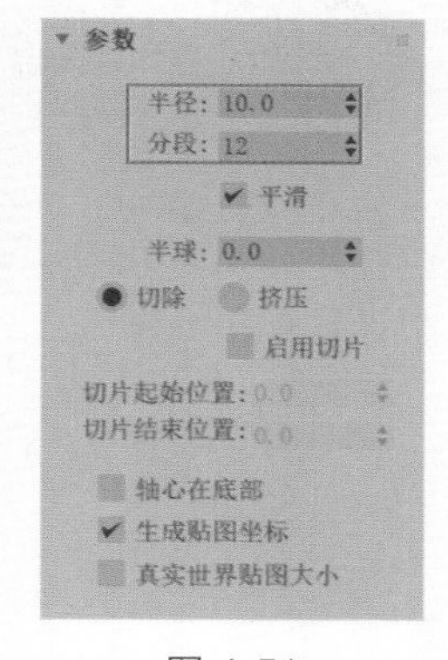

图 4-51

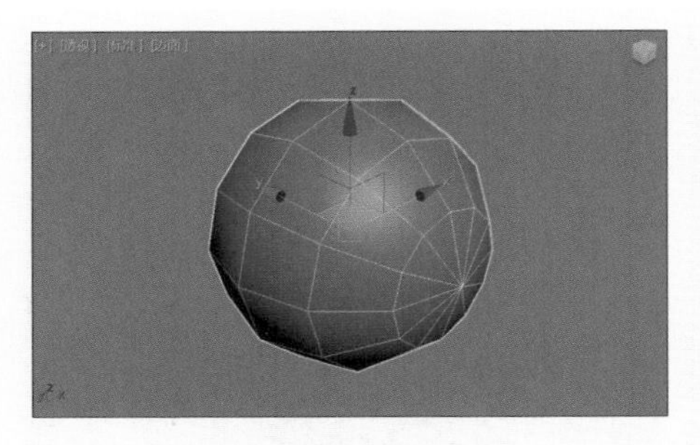

图 4-52

图 4-53

④ 在“多边形”子对象层级中，选择图 4-54 所示的面，将其删除，得到图 4-55 所示的模型效果。

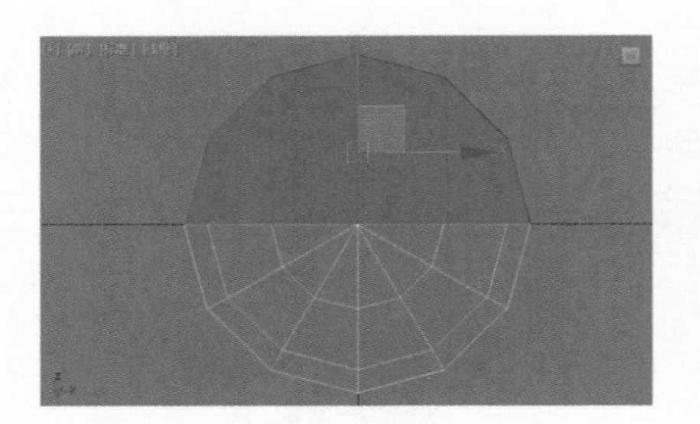

图 4-54

图 4-55

⑤ 选择图 4-56 所示的顶点，在“修改”面板中勾选“使用软选择”选项，如图 4-57 所示。

⑥ 调整球体的形状，如图 4-58 所示。

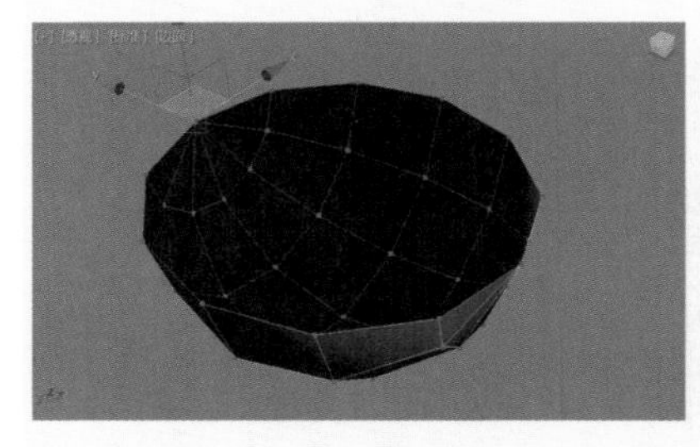

图 4-56

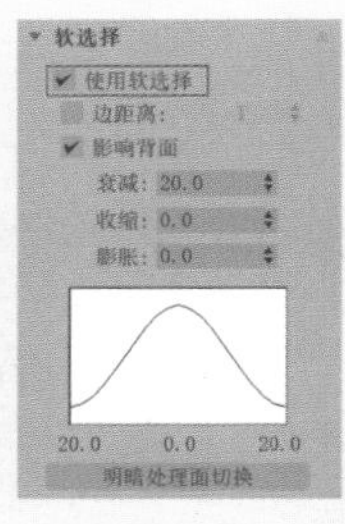

图 4-57

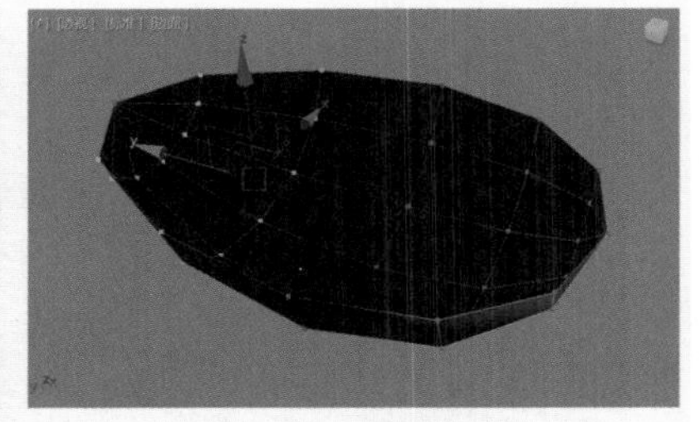

图 4-58

⑦ 为球体模型添加“壳”修改器，如图 4-59 所示。制作出汤匙的基本形状，如图 4-60 所示。

⑧ 为球体模型再次添加一个“编辑多边形”修改器，如图 4-61 所示。准备开始制作汤匙的手柄。

图 4-59

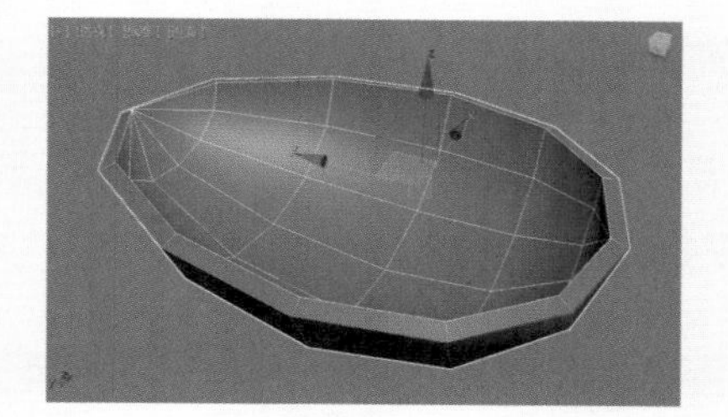

图 4-60

图 4-61

⑨ 选择图 4-62 所示的面，按住 Shift 键，对所选择的面进行多次智能挤出操作，制作出图 4-63 所示的模型效果。

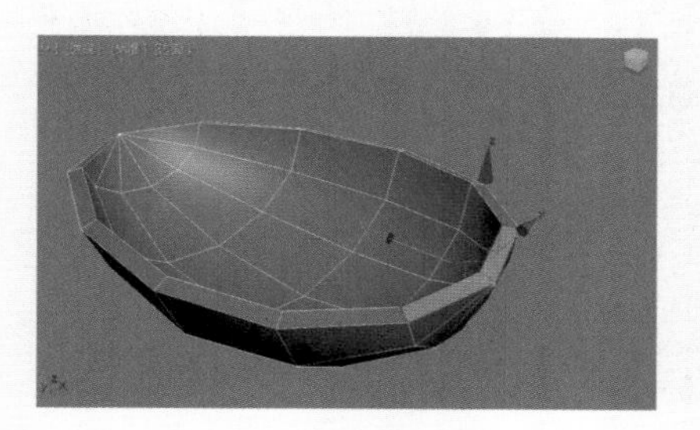

图 4-62

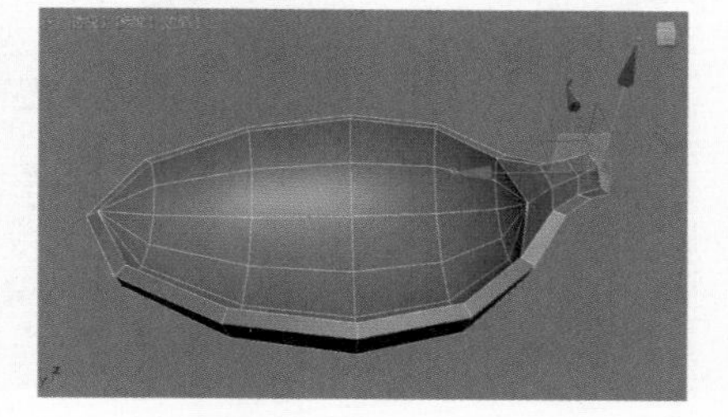

图 4-63

⑩ 继续对汤匙模型进行智能挤出操作，制作出手柄部分结构，如图 4-64 所示。

⑪ 在“修改”面板中，为汤匙模型添加“网格平滑”修改器，并设置“迭代次数”值为 2，如图 4-65 所示。

⑫ 设置完成后，本实例的最终模型效果如图 4-66 所示。

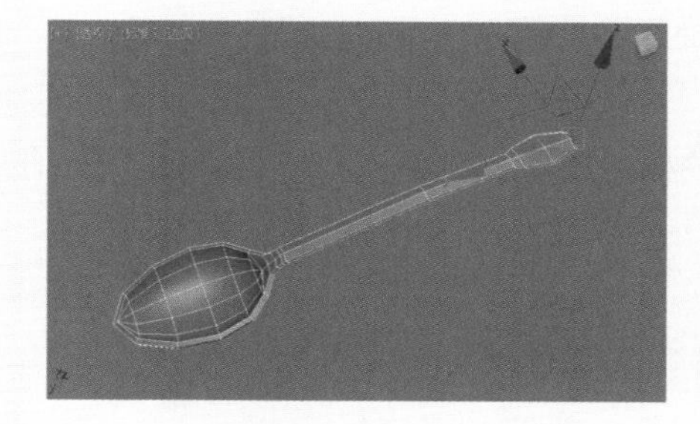

图 4-64

图 4-65

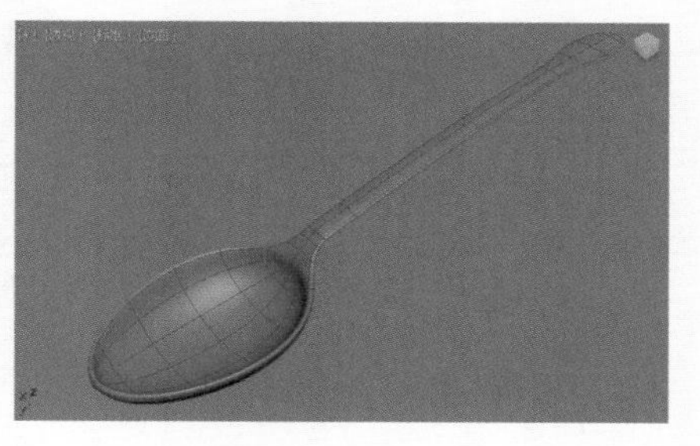

图 4-66

学习完本实例后，读者可以尝试制作形态较为相似的其他餐具模型。

4.5.4 实例：制作果盘模型

实例介绍

本实例将为大家讲解使用“倒角剖面”修改器来制作果盘模型的方法，制作完成后模型的渲染效果如图 4-67 所示。

图 4-67

思路分析

在制作实例前，需要先观察果盘模型的形态，再从“创建”面板中选择合适的按钮进行制作。

步骤演示

❶ 启动中文版 3ds Max 2022 软件，在“创建”面板中单击“星形”按钮，如图 4-68 所示。在场景中创建一个星形曲线，如图 4-69 所示。

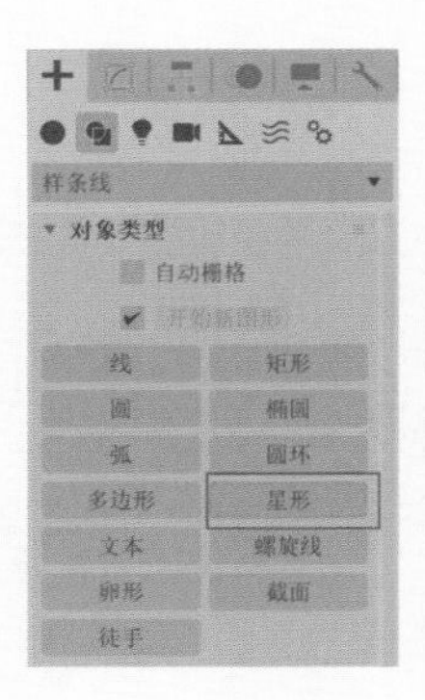

图 4-68

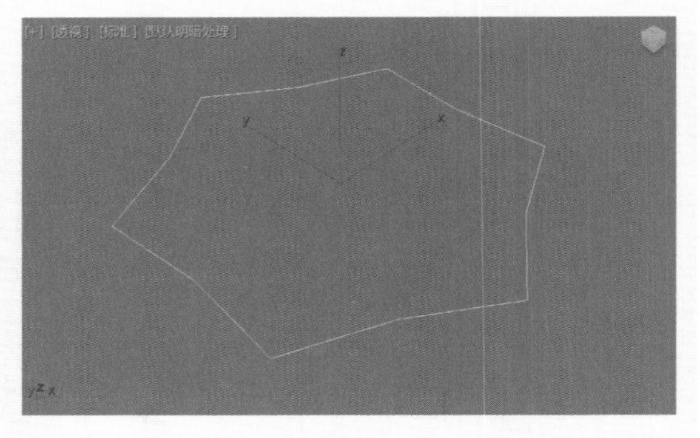

图 4-69

❷ 在“修改”面板中设置星形曲线的参数值，如图 4-70 所示，得到图 4-71 所示的曲线效果。

图 4-70

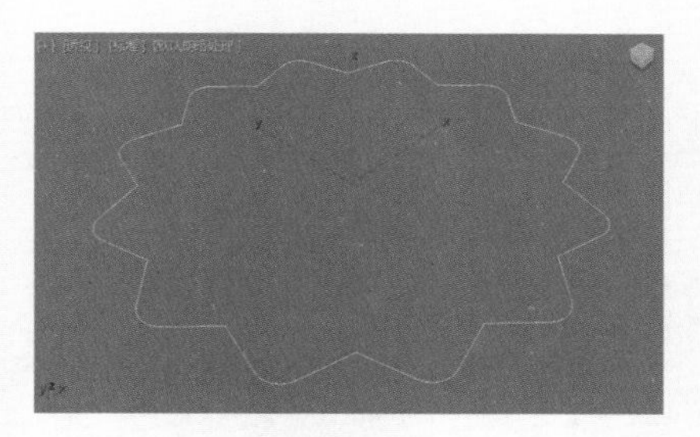

图 4-71

❸ 单击“创建”面板中的“线”按钮，如图 4-72 所示。

❹ 在“前”视图中创建图 4-73 所示的曲线。

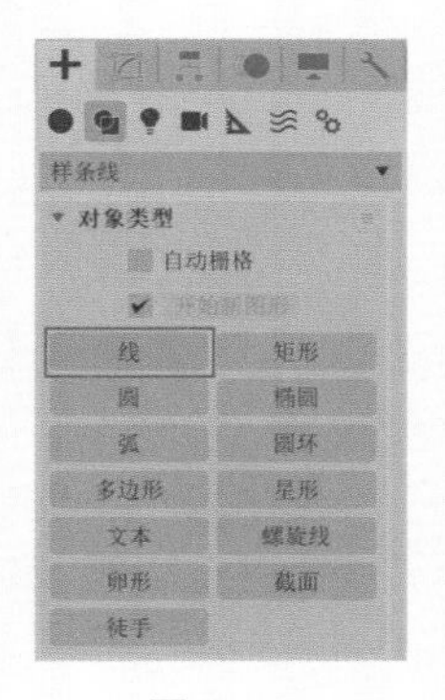

图 4-72

图 4-73

❺ 在“修改”面板中，进入“样条线”子层级，并选择该曲线，单击“轮廓”按钮，如图 4-74 所示。以拖曳的方式调整曲线的形状，如图 4-75 所示。

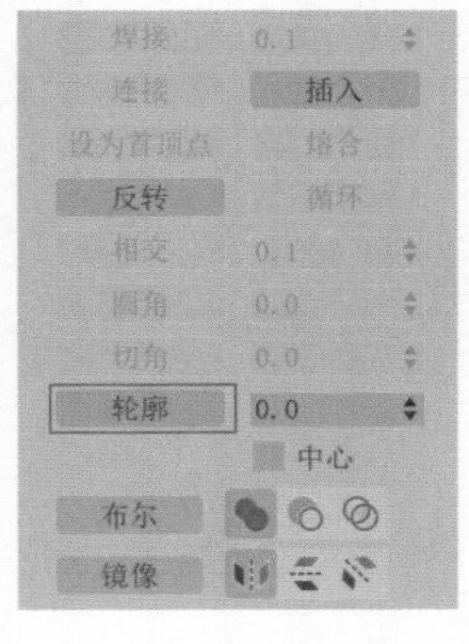

图 4-74

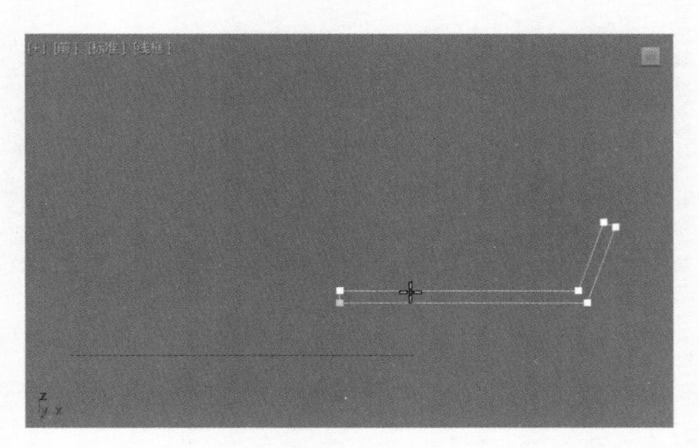

图 4-75

❻ 单击“修改”面板中的“圆角”按钮，如图 4-76 所示。调整曲线的形状，如图 4-77 所示。

❼ 在场景中选择之前绘制的星形图形，为其添加“倒角剖面”修改器，如图 4-78 所示。

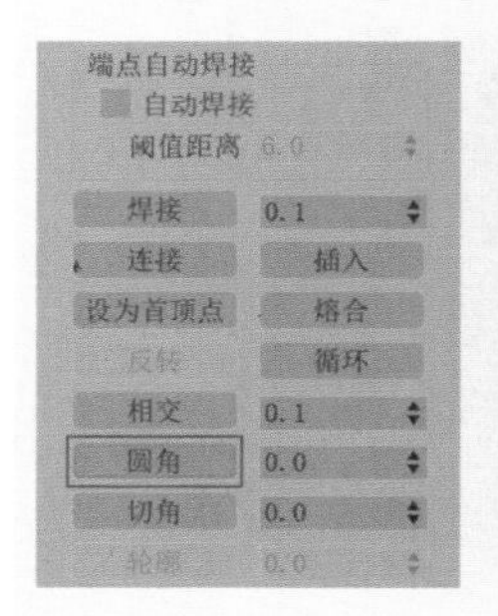

图 4-76

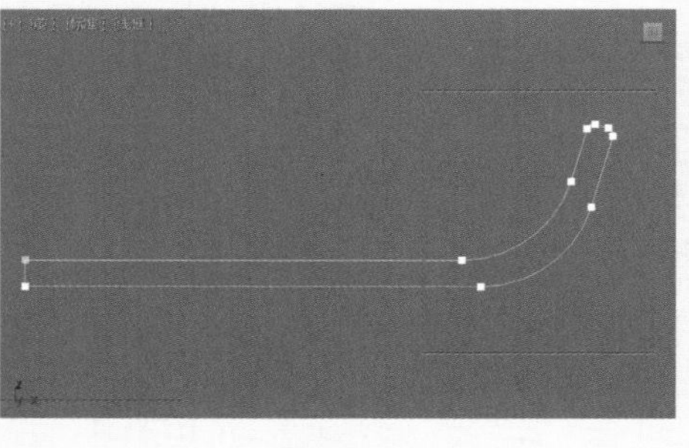

图 4-77

图 4-78

❽ 展开“参数”卷展栏，在“倒角剖面”中选择“经典”选项。在“经典”卷展栏中，单击“拾取剖面”按钮，拾取场景中后绘制的曲线，如图 4-79 所示，即可得到图 4-80 所示的模型效果。

❾ 在“剖面”的 Gizmo 子层级中，选择黄色的剖面线，将其调整至图 4-81 所示位置，即可修复碗中间的空洞部分。

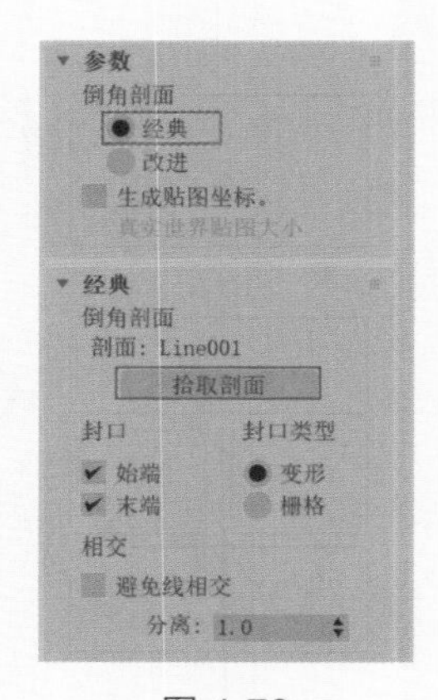

图 4-79

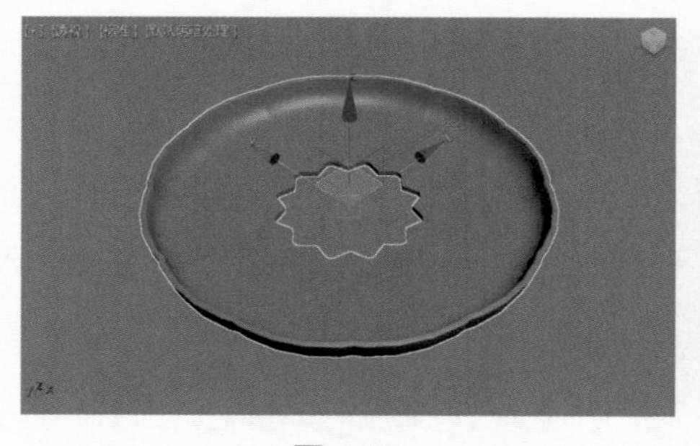

图 4-80

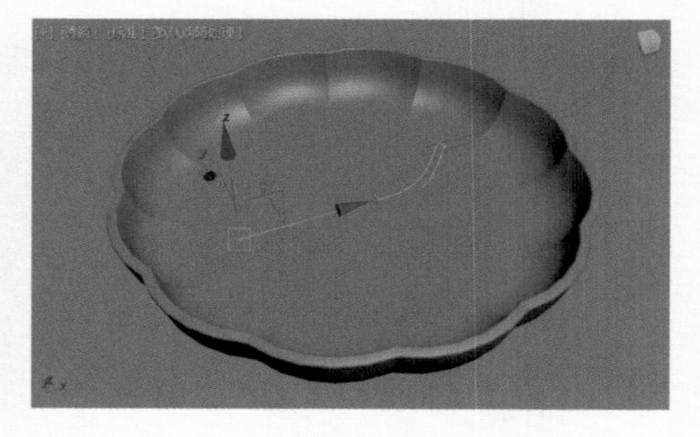

图 4-81

❿ 为果盘模型添加“网格平滑”修改器，并设置“迭代次数”的值为 2，如图 4-82 所示。

⓫ 本实例的最终模型效果如图 4-83 所示。

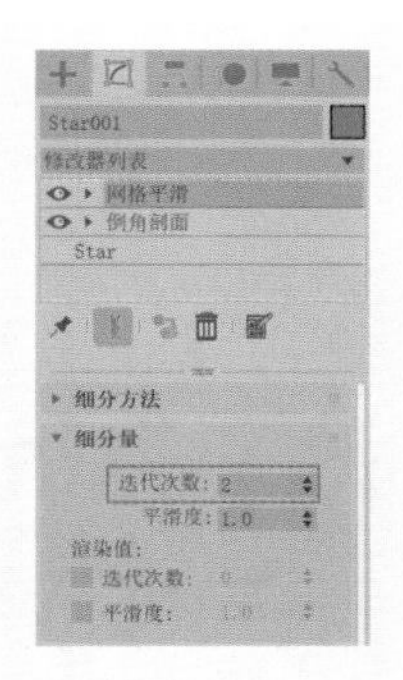

图 4-82

图 4-83

学习完本实例后，读者可以尝试制作形态较为相似的其他餐具模型。

4.5.5　实例：制作椅子模型

实例介绍

本实例将为大家讲解使用多边形建模技术，并配合多个修改器来制作椅子模型的方法，制作完成后模型的渲染效果如图 4-84 所示。

图 4-84

思路分析

在制作实例前，需要先观察椅子模型的形态，再从“创建”面板中选择合适的按钮进行制作。

步骤演示

❶ 启动中文版 3ds Max 2022 软件，在“创建”面板中单击“圆柱体”按钮，如图 4-85 所示。在场景中创建一个圆柱体模型。

❷ 在“修改”面板中设置圆柱体模型的参数值，如图 4-86 所示。设置完成后，圆柱体的视图显示效果如图 4-87 所示。

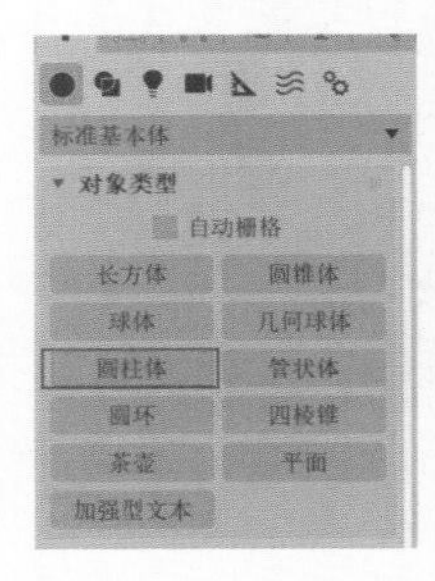

图 4-85

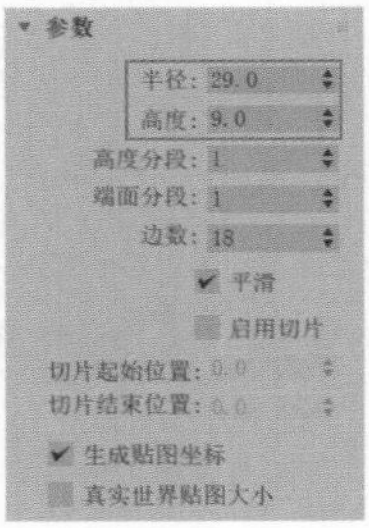

图 4-86

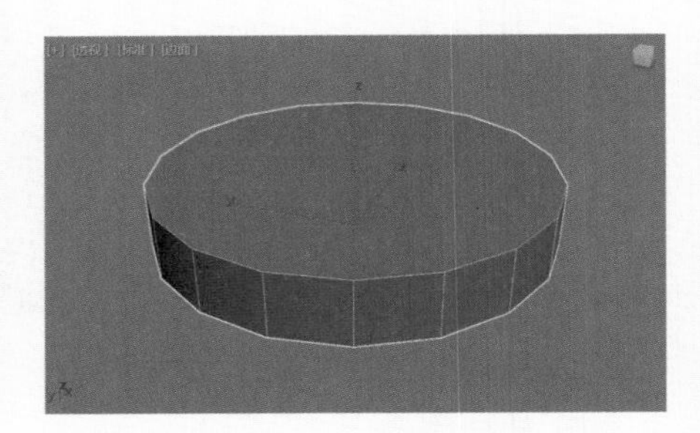

图 4-87

❸ 选择圆柱体模型，单击鼠标右键，执行“转换为 / 转换为可编辑多边形”命令，如图 4-88 所示。

❹ 选择图 4-89 所示的边线，使用“切角”工具制作出图 4-90 所示的模型效果。

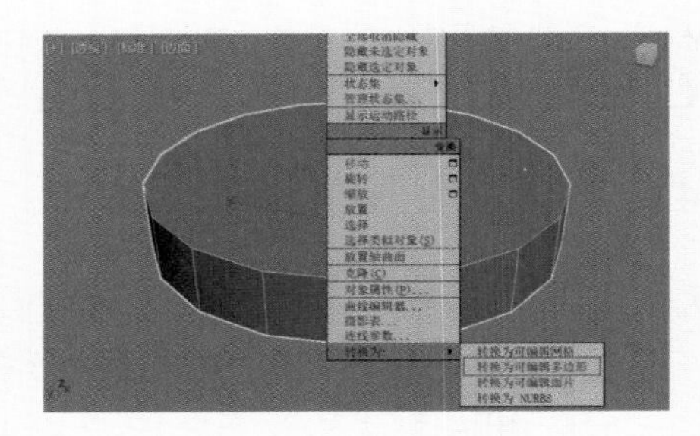

图 4-88

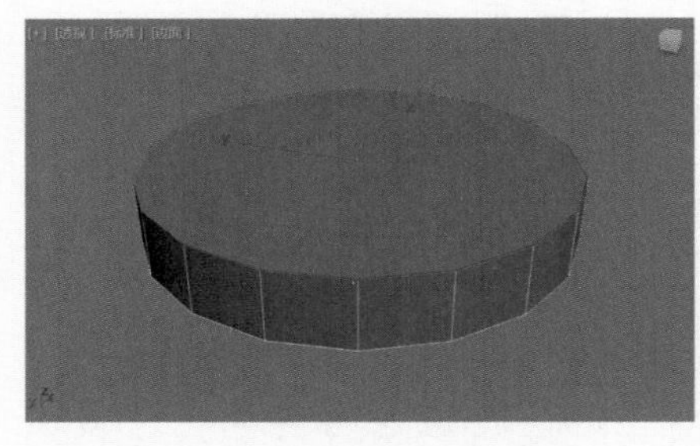

图 4-89

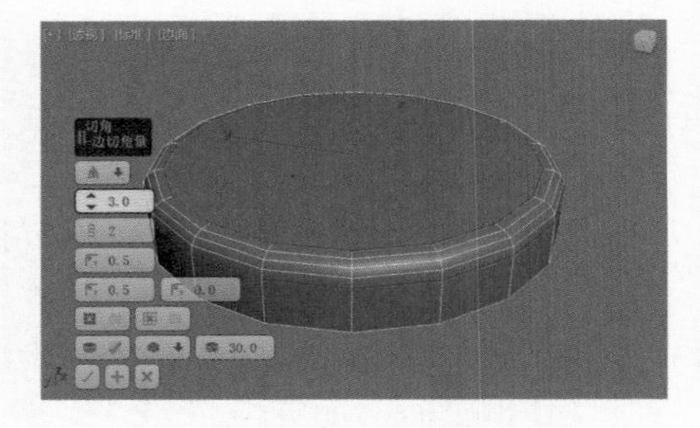

图 4-90

❺ 选择图 4-91 所示的边线，再次使用“切角”工具制作出图 4-92 所示的模型效果。

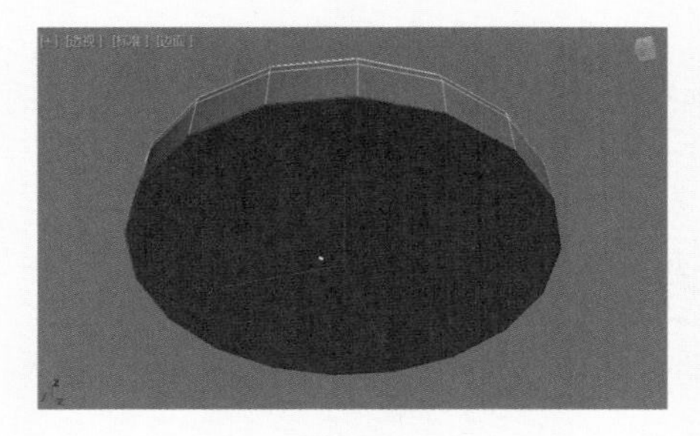

图 4-91

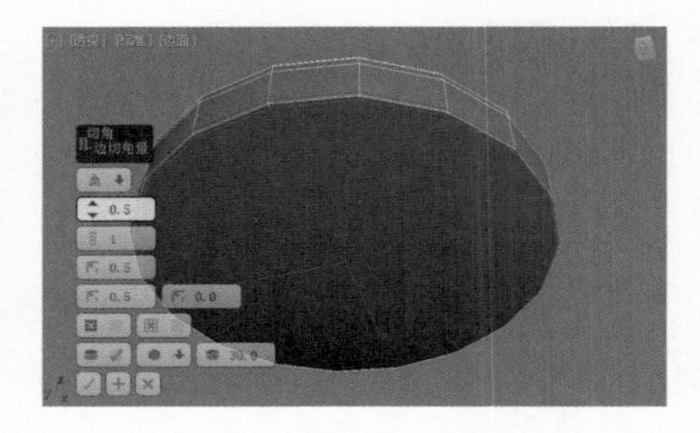

图 4-92

❻ 设置完成后，单击鼠标右键，执行“NURMS 切换”命令，如图 4-93 所示。

❼ 在系统自动弹出的“使用 NURMS”对话框中，设置“迭代次数”的值为 2，即可看到模型平滑计算后的效果，如图 4-94 所示。

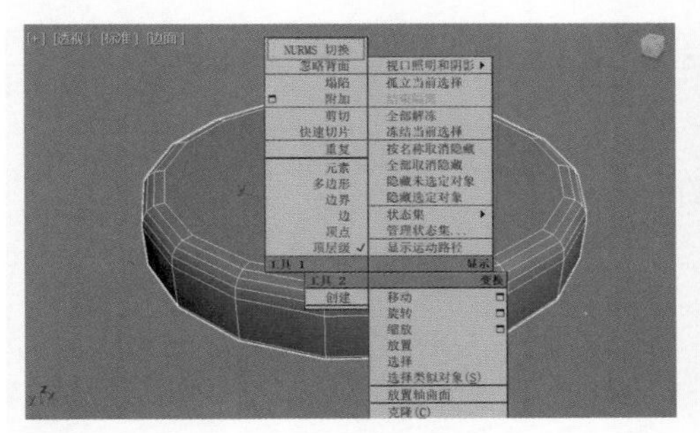

图 4-93

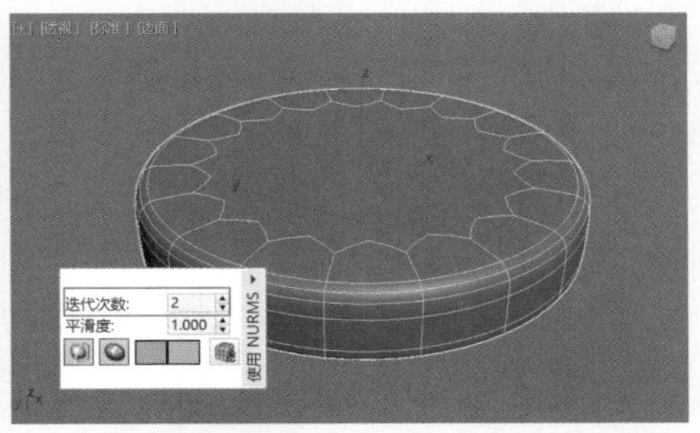

图 4-94

❽ 单击“创建”面板中的“管状体”按钮，如图 4-95 所示。在场景中创建一个管状体模型，如图 4-96 所示。

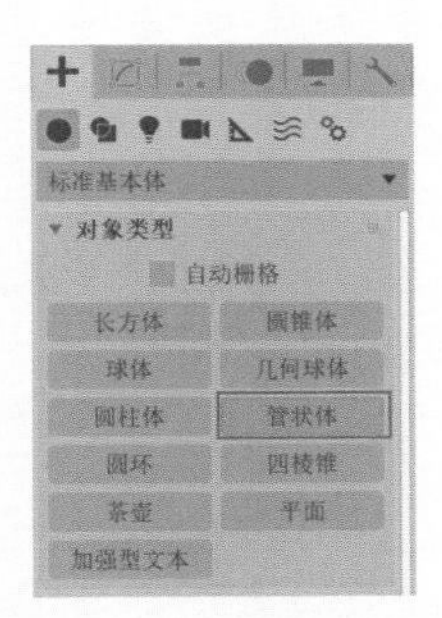

图 4-95

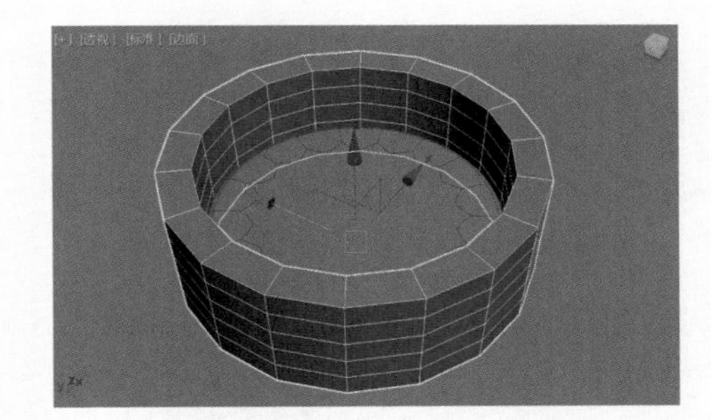

图 4-96

❾ 在“修改”面板中设置管状体模型的参数值，如图 4-97 所示，可以得到图 4-98 所示的模型效果。

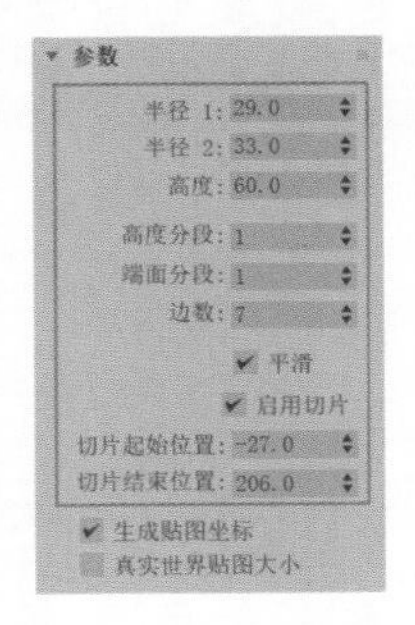

图 4-97

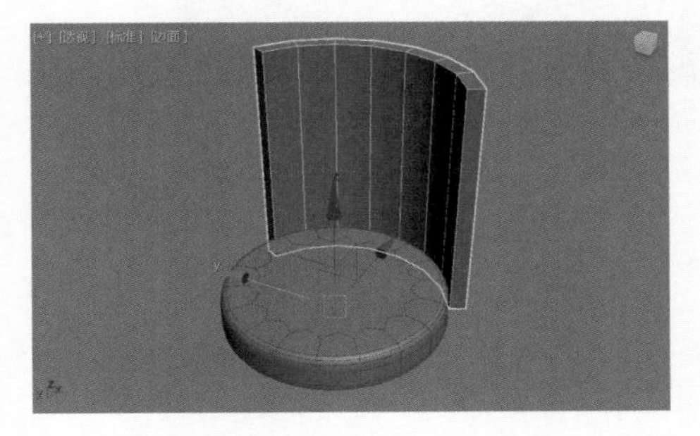

图 4-98

⑩ 选择管状体模型，单击鼠标右键，执行“转换为 / 转换为可编辑多边形”命令，如图 4-99 所示。

⑪ 选择图 4-100 所示的边线，使用“切角”工具制作出图 4-101 所示的模型效果。

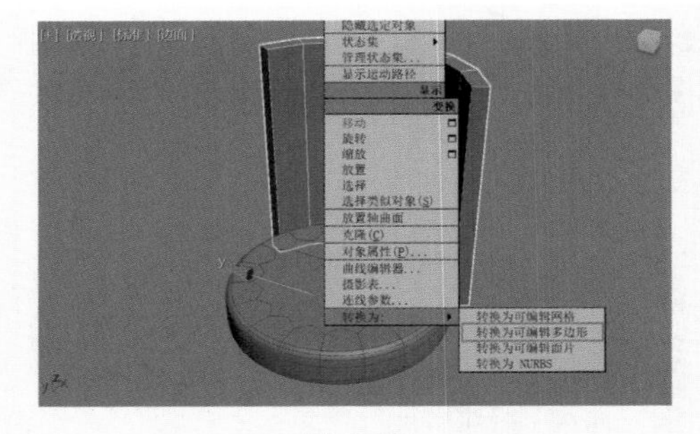

图 4-99

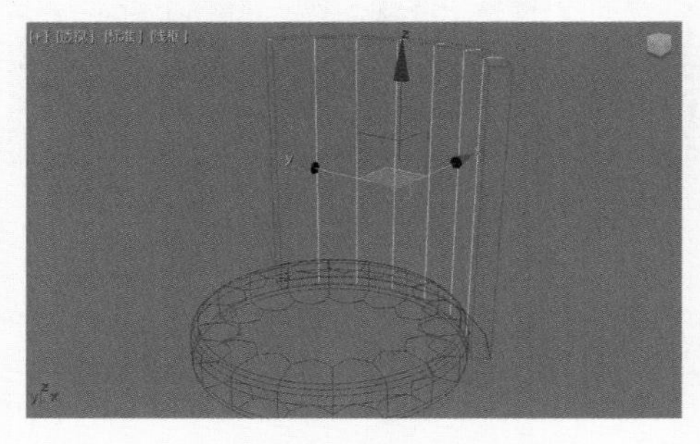

图 4-100

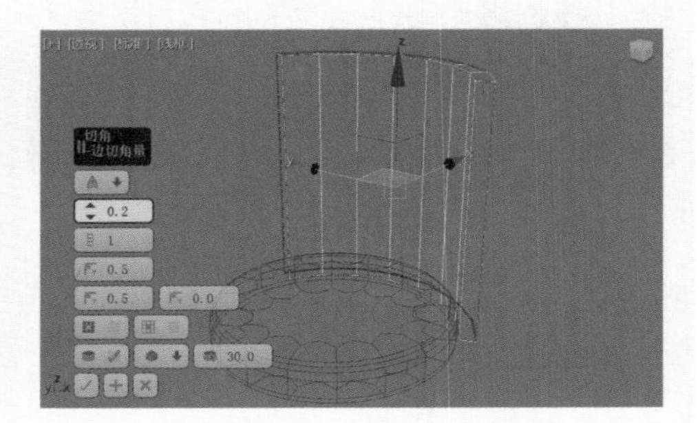

图 4-101

⑫ 以同样的操作步骤制作出椅子模型一侧的扶手部分，如图 4-102 所示。

⑬ 为扶手部分的模型添加“对称”修改器，在“对称”卷展栏中设置“镜像轴”为 Y，如图 4-103 所示。

⑭ 设置完成后，扶手的模型效果如图 4-104 所示。

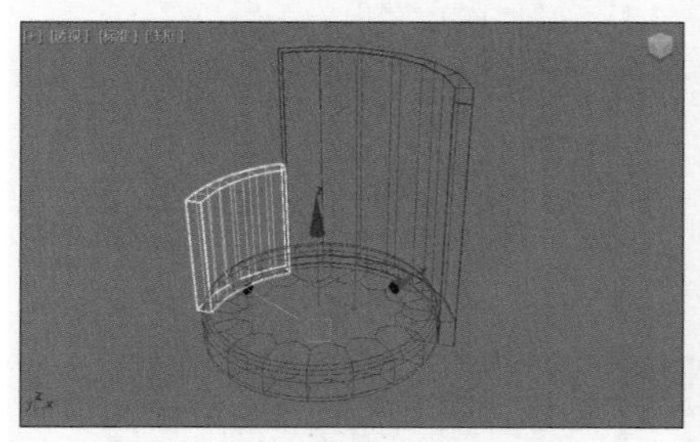

图 4-102

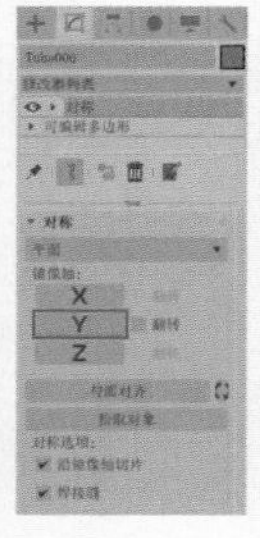

图 4-103

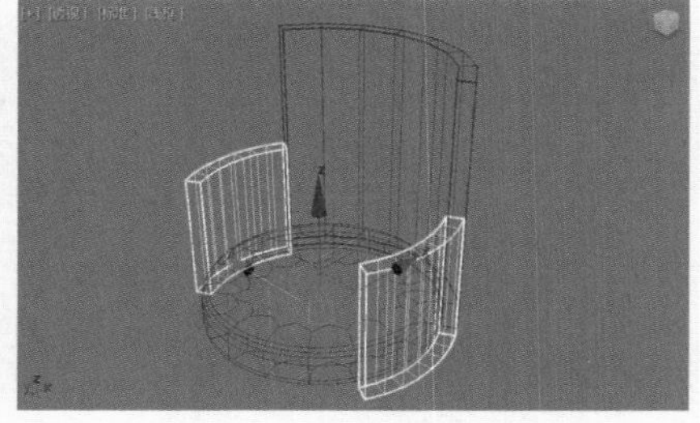

图 4-104

⑮ 选择椅子靠背部分的模型，使用“附加”工具将其与扶手模型合并为一个模型后，单击鼠标右键，执行“NURMS 切换”命令，如图 4-105 所示。

⑯ 在系统自动弹出的“使用 NURMS”对话框中，设置“迭代次数”的值为 2，即可看到模型平滑计算后的效果，如图 4-106 所示。

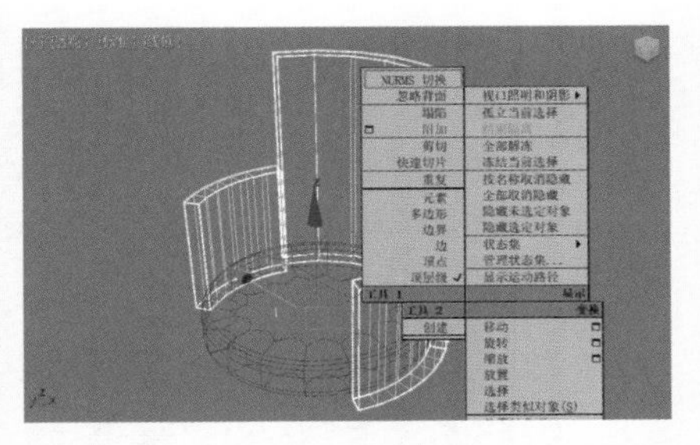
图 4-105

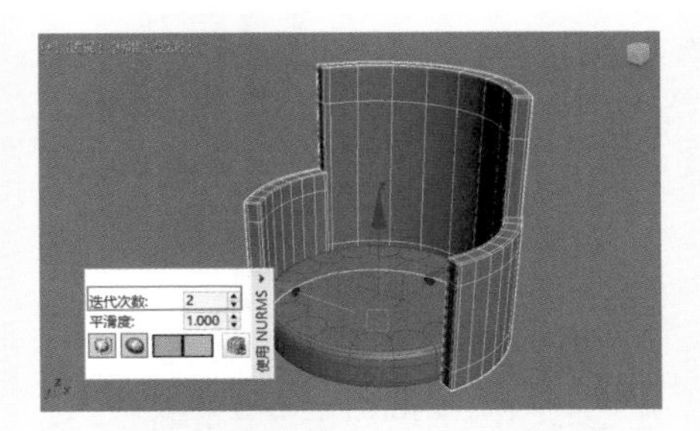

图 4-106

⑰ 在“修改”面板中为靠背模型添加 FFD2x2x2 修改器，如图 4-107 所示。

⑱ 在“控制点”子对象层级中，选择图 4-108 所示的控制点，调整其位置，如图 4-109 所示。

图 4-107

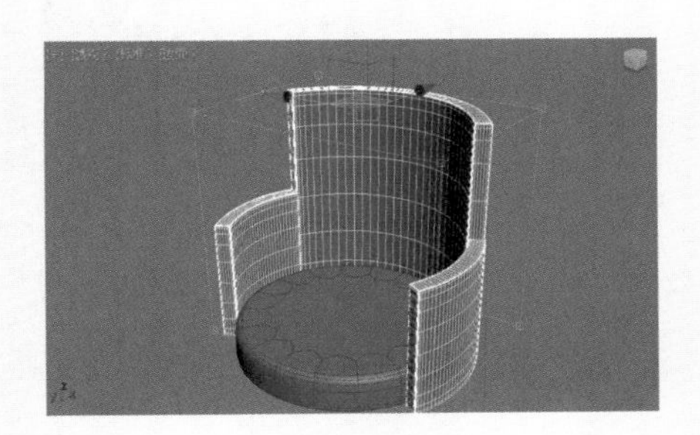
图 4-108

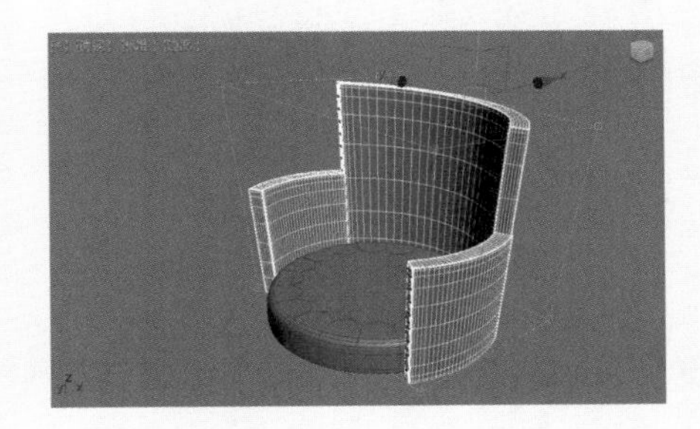
图 4-109

⑲ 单击“创建”面板中的“圆柱体”按钮，如图 4-110 所示，在场景中创建一个圆柱体模型用来制作椅子腿模型。

⑳ 在“修改”面板中调整其参数值，如图 4-111 所示。

㉑ 在“修改”面板中为其添加“编辑多边形”修改器，如图 4-112 所示。

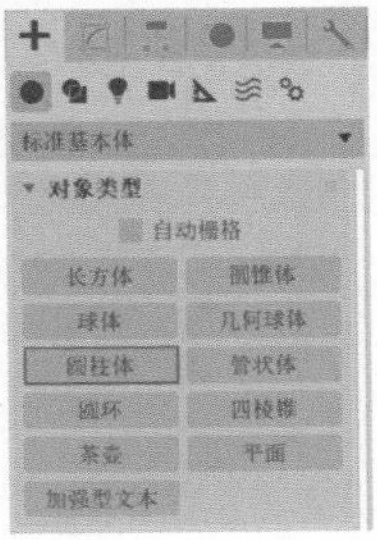

图 4-110

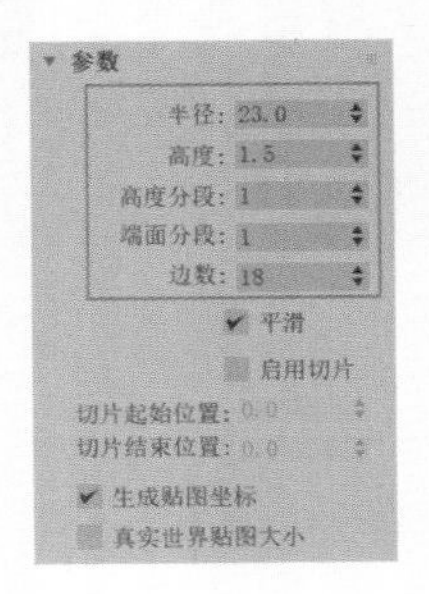

图 4-111

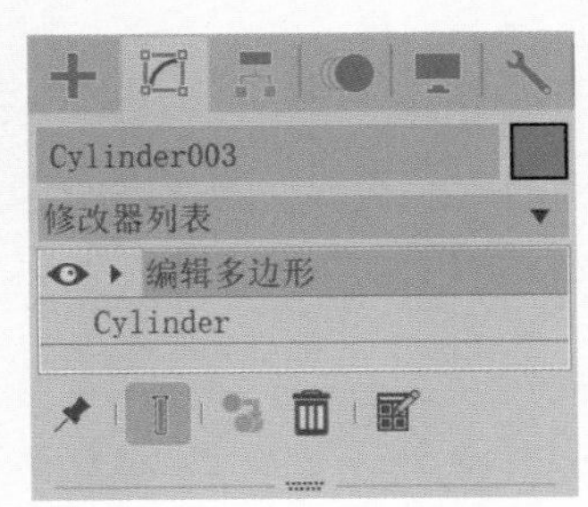

图 4-112

㉒ 选择图 4-113 所示的面，对其进行多次智能挤出操作，并调整面的大小，制作出椅子腿模型的基本结构，如图 4-114 所示。

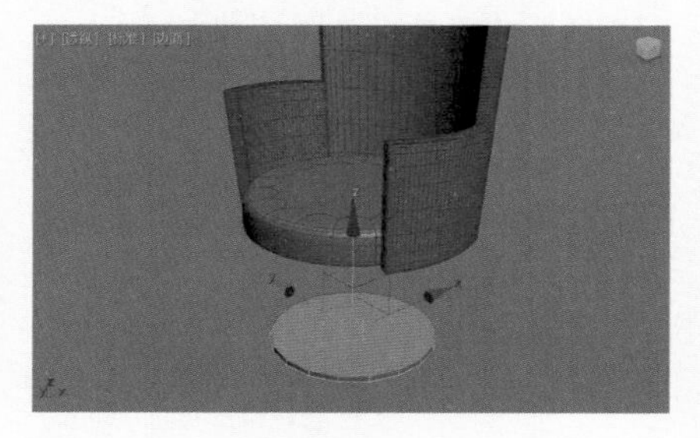

图 4-113

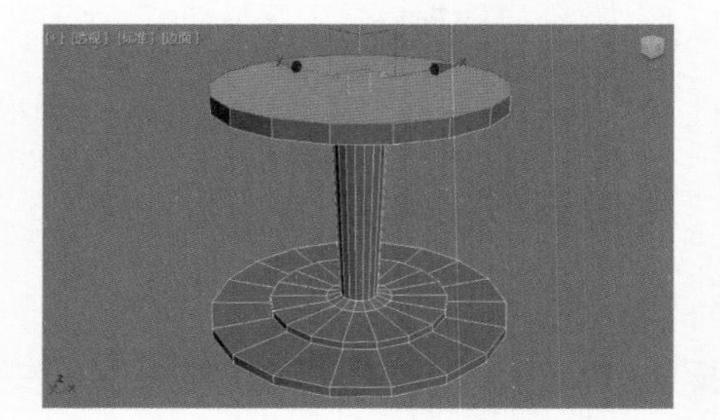

图 4-114

㉓ 选择图 4-115 所示的边线，使用“切角”工具制作出图 4-116 所示的模型效果。

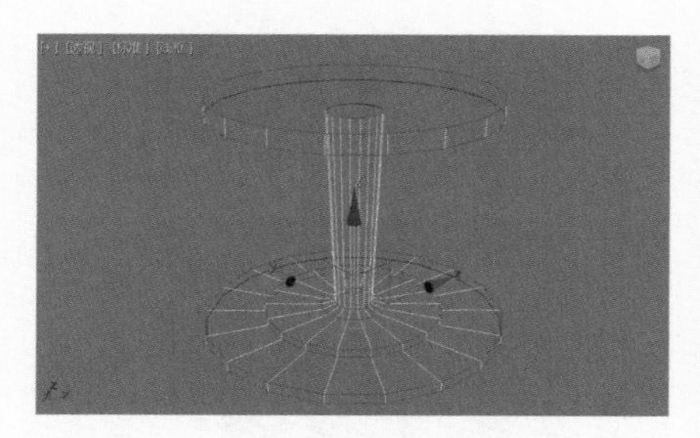

图 4-115

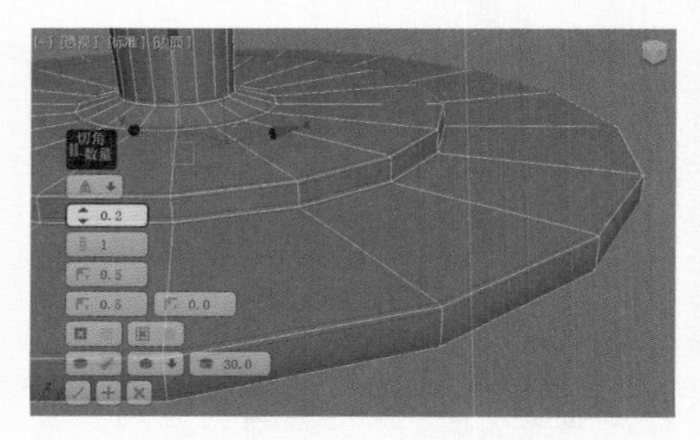

图 4-116

㉔ 在“修改”面板中为椅子腿模型添加“网格平滑”修改器，设置“迭代次数”的值为2，如图 4-117 所示，得到图 4-118 所示的模型效果。

㉕ 本实例的最终模型效果如图 4-119 所示。

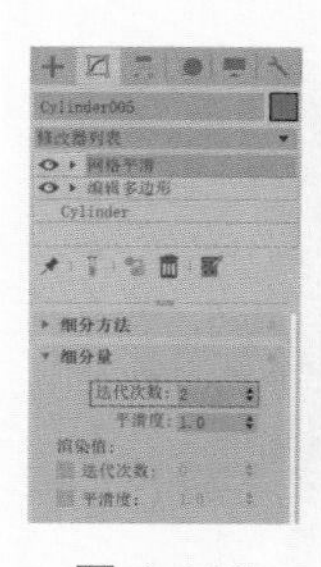

图 4-117

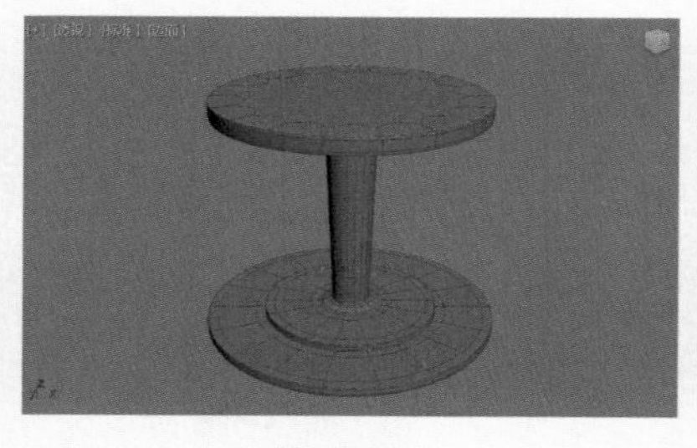

图 4-118

图 4-119

学习完本实例后，读者可以尝试制作形态较为相似的其他椅子或凳子模型。

4.5.6　实例：制作篮子模型

实例介绍

本实例将为大家讲解使用“晶格”修改器来制作篮子模型的方法，制作完成后模型的渲染效果如图 4-120 所示。

图 4-120

思路分析

在制作实例前，需要先观察篮子模型的形态，再从“创建”面板中选择合适的按钮进行制作。

步骤演示

❶ 启动中文版 3ds Max 2022 软件，在“创建”面板中单击“圆锥体”按钮，如图 4-121 所示。在场景中创建一个圆锥体模型。

❷ 在“修改”面板中，调整圆锥体的参数值，如图 4-122 所示。调整完成后的圆锥体模型显示效果如图 4-123 所示。

❸ 在“修改”面板中为圆锥体添加“编辑多边形”修改器，如图 4-124 所示。

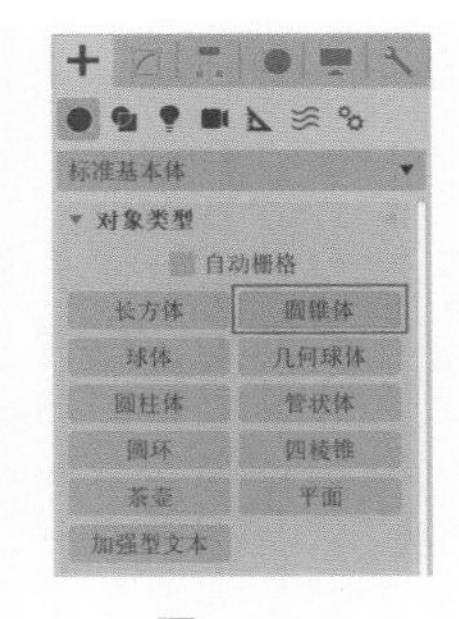

图 4-121

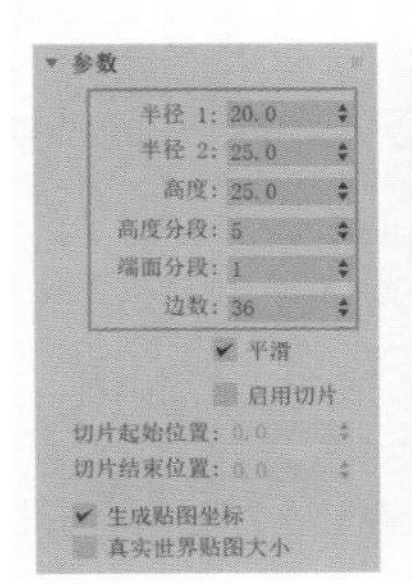

图 4-122

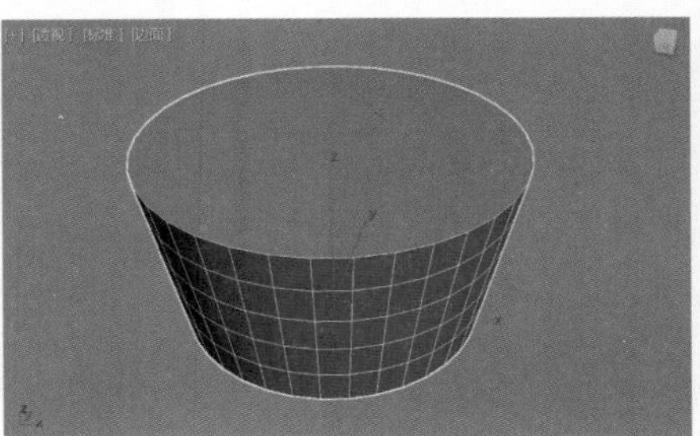

图 4-123

图 4-124

❹ 选择图 4-125 所示的边线，使用“切角”工具制作出图 4-126 所示的模型效果。

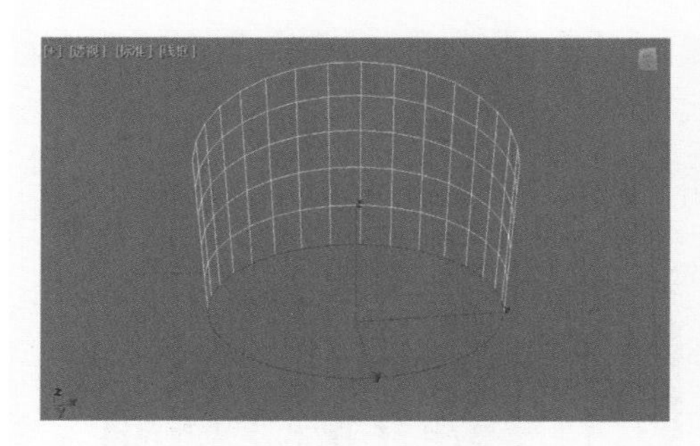
图 4-125

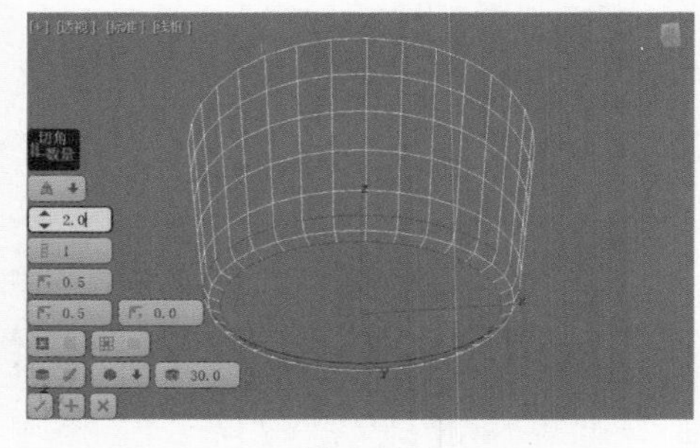
图 4-126

❺ 在“修改”面板中为圆锥体模型添加“晶格”修改器，如图 4-127 所示。

图 4-127

❻ 在“参数”卷展栏中勾选“仅来自边的支柱”选项，设置“半径”值为 0.5，“分段”值为 1，“边数”值为 12，如图 4-128 所示。

❼ 设置完成后，圆锥体的显示结果如图 4-129 所示。

❽ 单击“创建”面板中的“圆柱体”按钮，如图 4-130 所示，在场景中创建一个圆柱体模型用来制作篮子的底部结构。

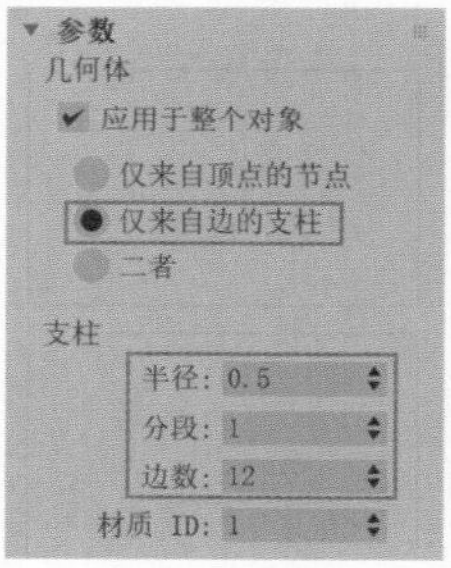

图 4-128

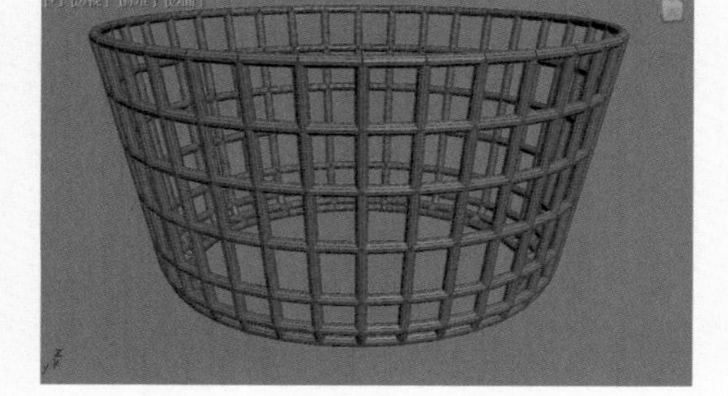
图 4-129

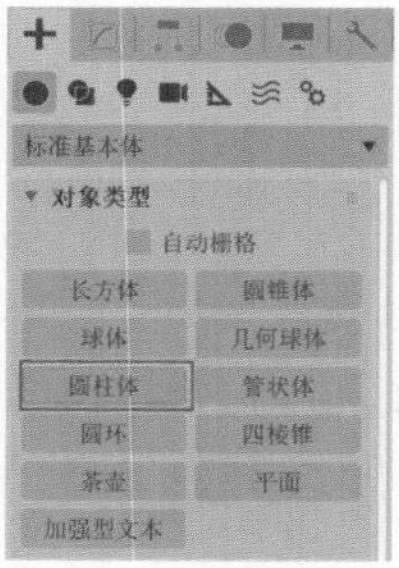

图 4-130

❾ 在“修改”面板中调整圆柱体参数值，如图 4-131 所示。

❿ 设置完成后，调整圆柱体模型的位置，如图 4-132 所示。

⓫ 单击“创建”面板中的“弧”按钮，如图 4-133 所示。在“左”视图中创建一个圆弧曲线，如图 4-134 所示。

⓬ 在“修改”面板中设置弧的参数值如图 4-135 所示后，为其添加“晶格”修改器，如图 4-136 所示。

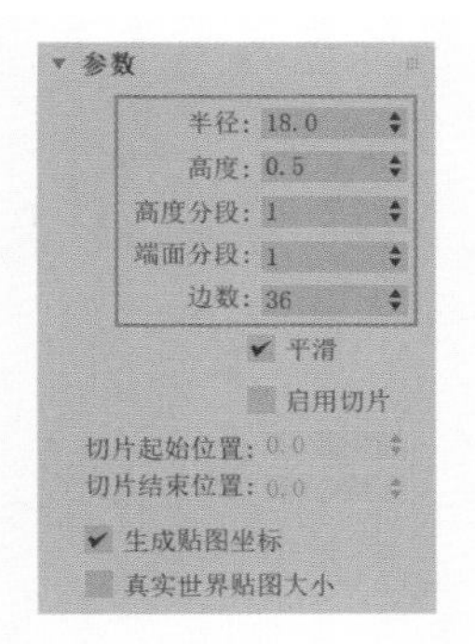

图 4-131

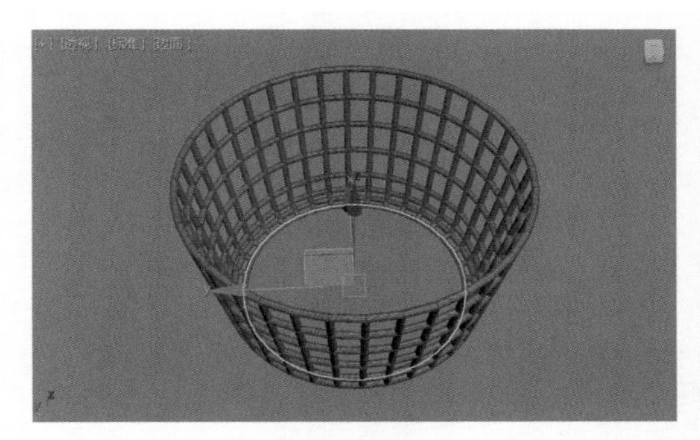

图 4-132

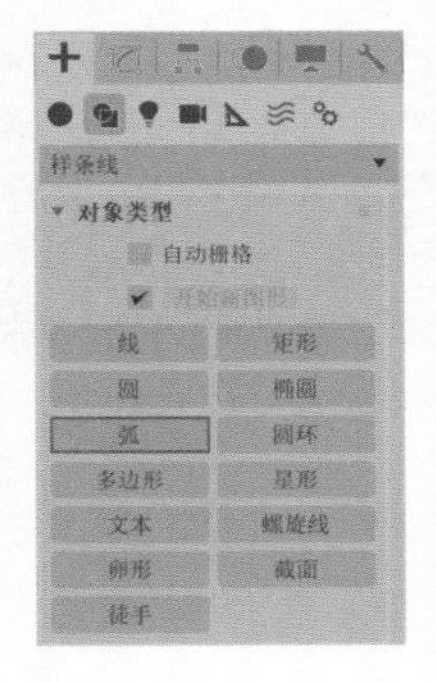

图 4-133

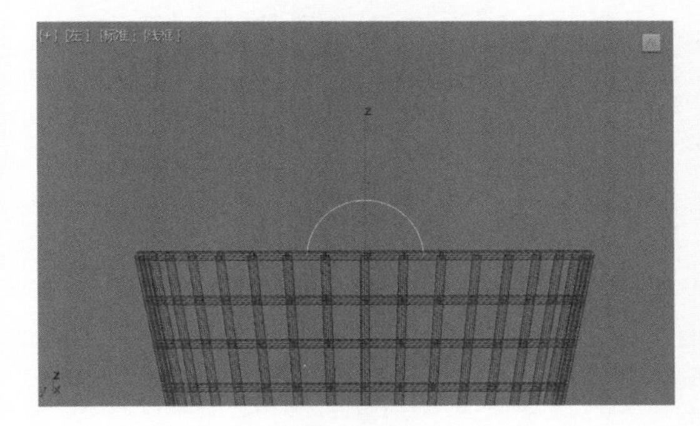

图 4-134

⑬ 在“参数”卷展栏中勾选“仅来自顶点的节点”选项，设置“基点面类型”为“八面体”，设置“半径”值为 0.8，“分段”值为 3，如图 4-137 所示。

⑭ 设置完成后，篮子一侧的把手模型制作完成，如图 4-138 所示。

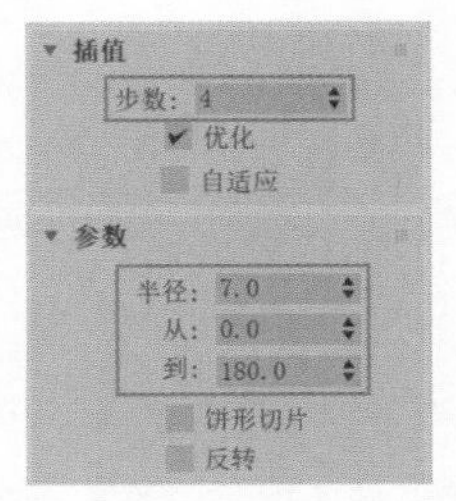

图 4-135

图 4-136

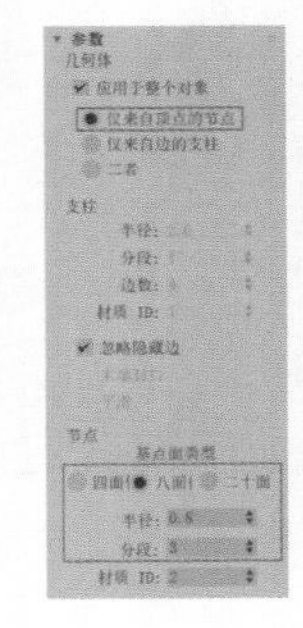

图 4-137

图 4-138

⑮ 为篮子把手添加“对称”修改器，设置“镜像轴”为 Z，并勾选“翻转”选项，如图 4-139 所示。

⑯ 在“镜像”子对象层级中，将镜像的位置移到如图 4-140 所示位置处，制作出另一侧的把手结构。

⑰ 本实例的最终模型完成效果如图 4-141 所示。

图 4-139

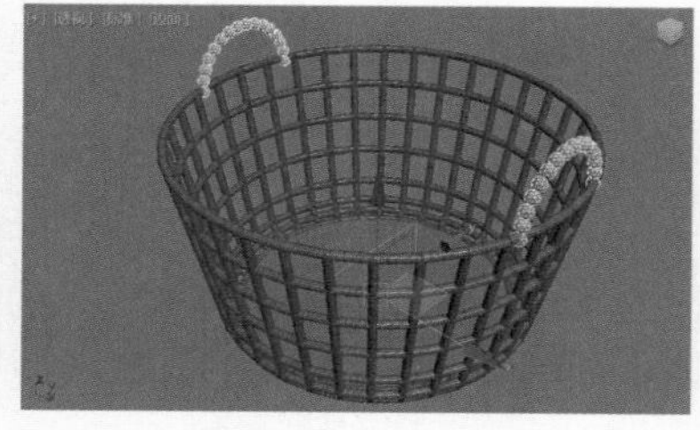

图 4-140

图 4-141

学习完本实例后，读者可以尝试制作形态较为相似的宠物笼子模型。

4.5.7 实例：制作杯子模型

实例介绍

本实例将为大家讲解使用多种修改器来制作杯子模型的方法，制作完成后模型的渲染效果如图 4-142 所示。

图 4-142

在制作实例前，需要先观察杯子模型的形态，再从“创建”面板中选择合适的按钮进行制作。

步骤演示

❶ 启动中文版 3ds Max 2022 软件，在“创建”面板中单击“线”按钮，如图 4-143 所示。

❷ 在“前”视图中创建一条曲线，如图 4-144 所示。

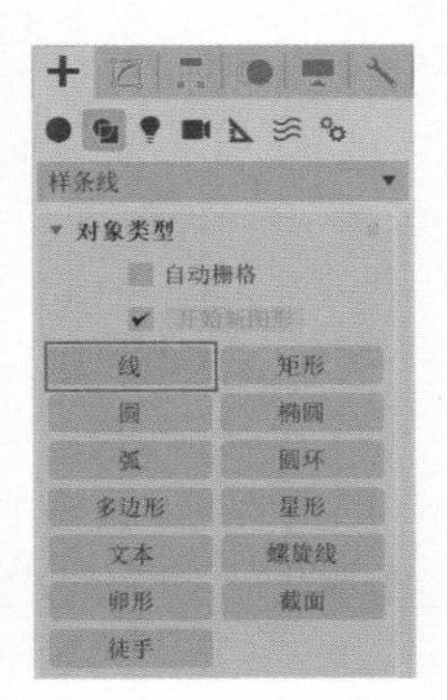

图 4-143

图 4-144

❸ 在“修改”面板中单击“圆角”按钮，如图 4-145 所示。对曲线的边角位置进行圆角操作，调整曲线的形态至图 4-146 所示效果。

❹ 在“插值”卷展栏中，设置“步数”值为 1，如图 4-147 所示。

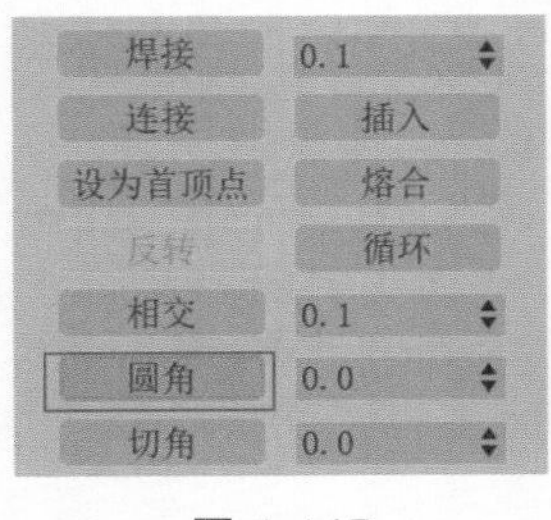

图 4-145

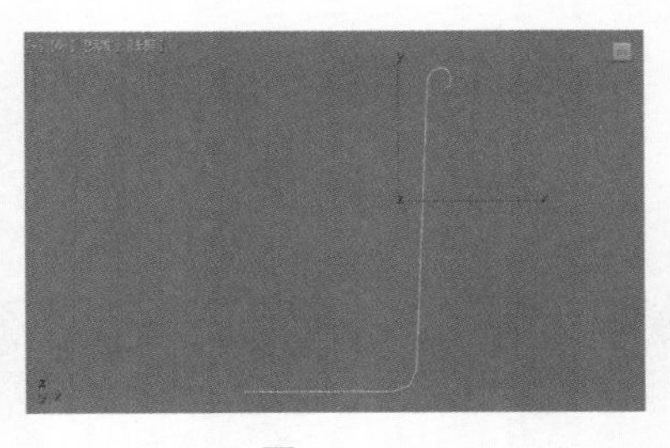

图 4-146

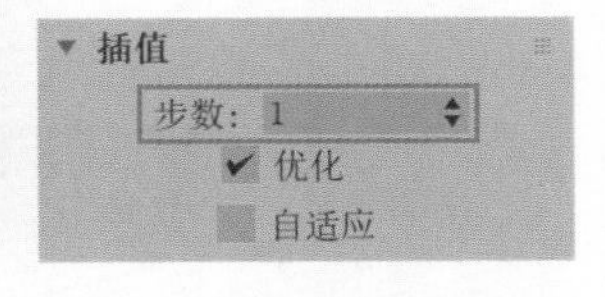

图 4-147

❺ 在“修改”面板中为曲线添加“车削”修改器，并勾选“焊接内核”选项，设置“分段”值为 16，设置“对齐”的方式为“最小”，如图 4-148 所示，得到图 4-149 所示的模型效果。

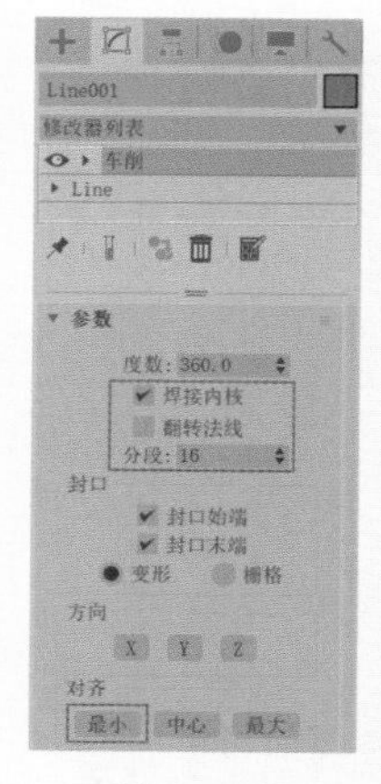

图 4-148

图 4-149

❻ 为杯子模型添加“壳”修改器，并设置“外部量”值为 0.1，如图 4-150 所示，可以得到图 4-151 所示的模型效果。

❼ 为杯子模型添加“编辑多边形”修改器，如图 4-152 所示。

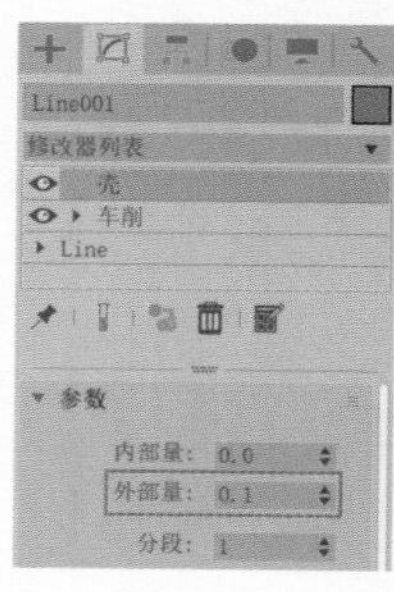

图 4-150

图 4-151

图 4-152

❽ 选择图 4-153 所示的边线，使用“连接”工具在所选择的边线上连接出两条线，如图 4-154 所示。

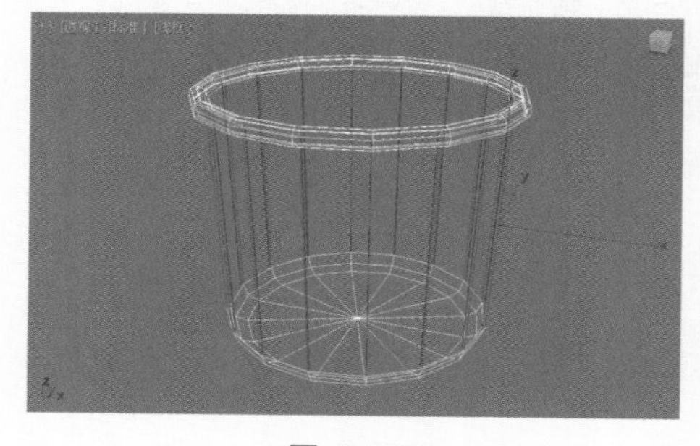

图 4-153

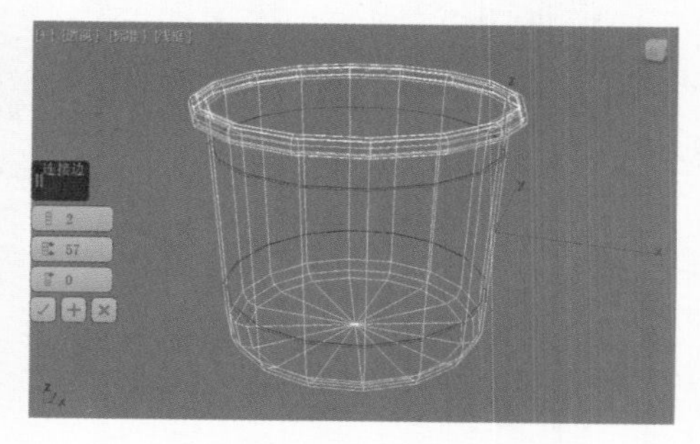

图 4-154

⑨ 再使用“切角”工具制作出图 4-155 所示的模型效果。

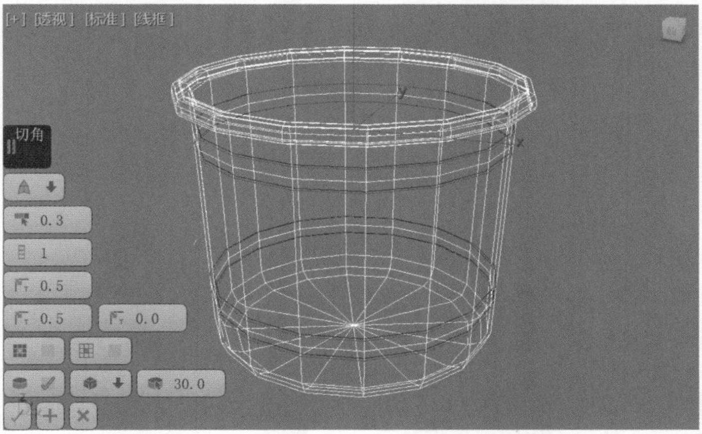

图 4-155

⑩ 选择图 4-156 所示的边线，使用“连接”工具制作出图 4-157 所示的模型效果。

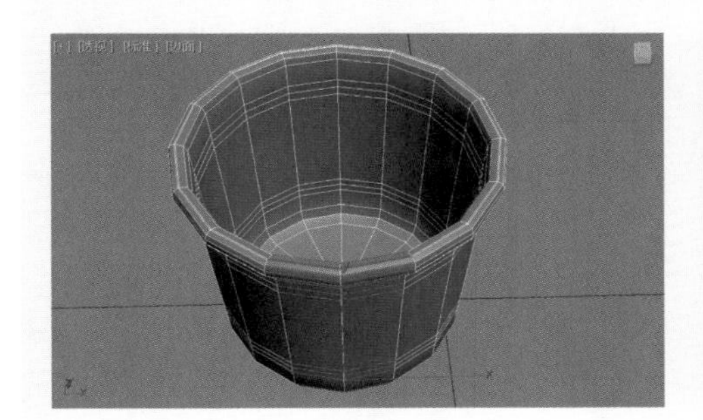

图 4-156

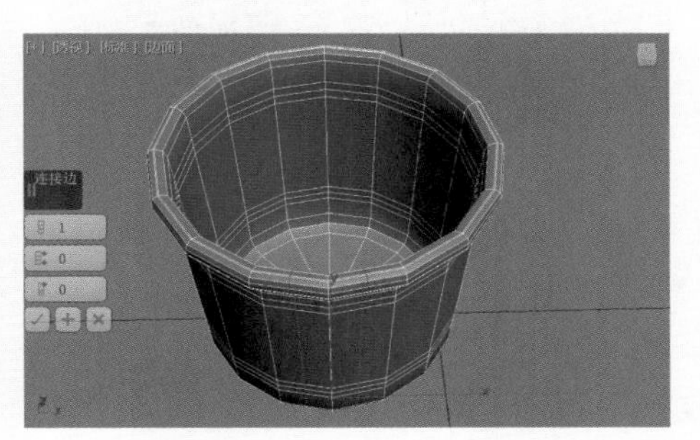

图 4-157

⑪ 选择图 4-158 所示的边线，使用“连接”工具制作出图 4-159 所示的模型效果。

图 4-158

图 4-159

⑫ 选择图 4-160 所示的面，使用“智能挤出”操作制作出图 4-161 所示的模型效果。

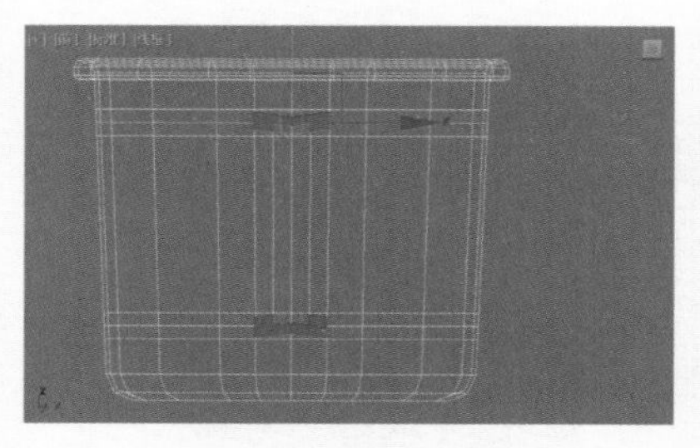

图 4-160

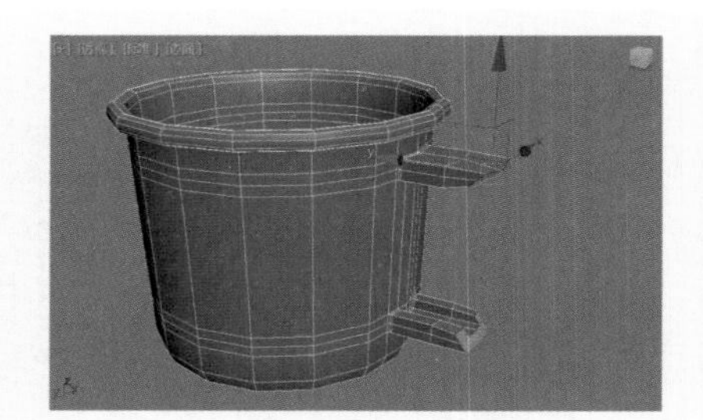

图 4-161

⑬ 再使用“桥”工具，制作出图 4-162 所示的模型效果。

⑭ 在“左”视图中，将杯子把手的形态调整至图 4-163 所示效果。

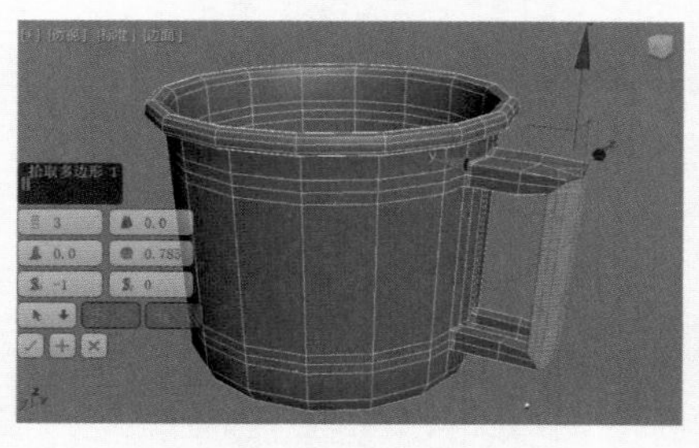

图 4-162

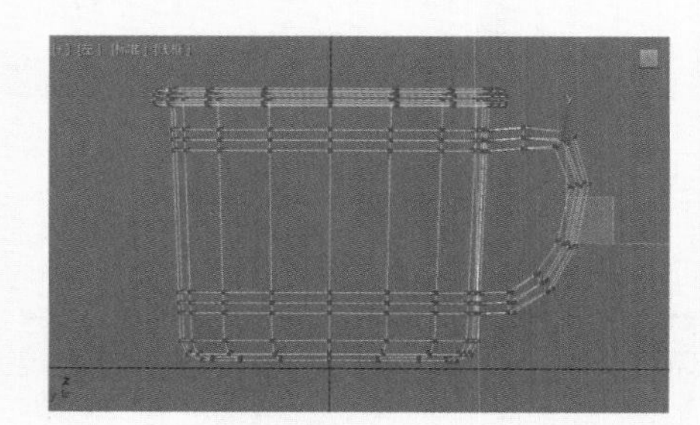

图 4-163

⑮ 在“修改”面板中为杯子模型添加“网格平滑”修改器，并设置“迭代次数”值为 2，如图 4-164 所示。

⑯ 本实例的最终模型效果如图 4-165 所示。

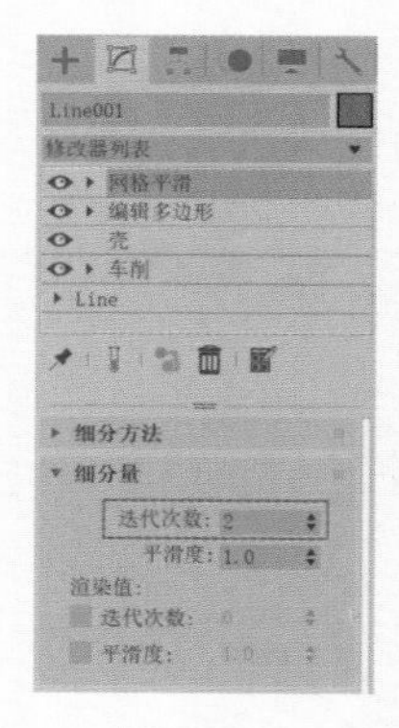

图 4-164

图 4-165

学习完本实例后，读者可以尝试制作形态较为相似的、带有把手的其他容器模型。

4.5.8 实例：制作柜子模型

实例介绍

本实例将为大家讲解使用多边形建模技术制作柜子模型的方法，制作完成后模型的渲染效果如图 4-166 所示。

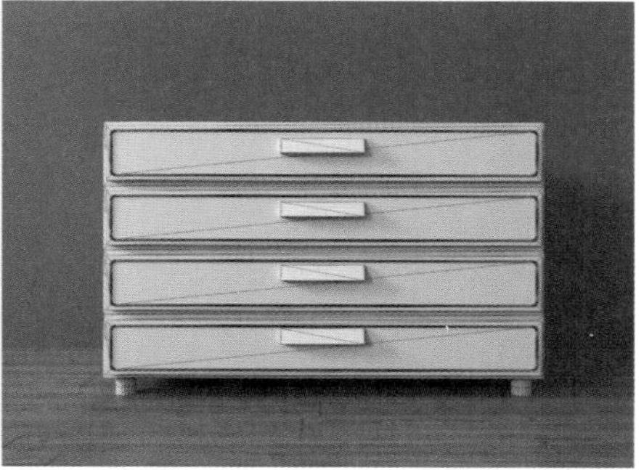

图 4-166

思路分析

在制作本实例前，需要先观察柜子模型的形态，再从“创建”面板中选择合适的按钮进行制作。

步骤演示

① 启动中文版 3ds Max 2022 软件，在“创建”面板中单击“长方体”按钮，如图 4-167 所示。在场景中创建一个长方体模型。

② 在“修改”面板中，调整长方体模型的参数值，如图 4-168 所示。

③ 为长方体模型添加“编辑多边形”修改器，如图 4-169 所示。

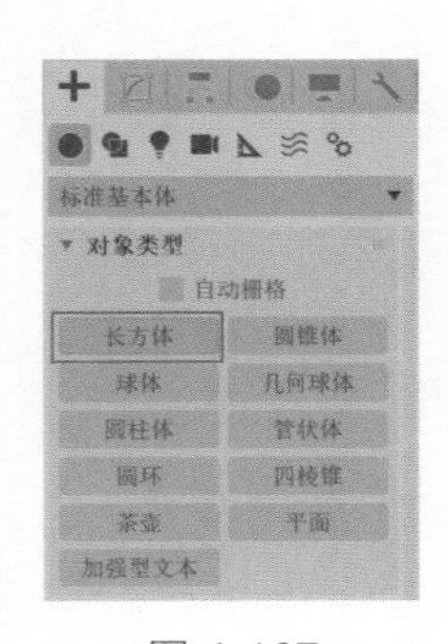

图 4-167

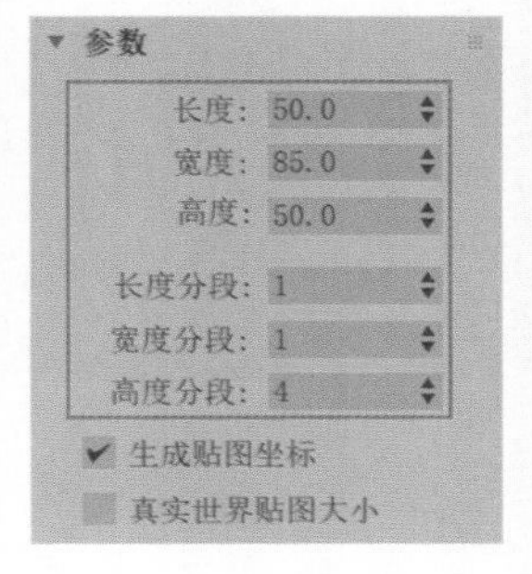

图 4-168

图 4-169

④ 选择图 4-170 所示的面，使用“插入”工具制作出图 4-171 所示的模型效果。

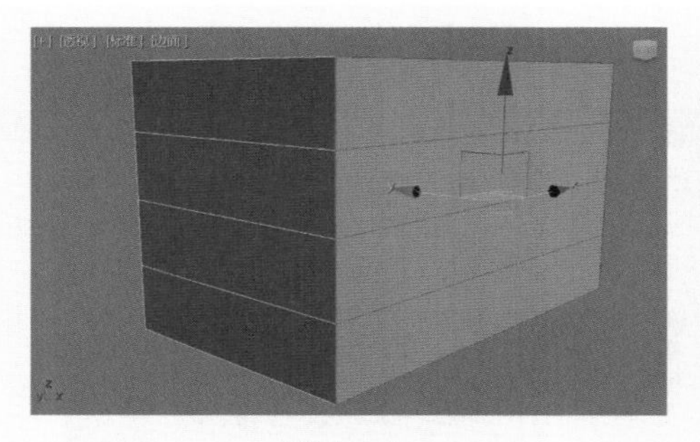

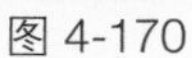

图 4-170

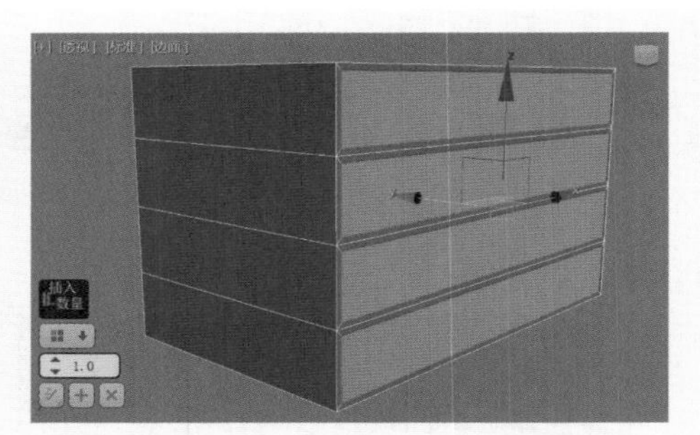

图 4-171

❺ 按下 Shift 键，使用“智能挤出”操作制作出图 4-172 所示的模型效果。

❻ 再次使用“插入”工具制作出图 4-173 所示的模型效果。

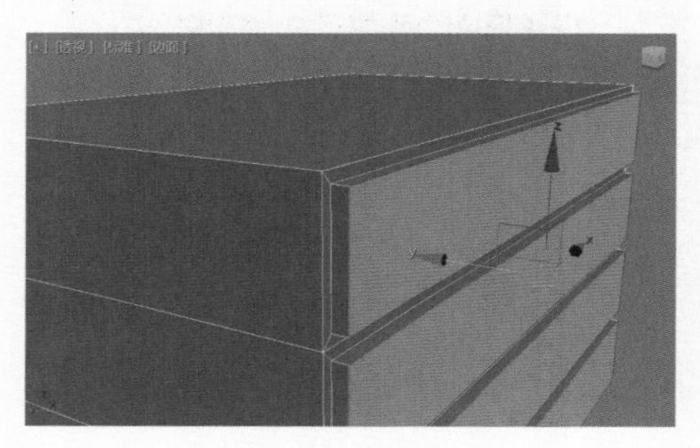

图 4-172

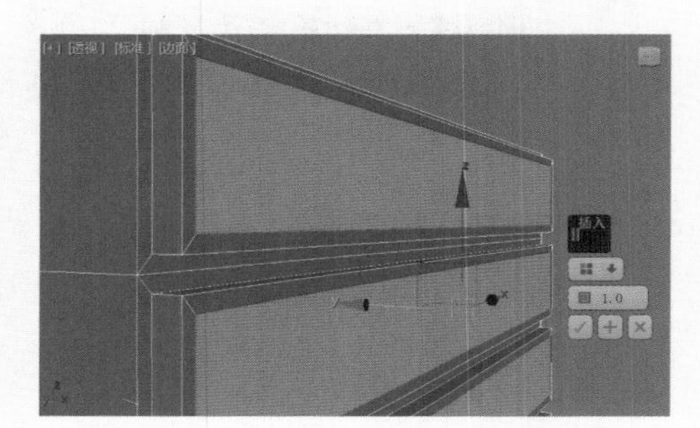

图 4-173

❼ 单击鼠标右键，执行“转换到边”命令，如图 4-174 所示，即可快速选择图 4-175 所示的边。

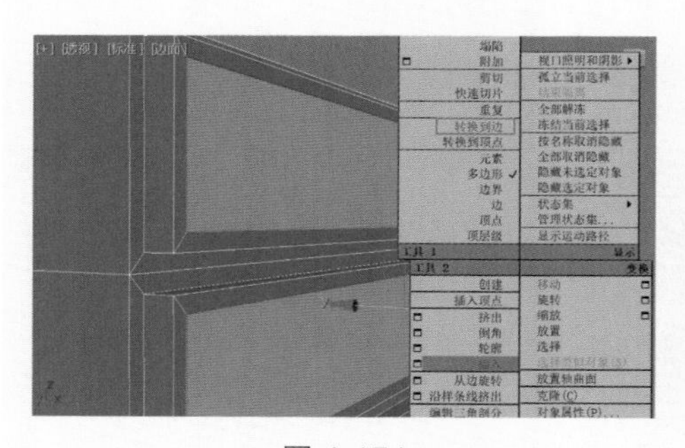

图 4-174

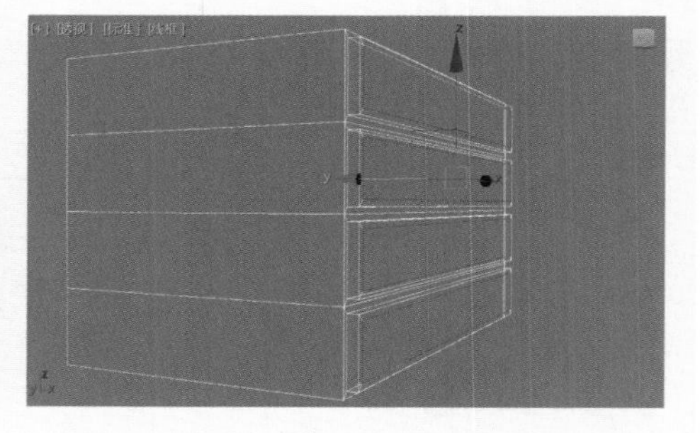

图 4-175

❽ 在“编辑边”卷展栏中，单击“创建图形”按钮后面的“设置”按钮，如图 4-176 所示。在系统自动弹出的“创建图形”对话框中勾选“线性”选项后，单击“确定”按钮，即可根据所选择的边线创建图形，如图 4-177 所示。

⑨ 选择场景中创建出来的图形，如图 4-178 所示。

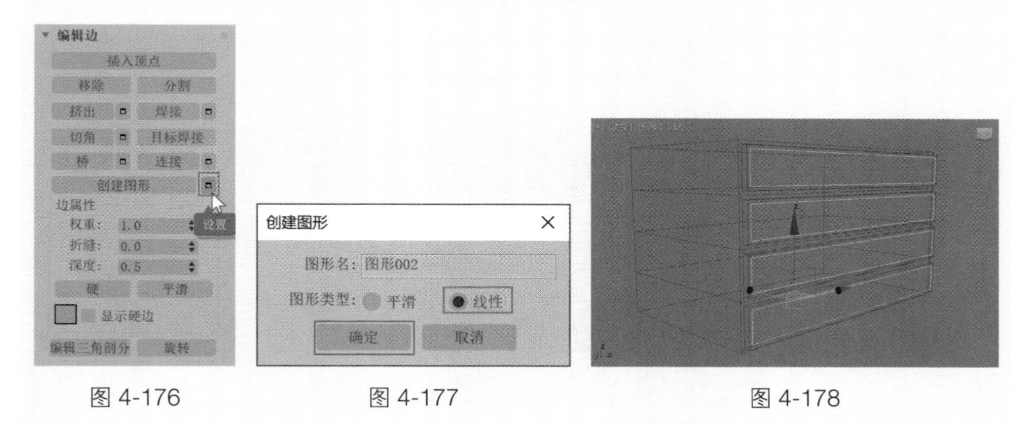

图 4-176　　图 4-177　　图 4-178

⑩ 在“修改”面板中，单击“圆角”按钮，如图 4-179 所示，制作出图 4-180 所示的圆角效果。

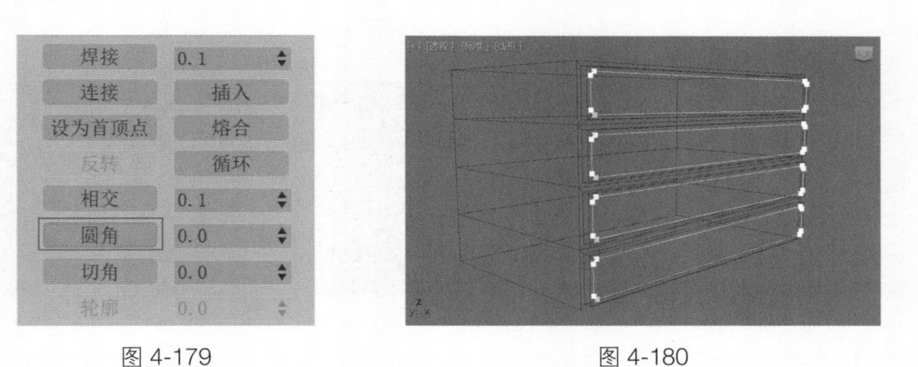

图 4-179　　图 4-180

⑪ 展开“渲染”卷展栏，勾选“在渲染中启用”和“在视口中启用”选项，设置“厚度”值为 0.5，“边”值为 12，如图 4-181 所示。制作出柜门上的线条装饰结构，如图 4-182 所示。

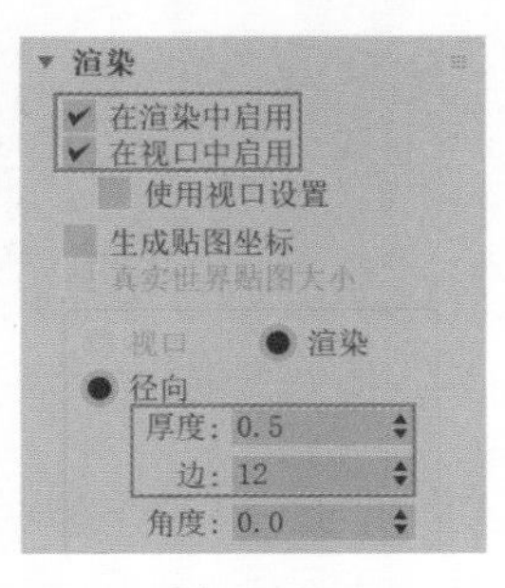

图 4-181

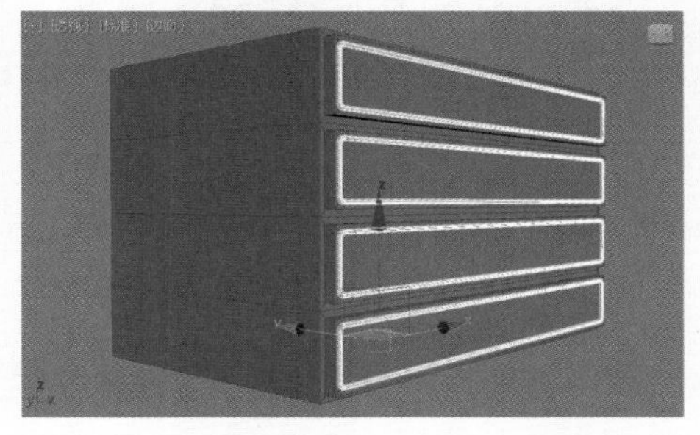

图 4-182

⑫ 单击“创建”面板中的“长方体”按钮，如图 4-183 所示，在场景中柜门位置处创建一个长方体模型，用来制作柜门上的拉手，如图 4-184 所示。

⑬ 在“修改”面板中设置长方体模型的参数值，如图 4-185 所示。

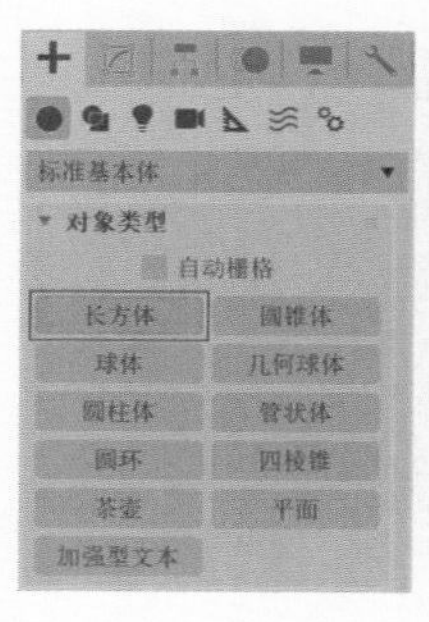

图 4-183

图 4-184

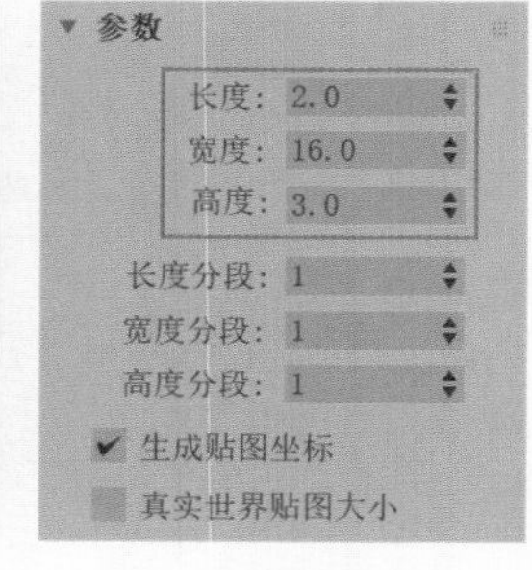

图 4-185

⑭ 在“修改”面板中为其添加“编辑多边形”修改器，如图 4-186 所示。

⑮ 选择图 4-187 所示的边线，调整其位置，如图 4-188 所示。

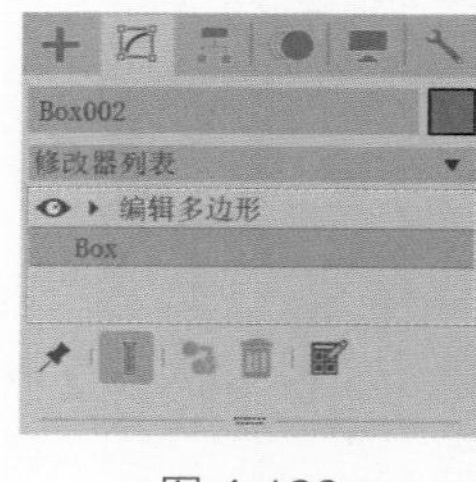

图 4-186

图 4-187

图 4-188

⑯ 选择图 4-189 所示的边线，使用“切角”工具制作出图 4-190 所示的模型效果。

图 4-189

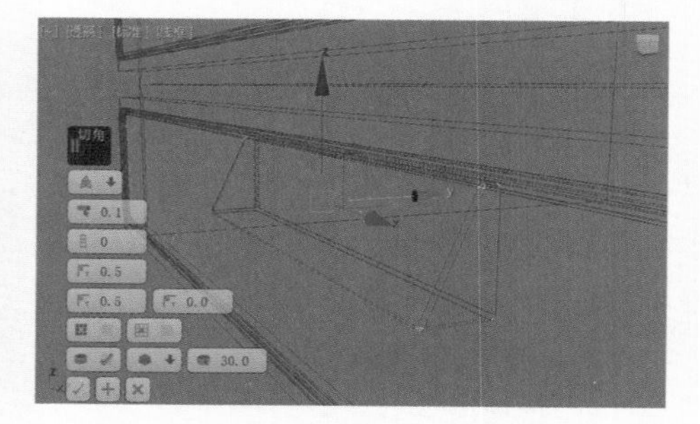

图 4-190

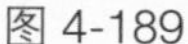

⑰ 制作完成后，复制出 3 个拉手模型并分别将其调整至图 4-191 所示位置。

⑱ 单击“创建”面板中的“圆柱体”按钮，如图 4-192 所示。在场景中柜子模型左

下方位置创建一个圆柱体模型，用来制作柜子脚结构，如图 4-193 所示。

图 4-191

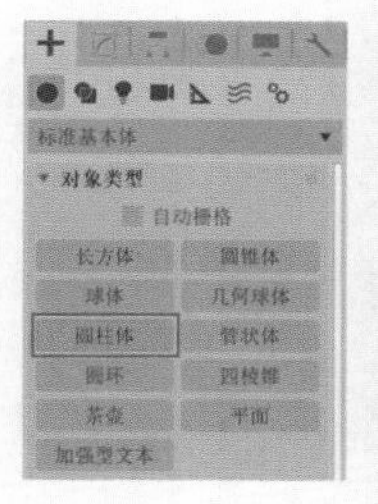

图 4-192

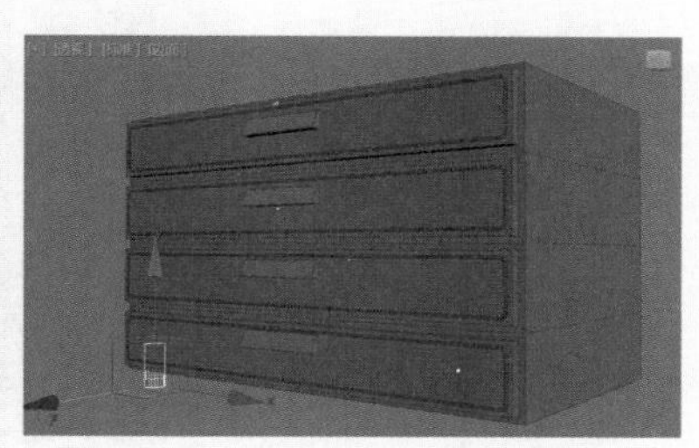

图 4-193

⑲ 在“修改”面板中调整圆柱体的参数值，如图 4-194 所示。

⑳ 选择圆柱体模型，为其添加“对称”修改器，设置其“镜像轴”为 X 和 Y，并勾选“翻转”选项，如图 4-195 所示，得到图 4-196 所示的模型效果。

㉑ 本实例的最终模型完成效果如图 4-197 所示。

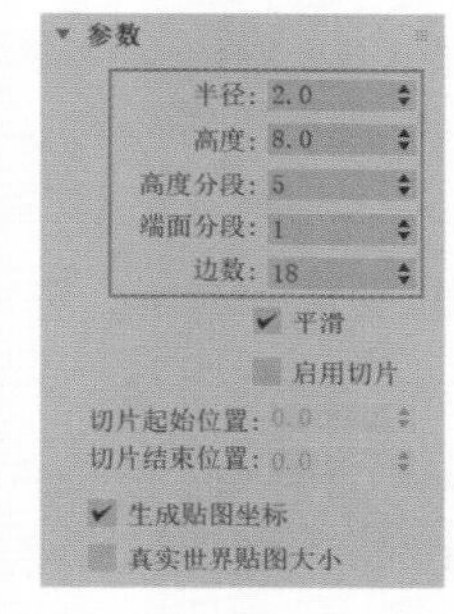

图 4-194

图 4-195

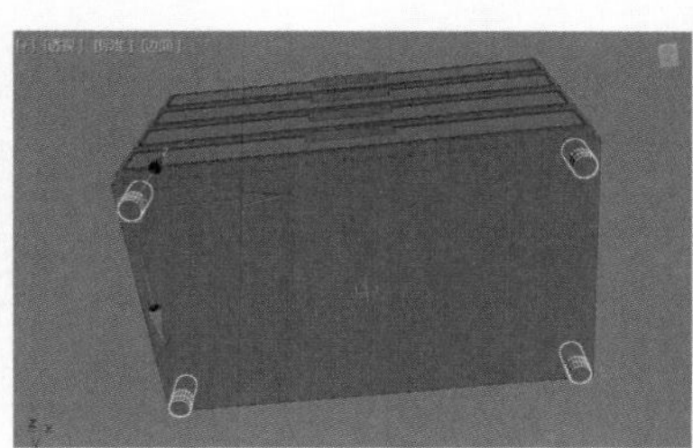

图 4-196

图 4-197

学习完本实例后，读者可以尝试制作形态较为相似的、带有把手的其他家具模型。

4.5.9　实例：制作沙发模型

实例介绍

本实例将为大家讲解使用多种修改器来制作沙发模型的方法，制作完成后模型的渲染效果如图 4-198 所示。

图 4-198

思路分析

在制作实例前，需要先观察沙发模型的形态，再从“创建”面板中选择合适的按钮进行制作。

步骤演示

❶ 启动中文版 3ds Max 2022 软件，在“创建”面板中单击“长方体”按钮，如图 4-199 所示。在场景中创建一个长方体模型。

❷ 在“修改”面板中调整长方体模型的参数值，如图 4-200 所示，得到图 4-201 所示的模型效果。

❸ 为长方体模型添加“编辑多边形”修改器，如图 4-202 所示。

图 4-199

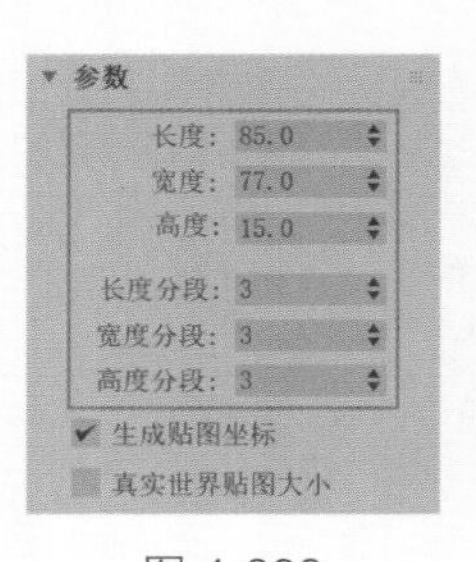

图 4-200

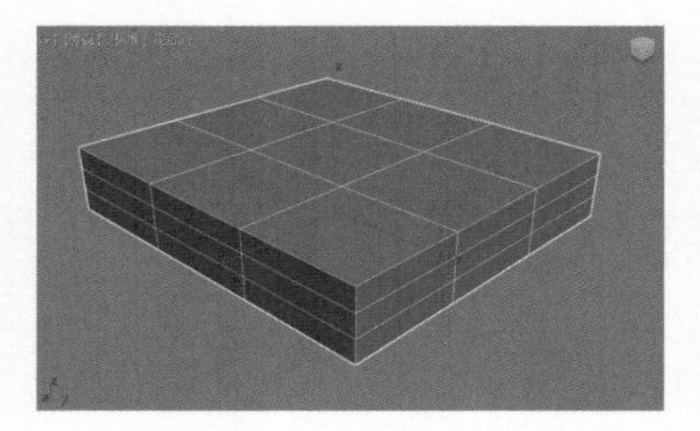

图 4-201

图 4-202

❹ 选择图 4-203 所示的边线，使用“切角”工具制作出图 4-204 所示的模型效果。

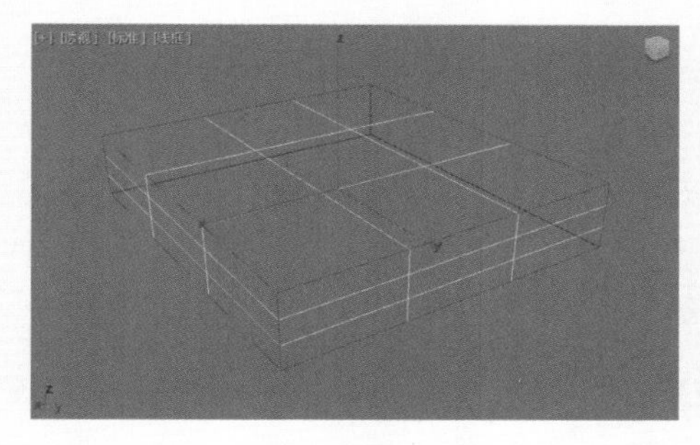

图 4-203

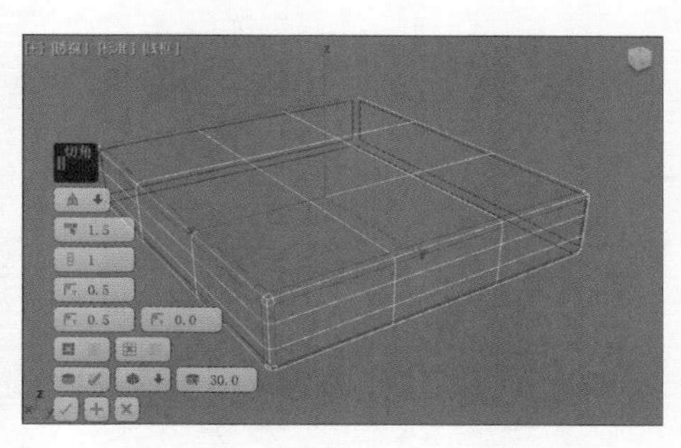

图 4-204

❺ 为长方体模型添加“网格平滑”修改器，并设置“迭代次数”值为 2，如图 4-205 所示，得到图 4-206 所示的模型效果。

❻ 按住 Shift 键，向上复制出一个长方体模型，用来制作沙发的坐垫，如图 4-207 所示。

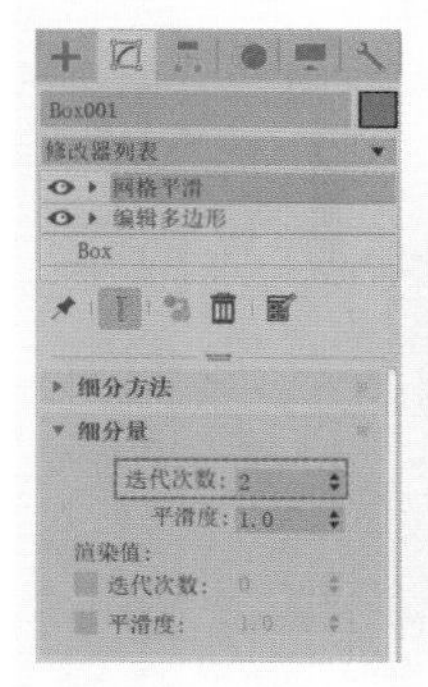

图 4-205

图 4-206

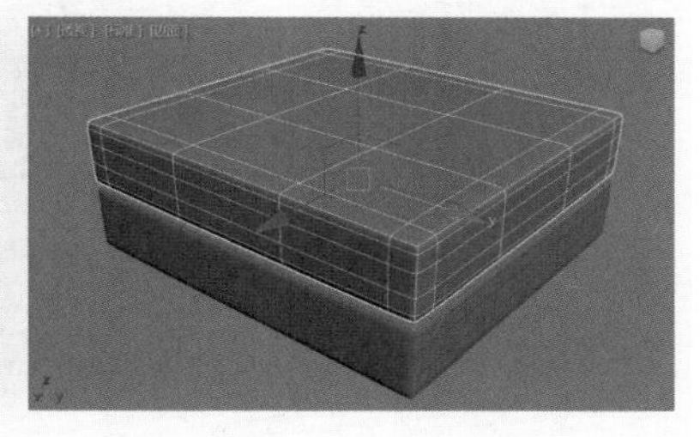

图 4-207

❼ 选择图 4-208 所示的顶点，将其调整至图 4-209 所示位置，使坐垫中心部分稍稍凸起一些。

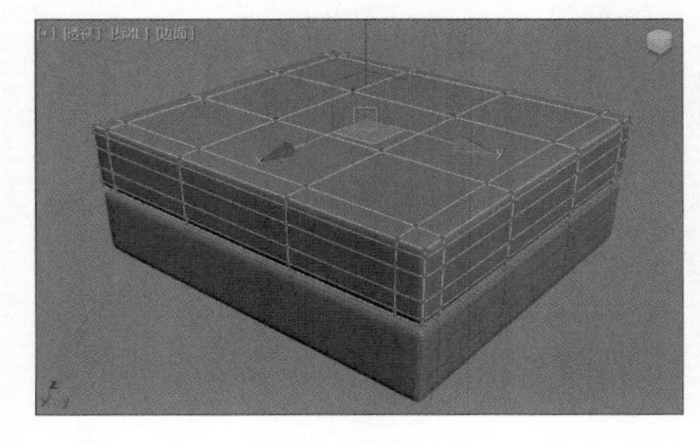

图 4-208

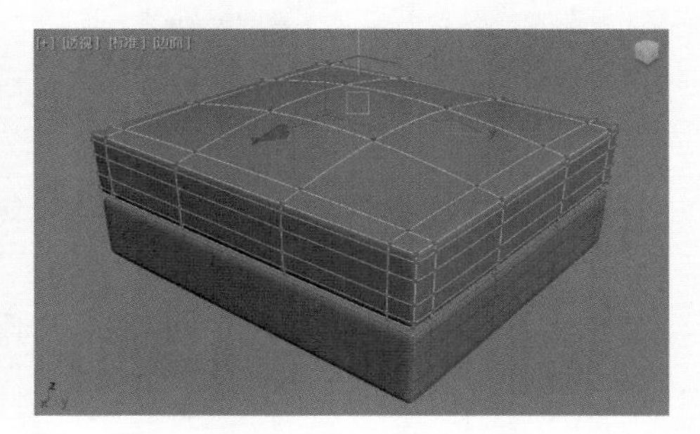

图 4-209

❽ 单击“创建”面板中的“长方体”按钮，在场景中再次创建一个长方体作为沙发的扶手，创建后的效果如图 4-210 所示。

❾ 在“修改”面板中设置长方体的参数值，如图 4-211 所示。

❿ 在“修改”面板中为其添加“编辑多边形”修改器，如图 4-212 所示。

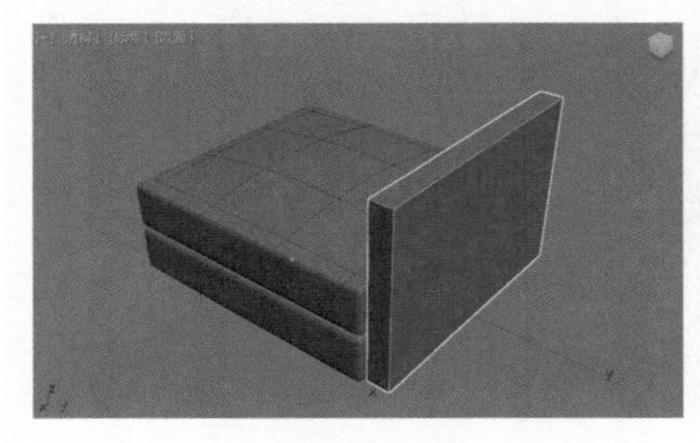

图 4-210

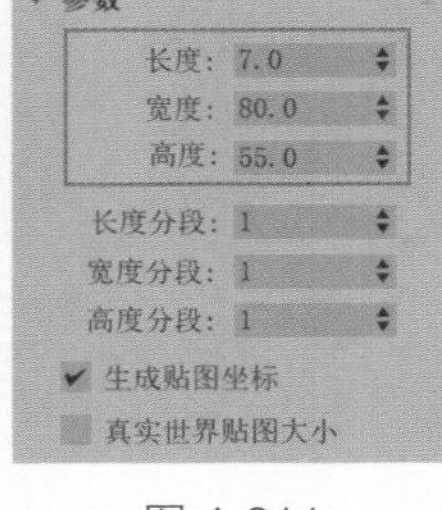

图 4-211

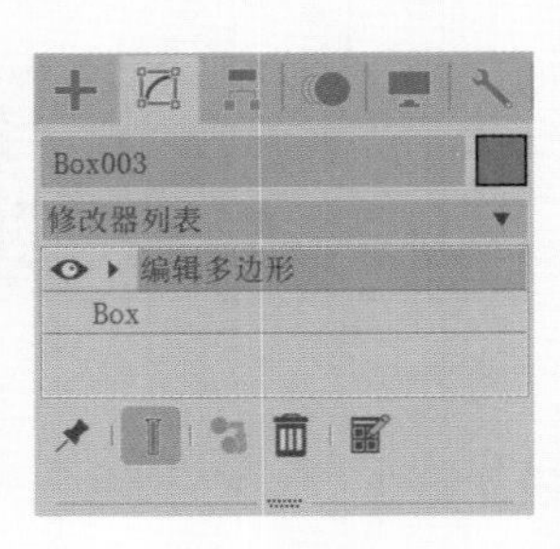

图 4-212

⓫ 选择图 4-213 所示的面，按住 Shift 键，使用“智能挤出”工具制作出图 4-214 所示的模型效果。

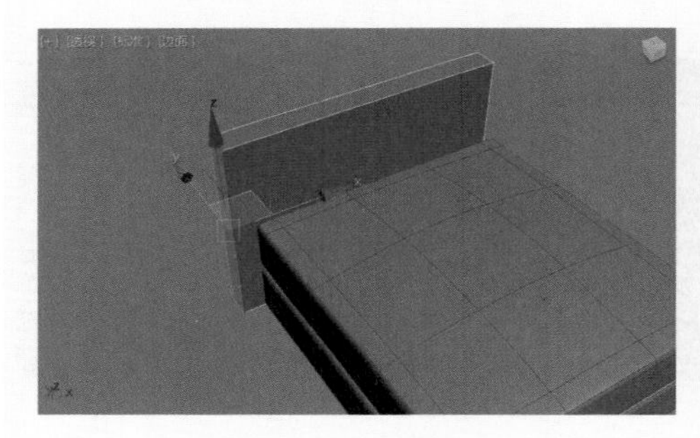

图 4-213

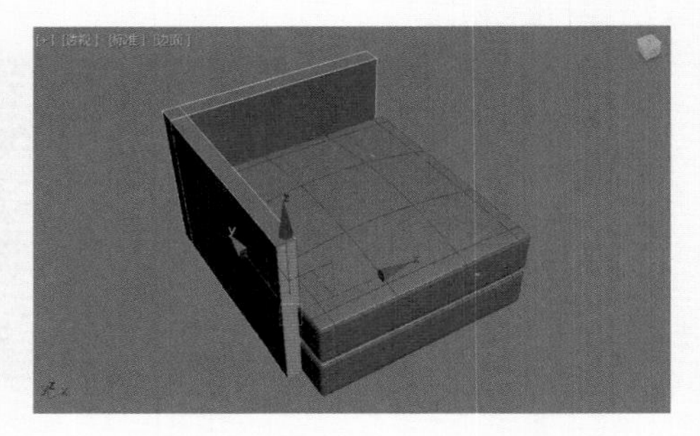

图 4-214

⓬ 选择图 4-215 所示的边线，使用“切角”工具制作出图 4-216 所示的模型效果。

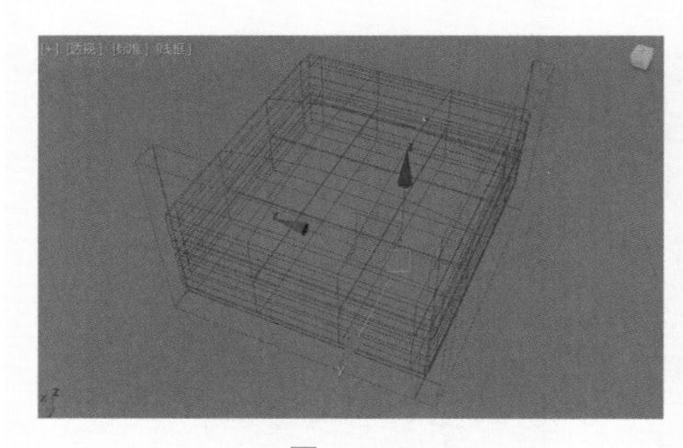

图 4-215

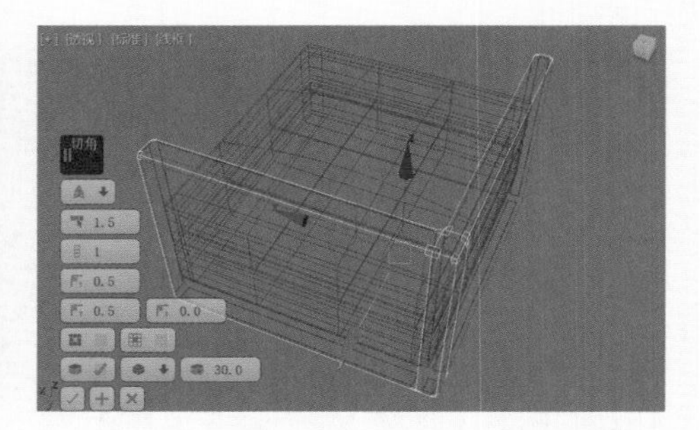

图 4-216

⓭ 为扶手模型添加“对称”修改器，并设置“镜像轴”为 Y，如图 4-217 所示，制

作出沙发另一侧的扶手模型效果，如图 4-218 所示。

⑭ 为扶手模型添加“网格平滑”修改器，并设置“迭代次数”值为 2，如图 4-219 所示，得到图 4-220 所示的模型效果。

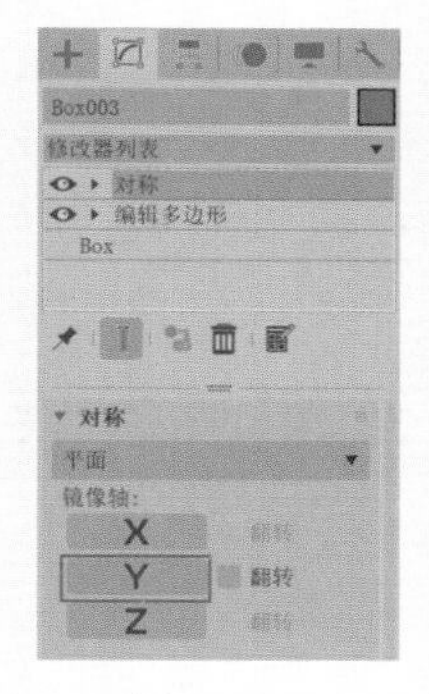

图 4-217

图 4-218

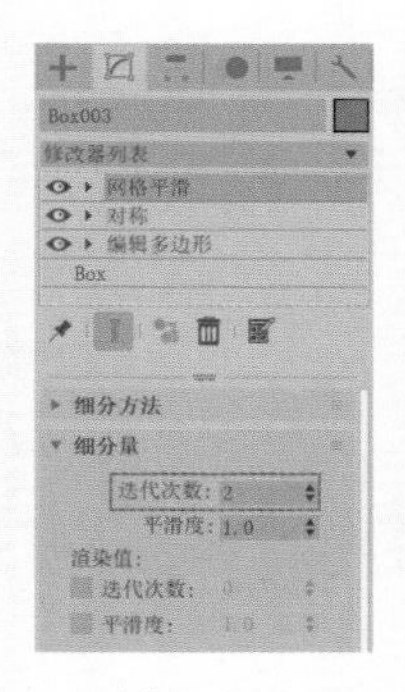

图 4-219

图 4-220

⑮ 在场景中再次创建一个长方体模型作为沙发的靠背，如图 4-221 所示。

⑯ 在“修改”面板中设置长方体参数值，如图 4-222 所示。

⑰ 为靠背模型添加“编辑多边形”修改器，如图 4-223 所示。

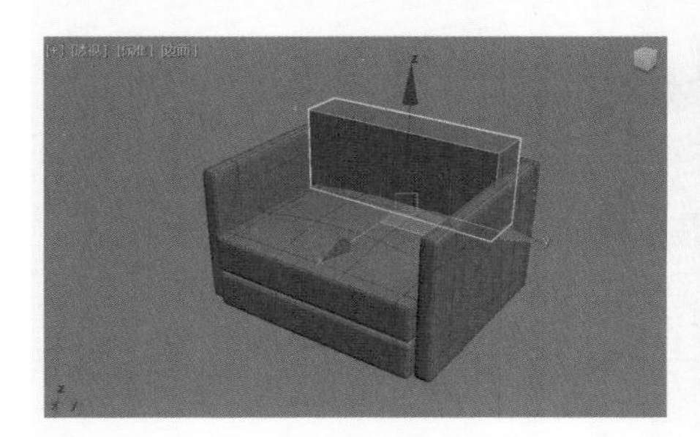

图 4-221

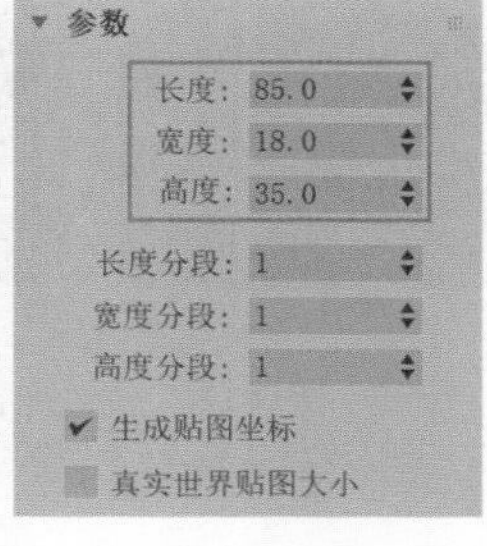

图 4-222

图 4-223

⑱ 选择图 4-224 所示的边线，使用“切角”工具制作出图 4-225 所示的模型效果。

图 4-224

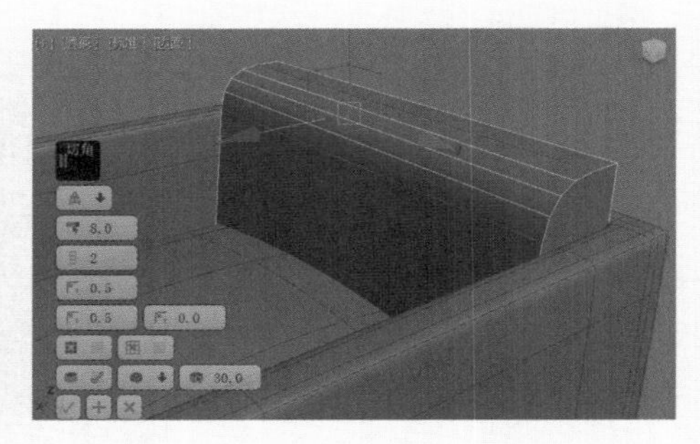

图 4-225

⑲ 选择图 4-226 所示的边线，使用相同的操作步骤制作出图 4-227 所示的模型效果。

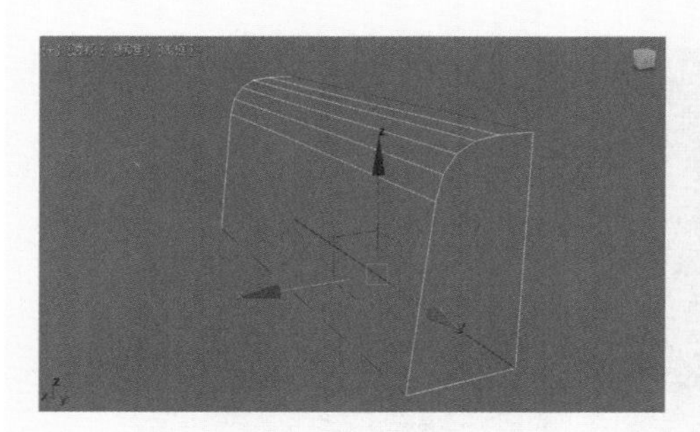

图 4-226

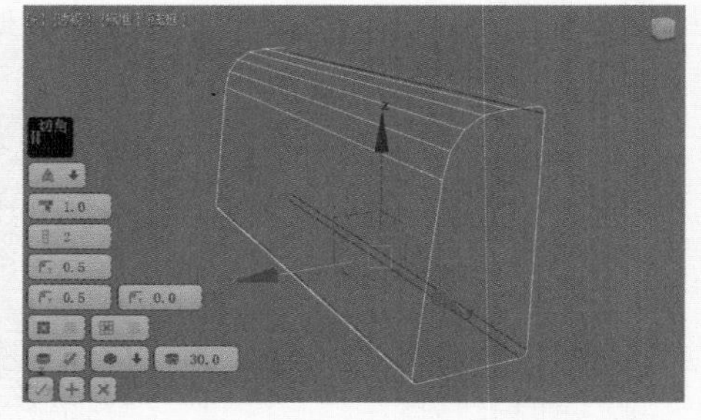

图 4-227

⑳ 选择图 4-228 所示的边线，使用“连接”工具制作出图 4-229 所示的模型效果。

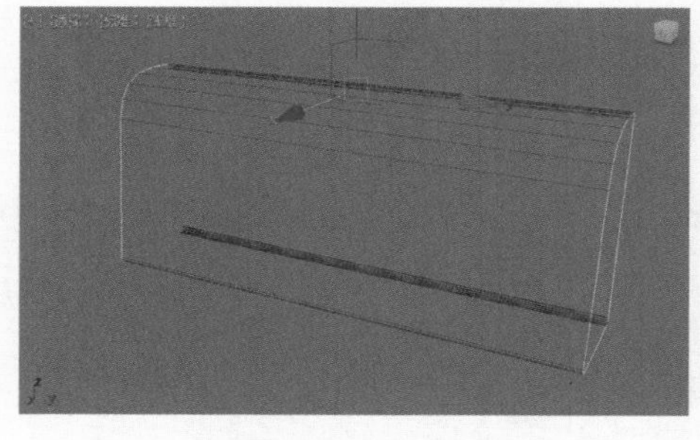

图 4-228

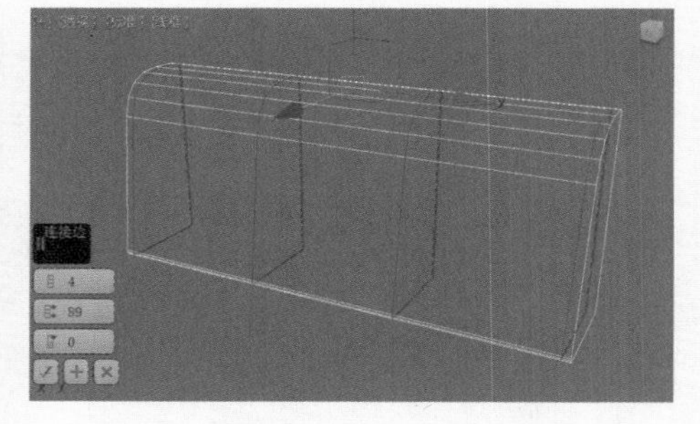

图 4-229

㉑ 选择图 4-230 所示的顶点，使用“连接”工具在所选的顶点之间连接一条线，如图 4-231 所示。

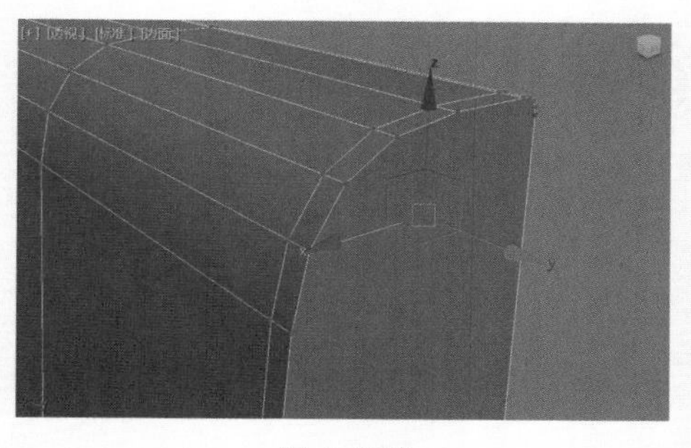

图 4-230

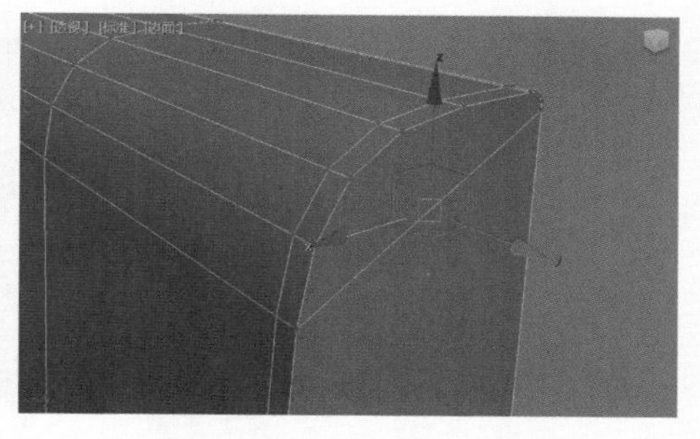

图 4-231

㉒ 使用相同的操作步骤制作出图 4-232 所示的靠背模型效果。

㉓ 为靠背模型先添加“对称”修改器，再添加“网格平滑”修改器，并设置“迭代次数”值为 2，如图 4-233 所示，制作出图 4-234 所示的模型效果。

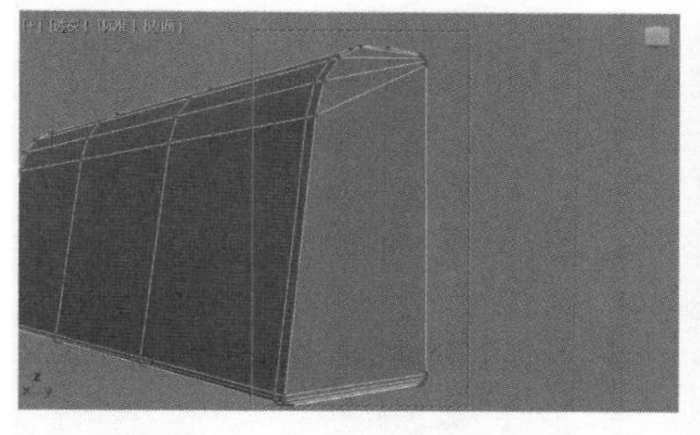

图 4-232

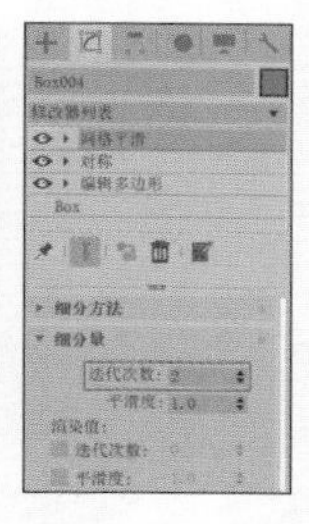

图 4-233

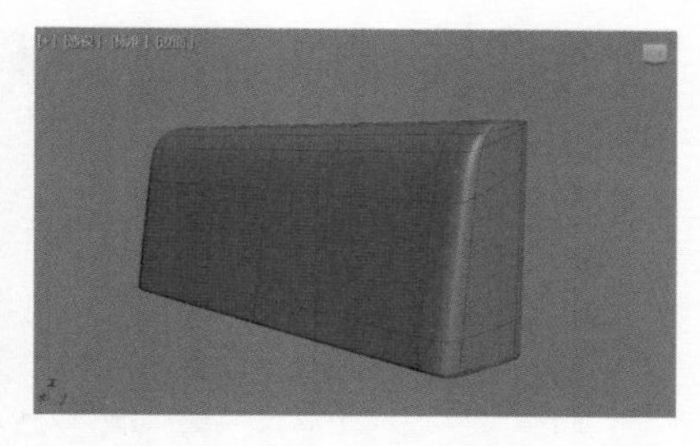

图 4-234

㉔ 单击“创建”面板中的“长方体”按钮，在场景中创建一个长方体，调整其参数值，如图 4-235 所示，并将其调整至图 4-236 所示位置。

㉕ 再次创建一个长方体，调整其参数值，如图 4-237 所示，并将其调整至图 4-238 所示位置，作为沙发腿结构。

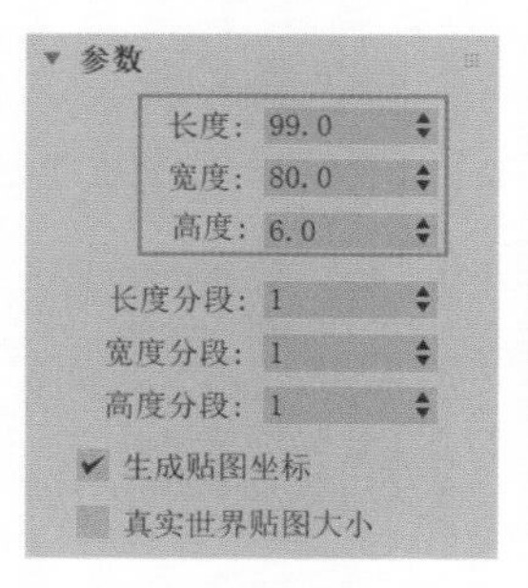

图 4-235

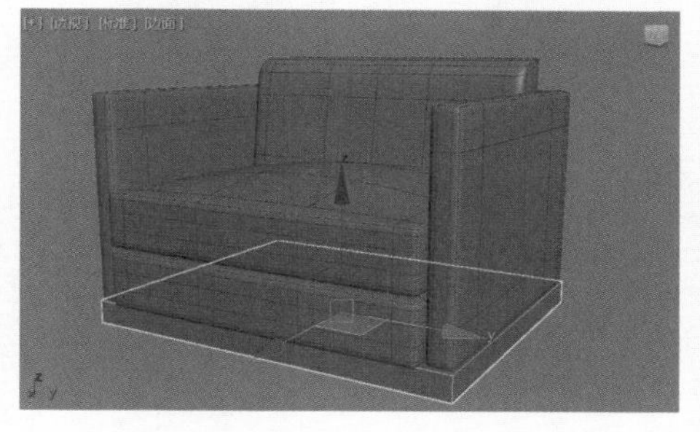

图 4-236

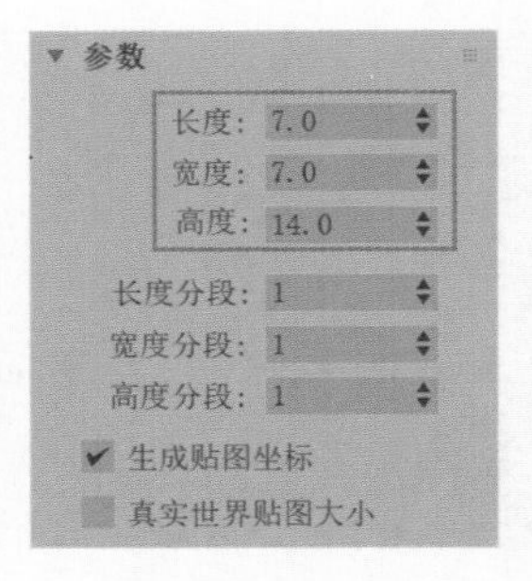

图 4-237

图 4-238

㉖ 为其添加“对称”修改器，如图 4-239 所示，制作出图 4-240 所示的模型效果。

㉗ 本实例的最终模型完成效果如图 4-241 所示。

图 4-239

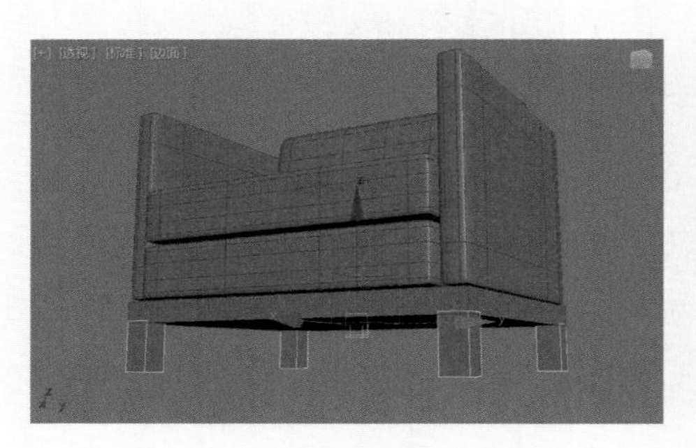

图 4-240

图 4-241

学习完本实例后，读者可以尝试制作形态较为相似的多人沙发模型。

灯光技术

5.1 灯光概述

灯光设置，一直以来都是三维动画制作里的高难度技术。灯光设置的核心主要在颜色和强度这两个方面，即便是同一个场景，在不同的时间段、不同的天气下所拍摄出来的照片，其色彩与亮度也大不相同，所以在为场景设置灯光之前，通常需要先寻找大量的相关素材进行参考，这样才能在灯光制作这一环节得心应手，制作出更加真实的光效。

晴天室外环境下的拍摄效果如图 5-1 所示，阴天室外环境下的拍摄效果如图 5-2 所示，室内灯光照明环境下的拍摄效果如图 5-3 所示，火焰燃烧环境下的拍摄效果如图 5-4 所示。

图 5-1

图 5-2

图 5-3

图 5-4

使用灯光不仅可以改变物体表面的光泽和颜色，还可以渲染出镜头光斑、体积光等特殊效果，图 5-5 和图 5-6 所示分别为一些带有镜头光斑及体积光效果的照片。在 3ds Max 中，单纯地放置灯光并没有意义，灯光通常需要模型及模型的材质共同作用，才能得到丰富的色彩和明暗对比效果，从而使我们的三维图像达到犹如照片级别的真实效果。

图 5-5

图 5-6

光是画面中的重要构成要素之一，其主要功能如下。

第 1 点：为画面提供足够的亮度。

第 2 点：通过光与影的关系来表达画面的空间感。

第 3 点：为场景添加环境气氛，营造画面所表达的意境。

5.2 光度学

在“创建”面板中，系统所显示的默认灯光类型就是“光度学”。其“对象类型”卷展栏内包含“目标灯光”按钮、“自由灯光”按钮和“太阳定位器”按钮，如图 5-7 所示。扫描图 5-8 中的二维码，可观看光度学灯光的详解视频。

图 5-7

图 5-8

5.3 Arnold

Arnold Light 功能强大，用该灯光几乎可以模拟各种我们身边常见的照明环境，如图 5-9 所示。需要注意的是，即使是在中文版 3ds Max 2022 软件中，该灯光的命令参数仍然为英文。扫描图 5-10 中的二维码，可观看 Arnold Light 常用参数的详解视频。

图 5-9

图 5-10

5.4 技术实例

5.4.1 实例：制作静物照明效果

实例介绍

本实例将为大家讲解如何使用“目标灯光”来制作静物照明效果，本实例的渲染效果如图 5-11 所示。

图 5-11

思路分析

在制作实例前，需要先观察静物类的照明效果，再从“创建”面板中选择合适的灯光进行制作。

步骤演示

❶ 启动中文版 3ds Max 2022 软件，打开本书配套场景文件“静物 .max”，如图 5-12 所示。场景中是一组面包的模型，并且设置好了材质及摄影机的拍摄角度。

❷ 单击“创建”面板中的“目标灯光”按钮，如图 5-13 所示。这时，系统会自动弹出“创建光度学灯光”对话框，询问用户是否需要使用物理摄影机曝光控制，单击“否”按钮，如图 5-14 所示。

❸ 在“前”视图中创建一个目标灯光，并设置灯光的目标点位置为坐标原点，如图 5-15 所示。

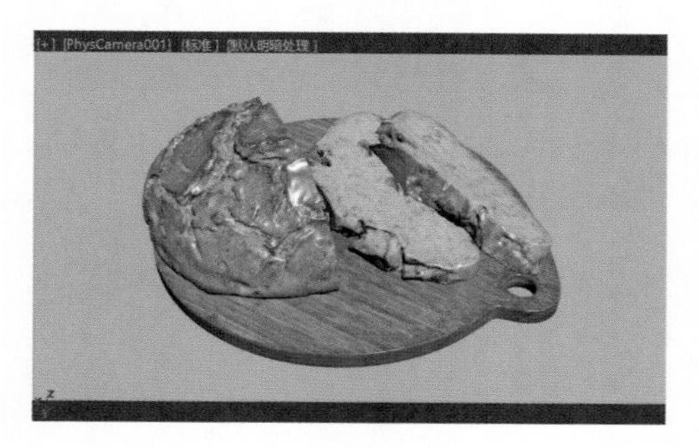

图 5-12

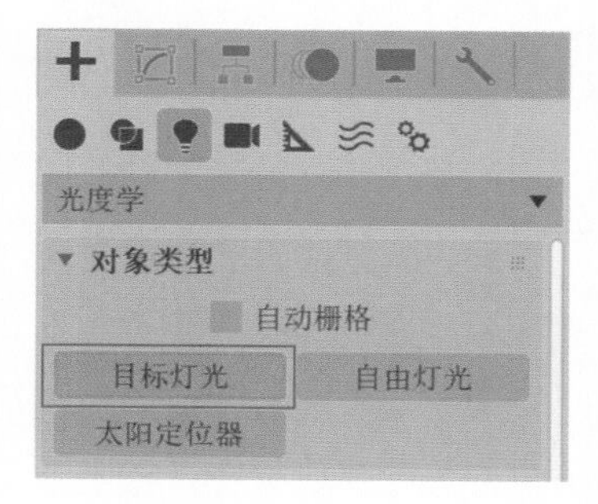

图 5-13

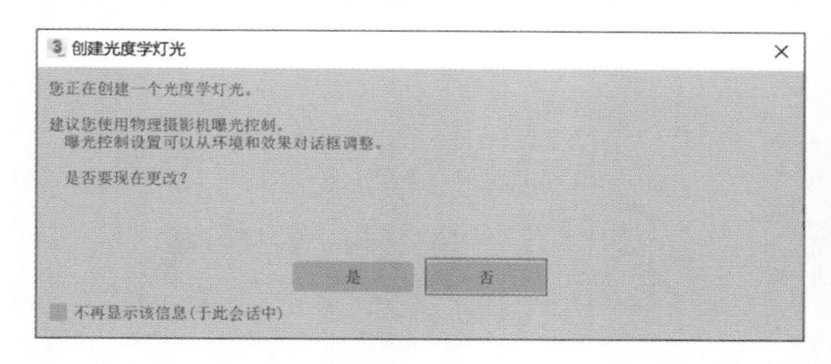

图 5-14

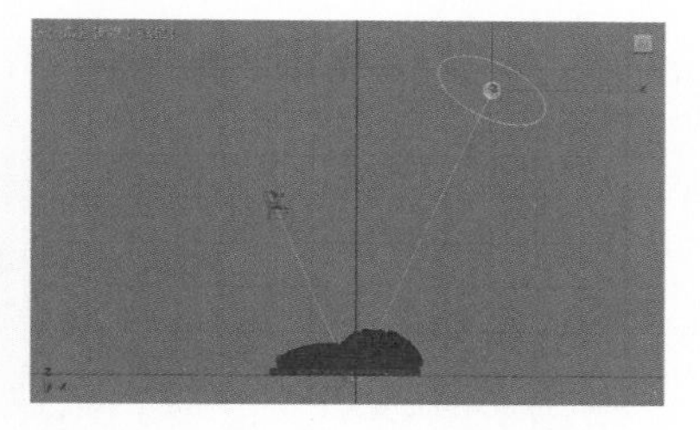

图 5-15

❹ 设置场景中灯光的坐标位置为（30,40,65），如图 5-16 所示。

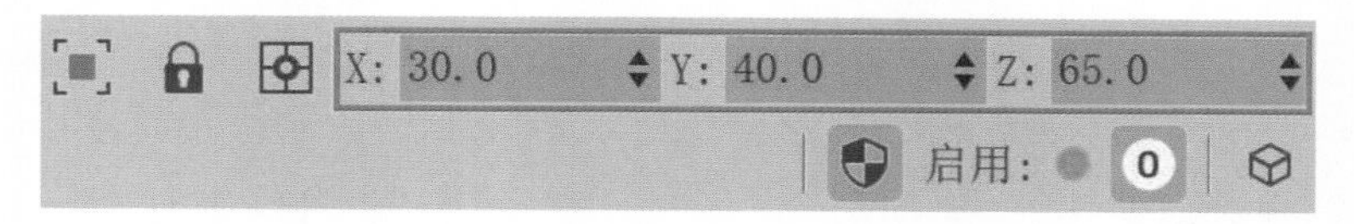

图 5-16

❺ 在“常规参数”卷展栏中，设置“阴影”的类型为“光线跟踪阴影”，如图 5-17 所示。

❻ 在“强度 / 颜色 / 衰减”卷展栏中，设置灯光的“强度”值为 1000，如图 5-18 所示。

❼ 设置完成后，渲染场景，渲染效果如图 5-19 所示。从渲染效果上我们可以清晰地感觉出光线从哪里来，另外需要注意的是在默认情况下，物体的阴影边缘会非常清晰，显得不太自然。

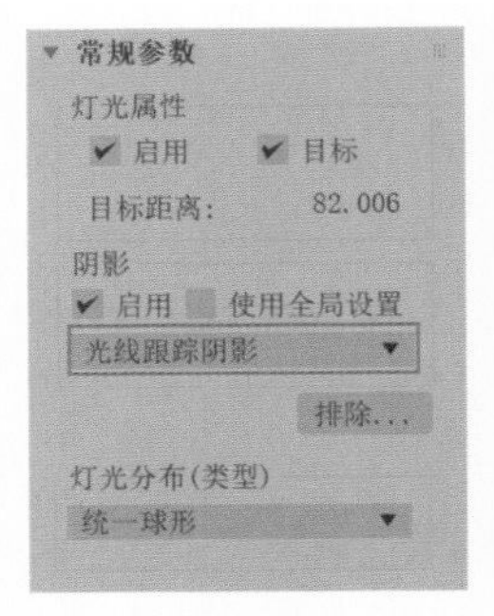

图 5-17

图 5-18

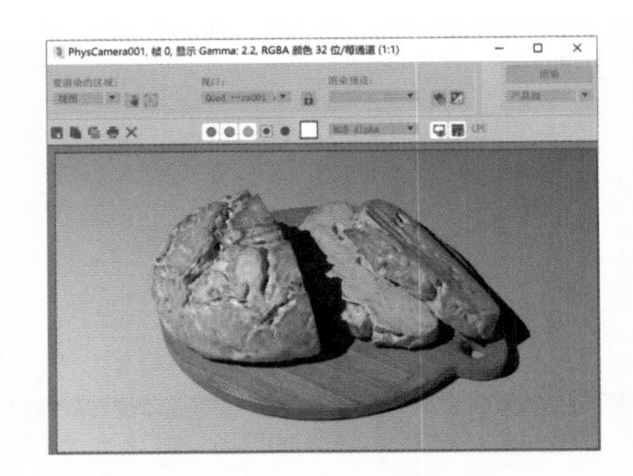

图 5-19

❽ 在“图形 / 区域阴影”卷展栏中，设置“从（图形）发射光线”的选项为“圆形”，并设置“半径”值为13，如图 5-20 所示。设置完成后，在场景中我们可以看到灯光的半径大小，如图 5-21 所示。

❾ 接着，渲染场景，渲染效果如图 5-22 所示。从渲染效果上我们可以看到物体的阴影边缘具有一定的模糊效果，看起来比之前要自然许多。

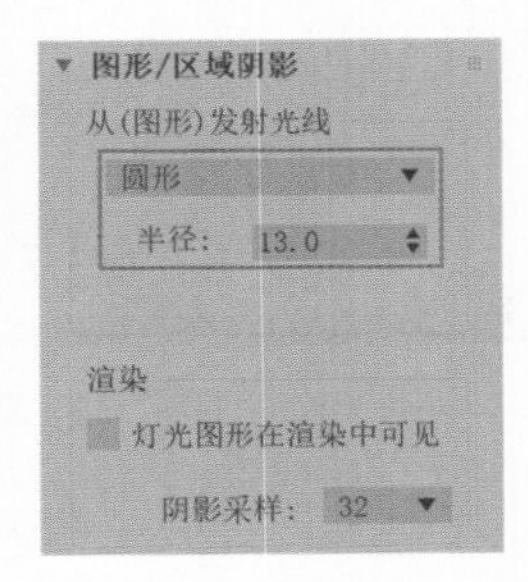

图 5-20

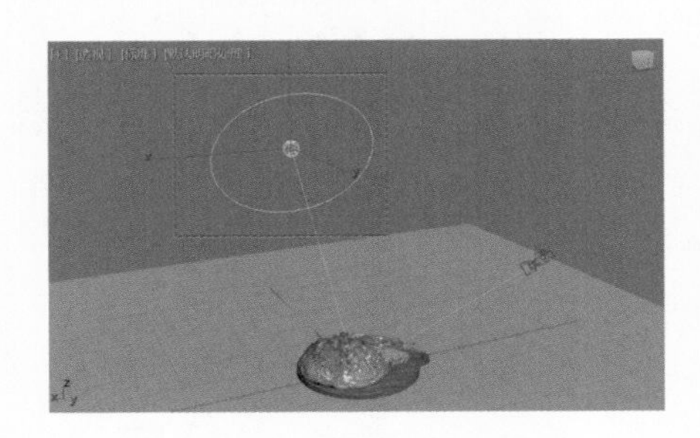

图 5-21

图 5-22

❿ 在“前”视图中，复制出一个目标灯光，如图 5-23 所示，并调整其位置，如图 5-24 所示，使其作为辅助照明，从另一侧对场景中的物体进行照明。

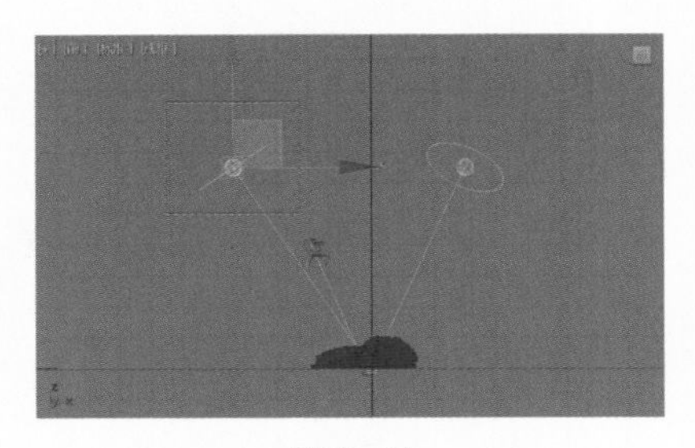

图 5-23

图 5-24

⑪ 设置完成后，渲染场景，本实例的最终渲染效果如图 5-25 所示。

图 5-25

学习完本实例后，读者可以尝试制作其他产品或静物照明效果。

5.4.2 实例：制作灯泡照明效果

实例介绍

本实例将为大家讲解如何使用 Arnold Light 来制作灯泡照明效果，本实例的渲染效果如图 5-26 所示。

图 5-26

思路分析

在制作实例前，需要先观察生活中灯泡的照明效果，再从“创建”面板中选择合适的灯光进行制作。

步骤演示

❶ 启动中文版 3ds Max 2022 软件，打开本书配套场景文件“灯泡 .max”，如图 5-27 所示。场景中是一个室内空间的模型，里面摆放了一些简单的桌椅和一个垂下来的灯泡模型，并且设置好了材质及摄影机的拍摄角度。

图 5-27

❷ 在“创建”面板中，单击“目标灯光”按钮，如图 5-28 所示。

❸ 在“顶”视图窗户位置处创建一个目标灯光，如图 5-29 所示。

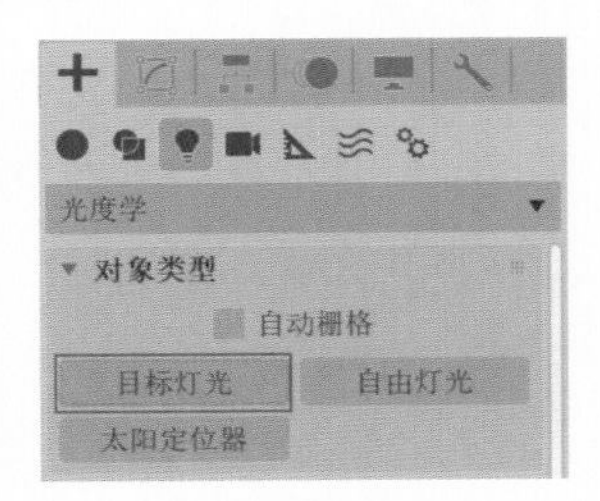

图 5-28

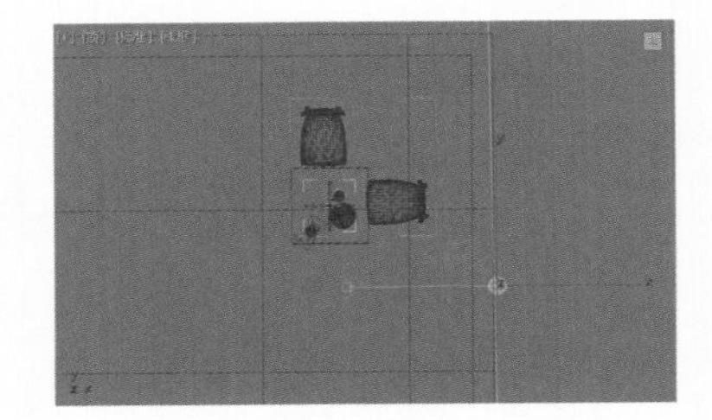

图 5-29

❹ 在“常规参数”卷展栏中，设置“阴影”的类型为“光线跟踪阴影”，如图 5-30 所示。

❺ 在“强度 / 颜色 / 衰减”卷展栏中，设置灯光的“强度”值为 12000，如图 5-31 所示。

❻ 在“图形 / 区域阴影”卷展栏中，设置“从（图形）发射光线”的选项为“矩形”，并设置“长度”值为 180，“宽度”值为 150，如图 5-32 所示。

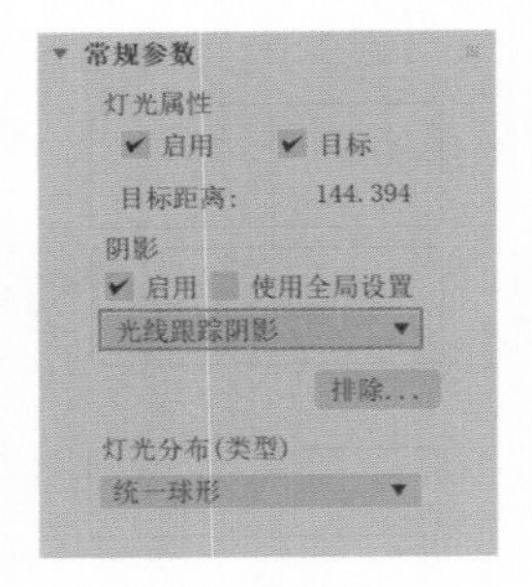

图 5-30

❼ 在“透视”视图中调整灯光的位置，如图 5-33 所示，使灯光从窗外照向屋内。

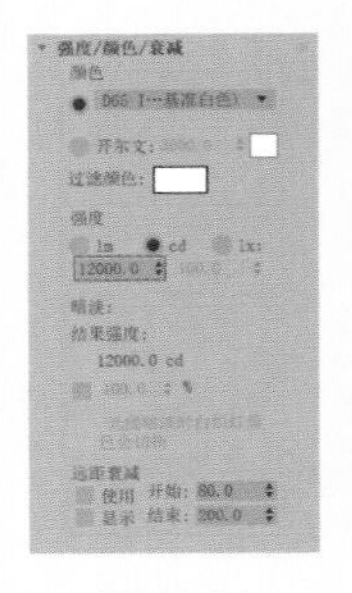

图 5-31

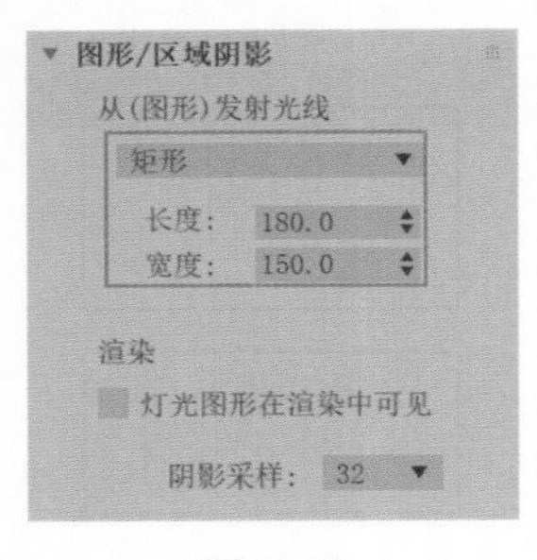

图 5-32

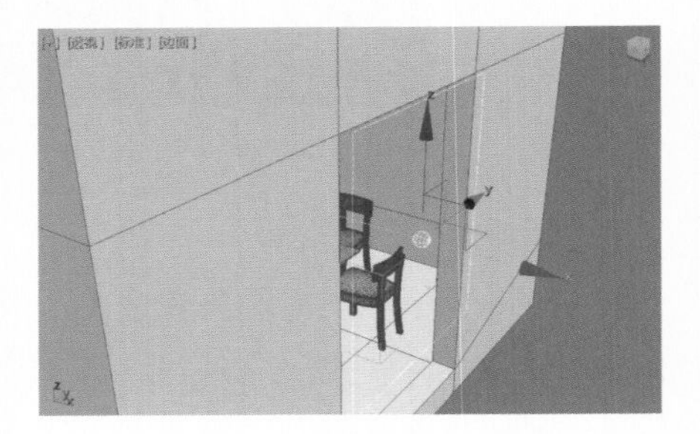

图 5-33

⑧ 复制刚刚所创建的灯光，并将其移至房屋模型的另一边窗户的位置，如图 5-34 所示。

⑨ 设置完成后，渲染场景，渲染效果如图 5-35 所示。

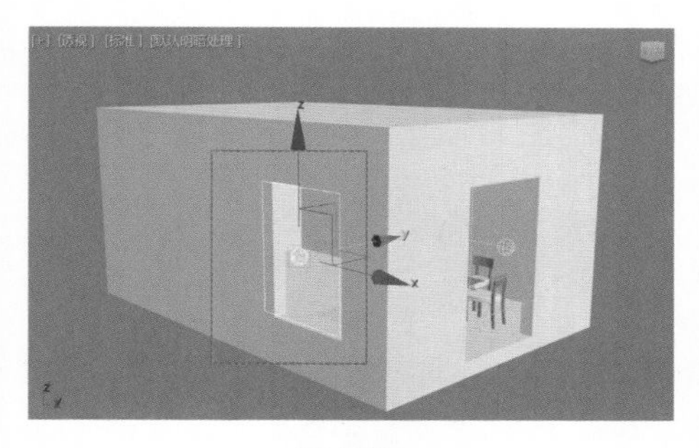

图 5-34

图 5-35

⑩ 单击“创建”面板中的“Arnold Light”按钮，如图 5-36 所示，在场景中的任意位置创建一个 Arnold 灯光。

⑪ 在“修改”面板中，展开“Shape”（形状）卷展栏，设置“Type”为 Mesh，并将“Mesh”设置为场景中名称为“灯丝线”的模型，如图 5-37 所示。

⑫ 展开“Color/Intensity”（颜色 / 强度）卷展栏，选择 Color 组的“Kelvin”选项，并将其值调整为 2500，这时可以看到灯光的颜色会变为橙色。在 Intensity 组中设置“Intensity”值为 8，“Exposure”值为 8，如图 5-38 所示。

⑬ 设置完成后，渲染场景，最终渲染效果如图 5-39 所示。通过渲染效果我们可以清楚地看到灯泡内的灯丝所产生的照明效果。

图 5-36

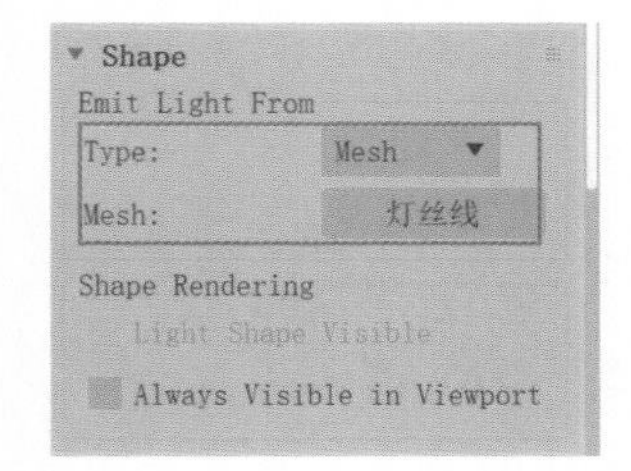

图 5-37

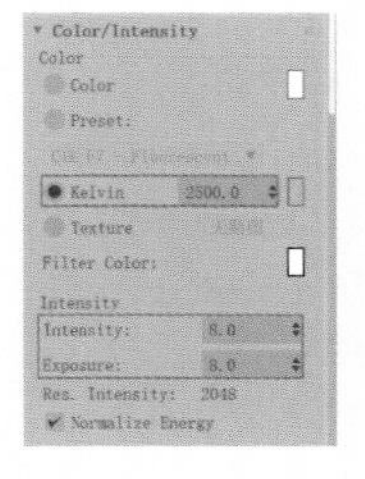

图 5-38

图 5-39

学习完本实例后，读者可以尝试制作其他类型的灯泡照明效果。

5.4.3 实例：制作室内天光照明效果

实例介绍

本实例将为大家讲解如何制作室内天光照明效果，本实例的最终完成的渲染效果如图 5-40 所示。

图 5-40

思路分析

在制作实例前，需要先观察我们身边室内的天光照明效果，再从“创建”面板中选择合适的灯光进行制作。

步骤演示

❶ 启动中文版 3ds Max 2022 软件，打开本书配套场景文件“客厅 .max”，如图 5-41 所示。本场景为一个摆放了简单家具的客厅空间一角，并且设置好了材质及摄影机的拍摄角度。

❷ 单击“创建”面板中的“目标灯光”按钮，如图 5-42 所示。

❸ 在“顶”视图窗户位置处创建一个目标灯光，如图 5-43 所示。

图 5-41

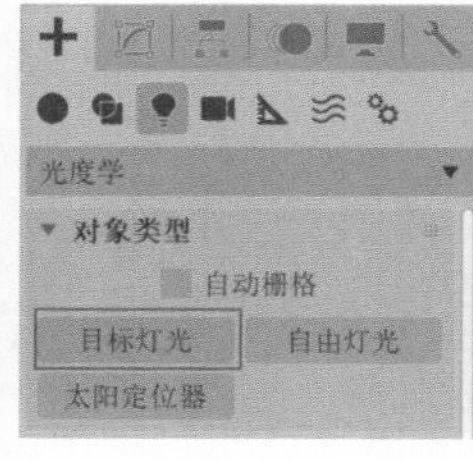

图 5-42

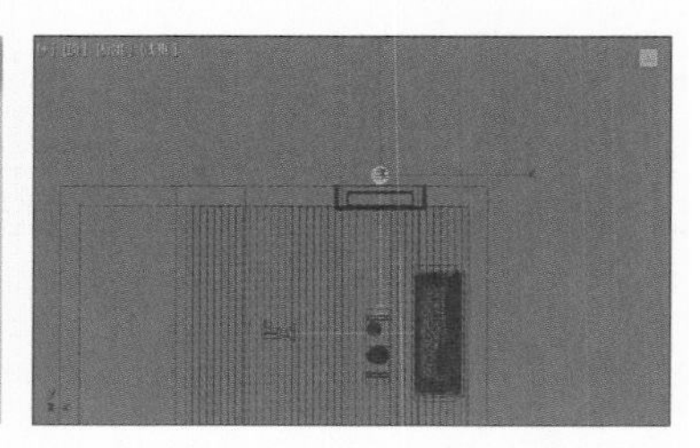

图 5-43

❹ 在“修改”面板中，展开“常规参数”卷展栏，设置“阴影”的选项为“光线跟踪阴影”，如图 5-44 所示。

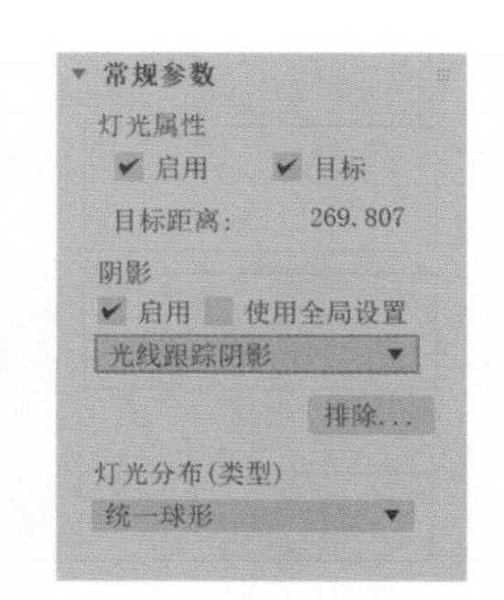

图 5-44

❺ 在“图形/区域阴影”卷展栏，设置“从(图形)发射光线”的选项为“矩形”，设置“长度”值为 170，“宽度”值为 125，如图 5-45 所示。

❻ 在“强度/颜色/衰减”卷展栏中，设置灯光的强度为 6500，如图 5-46 所示。

❼ 在“透视”视图中，调整灯光的位置，如图 5-47 所示，使得灯光从窗外向室内进行照明。

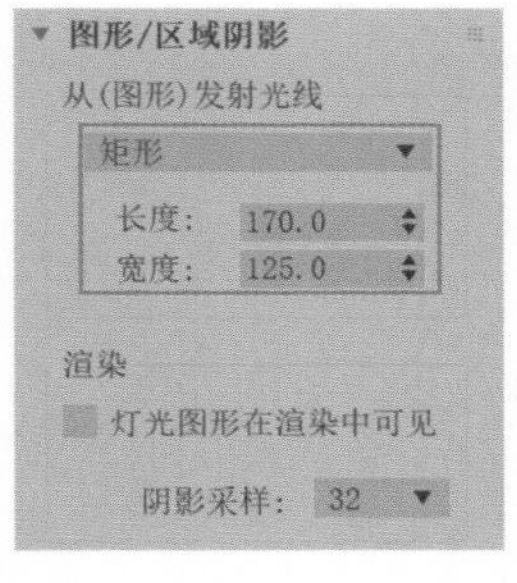

图 5-45

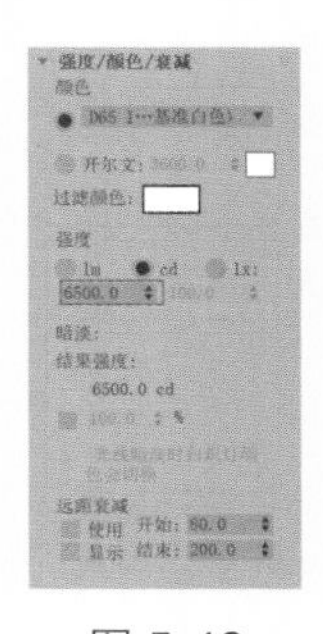
图 5-46

图 5-47

❽ 在“顶”视图中，复制一个目标灯光，并调整其位置，如图 5-48 所示。

❾ 在“强度/颜色/衰减”卷展栏中，设置灯光的强度为 3500，如图 5-49 所示。

❿ 设置完成后，渲染场景，渲染效果如图 5-50 所示，从渲染效果上看，画面的整体效果略微偏暗。

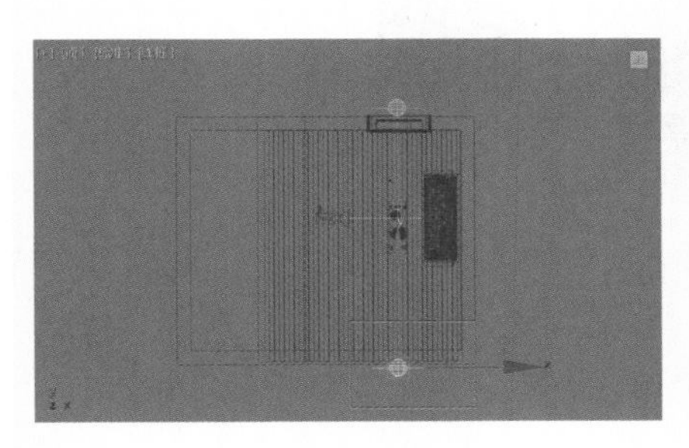
图 5-48

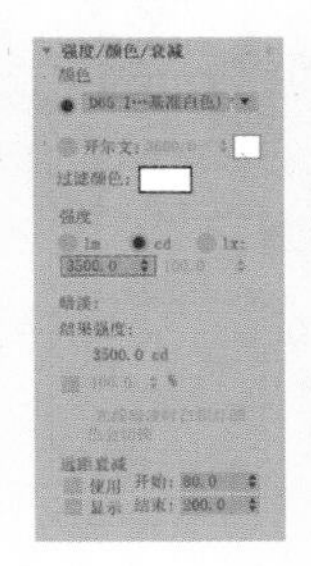
图 5-49

图 5-50

⓫ 在“顶”视图中，将之前创建出来的两个目标灯光选中，再次进行复制，并调整位置，如图 5-51 所示。

⑫ 设置完成后，渲染场景，可以发现渲染效果较上次渲染明亮了许多，本实例的最终渲染效果如图 5-52 所示。

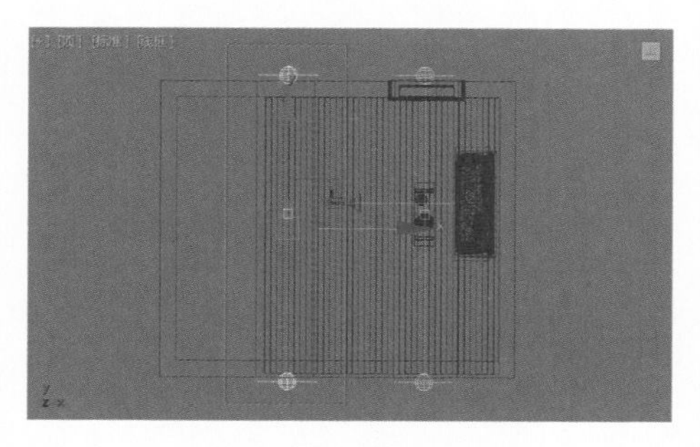

图 5-51

图 5-52

学习完本实例后，读者可以尝试制作其他的室内天光照明效果。

5.4.4 实例：制作室内阳光照明效果

实例介绍

本实例将为大家讲解室内场景阳光照明的制作方法，制作完成后本实例的渲染效果如图 5-53 所示。

图 5-53

思路分析

在制作实例前，需要先观察阳光透过窗户照射进屋内的光影效果，再从“创建”面板中选择合适的灯光进行制作。

步骤演示

❶ 启动中文版 3ds Max 2022 软件，打开本书配套资源“客厅 .max”文件。如

图5-54所示，本场景为一个摆放了简单家具的客厅空间一角，并且设置好了材质及摄影机的拍摄角度。

❷ 单击“创建”面板中的“太阳定位器”按钮，如图5-55所示。

❸ 在“顶”视图中，创建一个太阳定位器，如图5-56所示。

图5-54

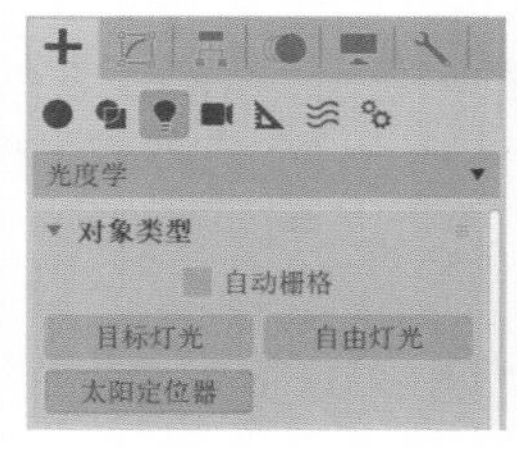

图5-55

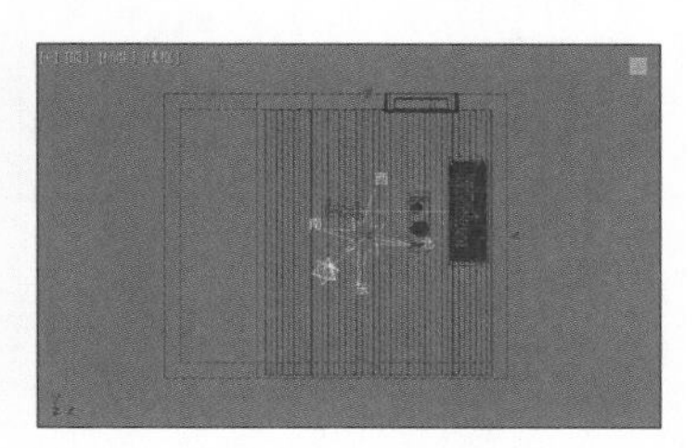

图5-56

❹ 在“修改”面板中，进入“太阳”子对象层级，在“左”视图中调整太阳的位置，如图5-57所示。

❺ 设置完成后，渲染场景，渲染效果如图5-58所示。我们可以看到在默认情况下，画面的亮度较暗。

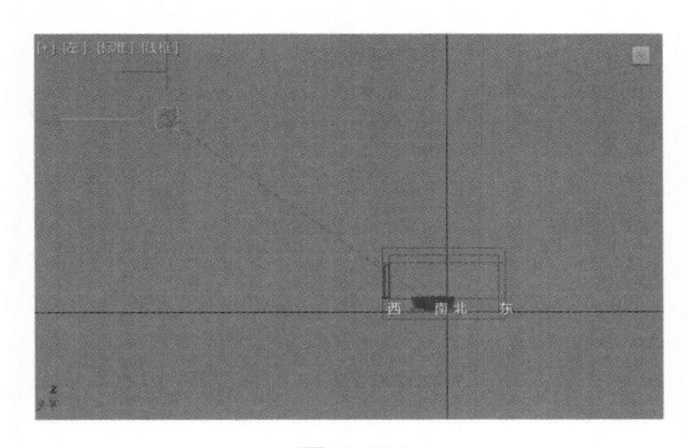

图5-57

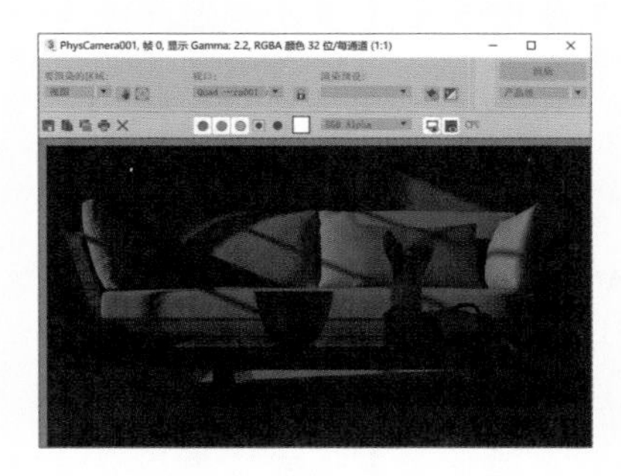

图5-58

❻ 执行菜单栏“渲染/环境”命令，打开“环境和效果”对话框，如图5-59所示。我们可以看到创建了太阳定位器后，系统会自动在“环境贴图”通道上添加“物理太阳和天空环境”贴图。

❼ 单击“主工具栏”上的“材质编辑器”图标，如图5-60所示。

❽ 将“环境和效果”面板中的“物理太阳和天空环境”贴图拖曳至“材质编辑器”面板中，在系统自动弹出的“实例（副本）贴图”对话框中选择“实例”选项，如图5-61所示。这样，我们就可以在“材质编辑器”面板中调整太阳定位器的参数，如图5-62所示。

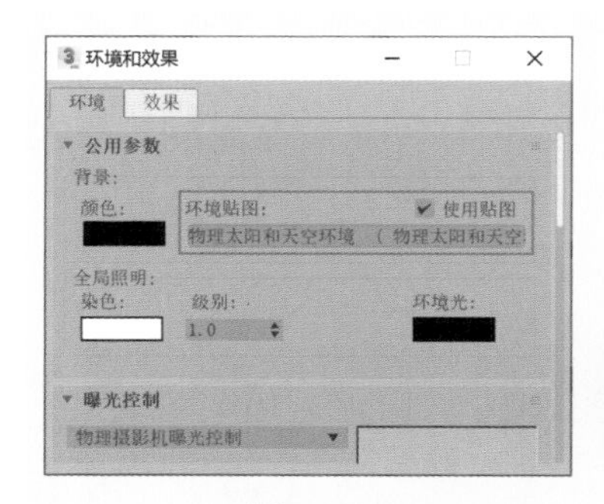

图 5-59

图 5-60

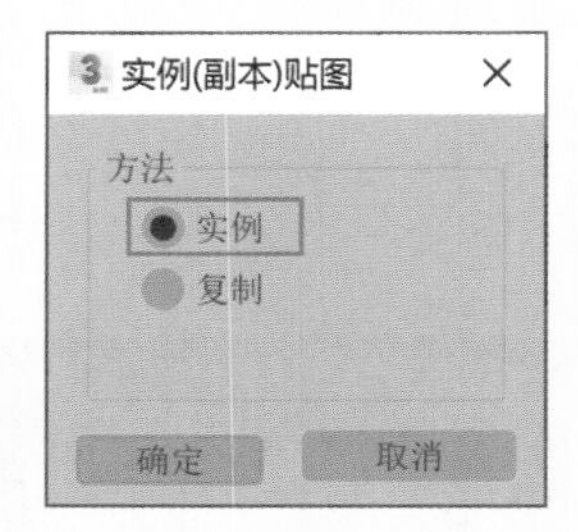

图 5-61

❾ 设置“强度”值为 5，如图 5-63 所示。

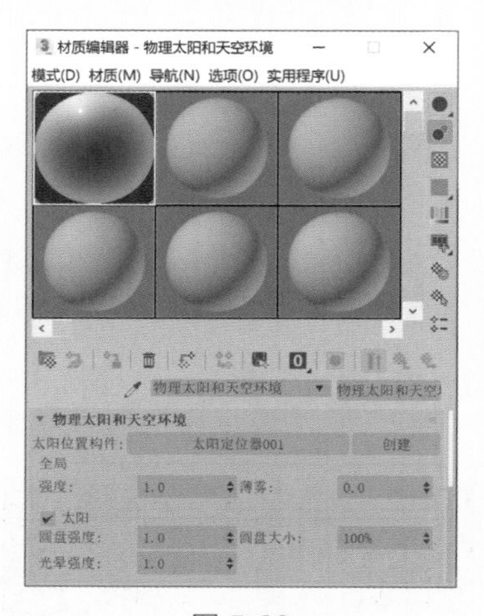

图 5-62

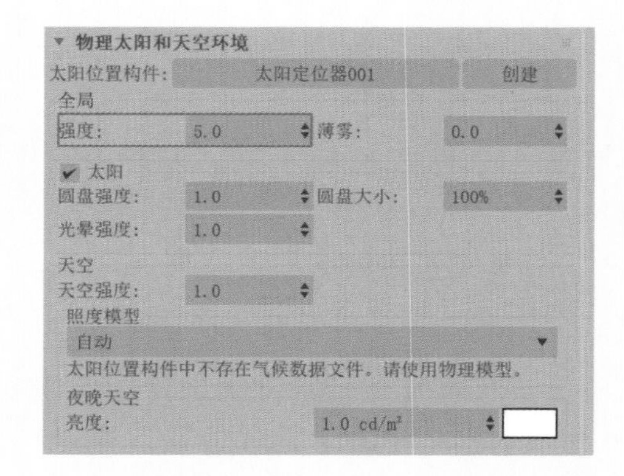

图 5-63

❿ 渲染场景，渲染效果如图 5-64 所示，我们可以看到场景的亮度增加了一些。

⓫ 设置“天空强度”值为 6，如图 5-65 所示。

图 5-64

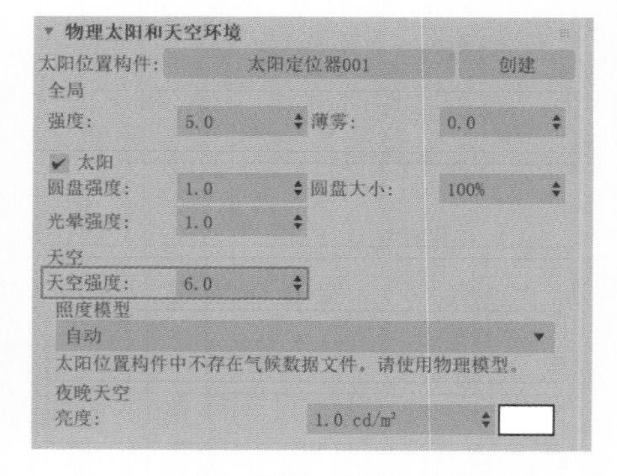

图 5-65

⑫ 渲染场景，渲染效果如图 5-66 所示。我们可以看到现在场景中的亮度明显提升了许多，画面看起来更加自然了。

图 5-66

学习完本实例后，读者可以尝试制作一下室外阳光照明效果。

材质与贴图

6.1 材质概述

3ds Max 2022 软件为用户提供了功能丰富的材质编辑系统，用于模拟自然界所存在的各种各样的物体质感。就像是绘画中的色彩一样，材质可以为我们的三维模型注入“生命”，渲染出仿佛存在于真实世界的作品。3ds Max 软件的材质包含了物体的表面纹理、高光、透明度、自发光、反射及折射等多种属性，设计师通过对这些属性的合理设置，可以得到令人印象深刻的三维作品，如图 6-1 和图 6-2 所示。

图 6-1

图 6-2

6.2 材质编辑器

3ds Max 软件所提供的与材质有关的命令大部分都集中在“材质编辑器”面板里，用户可以在此调试材质球并赋予自己所创造的三维模型。由于材质直接影响了作品渲染的质量，所以 3ds Max 软件将“材质编辑器”这一功能归类于“渲染”命令集合中，用户可以通过执行菜单栏“渲染 / 材质编辑器”命令，找到 3ds Max 2022 软件为用户所提供的“精简材质编辑器”命令和“Slate 材质编辑器”命令来打开相对应的材质编辑器面板，如图 6-3 所示。有关材质编辑器基本使用方法的详解视频，可扫描图 6-4 中的二维码进行观看。

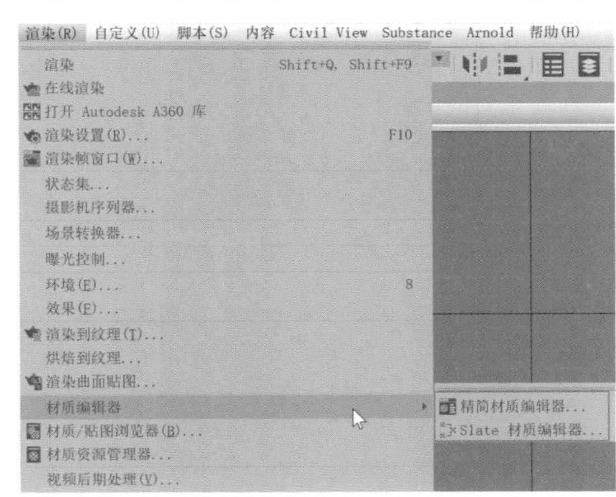

图 6-3

图 6-4

6.3 常用材质

制作材质的第一个步骤应该是选择合适的材质类型，只有先选对了材质类型，才能顺利地进行下一步的工作——调节参数。因为不同的材质类型不仅用于模拟自然界中的不同材质，其中的命令也是大不相同。3ds Max 2022 软件为用户提供了多种材质类型，如图 6-5 所示。较为常用材质类型的详解视频，可扫描图 6-6 中的二维码进行观看。

图 6-5

图 6-6

6.4 常用贴图

“贴图”是用来反映对象表面纹理细节的，3ds Max 2022 软件为用户提供了大量的程序贴图用来模拟自然界中常见对象的表面纹理，如图 6-7 所示。这些贴图是通过计算机编程的方式来模仿自然纹理效果的，跟真实对象的纹理效果差距很大，我们可以使用一张清晰度高的照片来制作纹理，以得到更逼真的效果。常用贴图的详解视频，可扫描图 6-8 中的二维码进行观看。

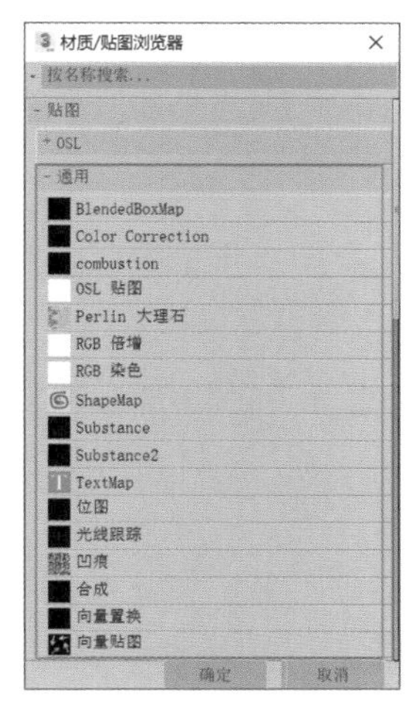

图 6-7

图 6-8

6.5 技术实例

6.5.1 实例：制作玻璃材质

实例介绍

本实例将为大家讲解如何使用“物理材质”制作玻璃材质的方法，本实例的渲染效果如图 6-9 所示。

图 6-9

思路分析

在制作实例前，需要先观察身边玻璃类物品的质感特征，再思考需要调整哪些参数进行制作。

步骤演示

❶ 启动中文版 3ds Max 2022 软件，打开本书配套资源“玻璃材质.max”文件，如图 6-10 所示。

❷ 本场景已经设置好灯光、摄影机及渲染基本参数。打开“材质编辑器”面板，为场景中的玻璃杯模型指定一个物理材质，并重新命名为“玻璃材质”，如图 6-11 所示。

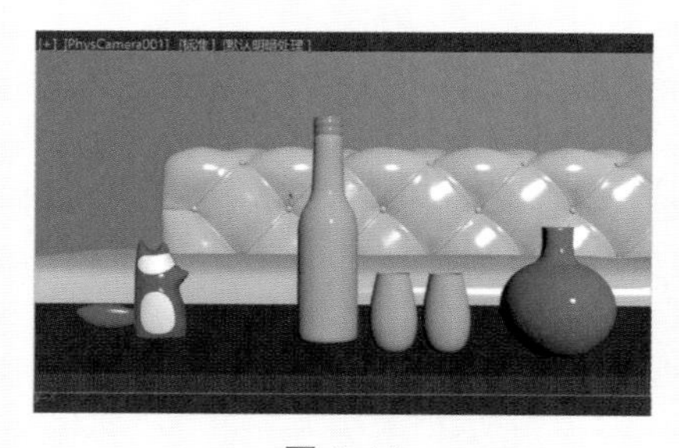

图 6-10

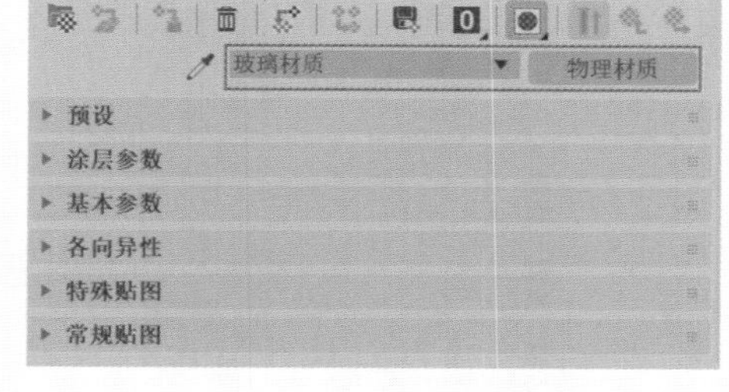

图 6-11

❸ 在“基本参数”卷展栏中，设置“基本参数”组内“粗糙度”值为 0.05，设置“透明度”组的权重值为 1，设置透明度的颜色为浅绿色，如图 6-12 所示。其中，透明度的颜色设置如图 6-13 所示。

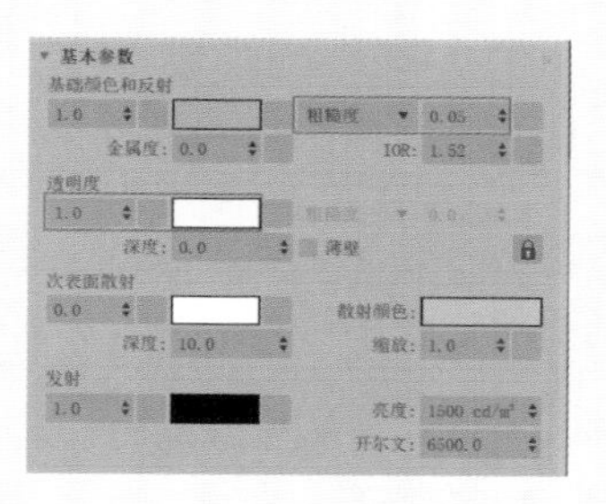

图 6-12

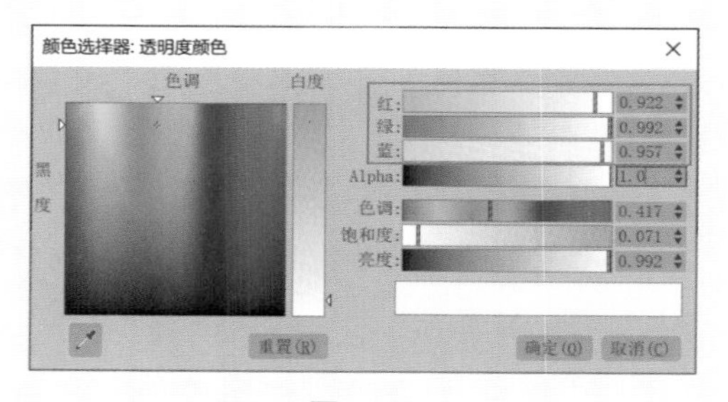

图 6-13

❹ 制作完成后的玻璃材质球显示效果如图 6-14 所示。

❺ 渲染场景，本实例的渲染效果如图 6-15 所示。

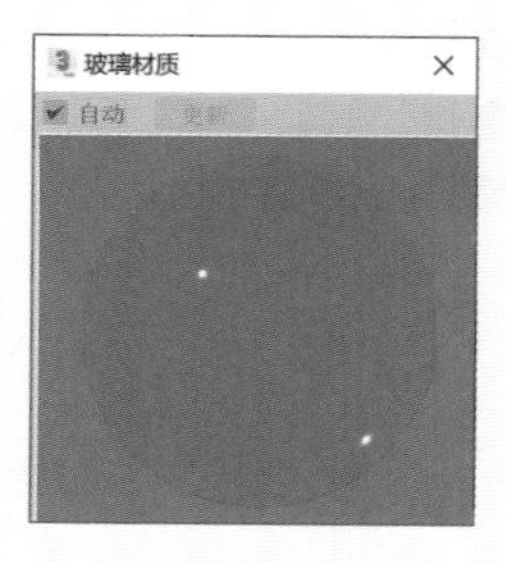

图 6-14

图 6-15

学习完本实例后，读者可以尝试制作其他带有透明属性的材质效果。

6.5.2 实例：制作金属材质

实例介绍

本实例将为大家讲解如何使用物理材质来制作金属材质，本实例的渲染效果如图 6-16 所示。

图 6-16

思路分析

在制作实例前，需要先观察我们身边金属类物品的质感特征，再思考需要调整哪些参数进行制作。

步骤演示

❶ 启动中文版 3ds Max 2022 软件，打开本书的配套场景资源“金属材质 .max”文件，如图 6-17 所示。

❷ 本场景已经设置好灯光、摄影机及渲染基本参数。打开“材质编辑器”面板，为场景中的水壶模型指定一个物理材质，并重新命名为“金属材质”，如图 6-18 所示。

图 6-17

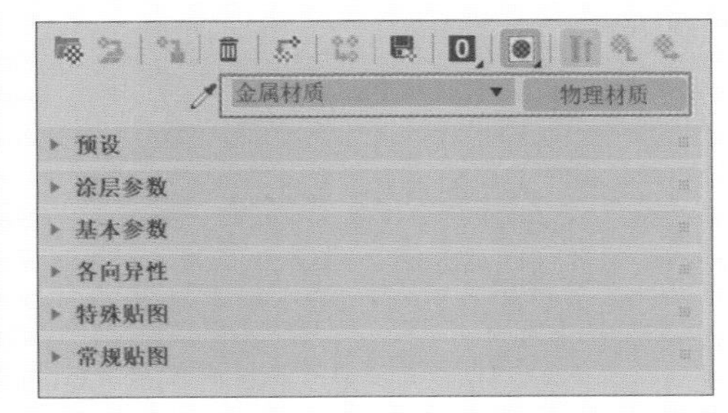

图 6-18

③ 在“基本参数”卷展栏中，设置基础颜色为浅红色，设置“粗糙度”值为0.2，设置“金属度”值为 1，如图 6-19 所示。其中，“基础颜色”的参数设置如图 6-20 所示。

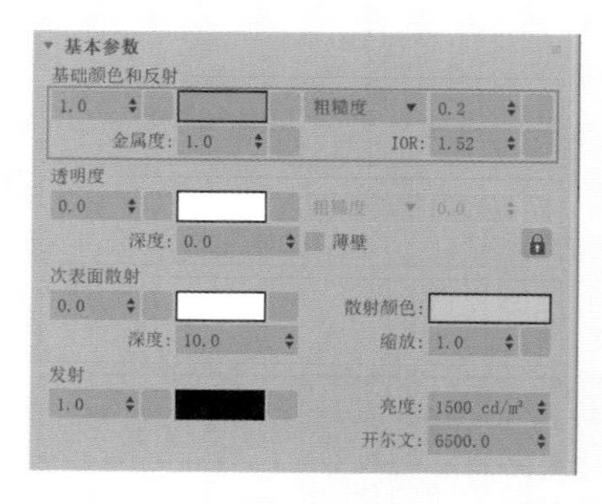

图 6-19

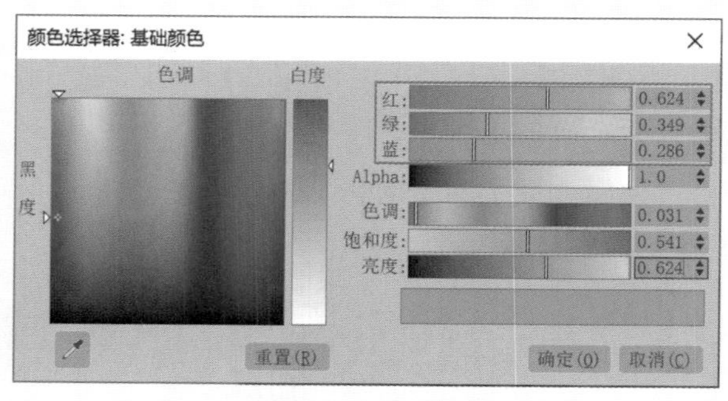

图 6-20

④ 制作完成的金色金属材质球显示效果如图 6-21 所示。

⑤ 渲染场景，本实例的渲染效果如图 6-22 所示。

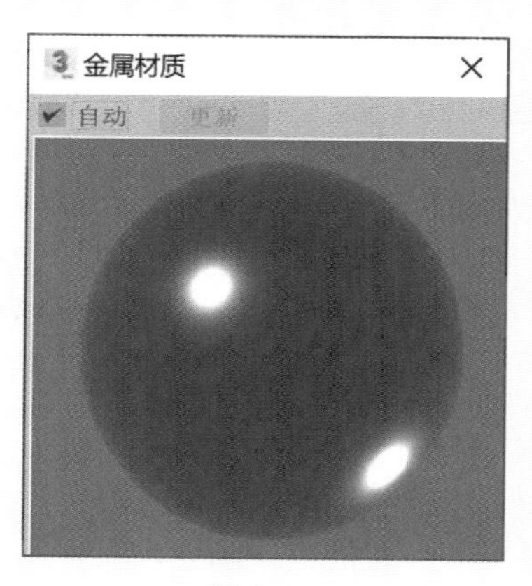

图 6-21

图 6-22

学习完本实例后，读者可以尝试制作其他金属材质的物品。

6.5.3　实例：制作玉石材质

实例介绍

本实例将为大家讲解如何使用物理材质来制作玉石材质，本实例的渲染效果如图 6-23 所示。

图 6-23

思路分析

在制作实例前，需要先观察玉石类物品的质感特征，再思考需要调整哪些参数进行制作。

步骤演示

1. 启动中文版 3ds Max 2022 软件，打开本书的配套场景资源“玉石材质 .max”文件，如图 6-24 所示。
2. 本场景已经设置好灯光、摄影机及渲染基本参数。打开“材质编辑器”面板，为场景中的摆件模型指定一个物理材质，并重新命名为“玉石材质”，如图 6-25 所示。

图 6-24

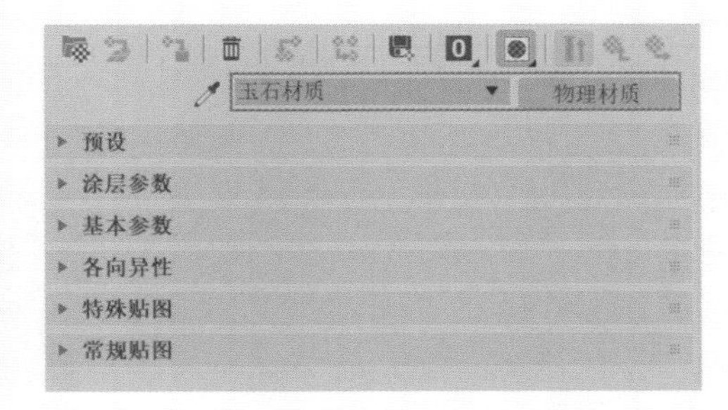

图 6-25

3. 在“基本参数”卷展栏中，设置基础颜色为绿色，设置“粗糙度”值为 0.05。设置“次表面散射”组中的权重值为 1，颜色为绿色，“散射颜色”为浅绿色，“缩放”值为 0.02，如图 6-26 所示。其中，“基础颜色”和“次表面散射”为同一种颜色，其参数设置如图 6-27 所示。“散射颜色”的参数设置如图 6-28 所示。

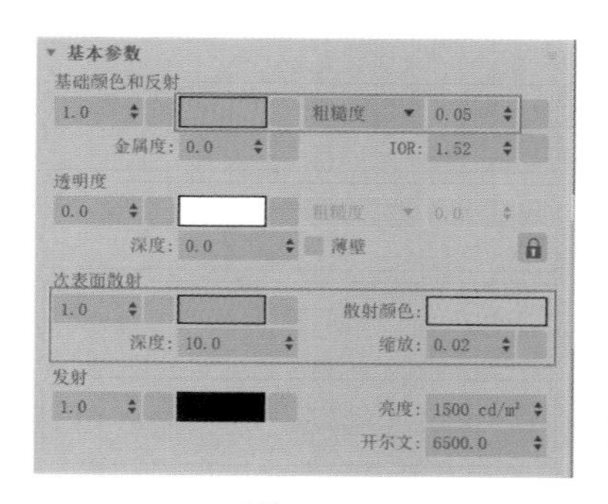

图 6-26

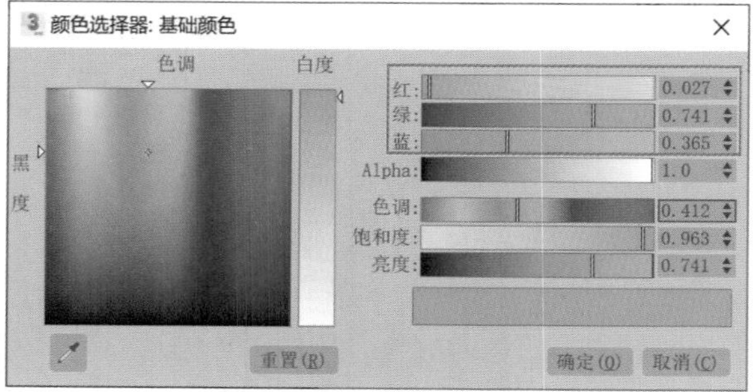

图 6-27

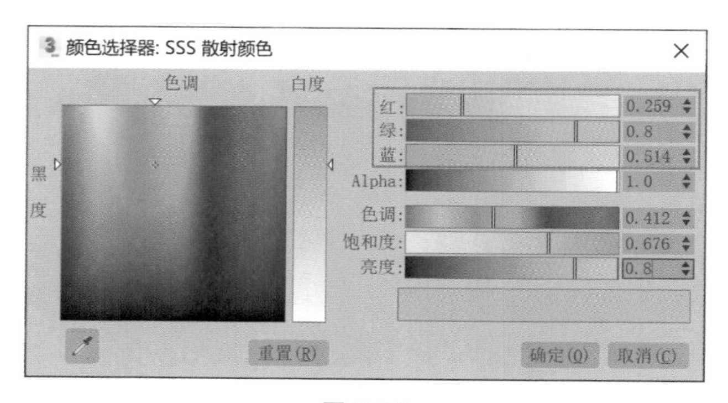

图 6-28

④ 制作完成的玉石材质球显示效果如图 6-29 所示。

⑤ 渲染场景，本实例的渲染效果如图 6-30 所示。

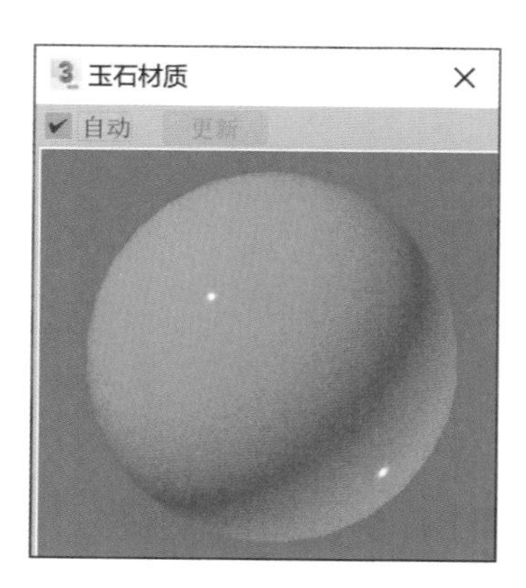

图 6-29

图 6-30

学习完本实例后，读者可以尝试制作带有次表面散射的其他类似材质效果。

6.5.4　实例：制作叶片材质

实例介绍

本实例将为大家讲解如何使用物理材质来制作叶片材质，本实例的渲染效果如图 6-31 所示。

图 6-31

思路分析

在制作实例前，需要先观察阳光透过窗户照射到屋内植物叶片的质感物征，再思考选择调整哪些参数进行制作。

步骤演示

① 启动中文版 3ds Max 2022 软件，打开本书的配套场景资源“叶片材质 .max”文件，如图 6-32 所示。

② 本场景已经设置好灯光、摄影机及渲染基本参数。打开“材质编辑器”面板，为场景中的叶片模型指定一个物理材质，并将其重新命名为“叶片材质”，如图 6-33 所示。

图 6-32

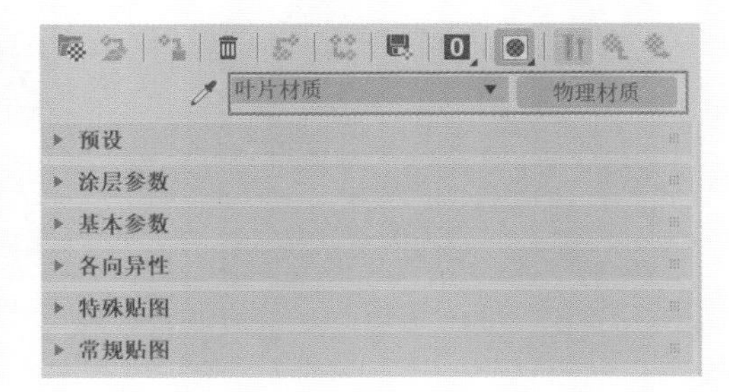

图 6-33

③ 在“常规贴图”卷展栏中，为“基础颜色”属性指定一张“叶片漫反射 .jpg”贴

图文件，如图 6-34 所示。

❹ 在“基本参数”卷展栏中，设置“粗糙度”值为 0.2，设置“透明度”的权重值为 0.1，如图 6-35 所示。

❺ 在“特殊贴图”卷展栏中，为“凹凸贴图”属性指定一张“叶片凹凸 .jpg”贴图文件，并设置凹凸贴图的强度值为 10，如图 6-36 所示。

常规贴图	
✔ 基础权重	无贴图
✔ 基础颜色	贴图 #1（叶片漫反射.jpg）
✔ 反射权重	无贴图
✔ 反射颜色	无贴图
✔ 粗糙度	无贴图
✔ 金属度	无贴图
✔ 漫反射粗糙度	无贴图

图 6-34

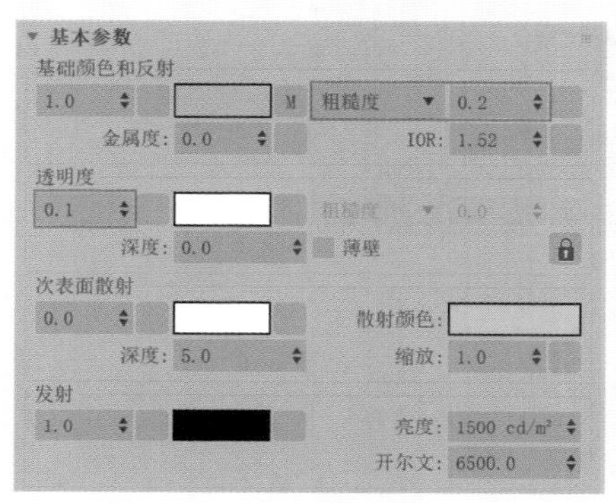

图 6-35

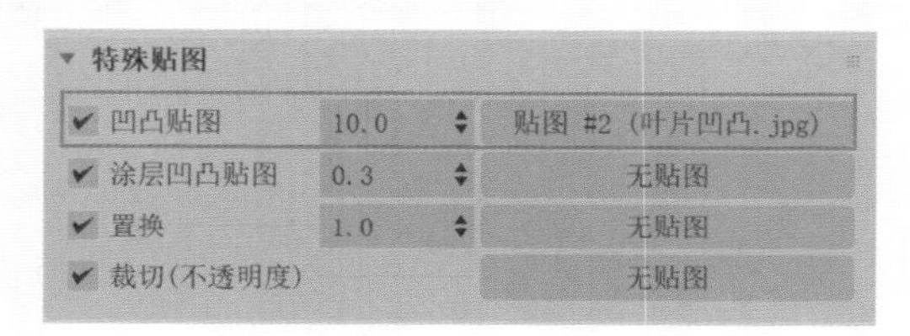

图 6-36

❻ 制作完成的金色金属材质球显示效果如图 6-37 所示。

❼ 渲染场景，本实例的渲染效果如图 6-38 所示。

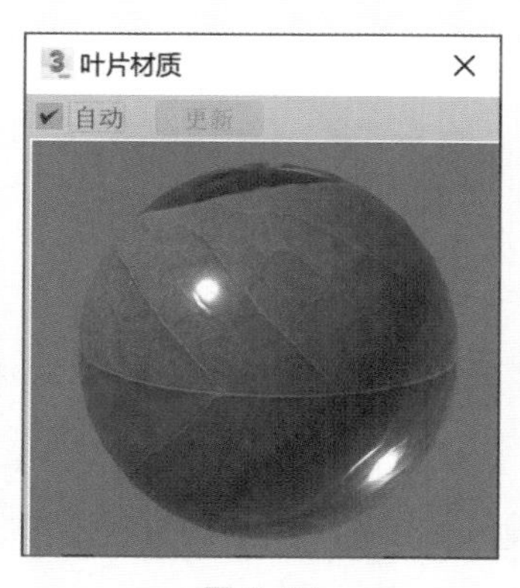

图 6-37

图 6-38

学习完本实例后，读者可以尝试制作一下花瓣的材质效果。

6.5.5　实例：制作摆台材质

实例介绍

本实例将为大家讲解如何使用多维 / 子对象材质来制作摆台材质，本实例的渲染效果如图 6-39 所示。

图 6-39

思路分析

在制作实例前，需要先观察实例的渲染效果，再思考调整哪些参数进行制作。

步骤演示

❶ 启动中文版 3ds Max 2022 软件，打开本书的配套场景资源“摆台材质 .max”文件，如图 6-40 所示。

❷ 本场景已经设置好灯光、摄影机及渲染的基本参数。打开“材质编辑器”面板，为场景中的摆台模型指定一个物理材质，并将其重新命名为“相框”，如图 6-41 所示。

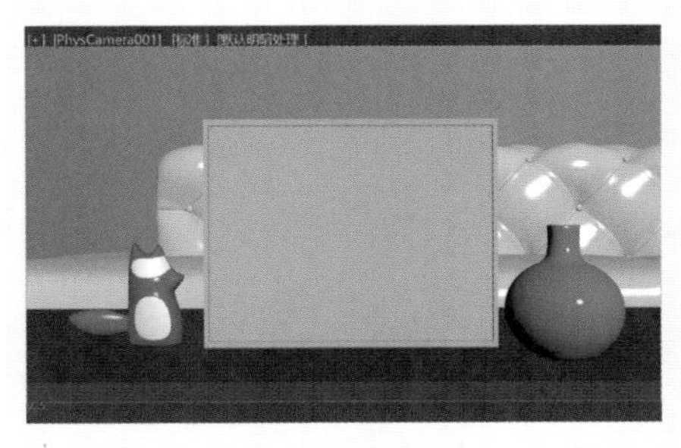

图 6-40

图 6-41

❸ 在“基本参数”卷展栏中，设置“基础颜色”为深灰色，设置“粗糙度”值为 0.6，如图 6-42 所示。其中，“基础颜色”的参数设置如图 6-43 所示。

❹ 设置完成后的相框材质球显示效果如图 6-44 所示。

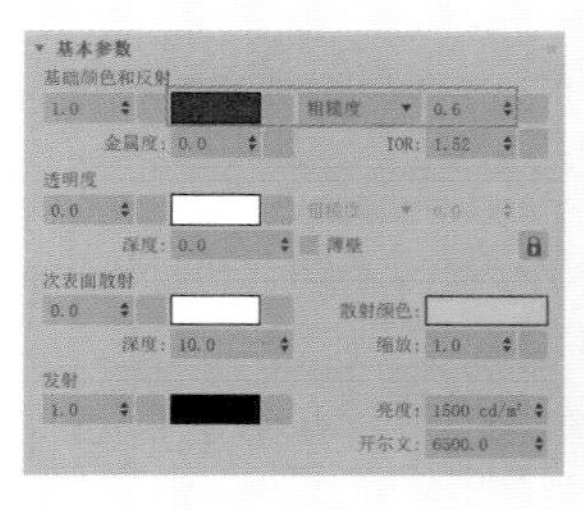

图 6-42

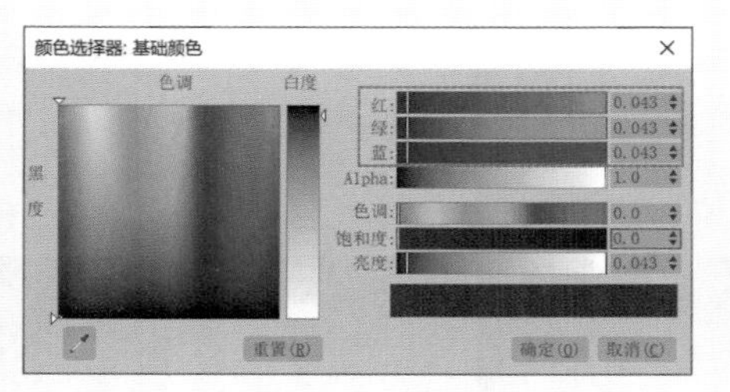

图 6-43

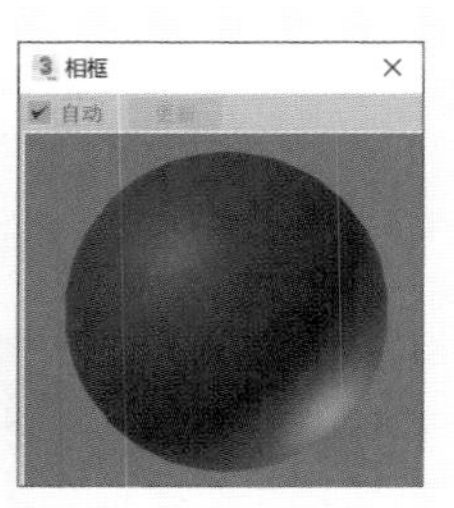

图 6-44

❺ 单击“物理材质”按钮，如图 6-45 所示。在系统自动弹出的“材质 / 贴图浏览器”对话框中选择“多维 / 子对象”材质，如图 6-46 所示。这时，系统会自动弹出“替换材质”对话框，选择默认的“将旧材质保存为子材质”选项，如图 6-47 所示。

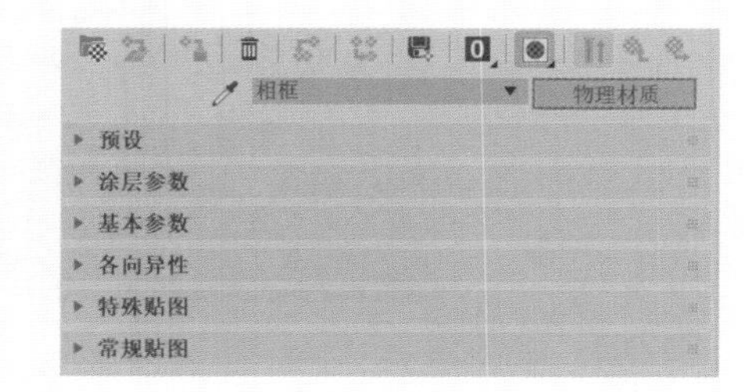

图 6-45

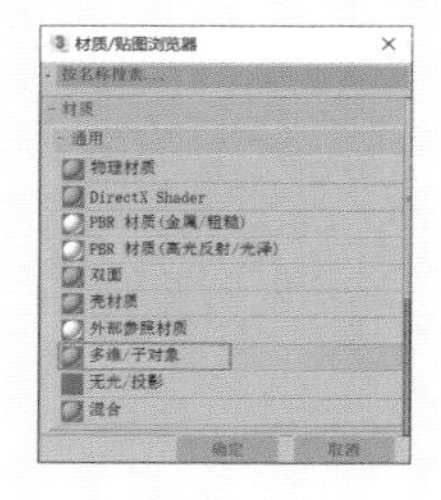

图 6-46

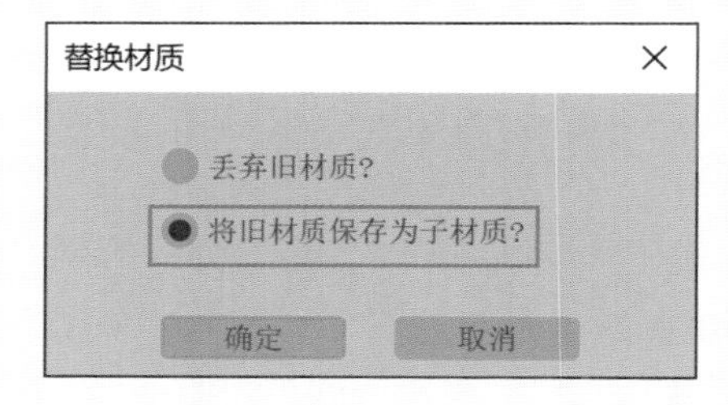

图 6-47

❻ 在“多维 / 子对象基本参数”卷展栏中，将“设置数量”调整为 2，并为 ID 为 2 的材质添加一个“物理材质”，并更改其名称为“相片”，如图 6-48 所示。

❼ 接下来，开始制作相片材质。展开“常规贴图”卷展栏，为“基础颜色”属性添加一张“照片 .JPG”贴图文件，如图 6-49 所示。

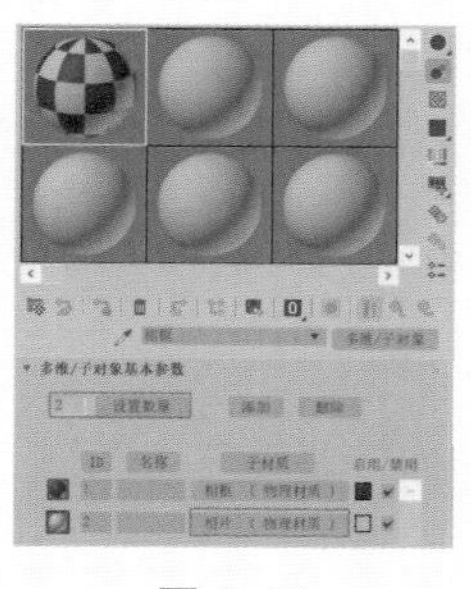

图 6-48

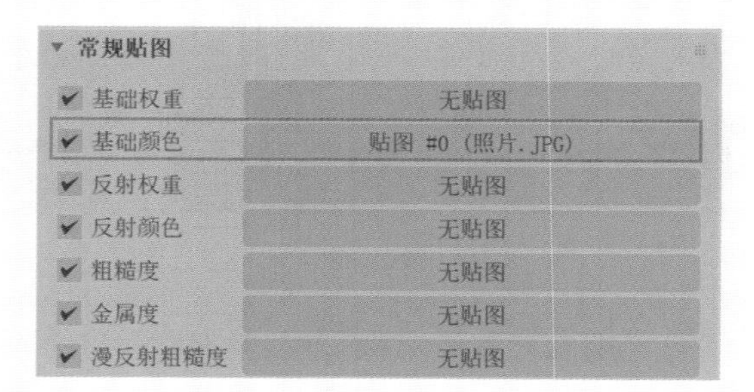

图 6-49

⑧ 在“坐标”卷展栏中，取消勾选“瓷砖”的 U 和 V 选项，如图 6-50 所示。

⑨ 在“基本参数”卷展栏中，设置“基础颜色”为白色，“粗糙度”值为 0.05，如图 6-51 所示。

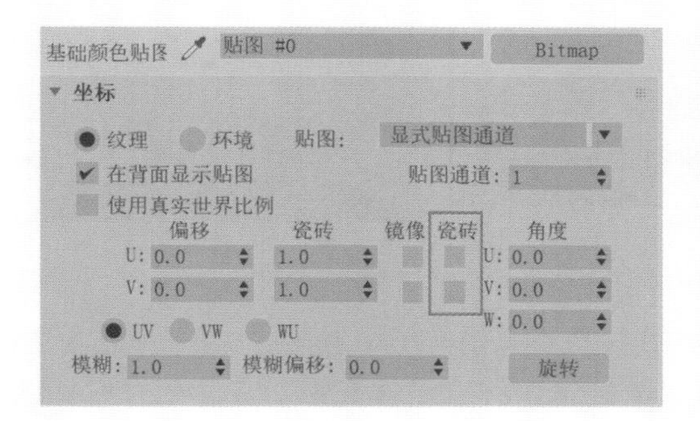

图 6-50

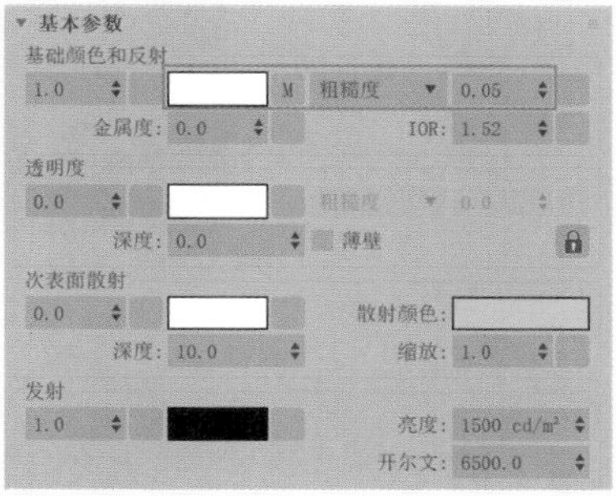

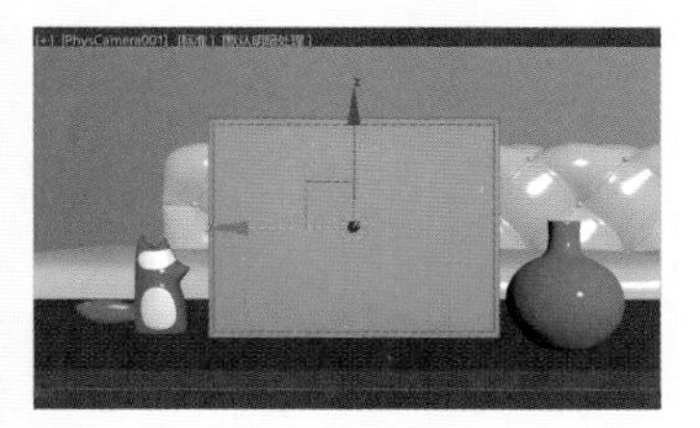

图 6-51

⑩ 在场景中的摆台模型中选择图 6-52 所示的面，在“修改”面板中将“设置 ID”值调整为 1，如图 6-53 所示。

⑪ 在场景中的摆台模型中选择图 6-54 所示的面，在“修改”面板中将“设置 ID”值调整为 2，如图 6-55 所示。

图 6-52

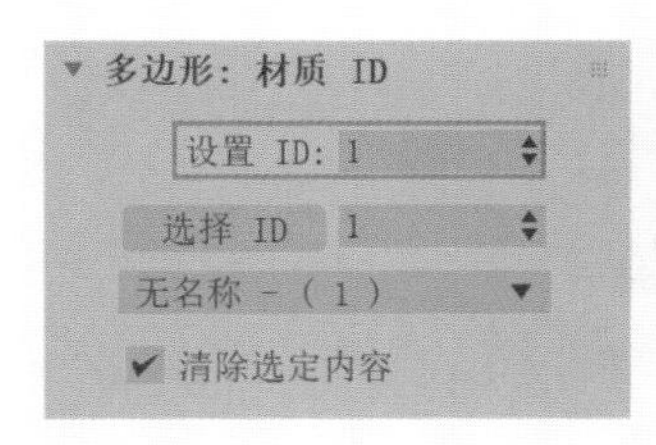

图 6-53

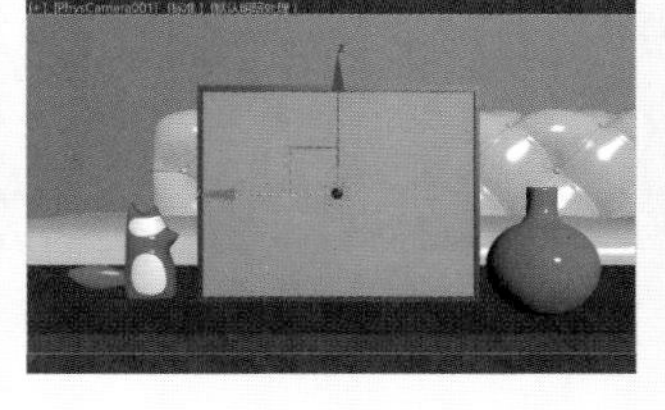

图 6-54

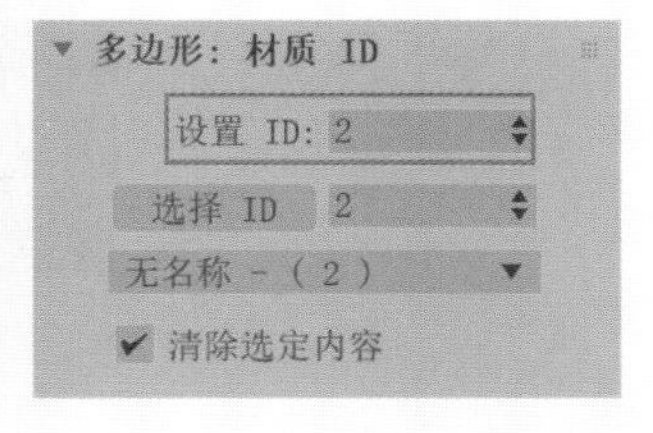

图 6-55

⑫ 设置完成后，摆台模型的视图显示效果如图 6-56 所示。

⑬ 在“修改”面板中为摆台模型添加“UVW 贴图”修改器，如图 6-57 所示。

⑭ 在“UVW 贴图”修改器的 Gizmo 子对象层级中，调整 Gizmo 的大小，如图 6-58 所示。

图 6-56

⑮ 设置完成后渲染场景，本实例的最终渲染效果如图 6-59 所示。

图 6-57

图 6-58

图 6-59

学习完本实例后，读者可以尝试制作一些类型相似的画框效果。

6.5.6　实例：制作陶瓷材质

实例介绍

本实例将为大家讲解如何使用渐变贴图制作陶瓷材质，本实例的最终效果如图 6-60 所示。

图 6-60

思路分析

在制作实例前，需要先观察实例的渲染效果，再思考调整哪些参数进行制作。

步骤演示

❶ 启动中文版 3ds Max 2022 软件，打开本书的配套场景资源“陶瓷材质 .max”文件，如图 6-61 所示。

❷ 本场景已经设置好灯光、摄影机及渲染的基本参数。打开“材质编辑器”面板，为场景中的罐子和杯子模型指定一个物理材质，并将其重新命名为“陶瓷材质”，如图 6-62 所示。

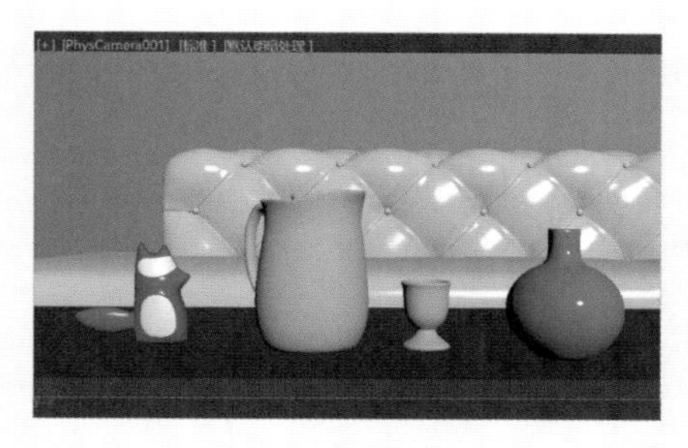

图 6-61

图 6-62

❸ 在“常规贴图”卷展栏中，为“基础颜色”属性添加“渐变”贴图，如图 6-63 所示。

❹ 在“渐变参数”卷展栏中，设置“颜色 #1”为绿色、“颜色 #2”为浅蓝色、“颜色 #3”为蓝色，如图 6-64 所示。这 3 种颜色的参数设置如图 6-65 至图 6-67 所示。

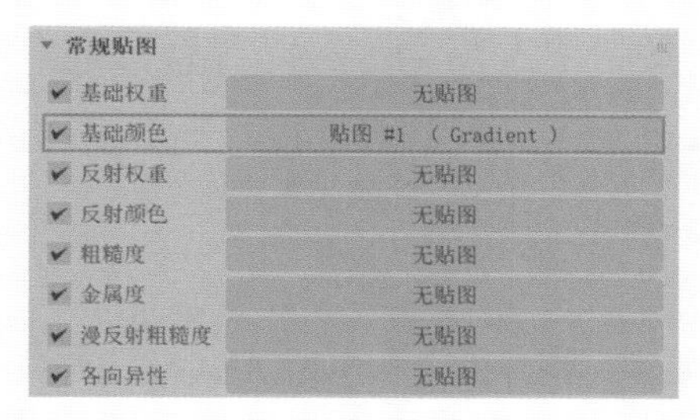

图 6-63

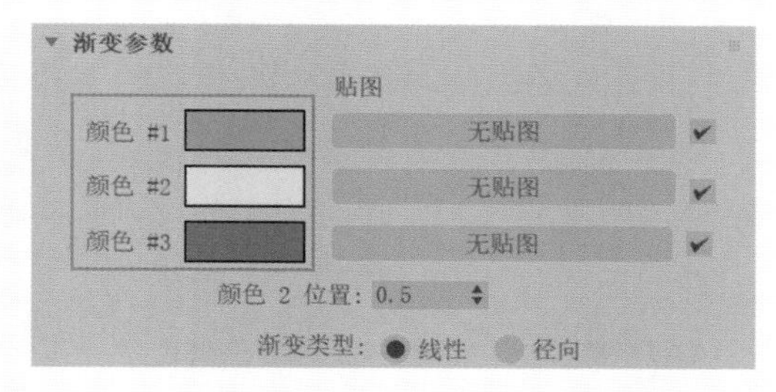

图 6-64

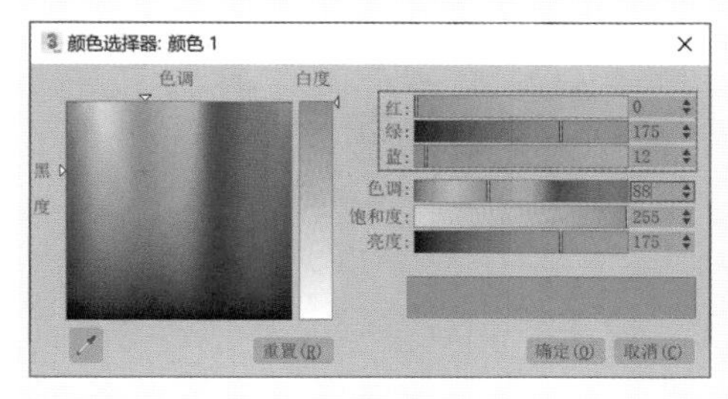

图 6-65

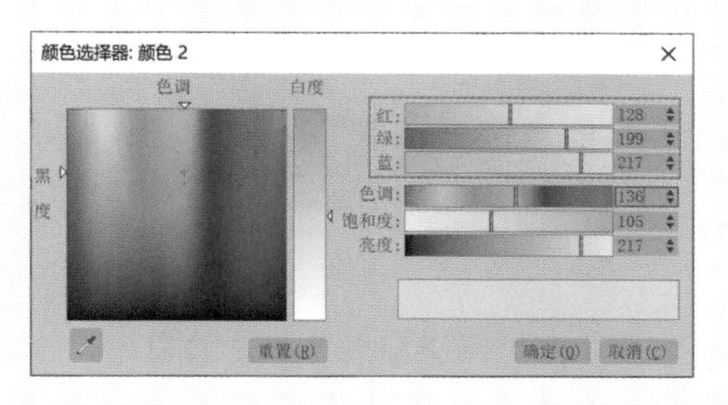

图 6-66

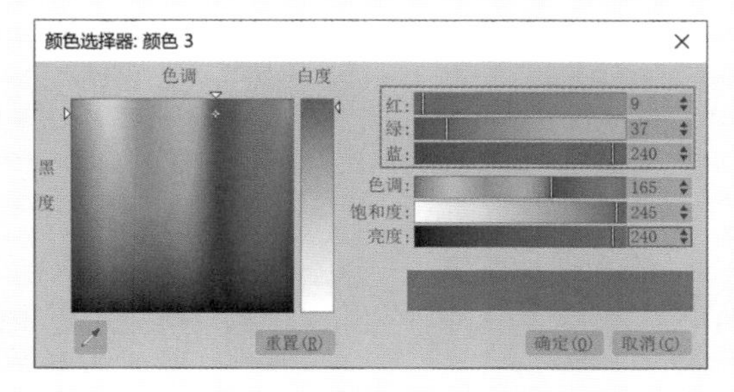

图 6-67

⑤ 在“基本参数”卷展栏中，设置“粗糙度”值为 0.05，如图 6-68 所示。

⑥ 设置完成后，观察视图中罐子模型的颜色显示效果，如图 6-69 所示。

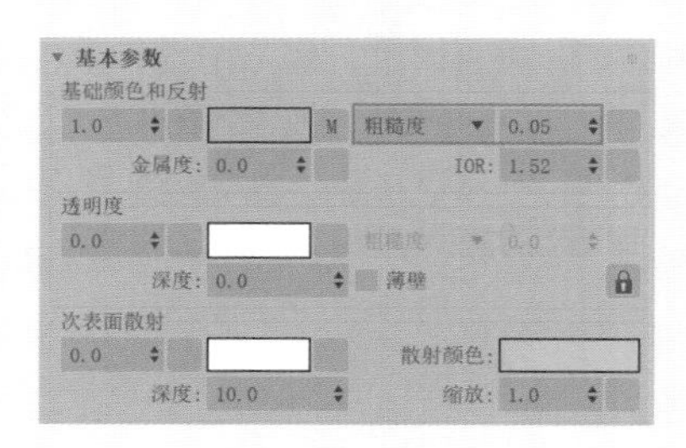

图 6-68

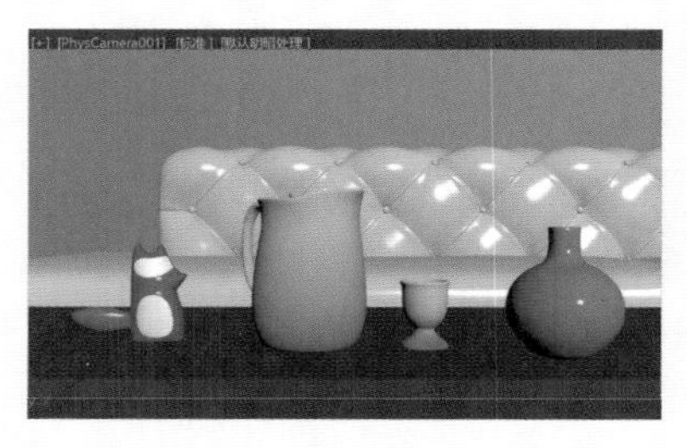

图 6-69

⑦ 选择场景中的罐子模型，在“修改”面板中为其添加“UVW 贴图”修改器，如图 6-70 所示。

⑧ 在视图中调整 Gizmo 的形状和位置，如图 6-71 所示，使渐变贴图的 3 种颜色从上到下进行渐变显示。

⑨ 使用同样的操作步骤更改杯子的贴图坐标，使其颜色显示如图 6-72 所示。

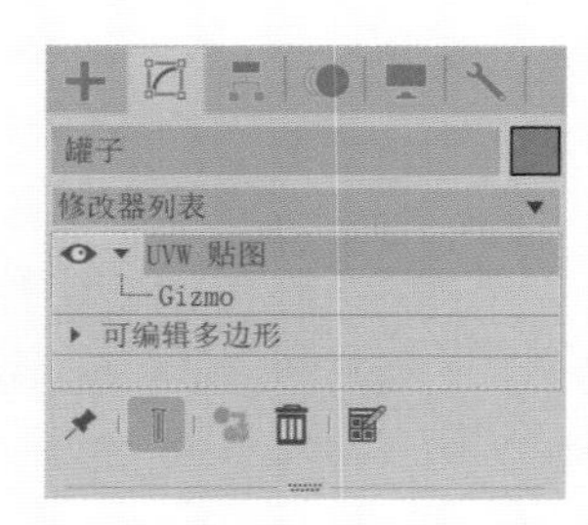

图 6-70

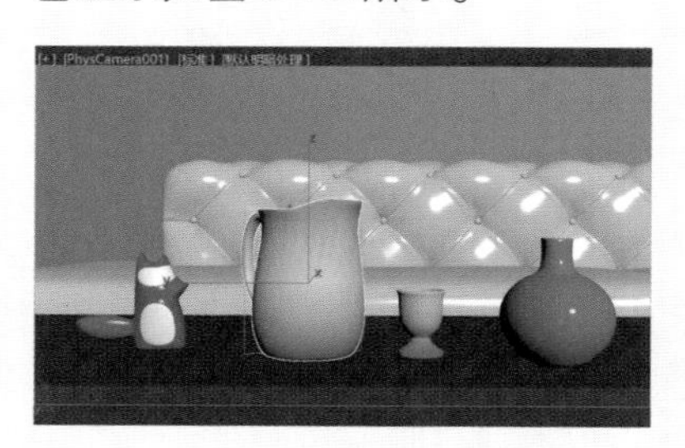

图 6-71

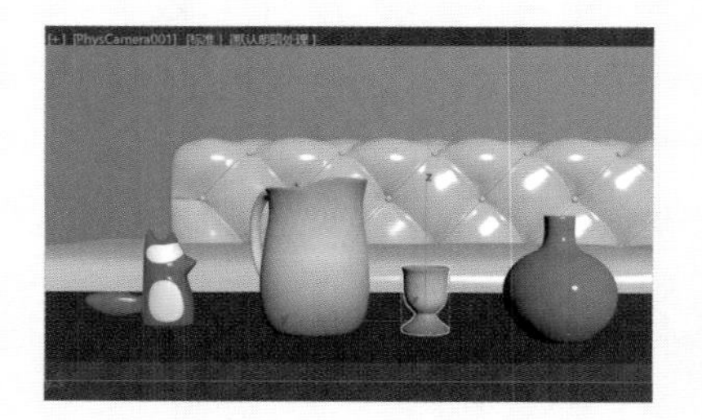

图 6-72

⑩ 制作完成的陶瓷材质球显示效果如图 6-73 所示。

⑪ 渲染场景后，本实例的渲染效果如图 6-74 所示。

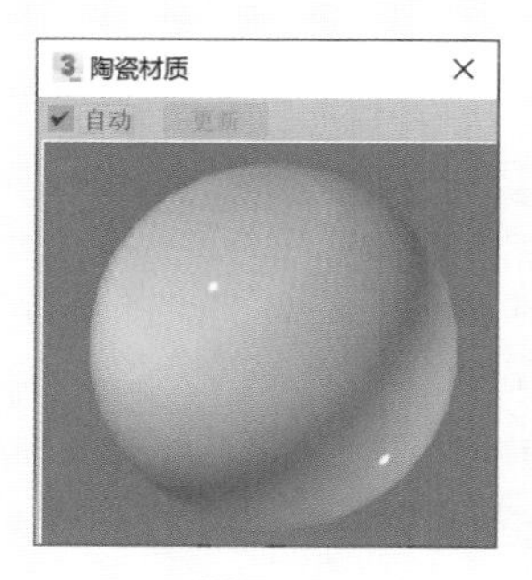

图 6-73

图 6-74

学习完本实例后，读者可以尝试制作其他类型的颜色渐变效果。

6.5.7 实例：制作镂空材质

实例介绍

本实例将为大家讲解如何使用物理材质来制作镂空材质，本实例的最终效果如图 6-75 所示。

图 6-75

思路分析

在制作实例前，需要先观察实例的渲染结果，再思考调整哪些参数进行制作。

步骤演示

1. 启动中文版 3ds Max 2022 软件，打开本书的配套场景资源“镂空材质 .max”文件，如图 6-76 所示。
2. 本场景已经设置好灯光、摄影机及渲染的基本参数。打开“材质编辑器”面板，为场景中的垃圾桶模型指定一个物理材质，并将其重新命名为“镂空材质”，如图 6-77 所示。
3. 在“基本参数”卷展栏中，设置“金属度”值为 1，设置“粗糙度”值为 0.35，如图 6-78 所示。
4. 设置完成后渲染场景，垃圾桶的渲染效果如图 6-79 所示。
5. 在“特殊贴图”卷展栏中，为“裁切（不透明度）”属性添加一张“圆点 .jpg”贴图文件，如图 6-80 所示。
6. 制作完成的镂空材质球显示效果如图 6-81 所示。

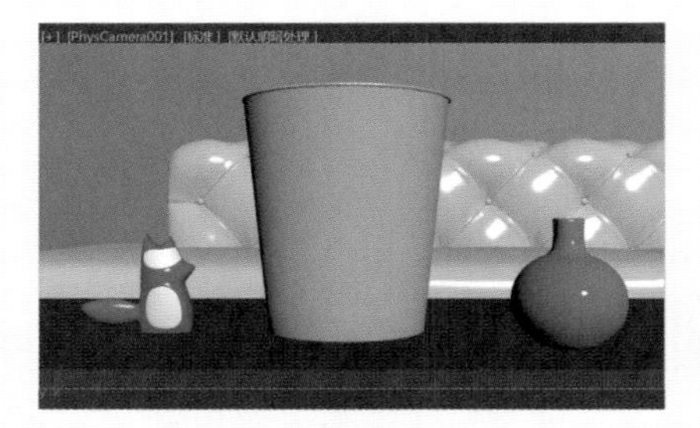

图 6-76

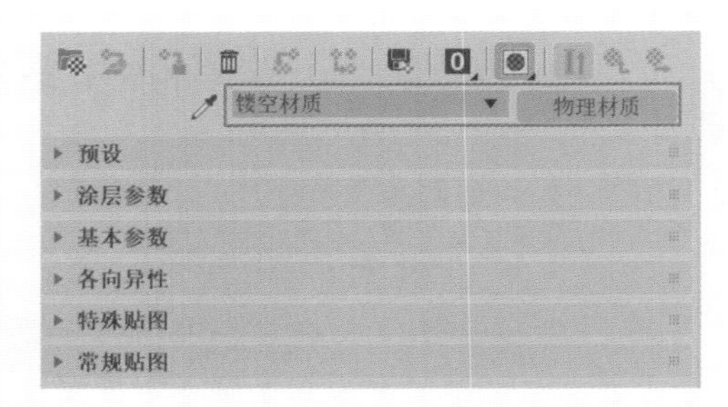

图 6-77

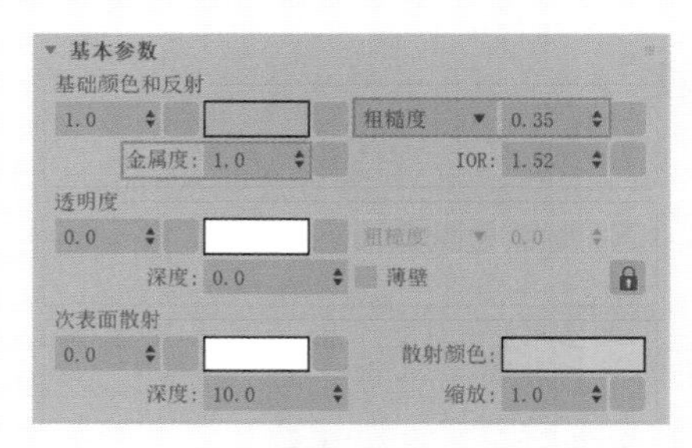

图 6-78

图 6-79

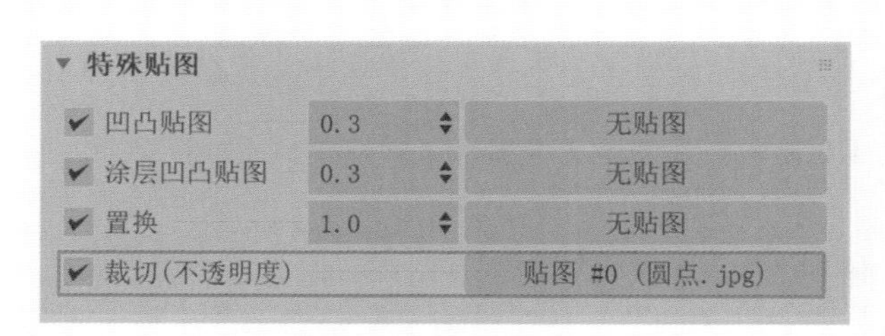

图 6-80

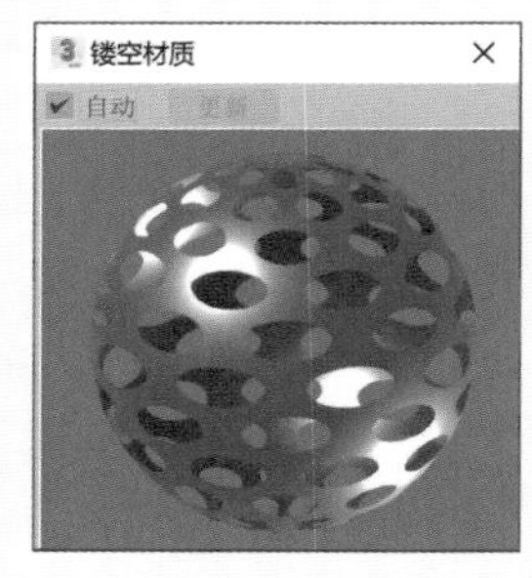

图 6-81

⑦ 渲染场景，本实例的渲染效果如图 6-82 所示。

图 6-82

学习完本实例后，读者可以尝试制作其他类型的镂空材质效果。

6.5.8 实例：制作车漆材质

实例介绍

本实例将为大家讲解如何使用物理材质来制作车漆材质，本实例的最终效果如图 6-83 所示。

图 6-83

思路分析

在制作实例前，需要先观察实例的渲染效果，再思考调整哪些参数进行制作。

步骤演示

❶ 启动中文版 3ds Max 2022 软件，打开本书的配套场景资源“车漆材质 .max”文件，如图 6-84 所示。

❷ 本场景已经设置好灯光、摄影机及渲染的基本参数。打开“材质编辑器”面板，为场景中的玩具车车身模型指定一个物理材质，并将其重新命名为“车漆材质”，如图 6-85 所示。

图 6-84

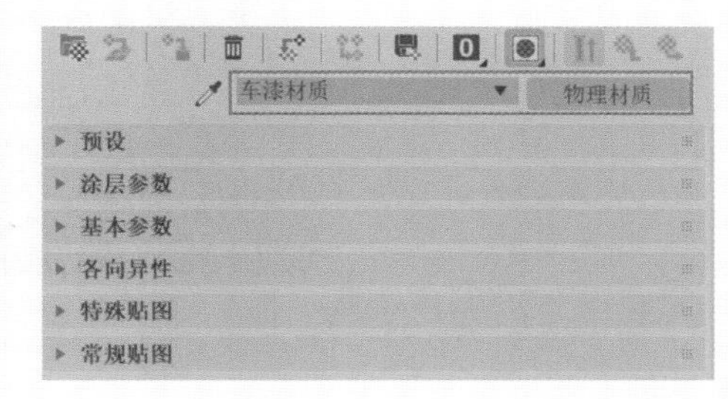

图 6-85

❸ 在“基本参数”卷展栏中，设置“基础颜色”为绿色，设置“粗糙度”值为

0.05，如图 6-86 所示。其中，“基础颜色”的参数设置如图 6-87 所示。

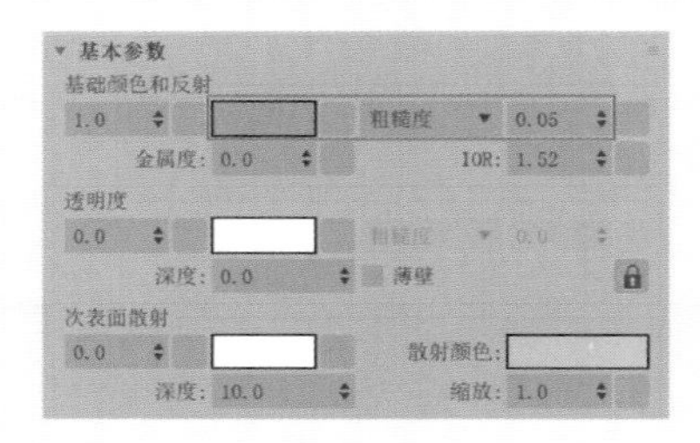

图 6-86

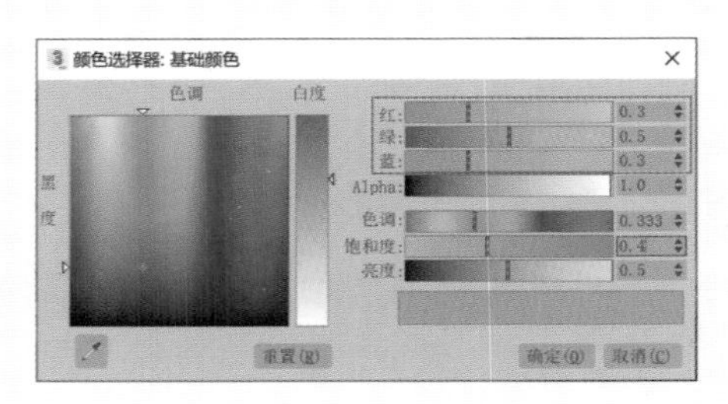

图 6-87

❹ 在“涂层参数”卷展栏中，设置“涂层颜色”为蓝色，设置“透明涂层”的权重值为 1，如图 6-88 所示。其中，“涂层颜色”的参数设置如图 6-89 所示。

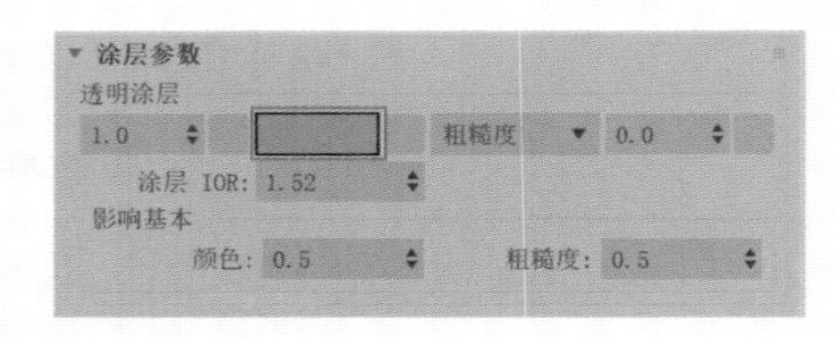

图 6-88

❺ 制作完成的车漆材质球显示效果如图 6-90 所示。

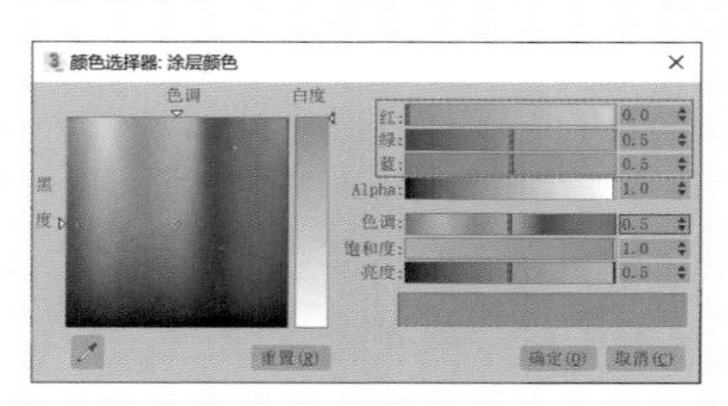

图 6-89

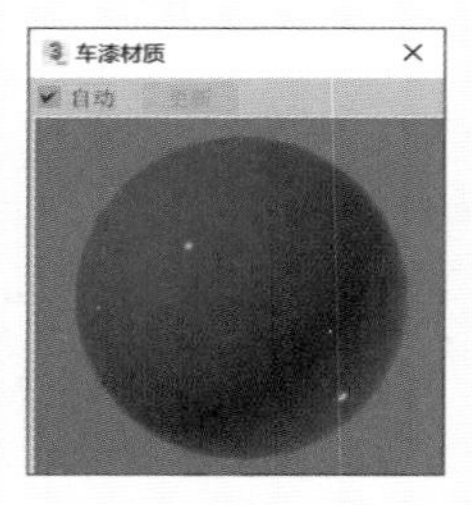

图 6-90

❻ 渲染场景，本实例的渲染效果如图 6-91 所示。

图 6-91

学习完本实例后，读者可以尝试制作其他颜色的车漆效果。

摄影机技术

7.1　摄影机概述

摄影机中所包含的参数命令与现实中我们所使用的摄影机参数非常相似，比如焦距、光圈、快门、曝光等，也就是说如果用户是一个摄影爱好者，那么学习本章的内容将会得心应手。3ds Max 2022 软件提供了多个类型的摄影机以供用户选择使用，通过为场景设定摄影机，用户可以轻松地在三维软件里记录自己摆放好的镜头位置并设置动画，此外，使用摄影机技术还可以在 3ds Max 2022 软件中制作出景深及运动模糊等光效特效，如图 7-1 和图 7-2 所示。

图 7-1

图 7-2

7.2　物理摄影机

打开中文版 3ds Max 2022 软件，可以看到创建“摄影机”面板内有“物理”“目标”和“自由”这三种摄影机，如图 7-3 所示。这三种摄影机的参数非常相似，故本章节以物理摄影机为例，对其参数进行讲解。扫描图 7-4 中的二维码，可观看有关物理摄影机的详解视频。

图 7-3

图 7-4

7.3 技术实例

7.3.1 实例：制作景深效果

实例介绍

本实例将为大家讲解如何使用物理摄影机来渲染带有景深特效的画面，本实例的渲染效果如图 7-5 所示。

图 7-5

思路分析

在制作实例前，我们可以多观察一些带有景深效果的照片，再思考调整哪些参数进行制作。

步骤演示

❶ 启动中文版 3ds Max 2022 软件，打开本书的配套资源“植物.max”文件，如图 7-6 所示。

图 7-6

❷ 在“创建”面板中，单击“物理”按钮，如图 7-7 所示。

❸ 在“顶”视图中创建一个物理摄影机，如图 7-8 所示。

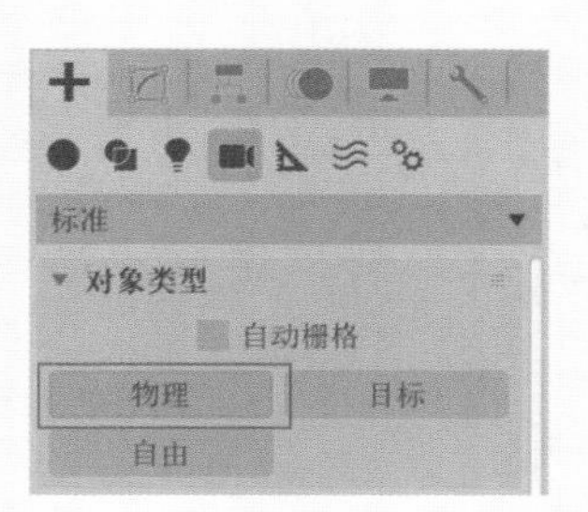

图 7-7

图 7-8

❹ 调整摄影机的位置，如图 7-9 所示；调整摄影机目标点的位置，如图 7-10 所示。

X: 40.0　Y: 360.0　Z: 50.0

图 7-9

X: 20.0　Y: 250.0　Z: 80.0

图 7-10

❺ 按下快捷键 C，在“摄影机”视图中调整好摄影机的观察角度，如图 7-11 所示。

❻ 按下组合键 Shift+F，显示出“安全框”，“摄影机”视图的显示效果如图 7-12 所示。

图 7-11

图 7-12

❼ 设置完成后渲染场景，渲染效果如图 7-13 所示。

❽ 接下来，开始制作景深效果。在“物理摄影机”卷展栏中，勾选“启用景深”选项，并将“光圈”的值设置为 1，如图 7-14 所示。

❾ 观察“摄影机”视图，可以看到非常明显的景深效果，如图 7-15 所示。需要读者注意的是，画面中图像较为清晰的位置由摄影机的目标点所在位置来决定。

图 7-13

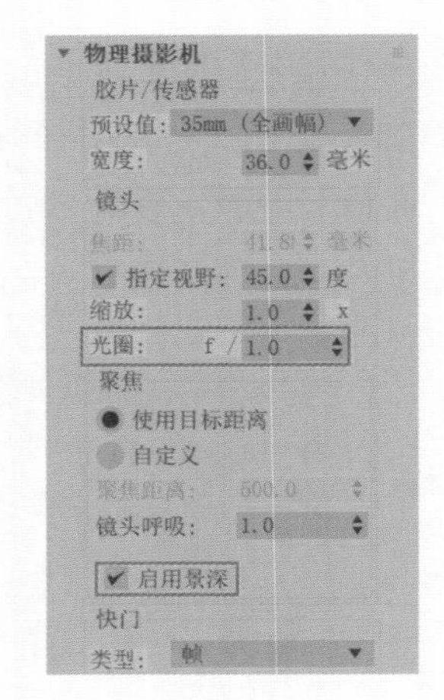

图 7-14

⑩ 设置完成后渲染场景，本场景的最终渲染效果如图 7-16 所示。

图 7-15

图 7-16

学习完本实例后，读者可以尝试制作一下前方虚化、后方清晰的景深效果。

7.3.2　实例：制作运动模糊效果

实例介绍

本实例将使用上一个实例的场景来为读者讲解如何渲染带有运动模糊特效的画面，本实例的渲染效果如图 7-17 所示。

图 7-17

思路分析

在制作实例前，我们可以多观察一些带有运动模糊效果的照片，再思考调整哪些参数进行制作。

步骤演示

❶ 启动中文版3ds Max 2022软件，打开本书的配套资源“植物-运动模糊.max”文件，本场景已经设置好了摄影机，“摄影机”视图的显示效果如图7-18所示。

❷ 选择场景中距离摄影机较近的植物模型，如图7-19所示。

图7-18

图7-19

❸ 播放场景动画，我们可以看到该植物模型已经预先设置好的动画效果，如图7-20和图7-21所示。

图7-20

图7-21

❹ 选择摄影机，在“修改”面板中，展开“物理摄影机”卷展栏，勾选“启用运动模糊”选项，设置“持续时间”的值为1，如图7-22所示。

❺ 渲染场景，本实例的最终渲染效果如图7-23所示。

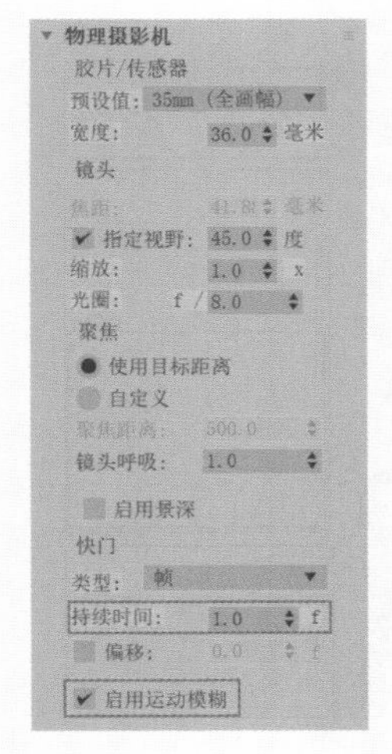

图 7-22

图 7-23

学习完本实例后，读者还可以尝试制作同时带有景深和运动模糊效果的画面。

渲染与输出

8.1　渲染概述

在前面我们每完成一个实例都用到了“渲染”，那到底什么是“渲染”？从其英文“Render”来说，可以翻译为“着色”；从其在整个项目流程中的环节来说，可以理解为“出图”。渲染真的就只是指在项目制作完成后，鼠标单击“渲染产品”按钮的操作吗？很显然不是。

通常我们所说的渲染指的是在“渲染设置”面板中，通过调整参数来控制图像的最终照明程度、计算时间、图像质量等指标，让计算机在一个在合理时间内计算出令人满意的图像效果，这些参数的设置就是渲染。

使用 3ds Max 2022 来制作三维项目时，常见的工作流程大多是按照“建模 / 灯光 / 材质 / 摄影机 / 渲染”来进行，渲染之所以放在最后，说明这一操作是计算之前流程的最终步骤，所以我们需要认真学习并掌握其关键技术。图 8-1 和图 8-2 所示为三维渲染作品。

图 8-1

图 8-2

8.2　渲染帧窗口

单击“主工具栏”上的“渲染产品”按钮时，3ds Max 2022 软件会自动弹出“渲染帧窗口”面板，如图 8-3 所示。扫描图 8-4 中的二维码，可观看常用渲染设置详解视频。

图 8-3

图 8-4

8.3　综合实例：制作客厅天光效果图

实例介绍

本实例使用一个新中式风格的客厅场景来为大家详细讲解 3ds Max 材质、灯光及渲染设置的综合运用，本实例的最终渲染效果如图 8-5 所示。

图 8-5

思路分析

在制作实例前，需要先观察身边室内环境中的物体质感及光影效果再进行制作。

步骤演示

打开本书配套资源“客厅 .max”文件，可以看到本场景中已经设置好的模型及摄影机，如图 8-6 所示。通过最终渲染效果可以看出，本场景所要表现的光照效果为室内天光照明环境。下面，我们首先讲解该场景中主要材质的设置步骤。

图 8-6

8.3.1　制作布料材质

本案例中的沙发抱枕和沙发坐垫模型均用到了布料材质，其渲染效果如图 8-7 所示。

❶ 打开“材质编辑器”面板，选择一个空白的物理材质球，并将其重命名为“布料”，如图 8-8 所示。

图 8-7

图 8-8

❷ 在“常规贴图”卷展栏中，为“基础颜色”属性添加一张“布纹-C.png”贴图文件，如图 8-9 所示。

❸ 在“基本参数”卷展栏中，设置“粗糙度”值为 0.8，降低布料材质的镜面反射属性，如图 8-10 所示。

❹ 设置完成后，实例中的布料材质球显示效果如图 8-11 所示。

常规贴图

✔ 基础权重	无贴图
✔ 基础颜色	贴图 #12（布纹-C.png）
✔ 反射权重	无贴图
✔ 反射颜色	无贴图
✔ 粗糙度	无贴图
✔ 金属度	无贴图
✔ 漫反射粗糙度	无贴图
✔ 各向异性	无贴图

图 8-9

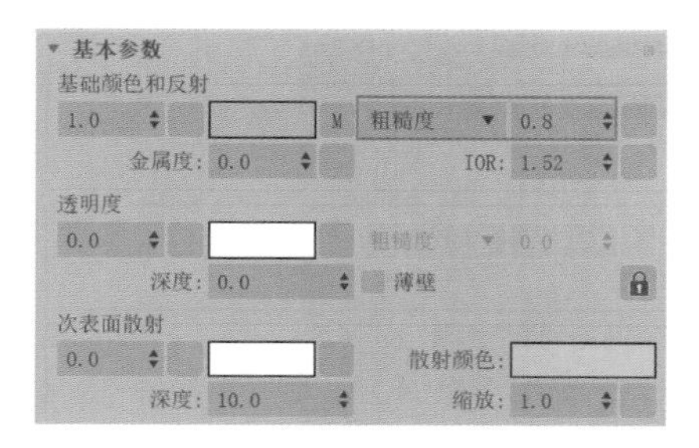

图 8-10

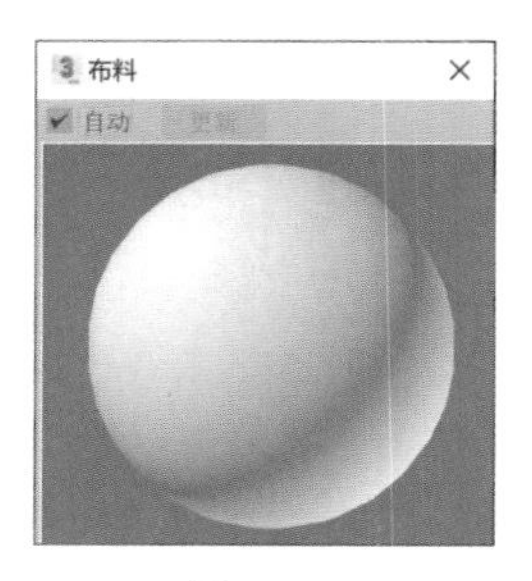

图 8-11

8.3.2　制作木纹材质

本案例中的沙发扶手和背景墙柜子模型均用到了木纹材质，其渲染效果如图 8-12 所示。

❶ 打开“材质编辑器”面板，选择一个空白的物理材质球，并将其重命名为“木纹”，如图 8-13 所示。

图 8-12

图 8-13

❷ 在“常规贴图”卷展栏中，为“基础颜色”属性添加一张“木纹贴图.jpg”贴图文件，如图 8-14 所示。

❸ 在“基本参数”卷展栏中，设置“粗糙度”值为 0.3，稍微降低一些木纹材质的镜面反射属性，如图 8-15 所示。

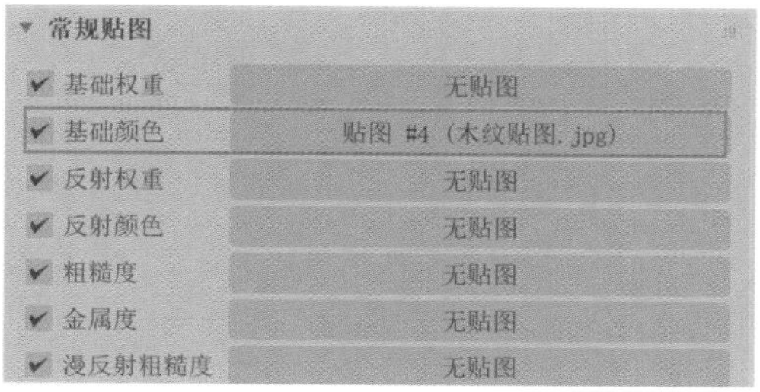

常规贴图
基础权重　无贴图
基础颜色　贴图 #4（木纹贴图.jpg）
反射权重　无贴图
反射颜色　无贴图
粗糙度　无贴图
金属度　无贴图
漫反射粗糙度　无贴图

图 8-14

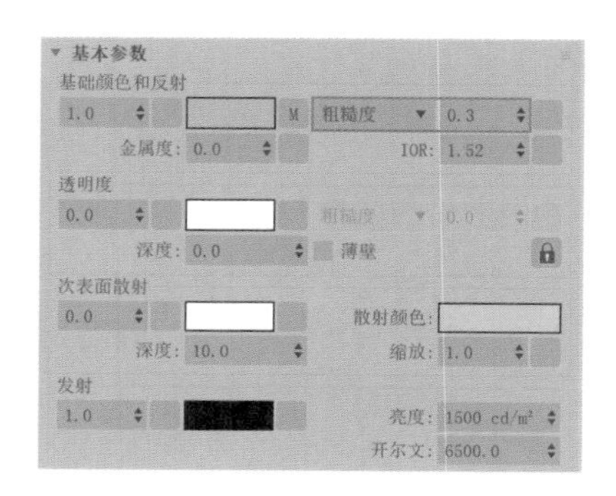

图 8-15

❹ 在“坐标”卷展栏中，设置 W 值为 90，如图 8-16 所示。

❺ 设置完成后，实例中的木纹材质球显示效果如图 8-17 所示。

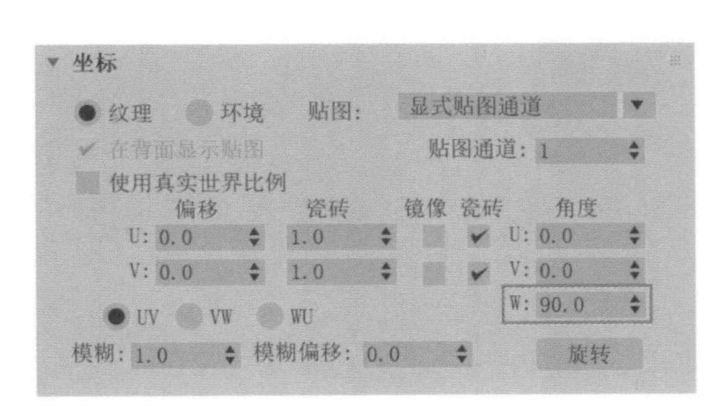

图 8-16

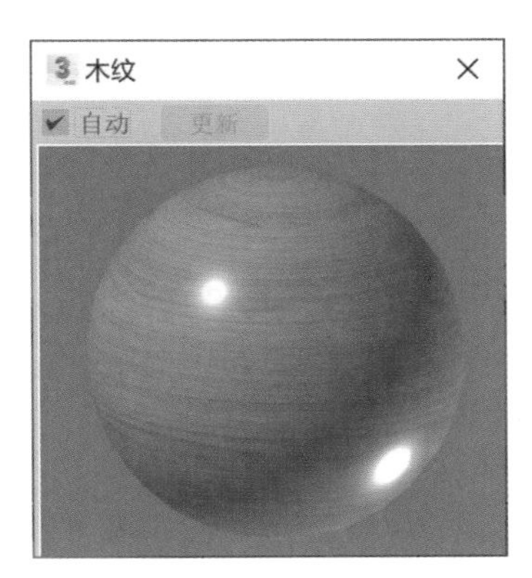

图 8-17

8.3.3 制作金属材质

本案例中的圆桌和方桌边框模型均用到了金属材质，其渲染效果如图 8-18 所示。

图 8-18

❶ 打开“材质编辑器”面板，选择一个空白的物理材质球，并将其重命名为“金色金属”，如图 8-19 所示。

❷ 在“基本参数”卷展栏中，设置“基础颜色”为金色，设置“粗糙度”值为 0.2，设置“金属度”值为 1，如图 8-20 所示。其中，“基础颜色”的参数设置如图 8-21 所示。

❸ 设置完成后，实例中的金色金属材质球显示效果如图 8-22 所示。

图 8-19

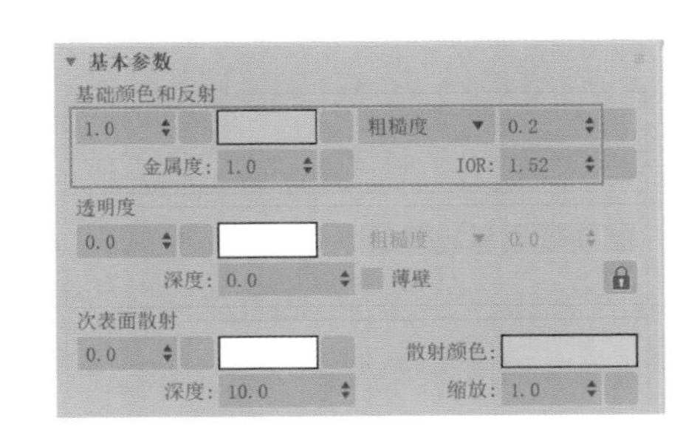

图 8-20

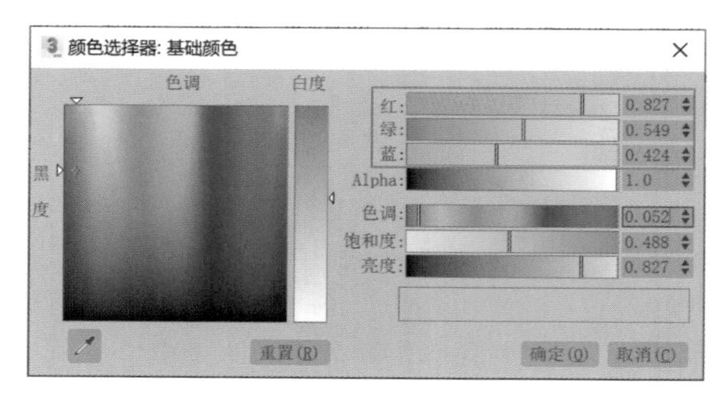

图 8-21

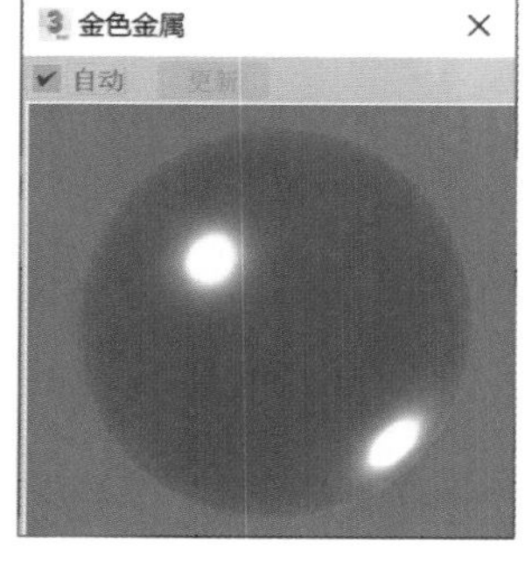

图 8-22

8.3.4 制作背景墙材质

本案例中的背景墙模型渲染效果如图 8-23 所示。

❶ 打开“材质编辑器”面板，选择一个空白的物理材质球，并将其重命名为“背景墙”，如图 8-24 所示。

图 8-23

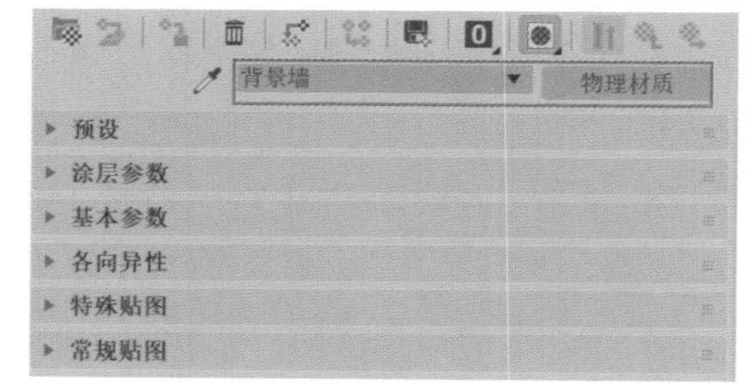

图 8-24

❷ 在“常规贴图”卷展栏中，为“基础颜色”属性添加一张“背景墙 .jpg”贴图文件，如图 8-25 所示。

❸ 在“基本参数”卷展栏中，设置“粗糙度”值为 0.7，降低背景墙材质的镜面反射属性，如图 8-26 所示。

❹ 设置完成后，实例中的背景墙材质球显示效果如图 8-27 所示。

常规贴图

基础权重	无贴图
基础颜色	贴图 #6（背景墙.jpg）
反射权重	无贴图
反射颜色	无贴图
粗糙度	无贴图
金属度	无贴图
漫反射粗糙度	无贴图

图 8-25

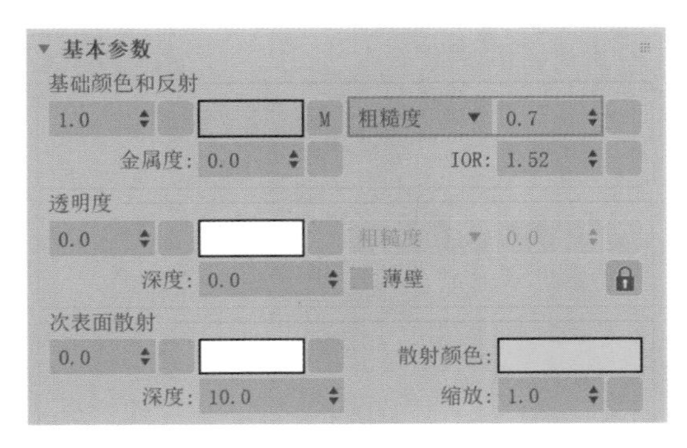

图 8-26

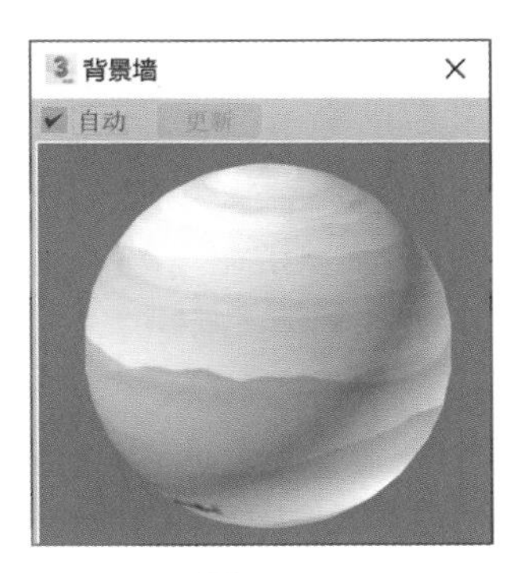

图 8-27

8.3.5　制作叶片材质

本案例中的植物叶片模型渲染效果如图 8-28 所示。

❶ 打开“材质编辑器”面板，选择一个空白的物理材质球，并将其重命名为“叶片”，如图 8-29 所示。

图 8-28

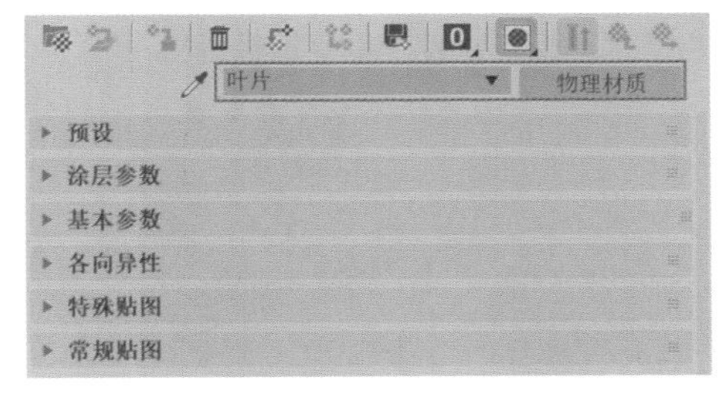

图 8-29

❷ 在“常规贴图”卷展栏中，为“基础颜色”属性添加一张“叶片 .jpg”贴图文件，如图 8-30 所示。

❸ 在“基本参数”卷展栏中，设置“粗糙度”值为 0.5，稍微降低一些叶片材质的镜面反射属性，如图 8-31 所示。

❹ 设置完成后，实例中的叶片材质球显示效果如图 8-32 所示。

常规贴图	
✔ 基础权重	无贴图
✔ 基础颜色	贴图 #1（叶片.jpg）
✔ 反射权重	无贴图
✔ 反射颜色	无贴图
✔ 粗糙度	无贴图
✔ 金属度	无贴图
✔ 漫反射粗糙度	无贴图

图 8-30

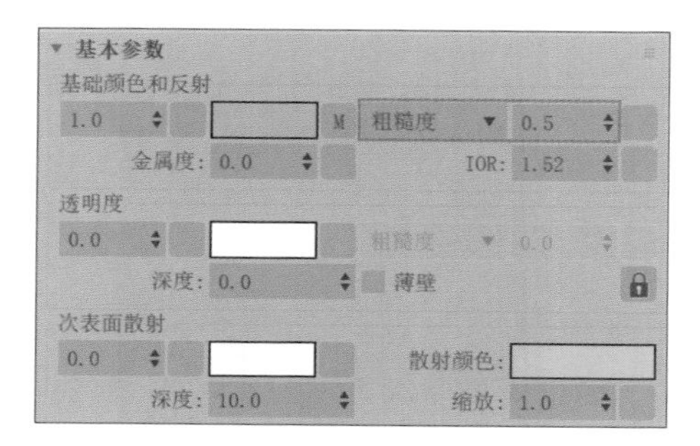

图 8-31

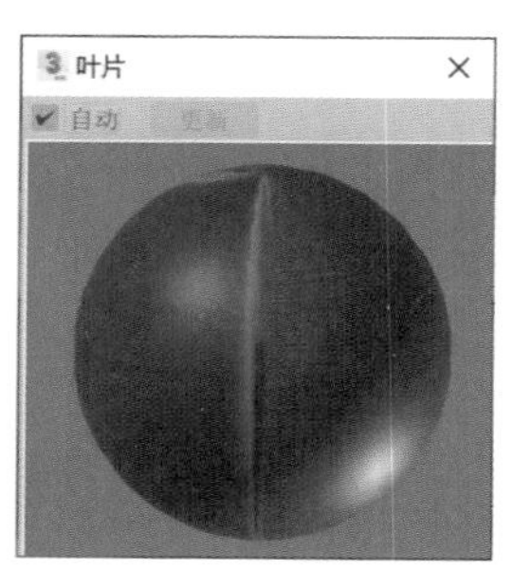

图 8-32

8.3.6　制作玻璃材质

本案例中的圆桌桌面和窗户玻璃模型均用到了玻璃材质，虽然这两个模型上的玻璃颜色不太一样，但是其制作方法大同小异，在这一节中以窗户玻璃为例来讲解其中的参数设置，窗户玻璃渲染效果如图 8-33 所示。

❶ 打开“材质编辑器”面板，选择一个空白的物理材质球，并将其重命名为“窗户玻璃”，如图 8-34 所示。

图 8-33

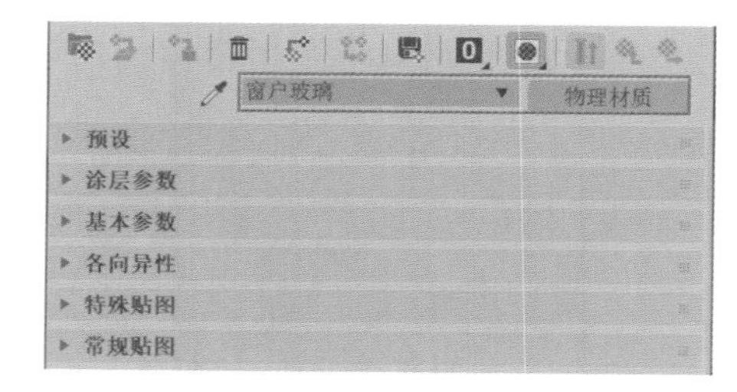

图 8-34

❷ 在“基本参数”卷展栏中，设置“透明度”的权重值为 1，如图 8-35 所示。

❸ 设置完成后，实例中的窗户玻璃材质球显示效果如图 8-36 所示。

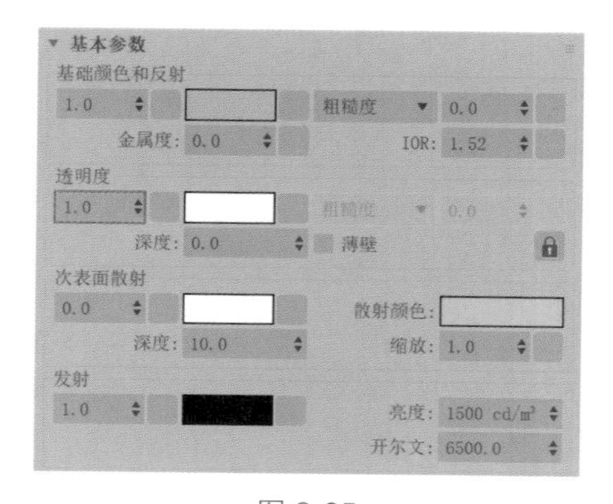

图 8-35

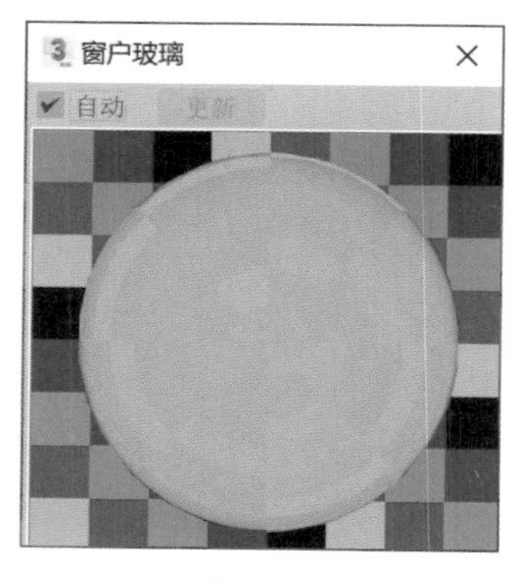

图 8-36

8.3.7 制作天光照明效果

❶ 在“创建”面板中，单击“目标灯光”按钮，如图 8-37 所示。

❷ 在“前”视图中窗户位置处创建一个目标灯光，如图 8-38 所示。

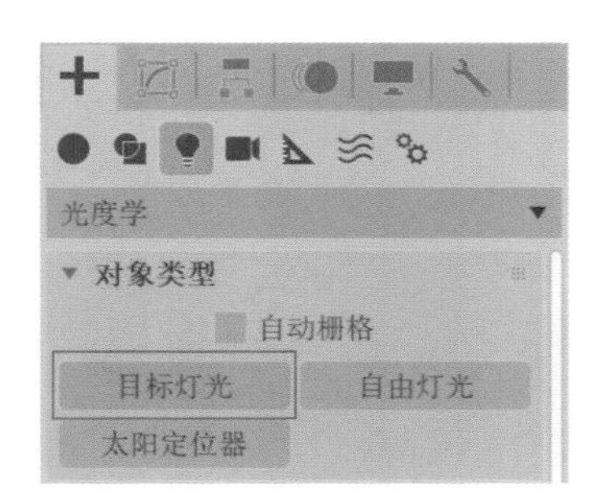

图 8-37

图 8-38

❸ 在“修改”面板中，展开“常规参数”卷展栏，设置“阴影”的计算方式为“光线跟踪阴影”，如图 8-39 所示。

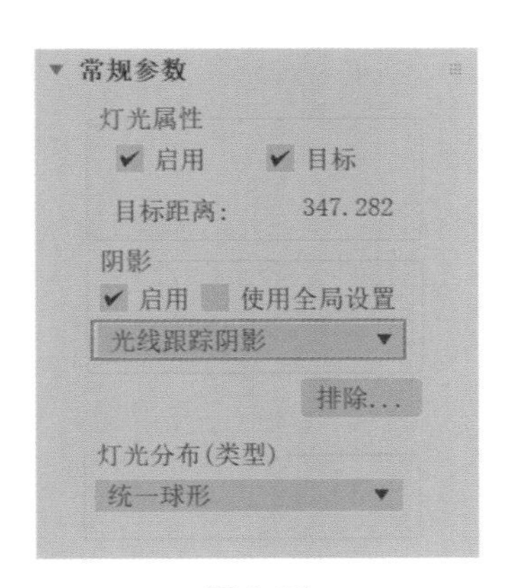

图 8-39

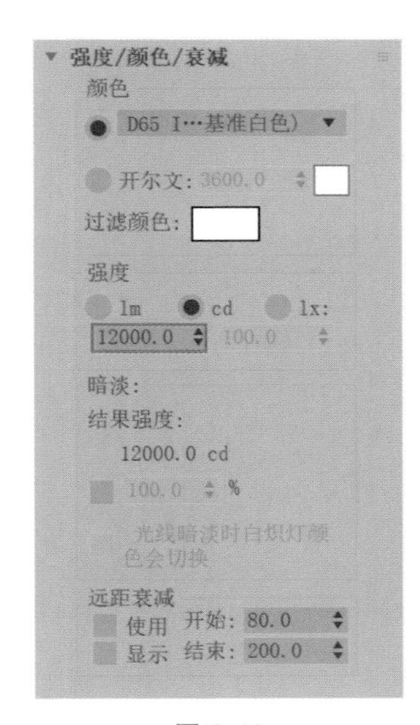

图 8-40

❹ 在“强度 / 颜色 / 衰减”卷展栏中，设置灯光的“强度”值为 12000，如图 8-40 所示。

❺ 在“图形 / 区域阴影”卷展栏中，设置“从（图形）发射光线”的类型为“矩形”，设置“长度”值为 242，设置“宽度”值为 337，如图 8-41 所示。

❻ 在场景中调整灯光的位置，如图 8-42 所示，使灯光刚好位于窗户外面。

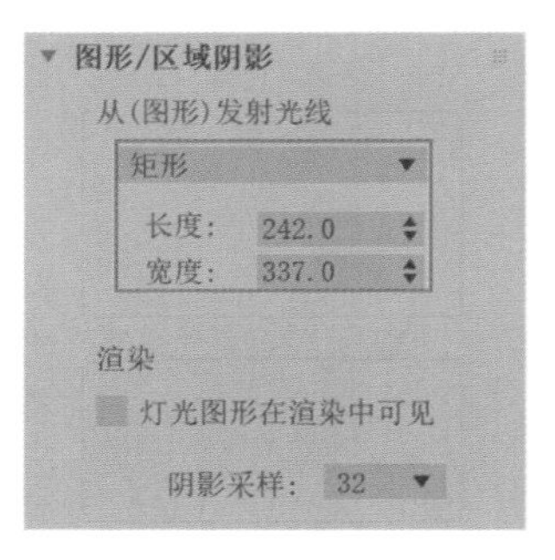

图 8-41

图 8-42

8.3.8 制作灯带照明效果

❶ 在“创建”面板中，单击“目标灯光”按钮，如图 8-43 所示。

❷ 在“前”视图中柜子模型隔断下方位置处创建一个目标灯光，如图 8-44 所示。

❸ 在“修改”面板中，展开“常规参数”卷展栏，设置“阴影”的计算方式为“光线跟踪阴影”，如图 8-45 所示。

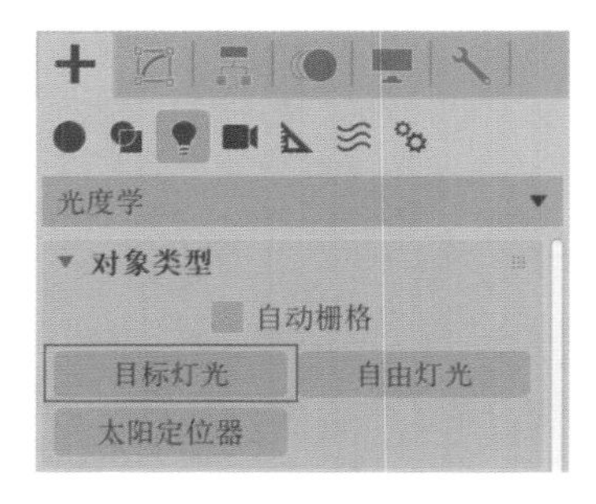

图 8-43

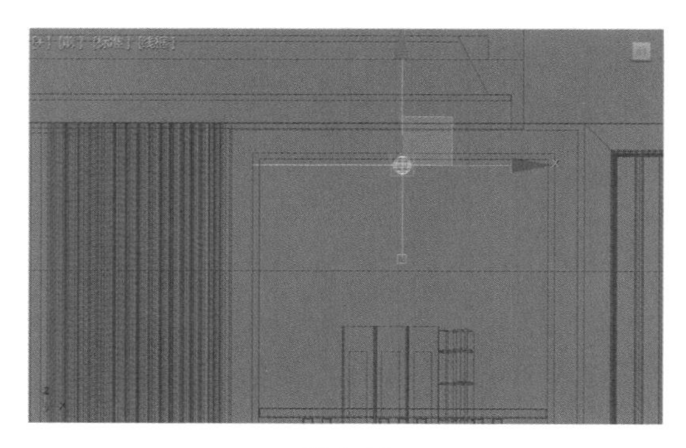

图 8-44

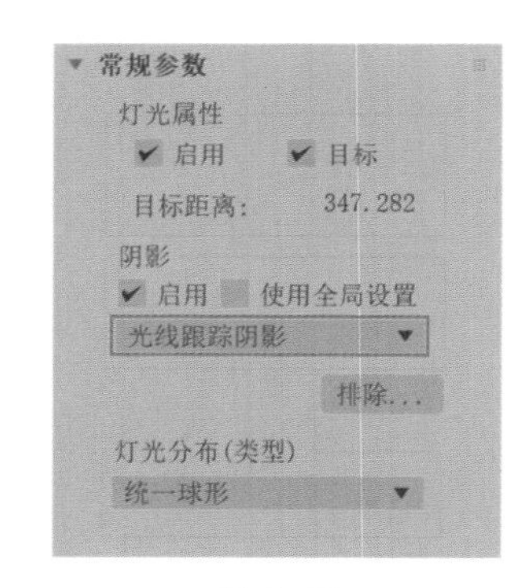

图 8-45

❹ 在“强度 / 颜色 / 衰减”卷展栏中，将“颜色”选为“开尔文”选 项，设置“开尔文”值为 3600，“强度”值为 100，如图 8-46 所示。

❺ 在“图形 / 区域阴影”卷展栏中，设置“从（图形）发射光线”的类型为“矩形”，设置“长度”值为 50，设置“宽度”值为 1，如图 8-47 所示。

❻ 在“透视”视图中调整灯光的位置，如图 8-48 所示。

❼ 在“前”视图中，对灯光进行多次复制，并分别调整其位置，如图 8-49 所示，在柜子模型的每一个隔断上方放置一个目标灯光。

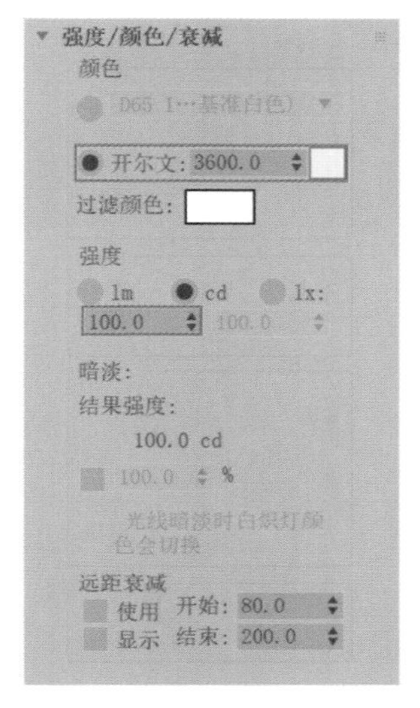

图 8-46

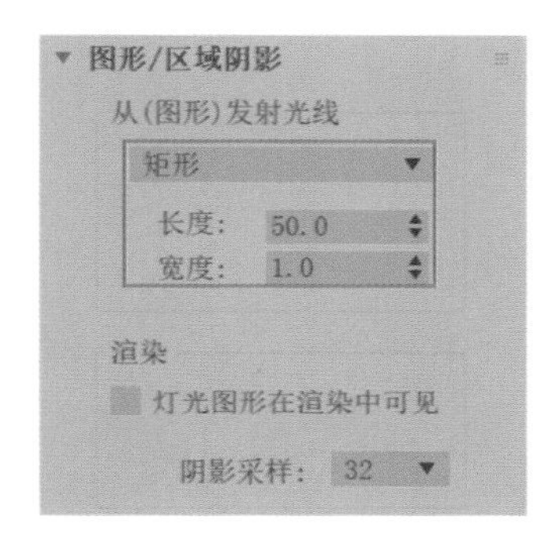

图 8-47

图 8-48

图 8-49

8.3.9 制作筒灯照明效果

❶ 单击“创建”面板中的“Arnold Light”按钮，如图 8-50 所示。

❷ 在“左”视图中筒灯模型下方创建 Arnold 灯光，如图 8-51 所示。

❸ 在“顶”视图中调整灯光的位置，如图 8-52 所示。

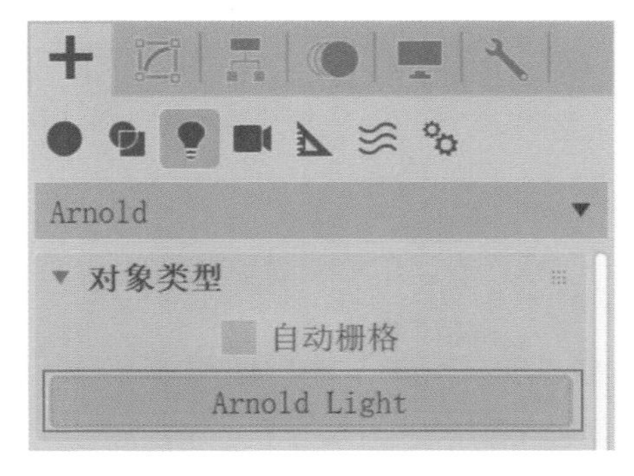

图 8-50

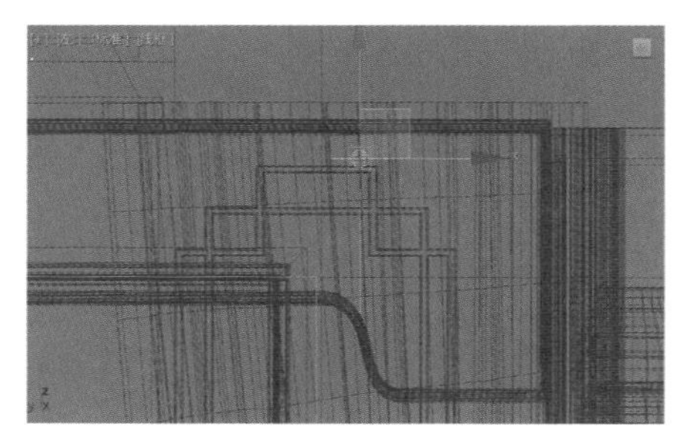
图 8-51

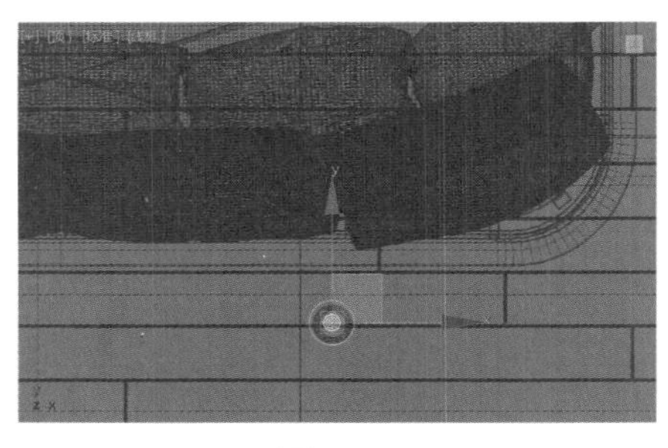
图 8-52

❹ 在“修改”面板中，展开 Shape 卷展栏，设置灯光的“Type”为“光度学”，“Radius”值为 5，并为其添加“射灯 a.ies”文件，如图 8-53 所示。

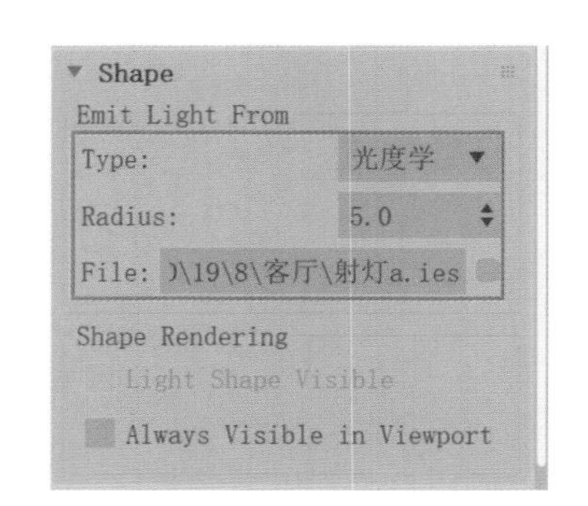

图 8-53

❺ 在 Color/Intensity 卷展栏中，设置“Color”的类型为“Kelvin”，并设置“Kelvin”值为 3500，设置“Intensity”值为 20，设置“Exposure”值为 9，如图 8-54 所示。

❻ 设置完成后，在“顶”视图中，复制 Arnold 灯光并调整其位置，如图 8-55 所示。

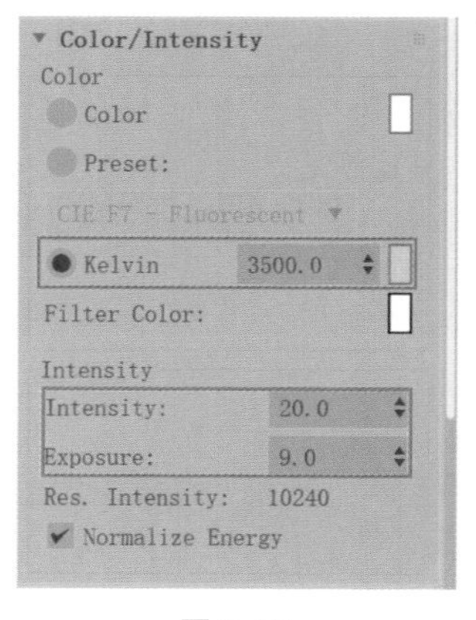

图 8-54

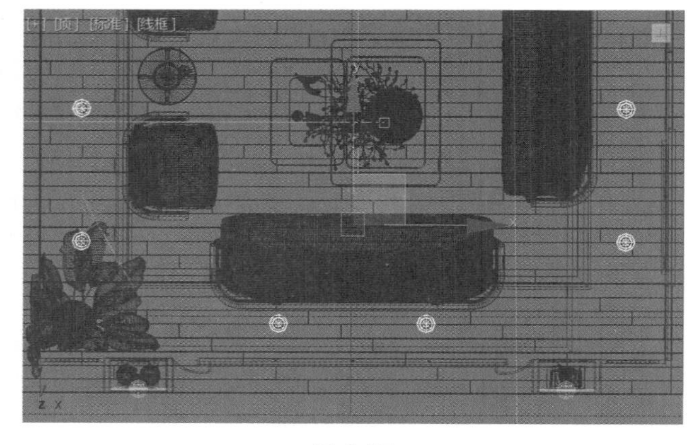
图 8-55

8.3.10 渲染设置

❶ 打开“渲染设置”面板，可以看到本场景使用默认的 Arnold 渲染器来渲染场景，如图 8-56 所示。

❷ 在“公用”选项卡中，设置渲染输出图像的“宽度”值为 1280，“高度”值为 720，如图 8-57 所示。

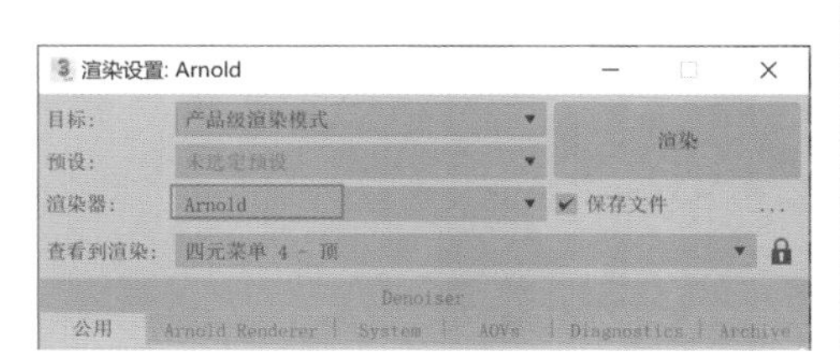

图 8-56

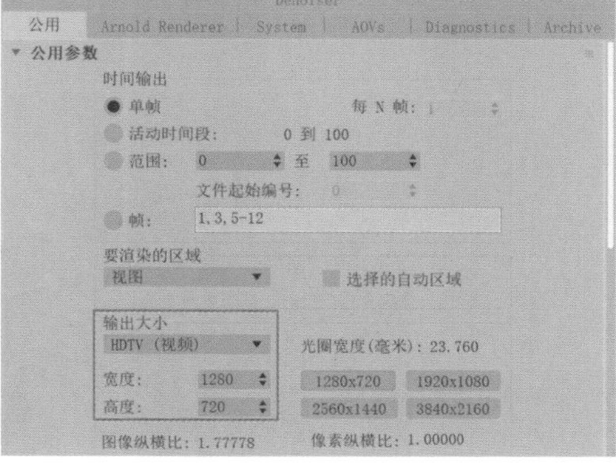

图 8-57

❸ 在“Arnold Renderer”选项卡中，展开“Sampling and Ray Depth”卷展栏，设置“Camera（AA）”的值为 9，降低渲染图像的噪点，提高图像的渲染质量，如图 8-58 所示。

❹ 设置完成后渲染场景，本场景的最终渲染效果如图 8-59 所示。

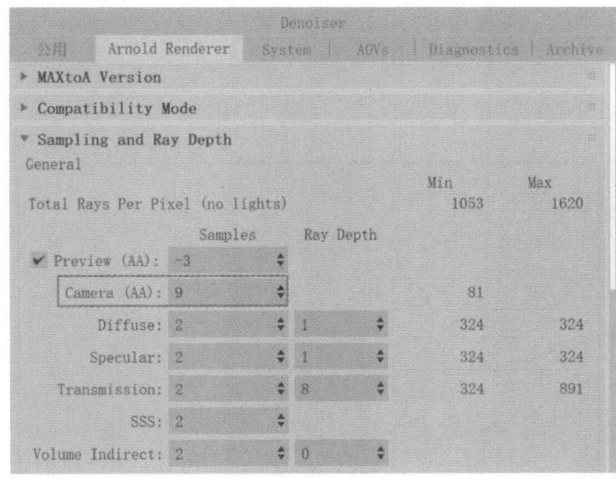

图 8-58

图 8-59

学习完本实例后，读者可以尝试制作一些其他室内环境的表现效果。

8.4　综合实例：制作建筑日光效果图

实例介绍

本实例通过制作一栋别墅的外观表现来为大家详细讲解 3ds Max 材质、灯光及渲染设置的综合运用，本实例的最终渲染效果如图 8-60 所示。

图 8-60

思路分析

在制作实例前，需要先观察身边室外环境中的物体质感及光影效果再进行制作。

步骤演示

打开本书配套资源“别墅 .max”文件，可以看到本场景中已经设置好模型及摄影机，如图 8-61 所示。通过最终渲染效果可以看出，本场景所要表现的光照效果为室外日光照明环境。下面，我们首先讲解该场景中主要材质的设置步骤。

图 8-61

8.4.1　制作砖墙材质

本案例中的砖墙材质渲染效果如图 8-62 所示。

图 8-62

❶ 打开“材质编辑器”面板，选择一个空白的物理材质球，并将其重命名为“砖墙”，如图 8-63 所示。

❷ 在“常规贴图”卷展栏中，为“基础颜色”属性添加一张“砖墙 B.bmp”贴图文件，如图 8-64 所示。

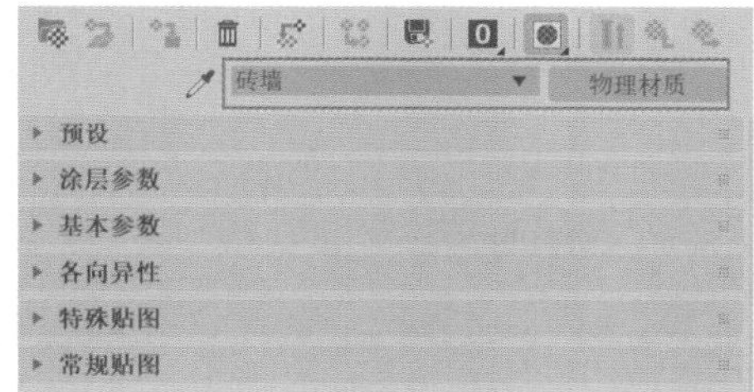

图 8-63

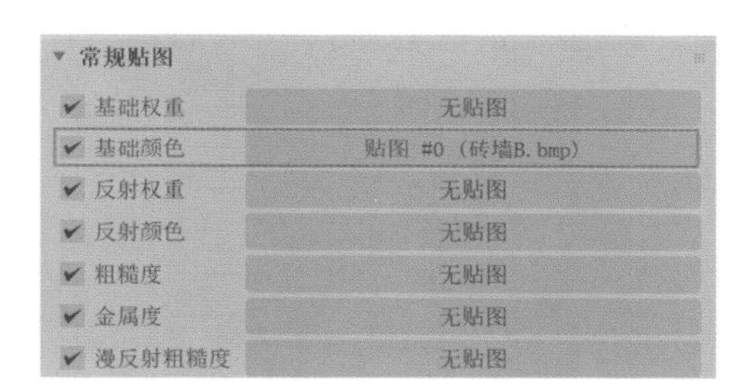

图 8-64

❸ 在“基本参数”卷展栏中，设置“粗糙度”值为 0.8，降低砖墙材质的镜面反射属性，如图 8-65 所示。

❹ 在“特殊贴图”卷展栏中，为“凹凸贴图”属性添加一张“砖墙 B.bmp”贴图文件，并设置凹凸贴图的值为 8，如图 8-66 所示。

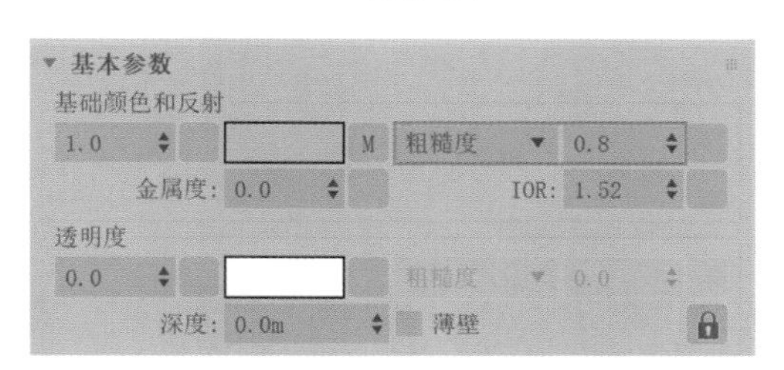

图 8-65

❺ 设置完成后，实例中的砖墙材质球显示效果如图 8-67 所示。

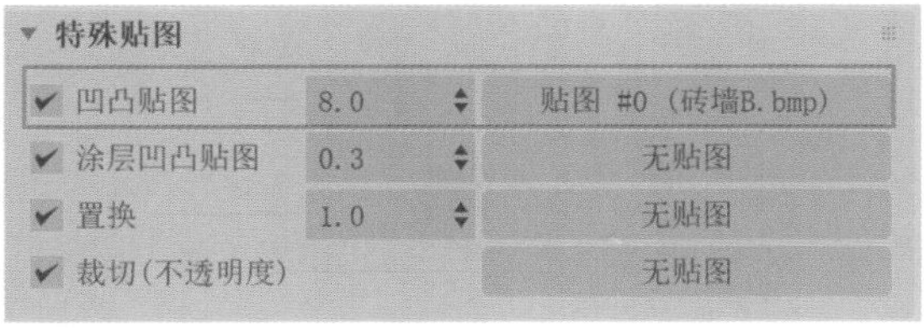

图 8-67

特殊贴图

凹凸贴图	8.0	贴图 #0（砖墙B. bmp)
涂层凹凸贴图	0.3	无贴图
置换	1.0	无贴图
裁切(不透明度)		无贴图

图 8-66

8.4.2 制作瓦片材质

本案例中的瓦片材质渲染效果如图 8-68 所示。

❶ 打开“材质编辑器”面板，选择一个空白的物理材质球，并将其重命名为“瓦片”，如图 8-69 所示。

图 8-68

图 8-69

❷ 在“基本参数”卷展栏中，设置“基础颜色”为深蓝色，设置“粗糙度”值为 0.2，如图 8-70 所示。其中，“基础颜色”的参数设置如图 8-71 所示。

❸ 设置完成后，实例中的瓦片材质球显示效果如图 8-72 所示。

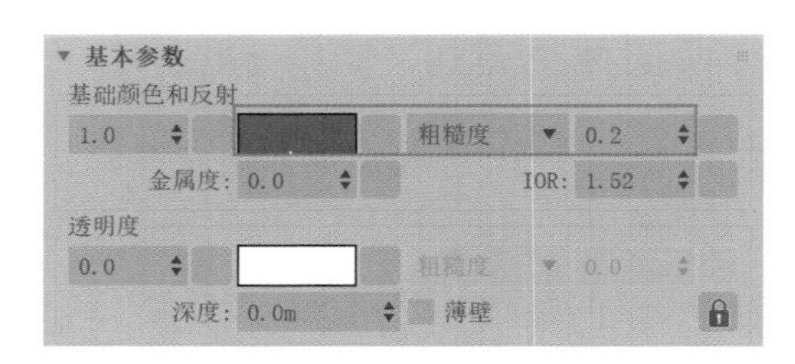

图 8-70

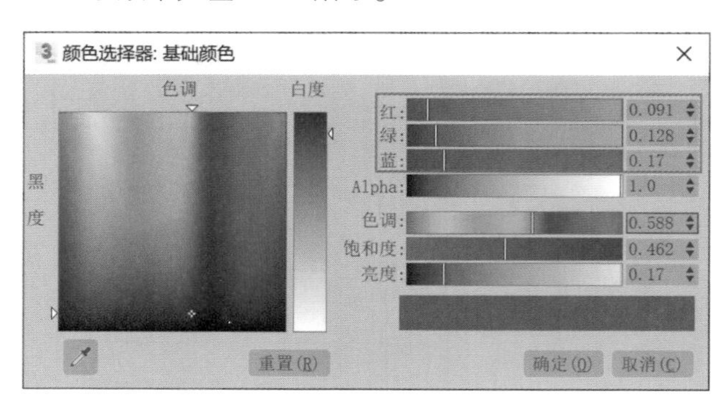

图 8-71

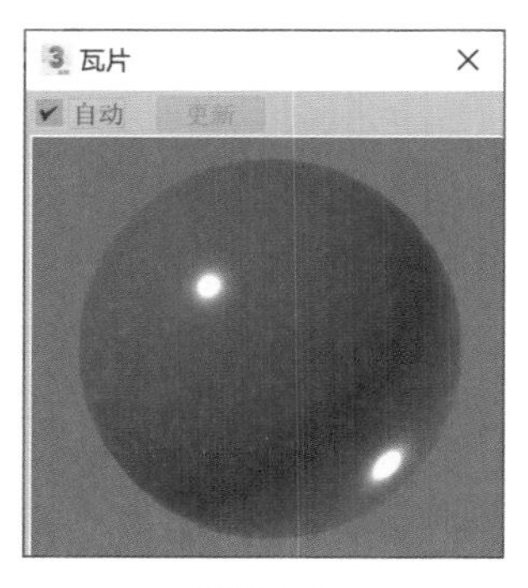

图 8-72

8.4.3 制作玻璃材质

本案例中的窗户玻璃材质渲染效果如图 8-73 所示。

❶ 打开“材质编辑器”面板，选择一个空白的物理材质球，并将其重命名为“玻璃”，如图 8-74 所示。

图 8-73

图 8-74

❷ 在“基本参数”卷展栏中，设置“透明度”的权重值为 1，如图 8-75 所示。

❸ 设置完成后，实例中的玻璃材质球显示效果如图 8-76 所示。

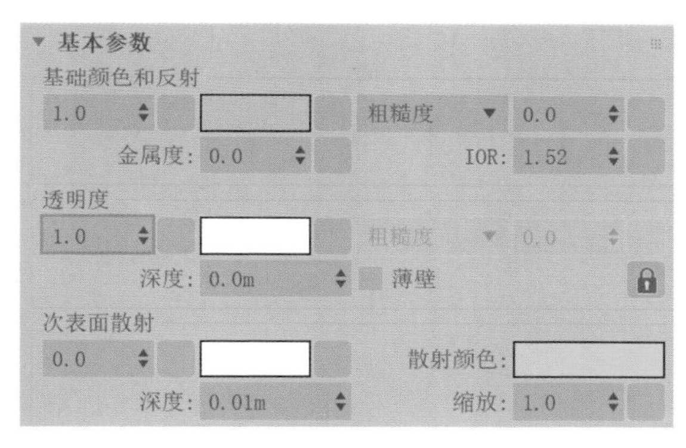

图 8-75

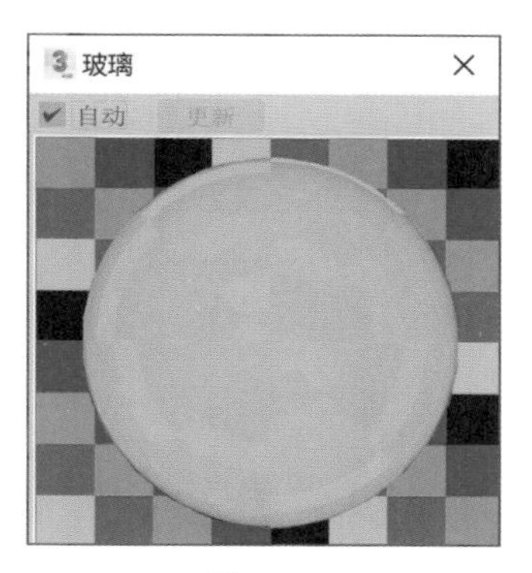

图 8-76

8.4.4　制作围栏材质

本案例中的围栏材质渲染效果如图 8-77 所示。

❶ 打开“材质编辑器”面板，选择一个空白的物理材质球，并将其重命名为“围栏”，如图 8-78 所示。

图 8-77

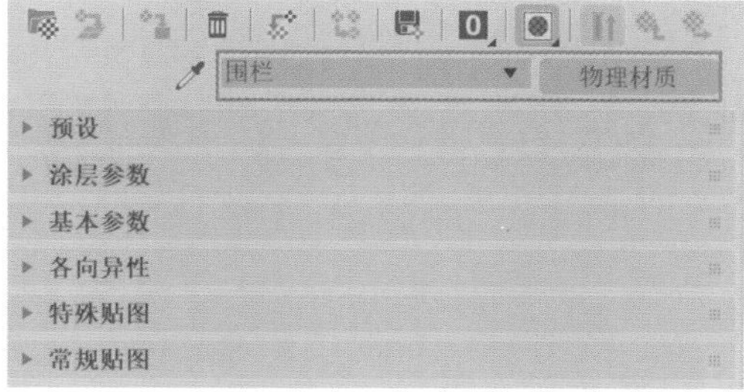

图 8-78

❷ 在“常规贴图”卷展栏中，为“基础颜色”属性添加一张“木纹 .jpg”贴图文件，如图 8-79 所示。

❸ 在“基本参数”卷展栏中，设置“粗糙度”值为 0.5，降低围栏材质的镜面反射属性，如图 8-80 所示。

❹ 设置完成后，实例中的围栏材质球显示效果如图 8-81 所示。

▼ 常规贴图	
✔ 基础权重	无贴图
✔ 基础颜色	贴图 #2（木纹.jpg）
✔ 反射权重	无贴图
✔ 反射颜色	无贴图
✔ 粗糙度	无贴图
✔ 金属度	无贴图
✔ 漫反射粗糙度	无贴图

图 8-79

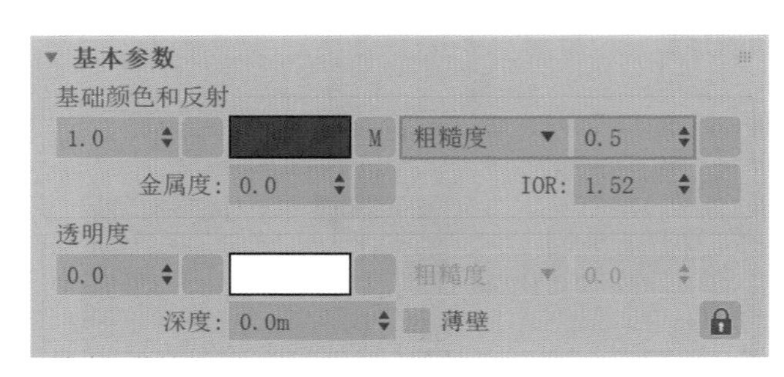

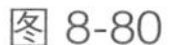

图 8-80

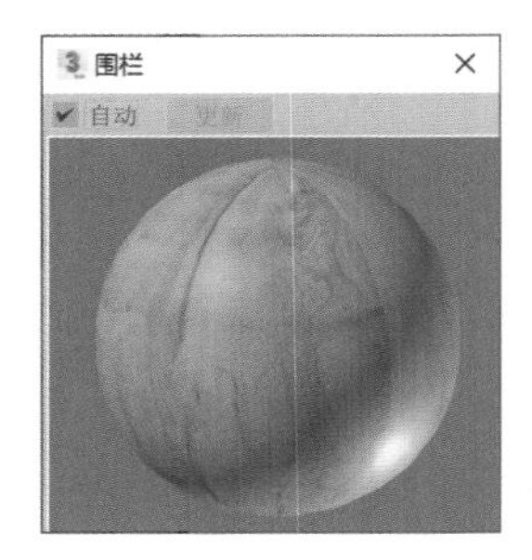

图 8-81

8.4.5 制作石墙材质

本案例中的石墙材质渲染效果如图 8-82 所示。

❶ 打开“材质编辑器”面板，选择一个空白的物理材质球，并将其重命名为“石墙”，如图 8-83 所示。

图 8-82

图 8-83

❷ 在“常规贴图”卷展栏中，为“基础颜色”属性添加一张“砖墙 D.jpg”贴图文件，如图 8-84 所示。

❸ 在“基本参数”卷展栏中，设置“粗糙度”的值为 0.8，降低石墙材质的镜面反射

属性，如图 8-85 所示。

❹ 设置完成后，实例中的石墙材质球显示效果如图 8-86 所示。

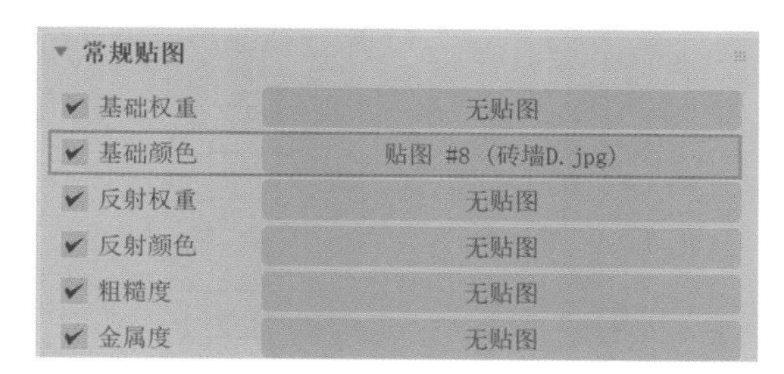

图 8-84

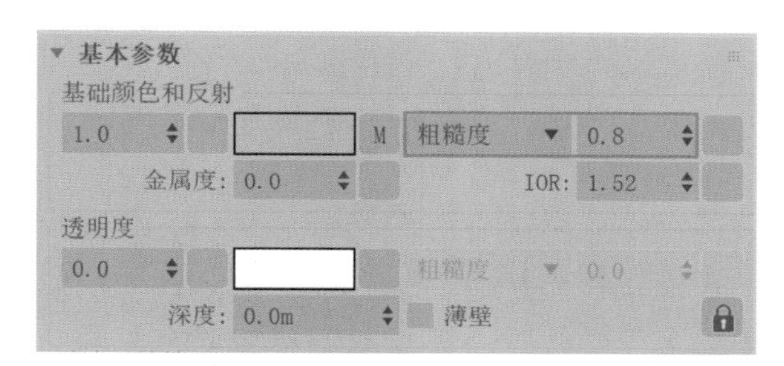

图 8-85

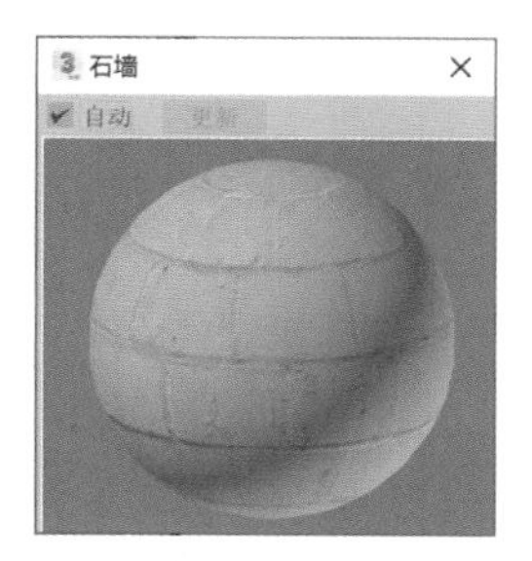

图 8-86

8.4.6　制作树叶材质

本案例中的树叶材质渲染效果如图 8-87 所示。

❶ 打开“材质编辑器”面板，选择一个空白的物理材质球，并将其重命名为“树叶”，如图 8-88 所示。

图 8-87

图 8-88

❷ 在“常规贴图”卷展栏中，为“基础颜色”属性添加一张“树叶 .png”贴图文件，如图 8-89 所示。

❸ 在“基本参数”卷展栏中，设置“粗糙度”值为 0.5，如图 8-90 所示。

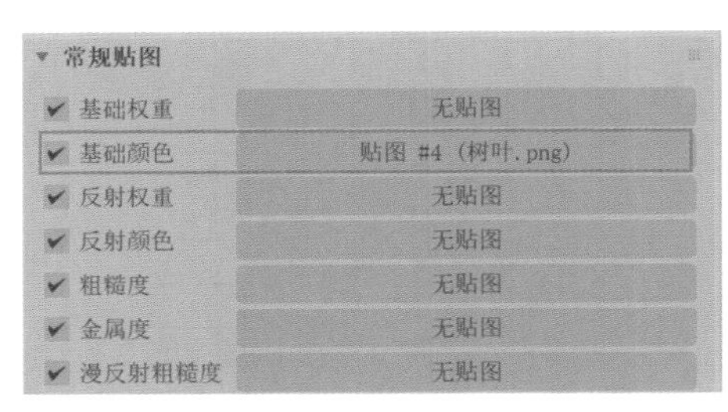

图 8-89

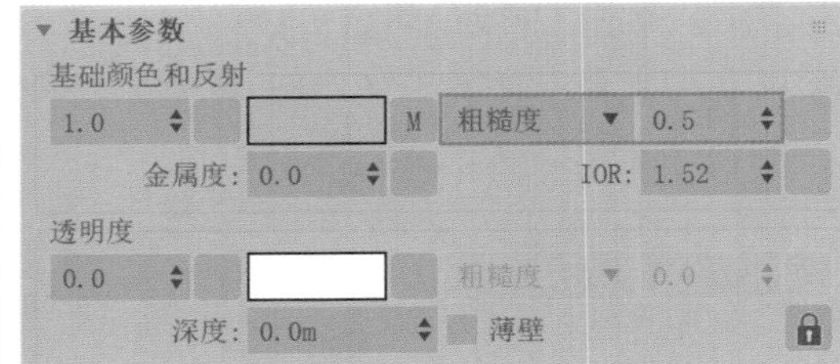

图 8-90

❹ 在“特殊贴图”卷展栏中，为“裁切（不透明度）”属性添加一张“树叶 - 透明 .png”贴图文件，如图 8-91 所示。

❺ 设置完成后，实例中的树叶材质球显示效果如图 8-92 所示。

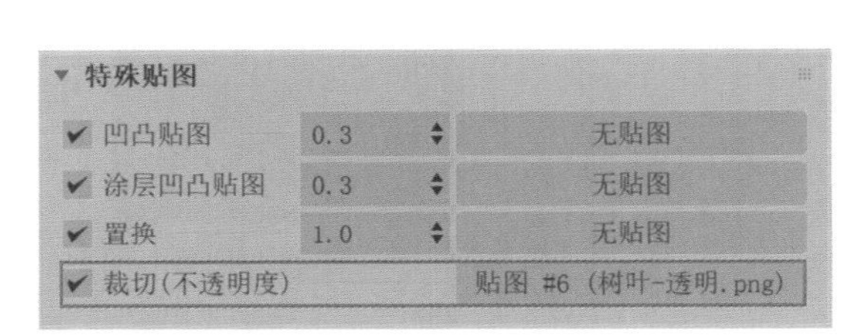

图 8-91

图 8-92

8.4.7 制作日光照明效果

❶ 单击“创建”面板中的“太阳定位器”按钮，如图 8-93 所示。

❷ 在“顶”视图中，创建一个太阳定位器，如图 8-94 所示。

❸ 在“修改”面板中，进入“太阳”子对象层级，在“左”视图中调整太阳的位置，如图 8-95 所示。

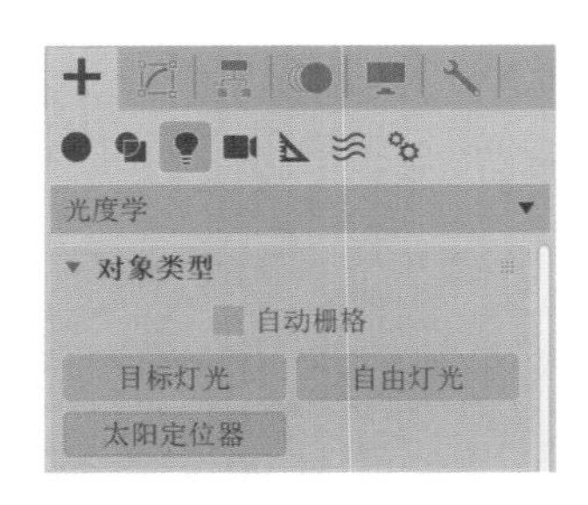

图 8-93

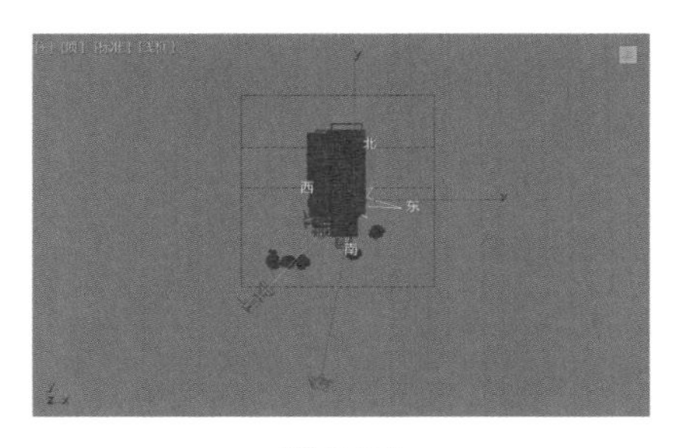

图 8-94

图 8-95

❹ 执行菜单栏“渲染 / 环境”命令，打开“环境和效果”面板，如图 8-96 所示。我们看到创建太阳定位器后，系统会自动在“环境贴图”通道上添加“物理太阳和天空环境”贴图。

❺ 单击“主工具栏”上的“材质编辑器”图标，如图 8-97 所示。

❻ 将“环境和效果”面板中的“物理太阳和天空环境”贴图拖曳至“材质编辑器”面板中，在系统自动弹出的“实例（副本）贴图”对话框中选择“实例”选项，如图 8-98 所示。这样，我们就可以在“材质编辑器”面板中调整太阳定位器的参数了，如图 8-99 所示。

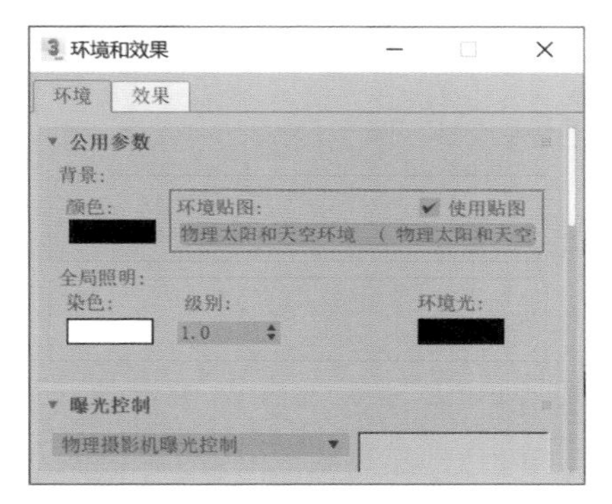

图 8-96

图 8-97

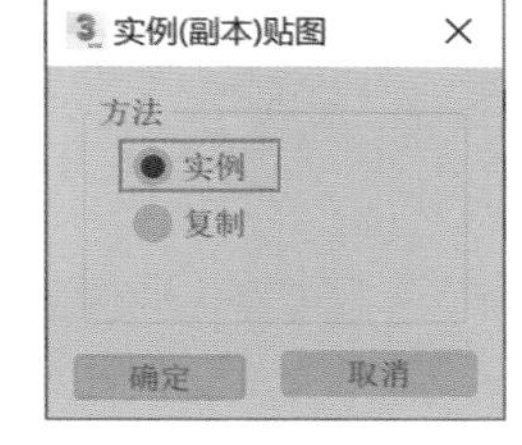

图 8-98

❼ 在“物理太阳和天空环境”卷展栏中，设置“强度”值为 2，设置“天空强度”值为 1.5，如图 8-100 所示。

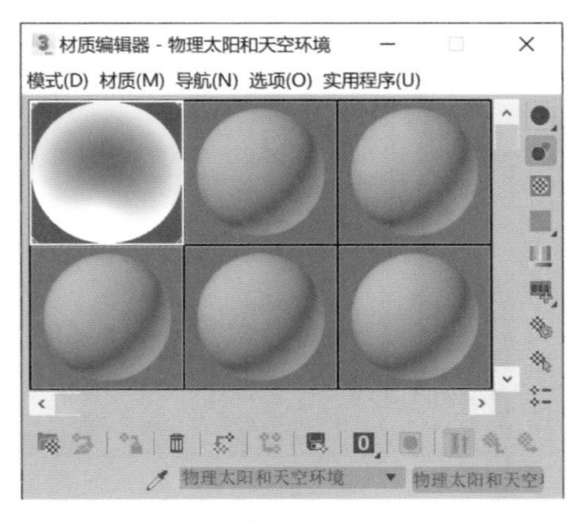

图 8-99

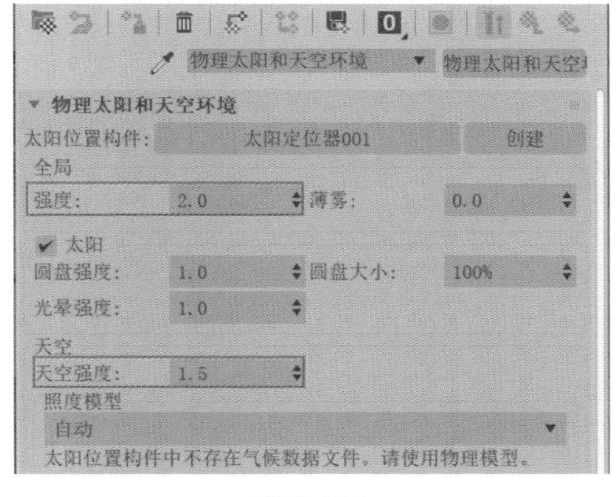

图 8-100

8.4.8 渲染设置

❶ 打开“渲染设置”面板，可以看到本场景使用默认的 Arnold 渲染器来渲染场景，

如图 8-101 所示。

❷ 在“公用”选项卡中，设置渲染输出图像的“宽度”值为 1280，“高度”值为 720，如图 8-102 所示。

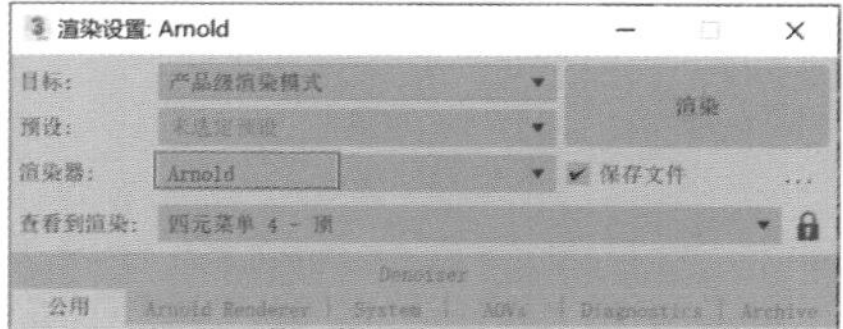

图 8-101

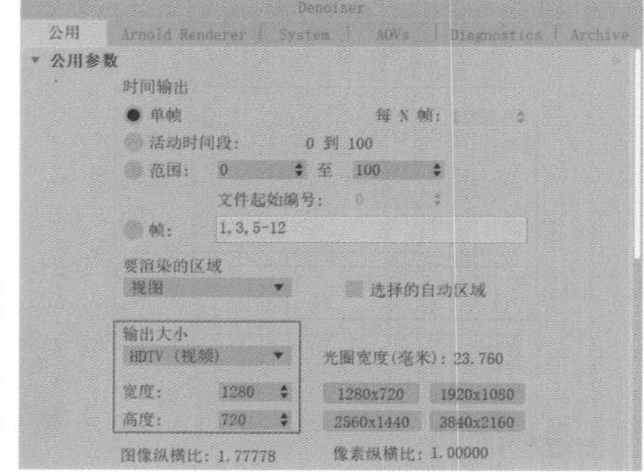

图 8-102

❸ 在“Arnold Renderer”选项卡中，展开“Sampling and Ray Depth”卷展栏，设置“Camera（AA）”的值为 9，降低渲染图像的噪点，提高图像的渲染质量，如图 8-103 所示。

❹ 设置完成后渲染场景，本场景的最终渲染效果如图 8-104 所示。

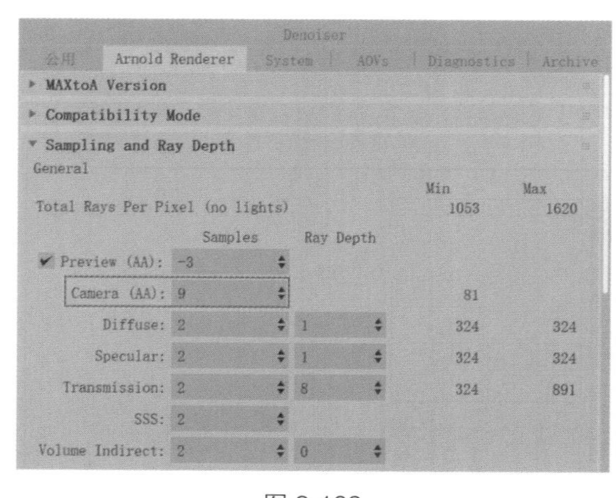

图 8-103

图 8-104

学习完本实例后，读者可以尝试制作一些其他室外环境的表现效果。

动画技术

9.1 动画概述

动画以其独特的艺术魅力深受大众的喜爱。在本书中，动画仅指使用 3ds Max 软件为对象设置的形变及运动效果。

3ds Max 是 Autodesk 公司生产的旗舰级别的三维动画软件，为广大三维动画师提供了功能丰富且强大的动画工具来制作优秀的动画作品。通过组合使用 3ds Max 的多种动画工具，可以制作更加生动、真实的场景和角色，其内置的动力学技术模块可以为场景中的对象进行高效、精细的动力学动画计算，从而为三维动画师节省了大量的工作步骤及时间，极大地提高了动画的精准程度，如图 9-1 和图 9-2 所示。

图 9-1

图 9-2

9.2 关键帧的基本知识

我们日常所观看的电影实际上是以一定的速率连续不断地播放一个个画面所给人产生的一种视觉感受。相似的是，3ds Max 也可以将动画师所设置的动画以类似的方式输出，这些构成连续画面的静帧图像被称为“帧”。扫描图 9-3 中的二维码，可观看关键帧基本知识的详解视频。

图 9-3

9.3 约束

约束是实现动画过程自动化的控制器的特殊类型。用户可以使用约束来控制对象的位置、旋转或缩放。通过约束设置，可以将多个物体的变化约束到一个物体上，从而极大地减少动画师的工作量，也便于项目后期的动画修改。比如，制作复杂的发动机气缸动画时，当我们对场景中的零件模型进行合理约束后，只需要给其中一个对象添加旋转动画，就可以使所有的气缸正常运转了。

执行菜单栏“动画 / 约束”命令后，即可看到 3ds Max 2022 软件为用户提供的所有约束命令，如图 9-4 所示。扫描图 9-5 中的二维码，可观看约束用法的详解视频。

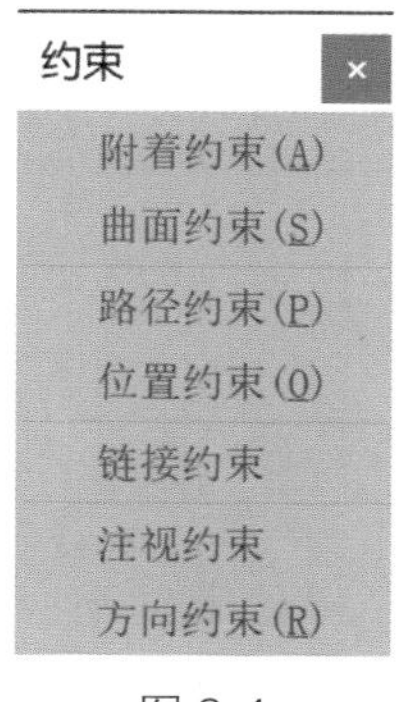

图 9-4

图 9-5

9.4　动画控制器

3ds Max 软件为动画师提供了多种动画控制器来处理场景中的动画任务。使用动画控制器可以存储动画关键点值和程序动画设置，并且还可以在动画的关键帧之间进行动画插值操作。动画控制器的使用方法与修改器也有些类似，当用户在对象的不同属性上指定新的动画控制器时，3ds Max 软件会自动过滤该属性无法使用的控制器，仅提供适用于当前属性的动画控制器。扫描图 9-6 中的二维码，可观看动画控制器设置方法的详解视频。

图 9-6

9.5　技术实例

9.5.1　实例：制作足球滚动动画

实例介绍

本实例将为大家讲解如何使用控制器来制作球体的运动效果，本实例的渲染效果截图如图 9-7 所示。

图 9-7

思路分析

在制作实例前，需要先思考使用哪种控制器来制作足球的动画。

步骤演示

❶ 启动中文版 3ds Max 2022 软件，打开本书配套资源“足球 .max”文件，里面有一个足球的模型，如图 9-8 所示。

图 9-8

❷ 在“创建”面板中，单击“球体”按钮，如图 9-9 所示。

❸ 在“顶”视图里创建一个与足球模型同等大小的球体模型，如图 9-10 所示。

❹ 在“前”视图中，选择球体模型，按下组合键 Shift+A，使用快速对齐命令将球体对齐到场景中的足球模型上，如图 9-11 所示。

❺ 在“主工具栏”上，单击“选择并链接”图标，如图 9-12 所示。将场景中的足球模型链接到球体模型上，建立父子关系，这样足球模型的位置及旋转均会受到父对象球体的影响。

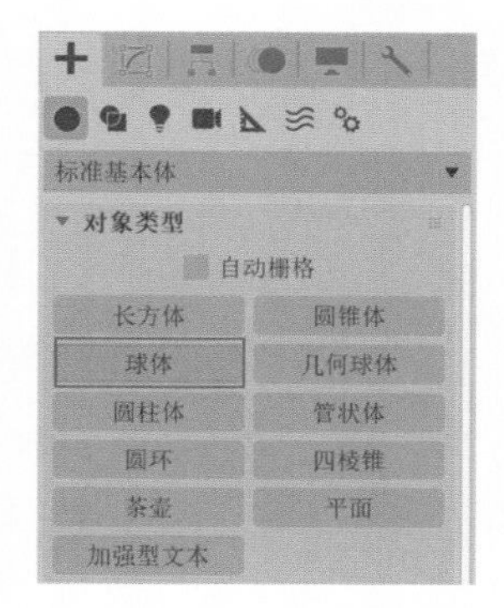

图 9-9

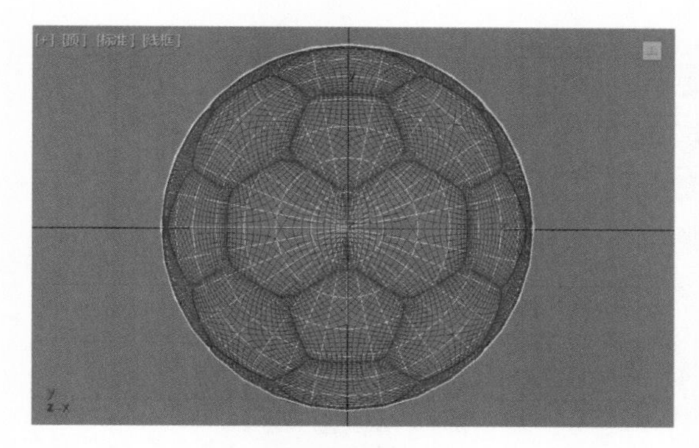

图 9-10

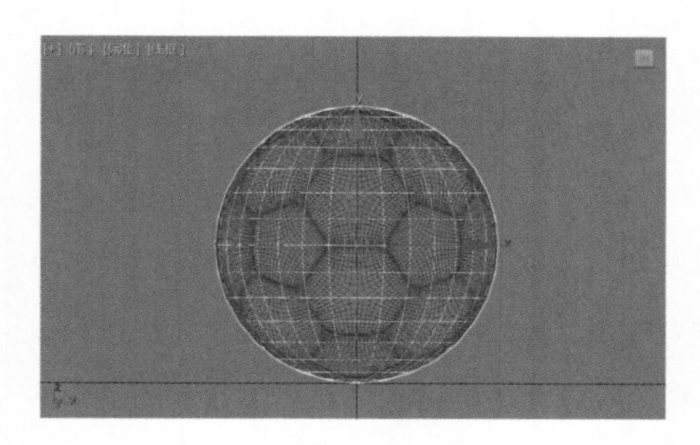

图 9-11

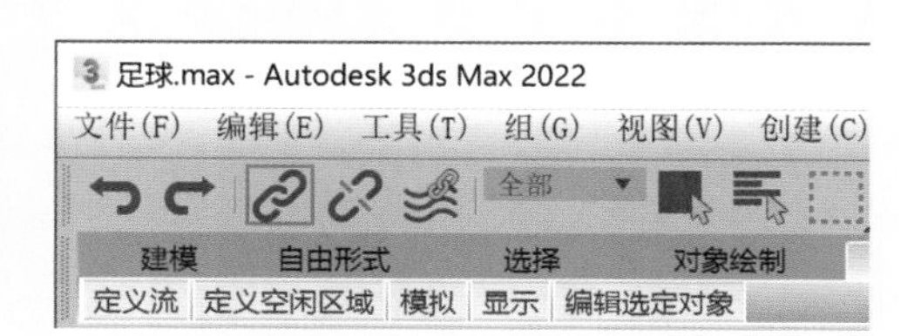

图 9-12

❻ 为了方便动画设置，选择场景中的足球模型，单击鼠标右键，在弹出的菜单中选择并执行“隐藏选定对象”命令，将足球模型隐藏起来，如图 9-13 所示。

❼ 球体在进行移动时，大多都会产生旋转动作，接下来，就来制作球体的旋转动画。为了保证球体在移动时所产生的旋转动作不会产生滑动现象，就需要在表达式控制器中使用数学公式进行控制。选择球体模型，在“运动”面板中，选择球体的“Y 轴旋转”属性，单击“指定控制器”按钮，在弹出的“指定浮点控制器”对话框中，选择“浮点表达式”控制器，如图 9-14 所示。

❽ 在弹出的“表达式控制器”对话框中，新建一个名称为“a”的变量，并单击“指定到控制器”按钮，如图 9-15 所示。

❾ 在弹出的“轨迹视图拾取”对话框中，将该变量指定到球体的“半径”属性上，如图 9-16 所示。

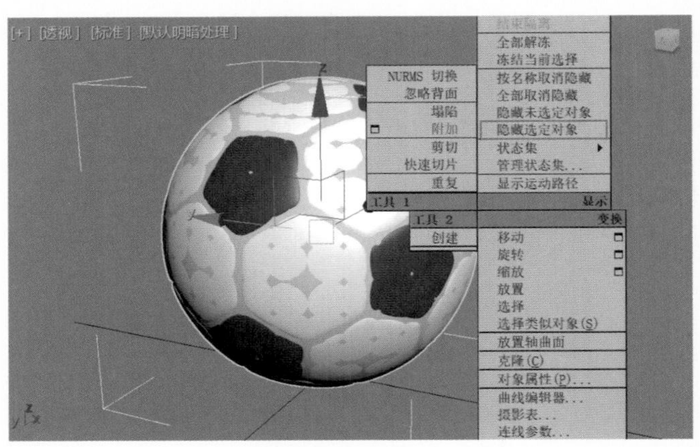
图 9-13

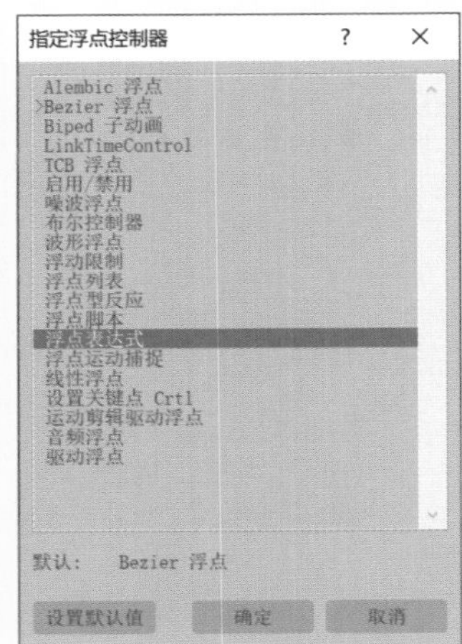

图 9-14

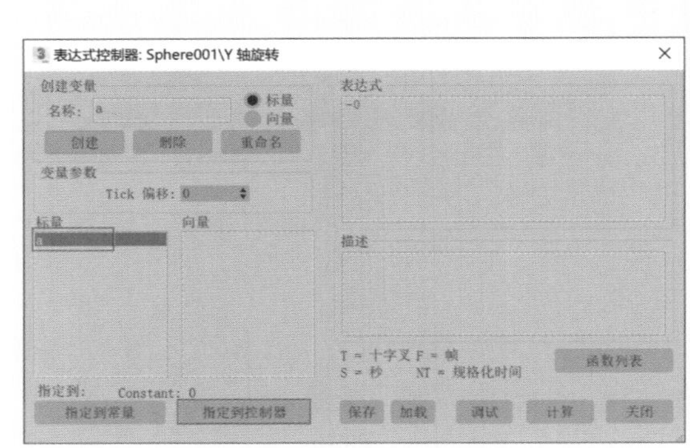

图 9-15

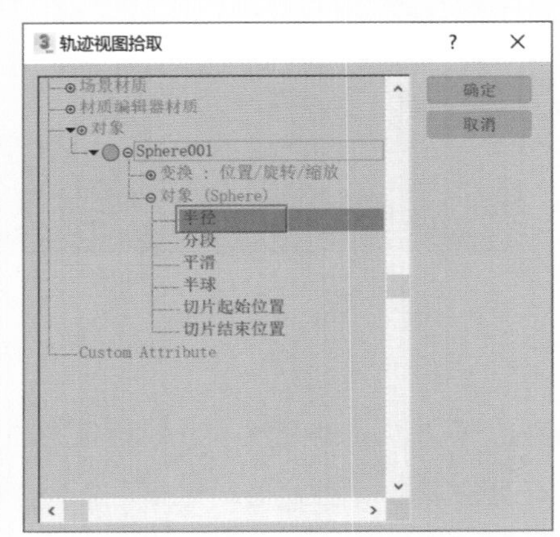

图 9-16

⑩ 设置完成后，在“标量”文本框内，单击名称“a”，可以看到在文本框下方会显示出该变量所指定到的对象属性，如图 9-17 所示。

⑪ 再次创建一个名称为“b”的变量，并单击“指定到控制器”按钮，使用相同的操作步骤，在弹出的“轨迹视图拾取”对话框中，将该变量指定到球体的“X 位置”属性上，如图 9-18 所示。

⑫ 在右侧的“表达式”文本框内输入“b/a”，并单击“计算”按钮，完成球体表达式的计算，如图 9-19 所示。

⑬ 拖动“时间滑块”，可以看到在视图中观察到，当球体运动时，其自身也产生了对应的旋转动画。单击“自动”按钮，如图 9-20 所示。

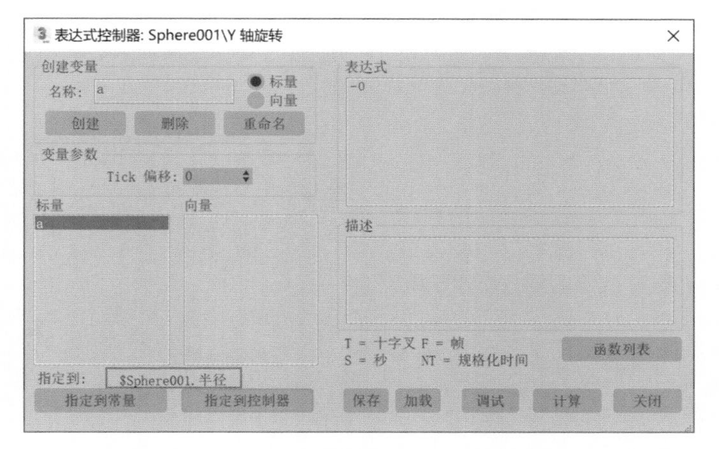

图 9-17

图 9-18

图 9-19

⑭ 将“时间滑块”移动至第 50 帧，将球体沿 X 轴方向移动至图 9-21 所示位置，制作出球体的位移动画。

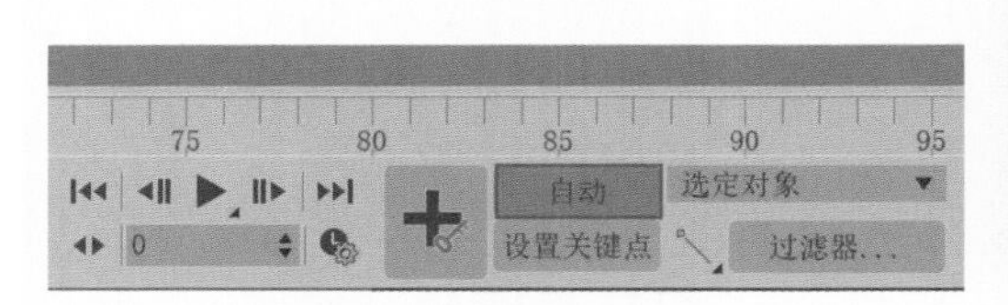

图 9-20

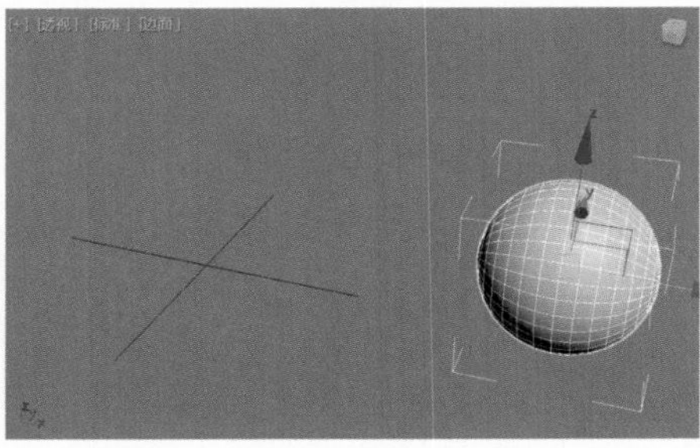

图 9-21

⑮ 接下来，将场景中的足球模型显示出来，再将球体模型隐藏起来，播放场景动画，即可看到足球滚动的动画制作完成了。本实例的最终动画效果截图如图 9-22 所示。

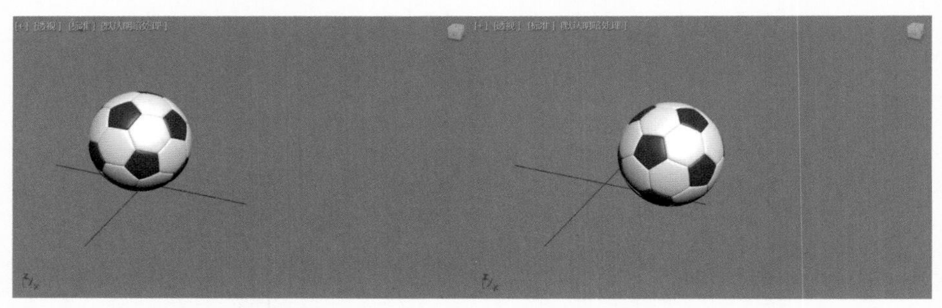

图 9-22

学习完本实例后，读者可以使用该方法尝试制作车轮滚动的动画效果。

9.5.2 实例：制作气缸运动动画

实例介绍

本实例主要讲解制作发动机气缸的运动动画，该动画将使用关键帧动画、注视约束、父子关系设置等多种设置技巧进行制作，图9-23所示为本实例的最终渲染效果。

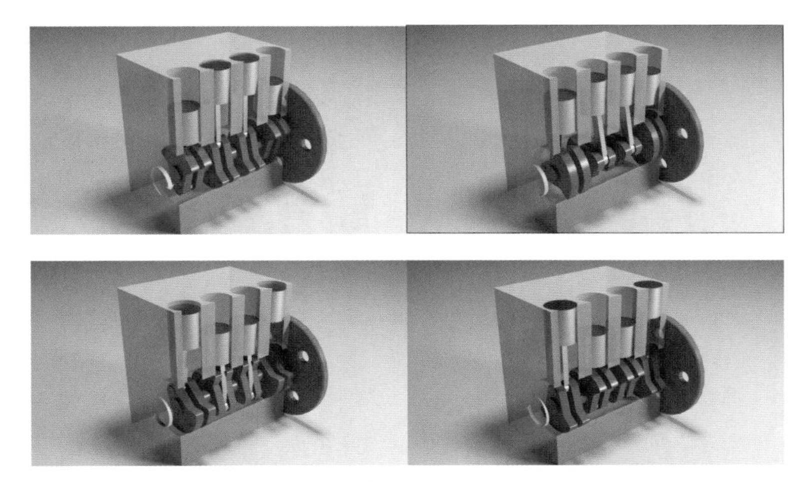

图9-23

思路分析

在制作实例前，需要先思考一下气缸的运动原理，再进行具体的动画制作。

步骤演示

❶ 启动中文版3ds Max 2022软件，打开本书配套资源“气缸.max”文件，里面为一组气缸的简易模型，如图9-24所示。

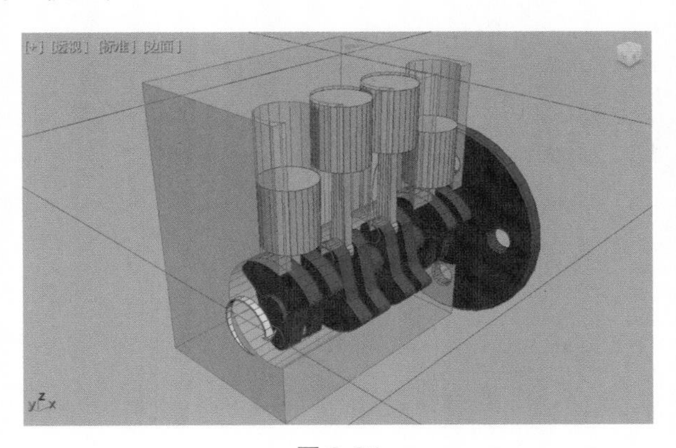

图9-24

❷ 在“创建”面板中，单击“点”按钮，如图 9-25 所示，在场景中任意位置处创建一个点对象，如图 9-26 所示。

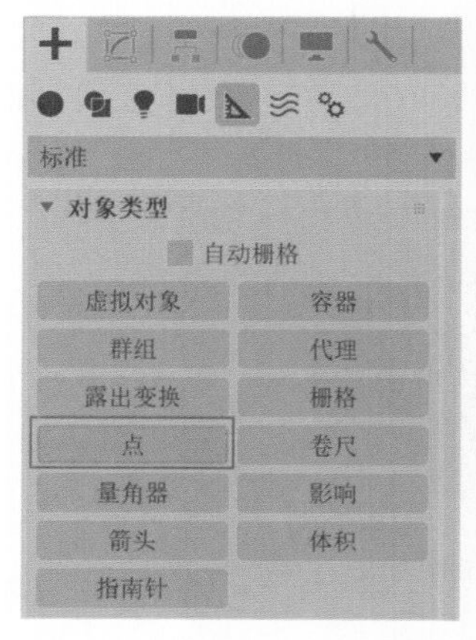

图 9-25

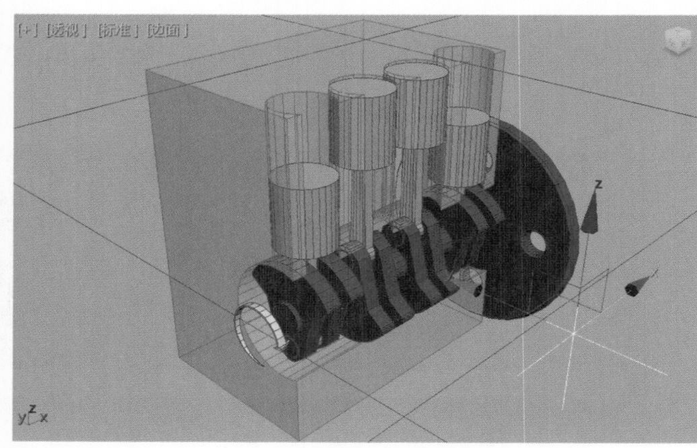

图 9-26

❸ 在“修改”面板中，勾选“显示”组内的“三轴架”“交叉”和“长方体”选项，如图 9-27 所示。并将点对象的颜色设置为红色，这样有助于我们观察点对象及其方向，如图 9-28 所示。

❹ 按住快捷键Shift，以拖曳的方式复制新的3个点对象，如图 9-29 所示。

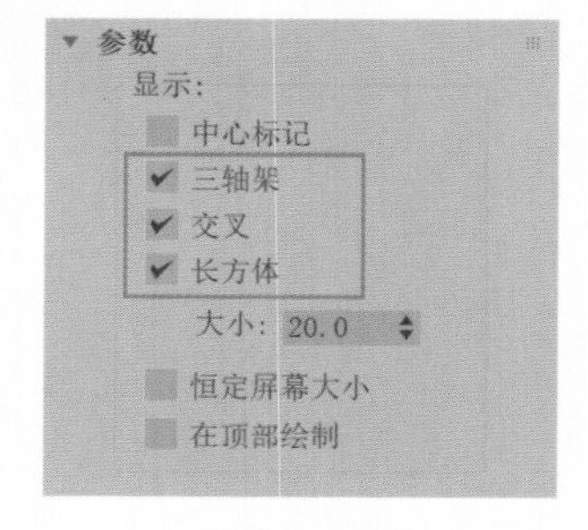

图 9-27

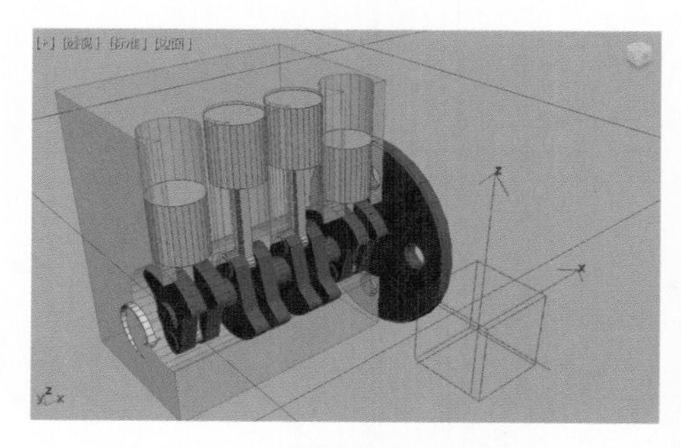

图 9-28

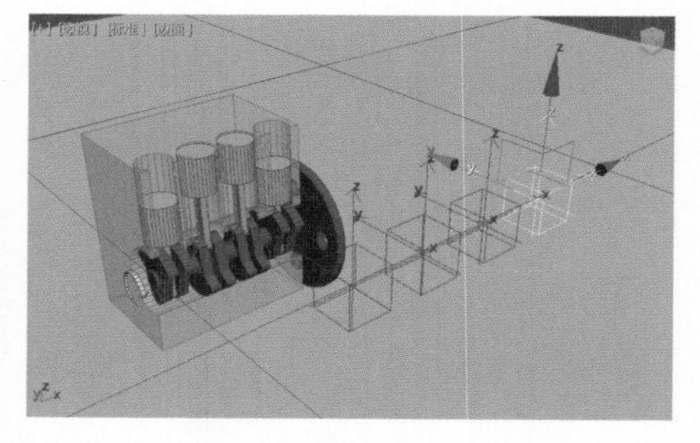

图 9-29

❺ 选择场景中的飞轮模型、曲轴模型和连杆模型，如图 9-30 所示。单击“主工具栏”上的“选择并链接”图标，将这些模型链接到场景中的旋转图标上以建立父子关系，设置完成后，在“场景资源管理器”面板中查看它们之间的关系，如图 9-31 所示。

❻ 选择第一个创建出来的点对象，执行菜单栏“动画 / 约束 / 附着约束”命令，将点对象约束至场景中的第一个连杆模型上，如图 9-32 所示。

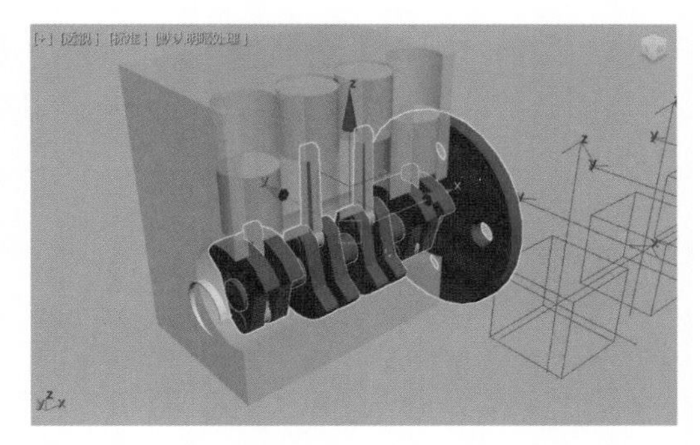

图 9-30

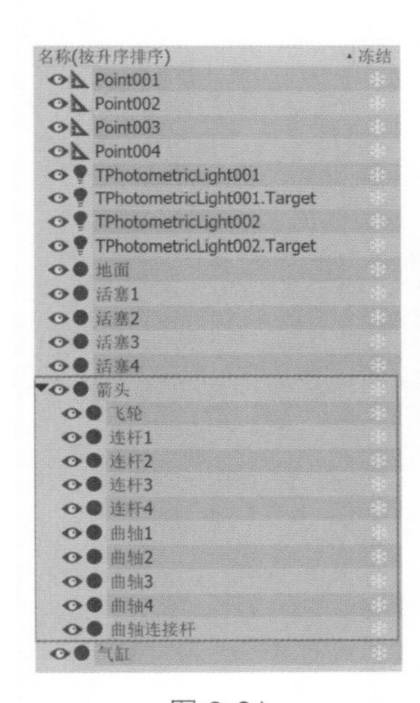

图 9-31

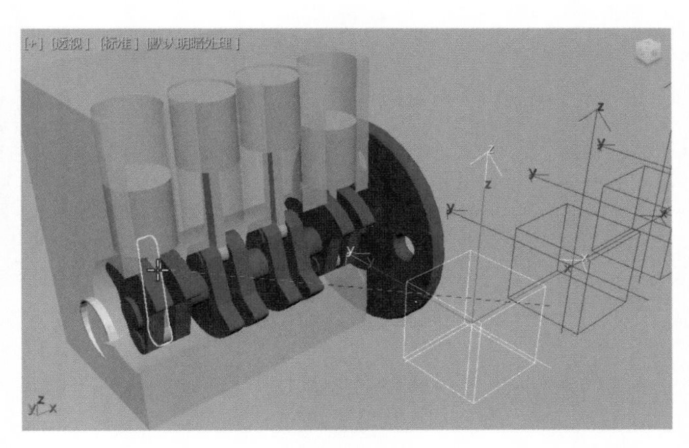

图 9-32

❼ 在“运动”面板中，单击“设置位置”按钮，将点对象的位置更改至连杆模型的顶端，如图 9-33 所示。

❽ 以相同的操作将其他 3 个点对象也附着约束至其他的连杆模型上，如图 9-34 所示。

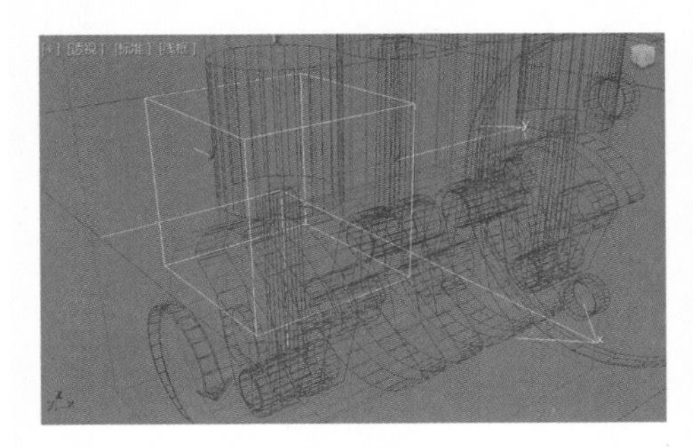

图 9-33

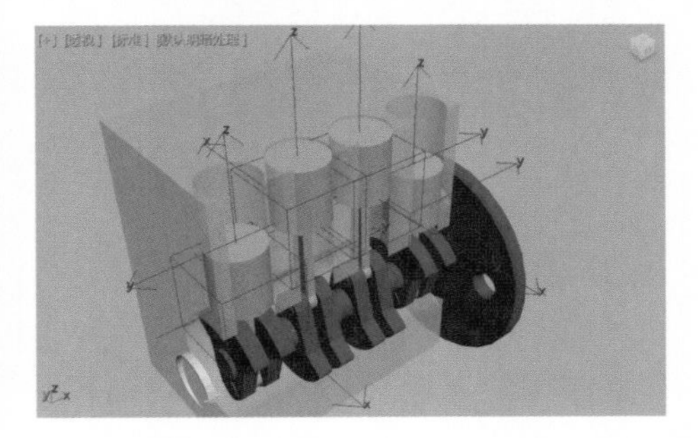

图 9-34

⑨ 在“创建”面板中，单击“虚拟对象”按钮，如图 9-35 所示。在场景中创建一个虚拟对象物体，如图 9-36 所示。

⑩ 按住快捷键 Shift，以拖曳的方式复制出其他 3 个虚拟对象，如图 9-37 所示。

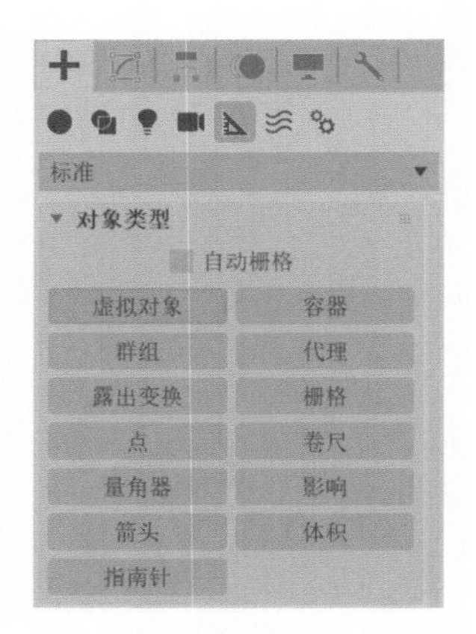

图 9-35

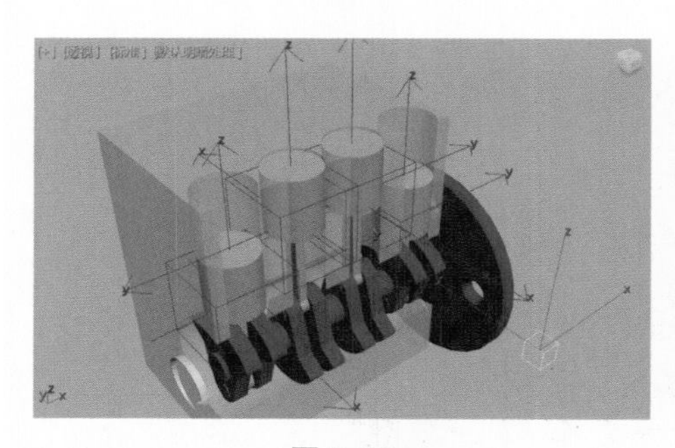

图 9-36

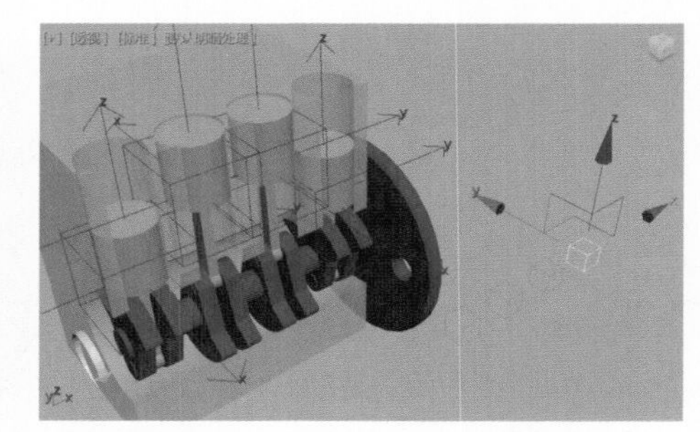

图 9-37

⑪ 选择第一个创建的虚拟对象，按下组合键 Shift+A，再单击场景中的第一个活塞模型，将虚拟对象快速对齐到活塞模型上，如图 9-38 所示。

⑫ 以相同的方式将其他 3 个虚拟对象也分别快速对齐至场景中的另外 3 个活塞模型上，如图 9-39 所示。

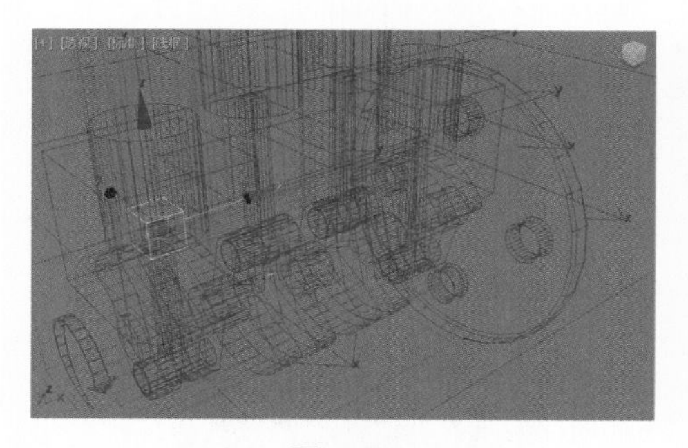

图 9-38

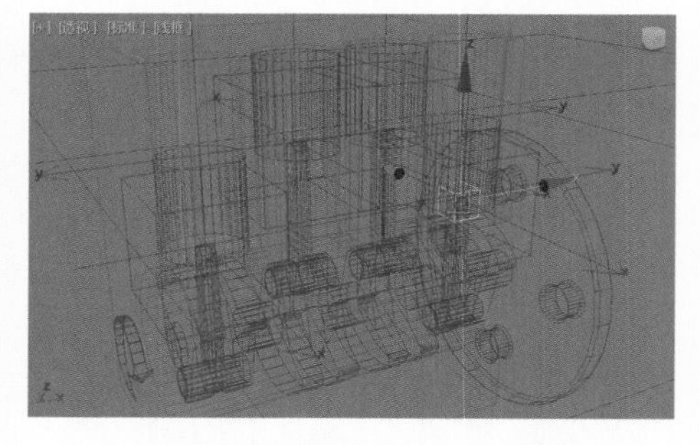

图 9-39

⑬ 选择场景中的 4 个虚拟对象，在“前”视图中调整其位置，如图 9-40 所示。

⑭ 在“透视”视图中，选择左侧的第一个连杆模型，执行菜单栏“动画 / 约束 / 注视约束”命令，再单击左侧的第一个虚拟对象，将连杆注视约束到虚拟对象上，如图 9-41 所示。

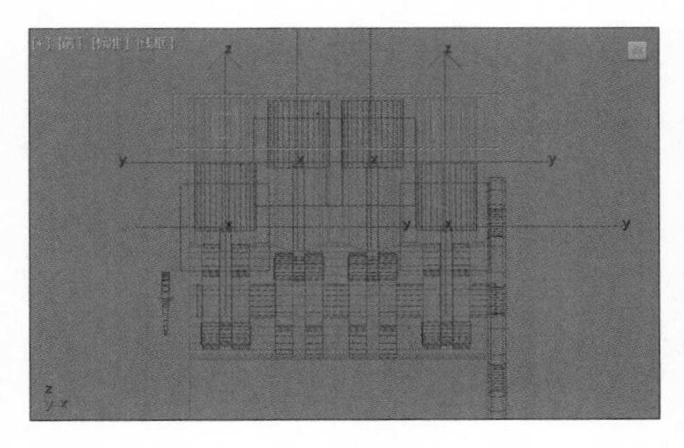

图 9-40

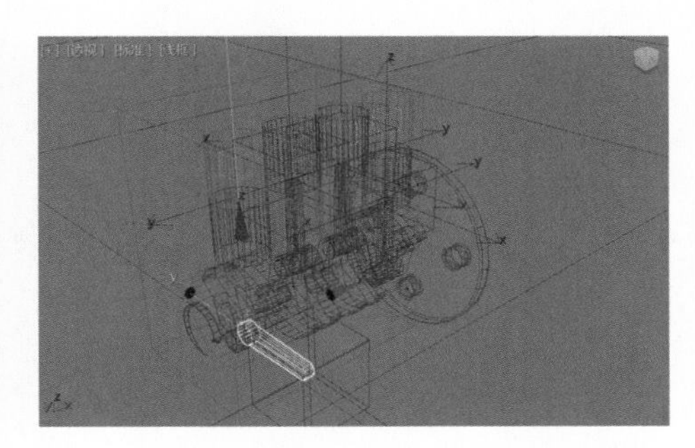

图 9-41

⑮ 在“运动”面板中，在“选择注视轴”组中，将选项设置为 Y；在“对齐到上方向节点轴”组中，将选项也设置为 Y，这样，连杆模型的方向就会恢复到之前正确的方向，如图 9-42 所示。

⑯ 接下来，在“前”视图中，选择左侧的第一个活塞模型，单击“主工具栏”上的“选择并链接”图标，将活塞模型链接到该活塞模型下方的点对象上以建立父子关系，如图 9-43 所示。

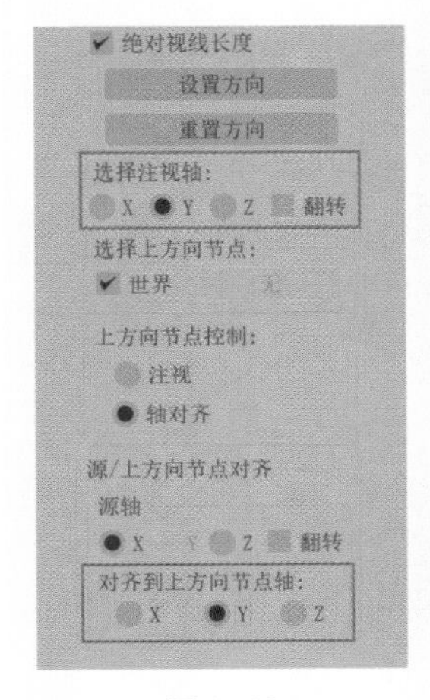

图 9-42

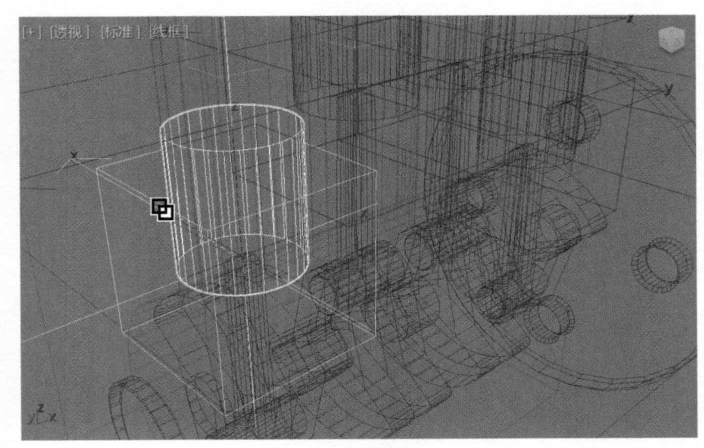

图 9-43

⑰ 在“层次”面板中，将选项卡切换至“链接信息”，在“继承”组中，仅勾选 Z 选项，也就是说让活塞模型仅继承点对象的 Z 方向运动属性，这样可以保证活塞只是在场景中进行上下运动，如图 9-44 所示。

⑱ 以相同的方式对其他 3 个连杆和活塞模型进行设置，这样就制作完成了整个气缸动画的装配过程，如图 9-45 所示。

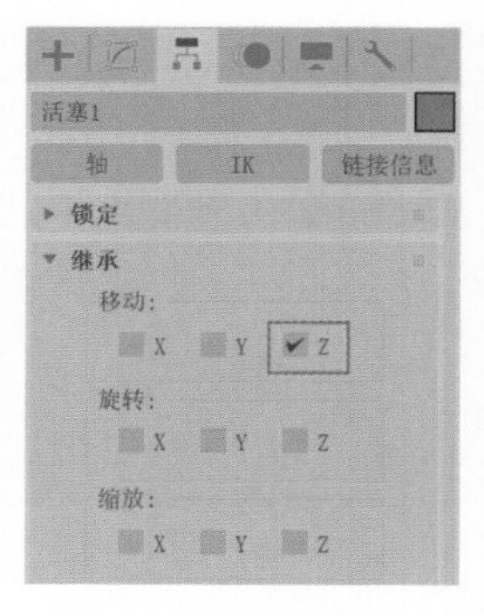

图 9-44

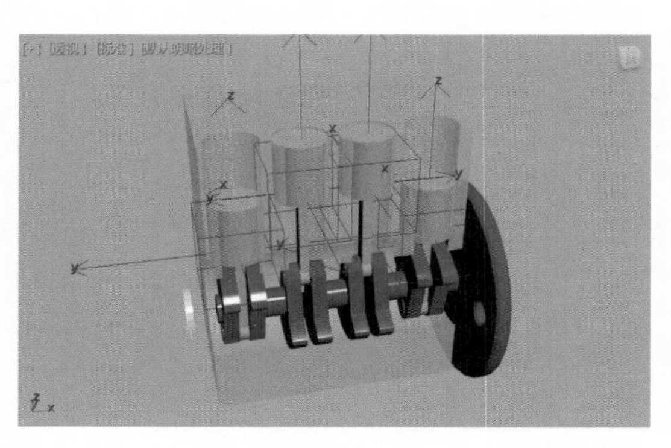

图 9-45

⑲ 按下快捷键 N，打开“自动关键点”功能，将“时间滑块”移动到第 10 帧位置处，对箭头模型沿自身 X 轴向旋转 60 度，制作一个旋转动画，如图 9-46 所示，并且在旋转箭头模型时，读者可以看到，本装置只需要一个旋转动画即可带动整个气缸系统一起进行合理地运动。

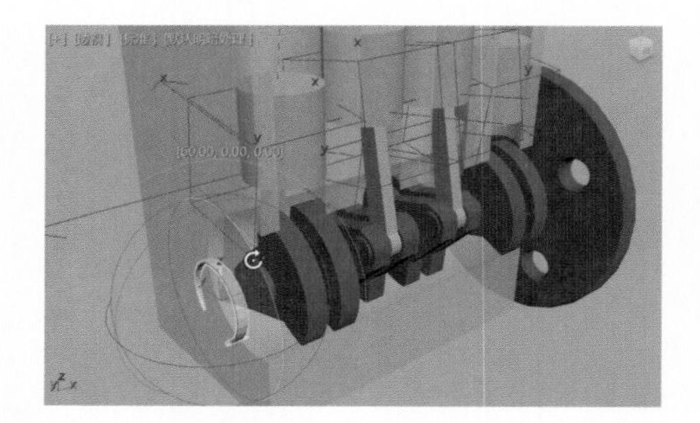

图 9-46

⑳ 再次按下快捷键 N，关闭“自动关键点”命令。在场景中，单击鼠标右键，在弹出的四元快捷菜单中选择并执行“曲线编辑器”命令，打开“轨迹视图 - 曲线编辑器”面板，如图 9-47 所示。

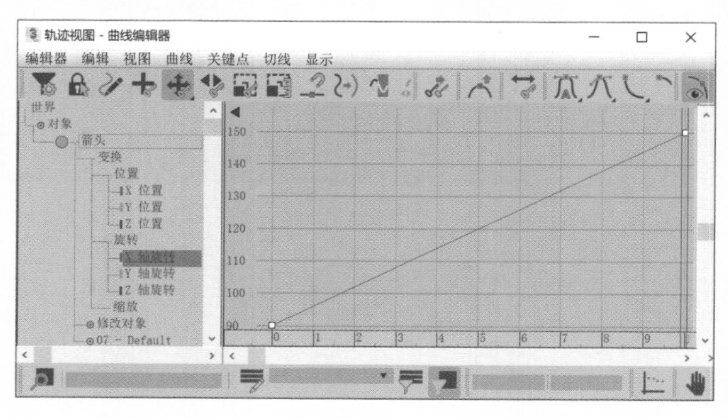

图 9-47

㉑ 在“轨迹视图 - 曲线编辑器”面板中，选择箭头模型的“X 轴旋转”属性，单击“工具栏”上的“参数曲线超出范围类型”图标，如图 9-48 所示。

㉒ 在弹出的“参数曲线超出范围类型”对话框中，选择“相对重复”选项，如图 9-49 所示。这样，箭头的旋转动画将会随场景中的时间播放一直进行下去，而不会只限制在我们之前所设置的 0~10 帧范围内。

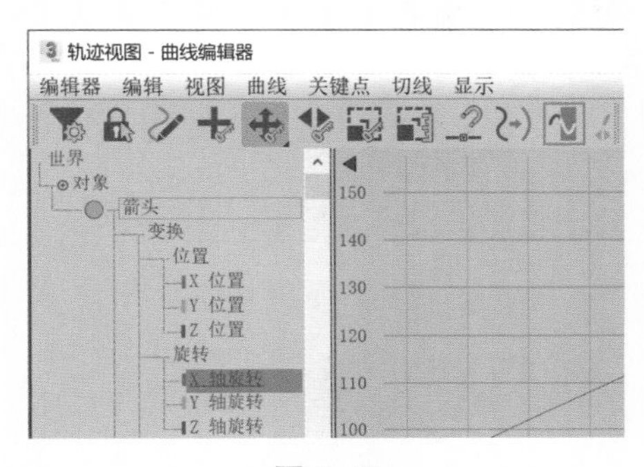

图 9-48

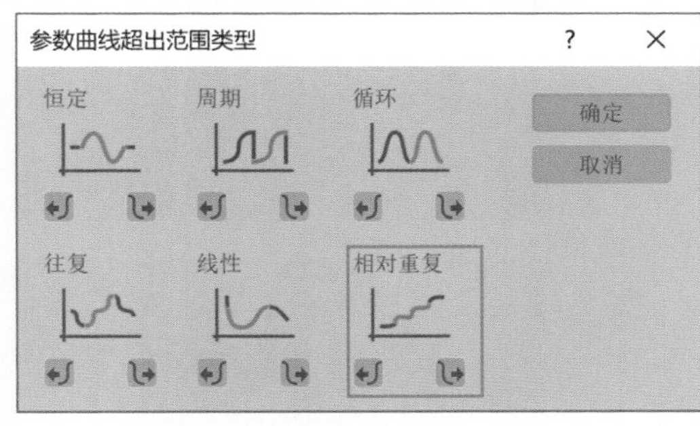

图 9-49

㉓ 本场景的动画全部制作完成。回顾一下，这个动画跟上一节所讲解的足球滚动动画有一个相似的地方，那就是我们先通过对场景中的模型进行约束设置，以保证在关键帧制作这一环节上尽可能使用最少的操作将整个动画制作出来，这样虽然前面的装配环节耗时多一些，但是节约了关键帧动画的制作时间，也方便了动画后期修改调整。本实例的动画最终完成效果如图 9-50 所示。

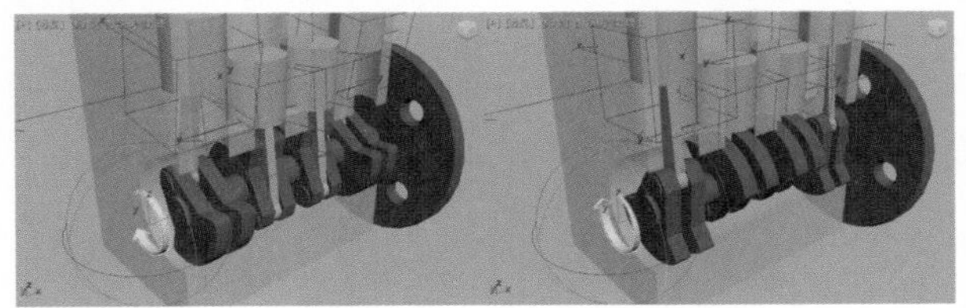

图 9-50

学习完本实例后，读者也可以使用该方法尝试制作并排式气缸的动画效果。

9.5.3　实例：制作汽车行驶动画

实例介绍

本实例将为大家讲解如何对汽车进行简单地绑定，并制作汽车转弯行驶的运动效果，本实例的渲染效果如图 9-51 所示。

图 9-51

思路分析

在制作实例前，需要先观察现实生活中汽车在转弯行驶时车轮的运动效果。

步骤演示

❶ 启动中文版 3ds Max 2022 软件，打开本书配套资源“汽车 .max”文件，里面有一辆汽车的简易模型，如图 9-52 所示。

图 9-52

❷ 单击“创建”面板中的“圆”按钮，如图 9-53 所示。

❸ 在“左”视图中绘制一个与车轮大小近似的圆形，如图 9-54 所示。

❹ 在“修改”面板中，展开“插值”卷展栏，设置圆形的“步数”为 1，如图 9-55 所示。这时可以看到圆形呈八边形状态显示。

❺ 按下组合键 Shift+A，再单击场景中的第一个车轮模型，将圆形快速对齐到车轮模型上，如图 9-56 所示。

图 9-53

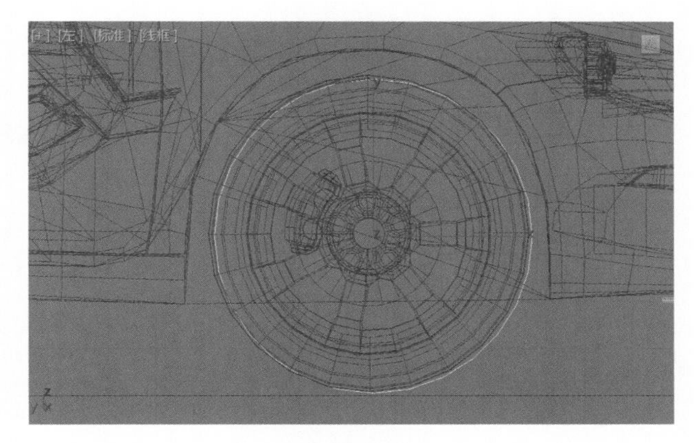

图 9-54

❻ 在“透视”视图中，沿 X 轴方向调整圆形的位置，如图 9-57 所示。

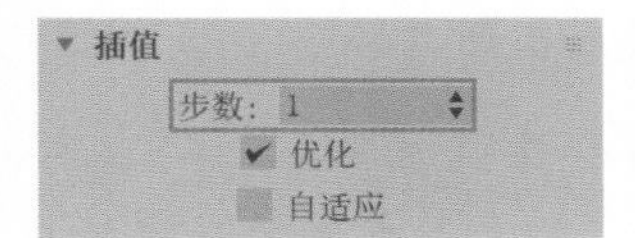

图 9-55

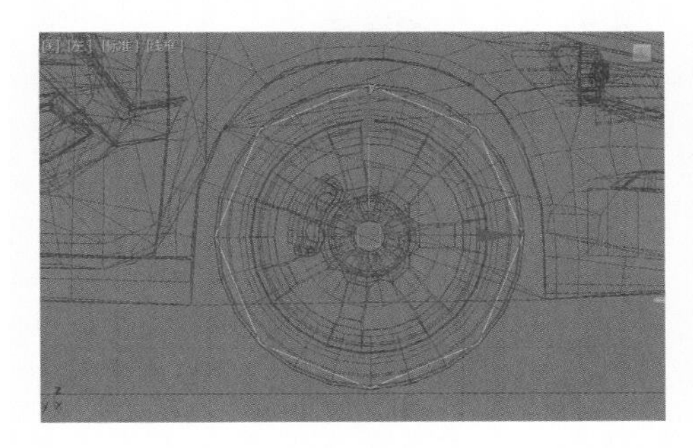

图 9-56

图 9-57

❼ 选择场景中的汽车模型和圆形，单击“主工具栏”上的“选择并链接”图标，将它们链接至汽车模型上方的四箭头控制器上以建立父子关系，如图 9-58 所示。

❽ 单击“创建”面板中的“点”按钮，如图 9-59 所示。

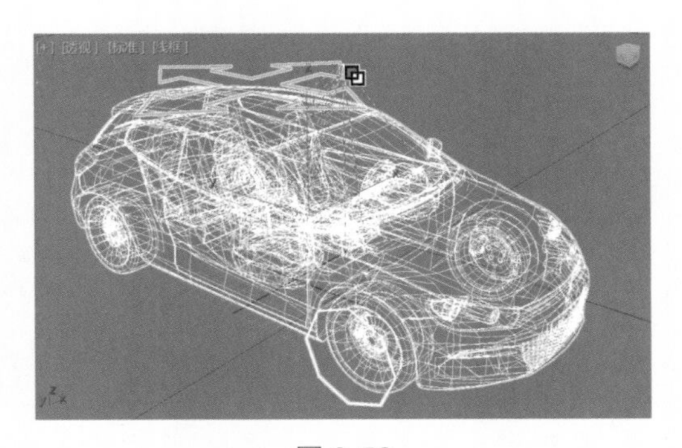

图 9-58

❾ 在场景中任意位置处创建一个点对象，为了方便观察及选择，在“修改”面板中，展开“参数”卷展栏，勾选“三轴架”“交叉”和“长方体”选项，并设置“大小”值为 200，如图 9-60 所示。

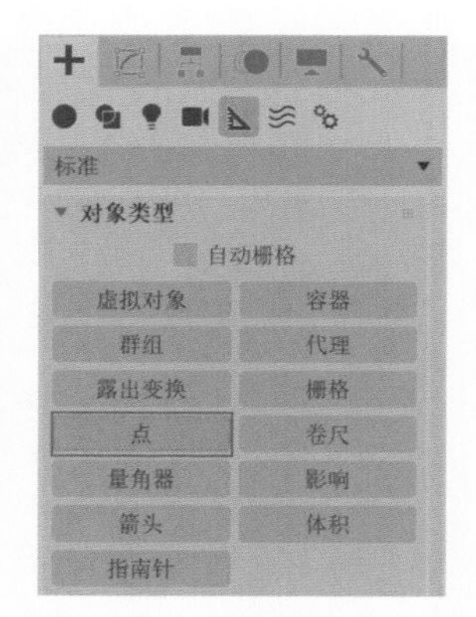

图 9-59

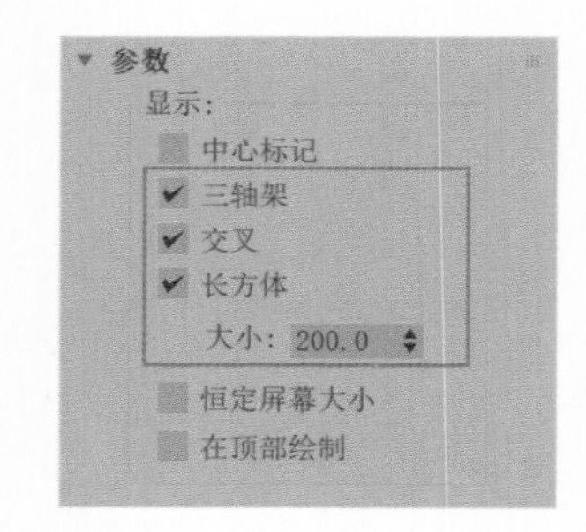

图 9-60

⑩ 选择点对象，执行菜单栏“动画 / 约束 / 路径约束”，再单击场景中的弧线，将点对象路径约束到弧线上，如图 9-61 所示。

图 9-61

⑪ 在“运动”面板中，展开“路径参数”卷展栏，勾选“跟随”选项，如图 9-62 所示，这样，点对象在弧线上移动时，其方向也会随之改变。

⑫ 选择场景中的四箭头控制器，调整其位置，如图 9-63 所示，并将其链接至场景中的点对象上，这样拖动“时间滑块”，可以看到汽车沿弧线进行运动的动画就制作完成了。

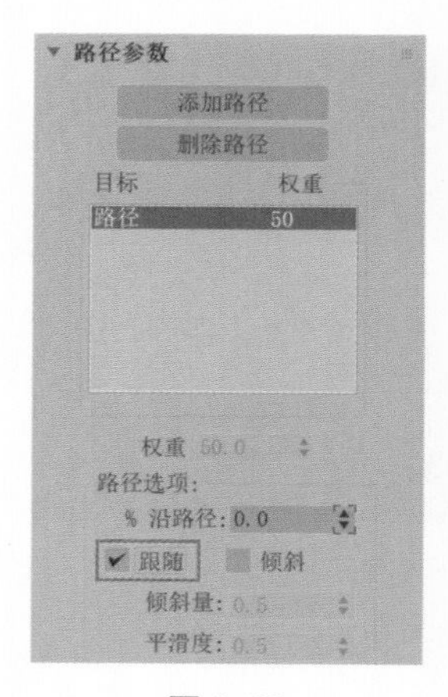

图 9-62

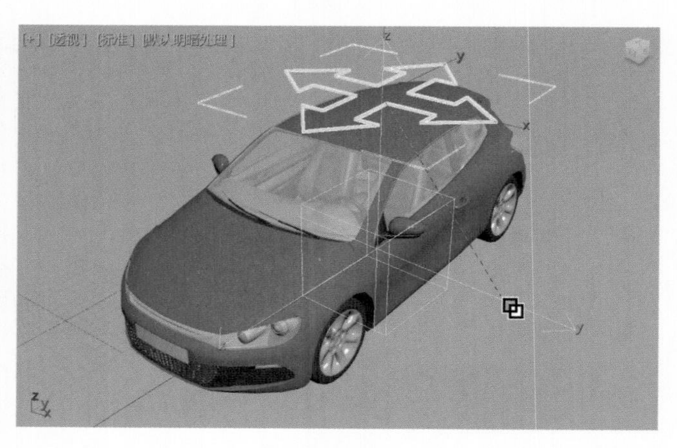
图 9-63

⑬ 接下来，制作车轮的滚动动画，选择图 9-64 所示的圆形。

⑭ 在“运动”面板中，展开“指定控制器”卷展栏，选择“Y 轴旋转”，单击“指定控制器”按钮，如图 9-65 所示。

⑮ 在弹出的“指定浮点控制器”对话框中，选择“浮点脚本”控制器，如图 9-66 所示。

图 9-64

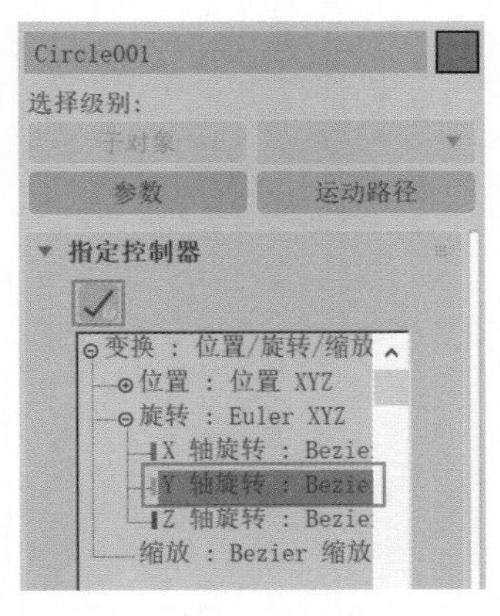

图 9-65

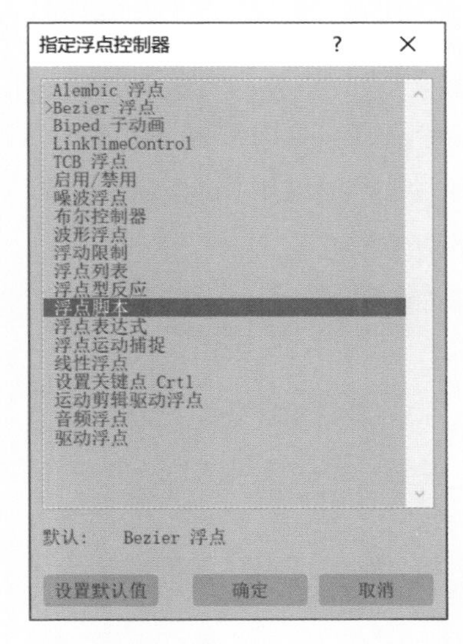

图 9-66

⑯ 在系统自动弹出的“脚本控制器”对话框中，输入表达式：curvelength $lujing *$Point001.pos.controller.Path_Constraint.controller.percent*0.01 / $Circle001.radius，在这里，我们通过对场景中的点对象所移动的距离求值，并将该值除以车前轮附近的圆形半径，用得到的数值来控制圆形的旋转角度。设置完成后，单击“计算”按钮，并“关闭”该对话框，如图 9-67 所示。另外，需要注意的是，截图中“脚本控制器”对话框中的“表达式”文本框内是无法完全显示出以上的表达式输入情况的。

⑰ 拖动“时间滑块”按钮，可以看到随着玩具车的运动，右前轮旁边的圆形也开始自动进行旋转了，如图 9-68 所示。

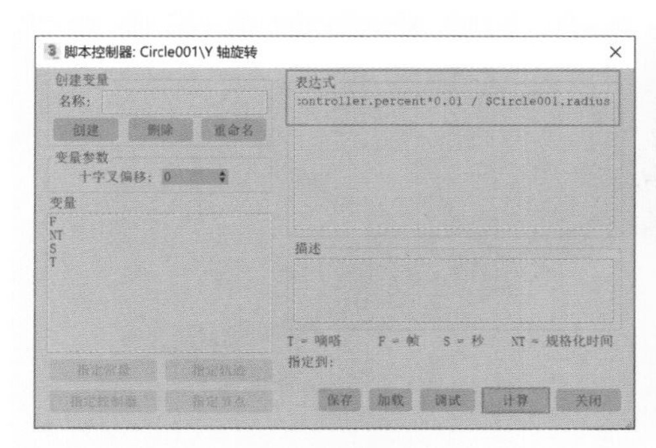

图 9-67

图 9-68

⑱ 选择场景中汽车的右车轮模型，如图 9-69 所示。

⑲ 执行菜单栏“动画 / 约束 / 方向约束”命令，将其方向约束至其对应位置刚刚添加完成脚本控制器的圆形上，如图 9-70 所示。

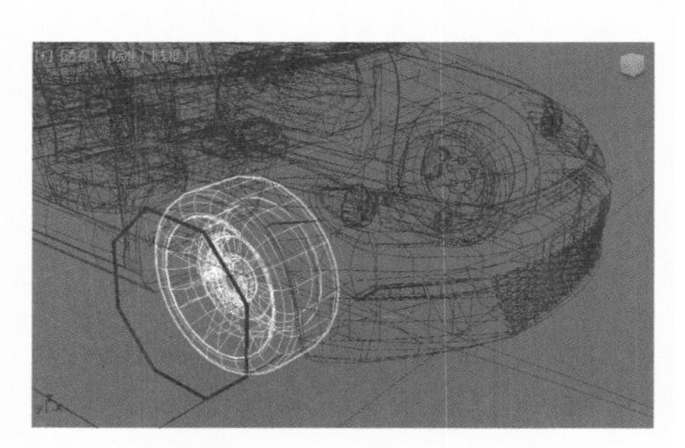

图 9-69

⑳ 在“运动”面板中，展开“方向约束”卷展栏，勾选“保持初始偏移”选项，右前轮即可恢复至初始旋转状态，如图 9-71 所示。再次拖动“时间滑块”，即可看到左前轮已经自动生成正确的旋转动画。

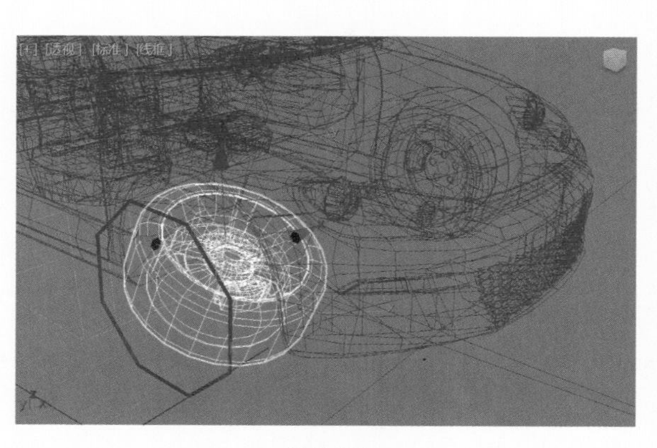

图 9-70

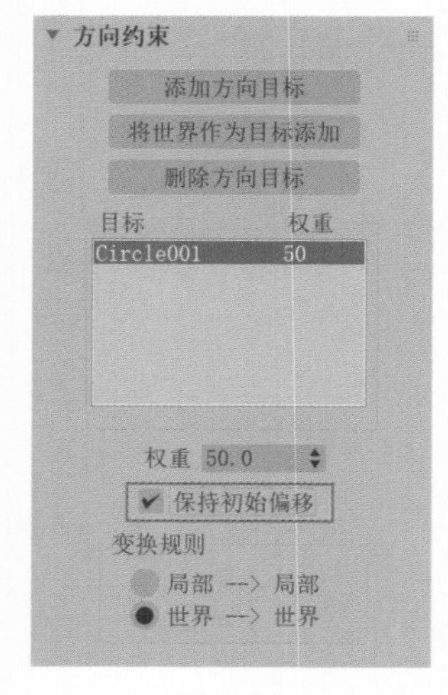

图 9-71

㉑ 以同样的操作步骤分别为汽车其他的 3 个车轮模型设置“方向约束”，这样整个

汽车的行驶动画就全部制作完成了。回顾一下，这一实例中，实际上我们没有手动制作任何关键帧动画。所有的动画全部都是使用 3ds Max 软件为用户提供的各种动画工具进行制作的。我们在后期还可以设置和修改汽车运动路径曲线的方向和长度，使汽车沿路径曲线自动生成正确的行进动画，极大地方便了后期的动画修改需要。

㉒ 本实例的最终动画效果如图 9-72 所示。

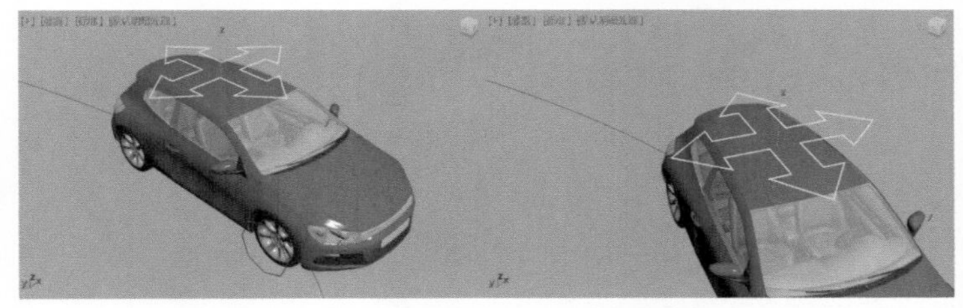

图 9-72

学习完本实例后，读者可以使用该方法尝试制作其他类型的车辆行驶动画效果。

9.5.4　实例：制作蜡烛燃烧动画

实例介绍

本实例将为大家讲解如何使用修改器来模拟蜡烛燃烧的动画效果，本实例的渲染效果如图 9-73 所示。

图 9-73

图 9-73（续）

思路分析

在制作实例前，需要先观察现实生活中蜡烛燃烧的效果，再进行动画制作。

步骤演示

❶ 启动中文版 3ds Max 2022 软件，打开本书配套资源“蜡烛 .max”文件，里面有一支蜡烛的模型，如图 9-74 所示。

❷ 选择蜡烛火苗模型，如图 9-75 所示。

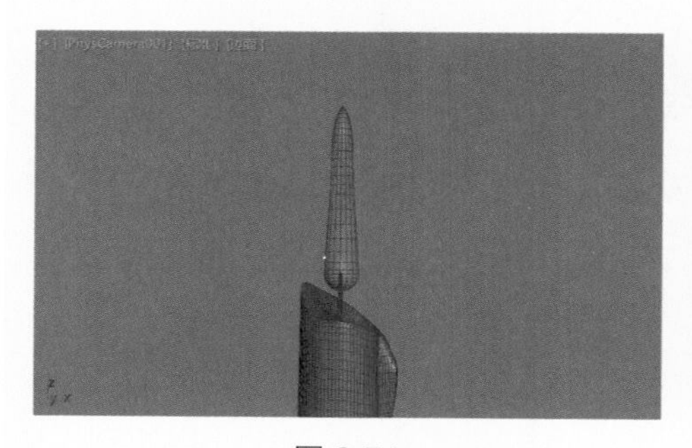

图 9-74

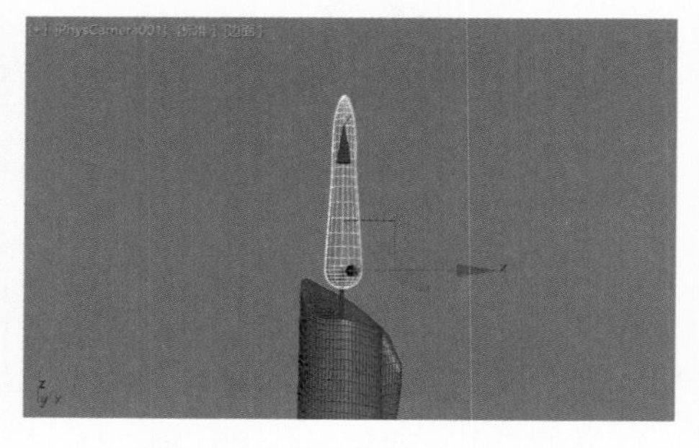

图 9-75

❸ 在“修改”面板中为其添加一个“体积选择”修改器，如图 9-76 所示。

❹ 进入“体积选择”修改器中的 Gizmo 子层级，沿 Z 轴方向调整“体积选择”修改器的黄色 Gizmo 框的位置，如图 9-77 所示。

❺ 在“修改”面板中，展开“参数”卷展栏，将“堆栈选择层级”的选项设置为“顶点”，如图 9-78 所示。

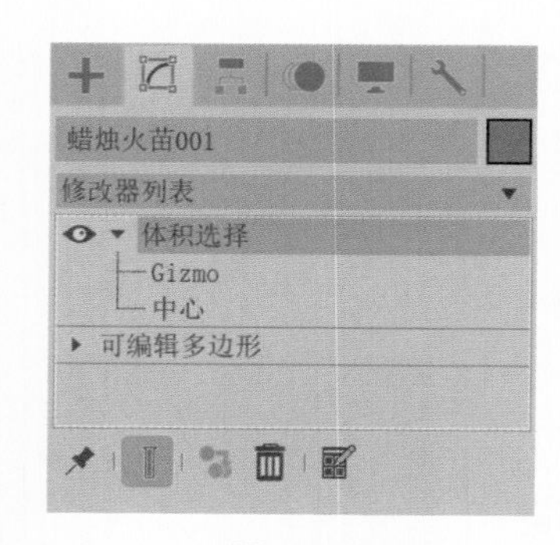

图 9-76

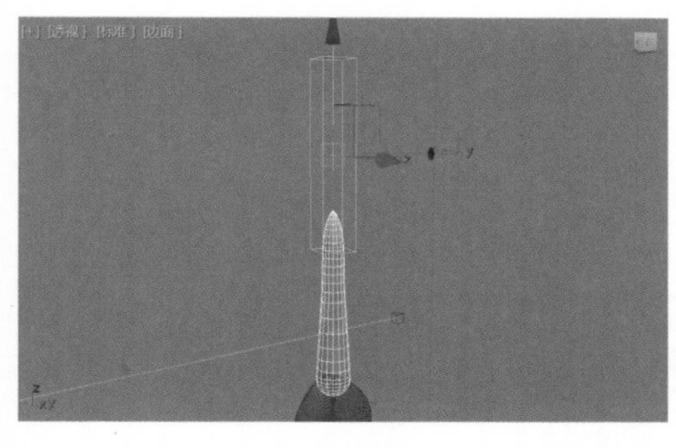

图 9-77

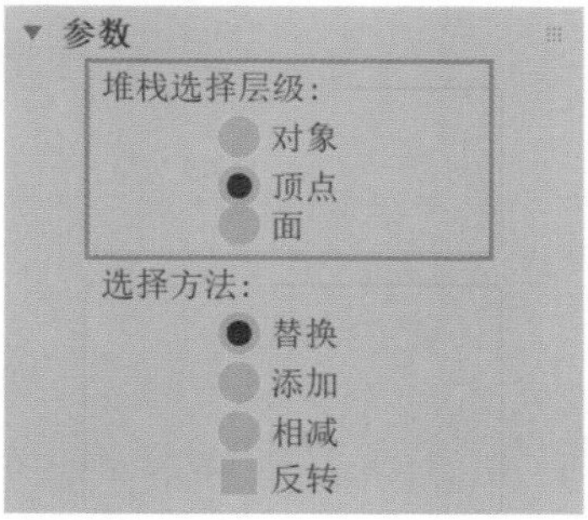

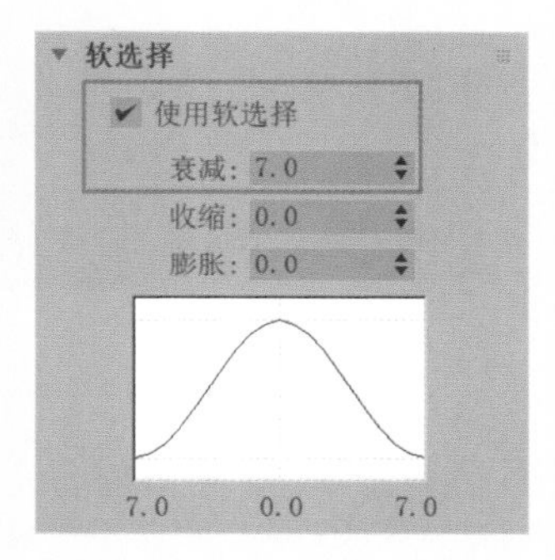

图 9-78

❻ 展开“软选择”卷展栏，勾选“使用软选择”选项，并调整“衰减”值为 7，如图 9-79 所示。这样在火苗的上方设置动画时，也会对火苗整体产生的衰减运动进行计算，如图 9-80 所示。

❼ 在“修改”面板中，为火苗模型添加“Noise”修改器，如图 9-81 所示。

图 9-79

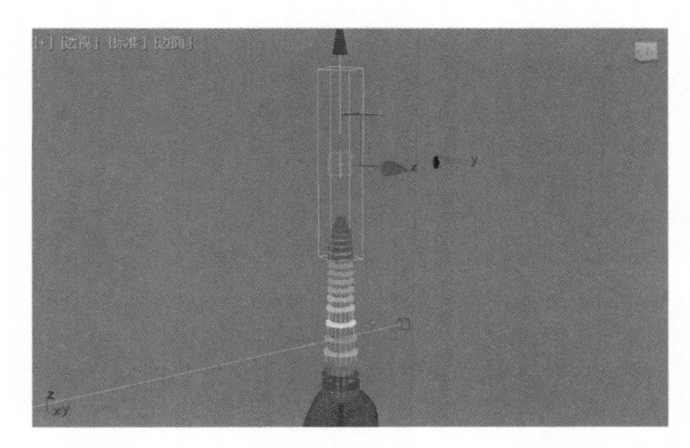

图 9-80

图 9-81

❽ 展开“参数”卷展栏，在“强度”组中，设置 Y 的值为 2，并勾选“动画”组中的“动画噪波”选项，如图 9-82 所示。

❾ 这样，拖动“时间滑块”按钮，就可以看到火苗已经产生一跳一跳的抖动动画效果，如图 9-83 所示。

❿ 接下来，进行更加细微的火苗动画制作。将“强度”组中的 X 值设置为 0.5，Z 值也设置为 0.5，让火苗在横向上也产生轻微的动效。勾选“分形”选项，并设置“比

例”的值为 20，设置“频率”的值为 1，可以让火苗的抖动频率更高一些，如图 9-84 所示。

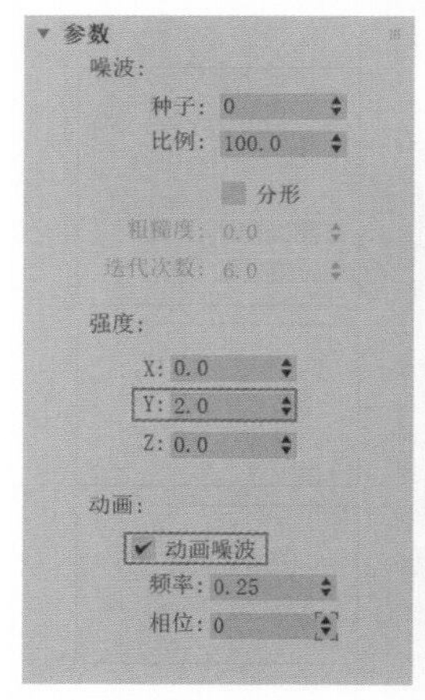

图 9-82

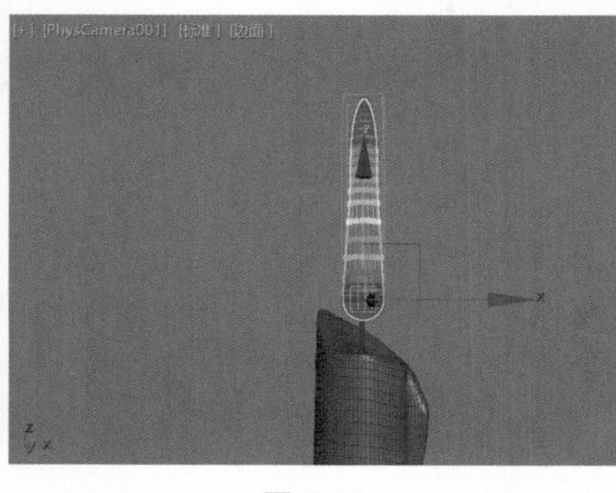

图 9-83

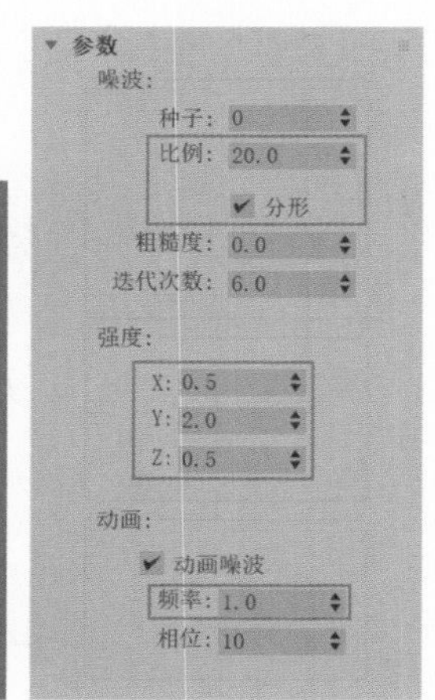

图 9-84

⑪ 这样，本实例的蜡烛燃烧动画就制作完成了，最终动画效果如图 9-85 所示。

图 9-85

举一反三

学习完本实例后，读者还可以根据场景文件中的相关设置尝试学习一下本实例中的灯光设置技巧。

9.5.5　实例：制作蝴蝶飞舞动画

实例介绍

本实例将为大家讲解如何使用“曲线编辑器”面板来制作蝴蝶扇动翅膀飞舞的动画效果，本实例的渲染效果如图 9-86 所示。

图 9-86

思路分析

在制作本实例前，需要先观察现实生活中蝴蝶飞舞的效果，再进行动画制作。

步骤演示

❶ 启动中文版 3ds Max 2022 软件，打开本书配套资源“蝴蝶 .max”文件，里面有一只蝴蝶模型，如图 9-87 所示。

❷ 选择蝴蝶的翅膀和触角模型，如图 9-88 所示。

图 9-87

图 9-88

③ 单击“主工具栏”上的“选择并链接”图标，如图 9-89 所示；将其链接至蝴蝶的身体模型上，如图 9-90 所示。

④ 选择任意一侧的翅膀模型，在第 0 帧位置处，调整其旋转角度，如图 9-91 所示。

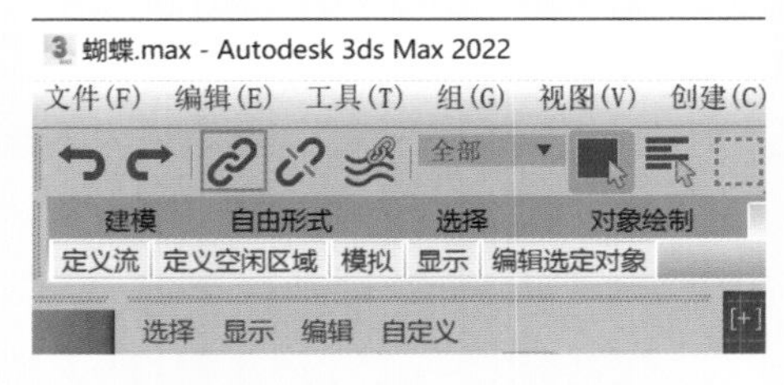

图 9-89

⑤ 单击“自动”按钮，开启动画关键帧记录功能，如图 9-92 所示。

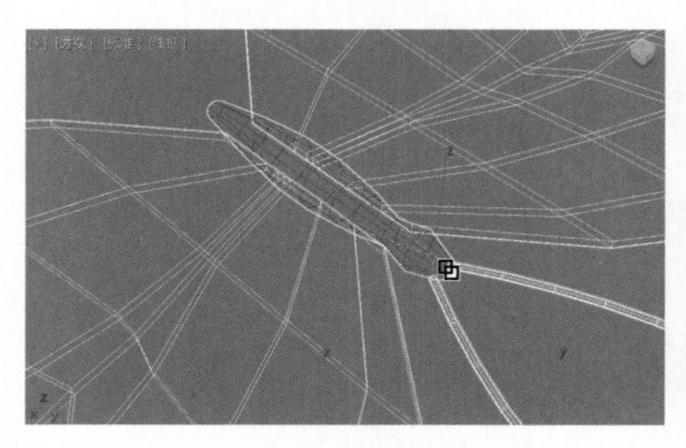

图 9-90

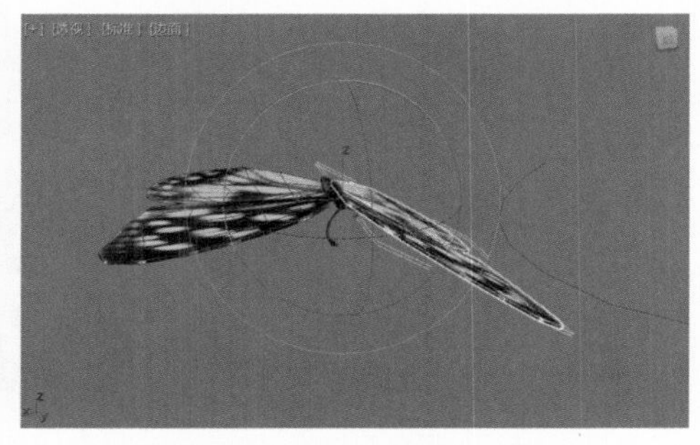

图 9-91

⑥ 在第 10 帧的位置，调整蝴蝶翅膀的旋转角度，如图 9-93 所示。

⑦ 单击鼠标右键，在弹出的菜单中选择并执行“曲线编辑器”命令，如图 9-94 所示，即可在“轨迹视图 - 曲线编辑器”面板中查看蝴蝶翅膀的动画曲线，如图 9-95 所示。

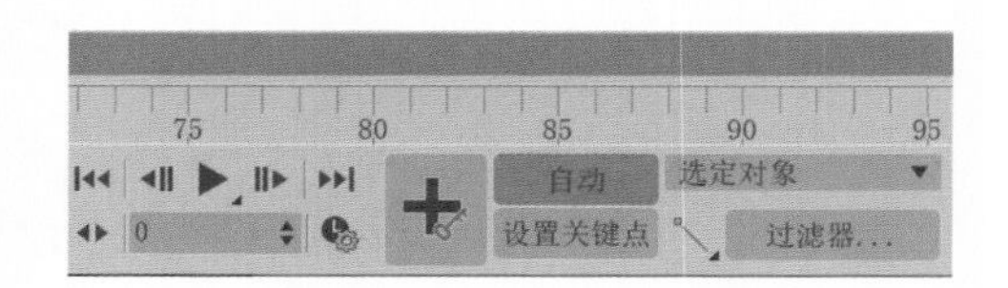

图 9-92

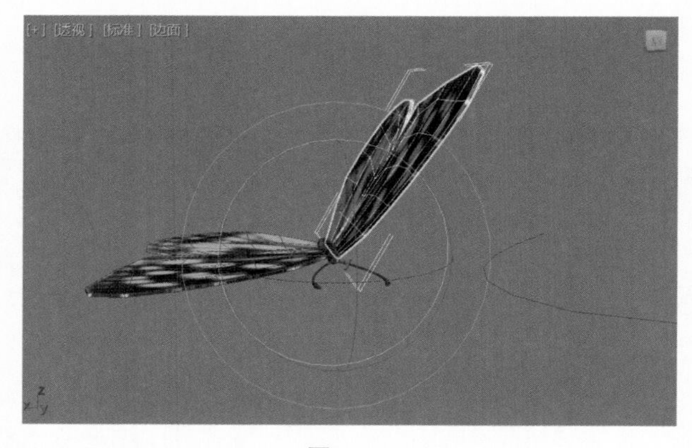

图 9-93

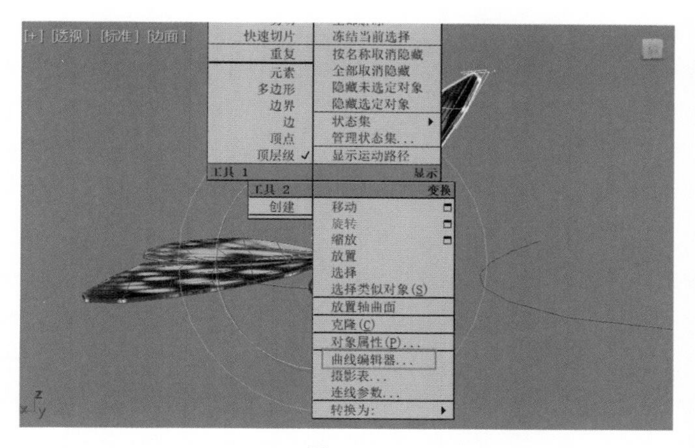

图 9-94

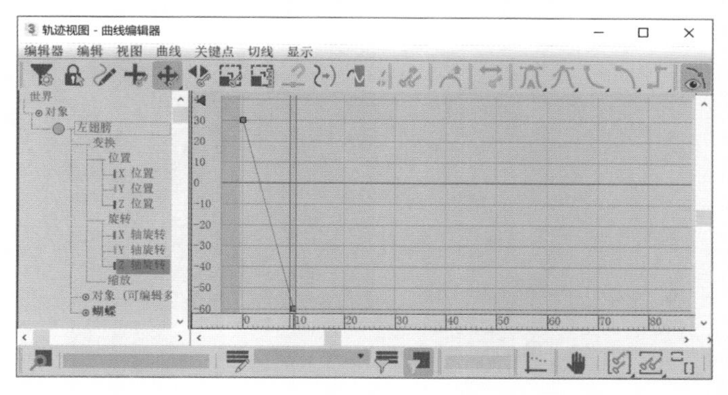

图 9-95

❽ 在“轨迹视图 - 曲线编辑器”面板中单击“参数曲线超出范围类型”图标，在弹出的“参数曲线超出范围类型”对话框中将曲线设置为“往复”，如图 9-96 所示。设置完成后，关闭该对话框，观察“轨迹视图 - 曲线编辑器”面板中的动画曲线形态，如图 9-97 所示。

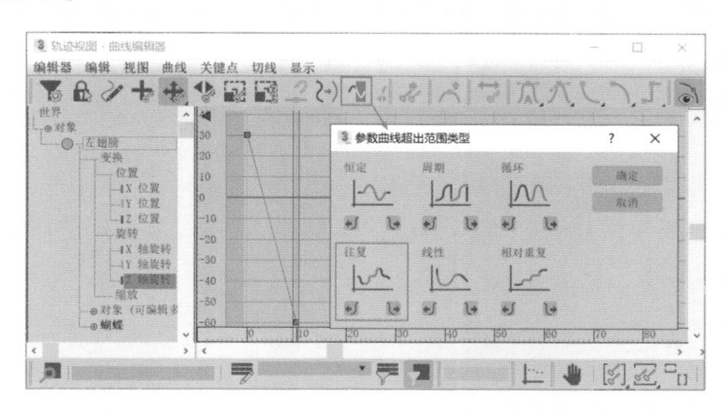

图 9-96

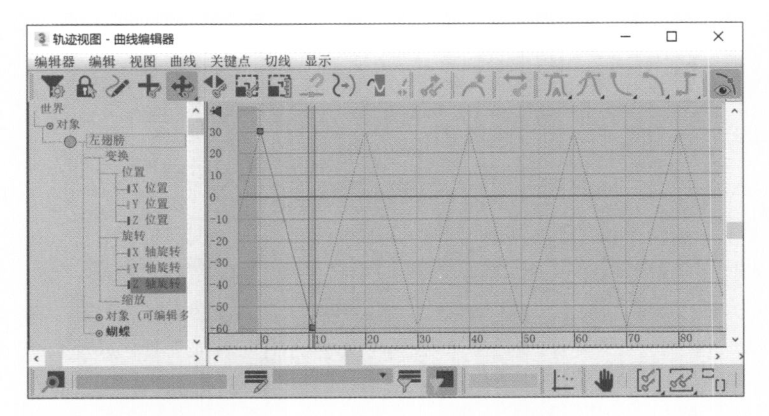

图 9-97

⑨ 以同样的操作步骤制作出蝴蝶另一侧翅膀扇动的动画效果，制作完成后播放场景动画，可以看到蝴蝶的翅膀会进行往复扇动，如图 9-98 所示。

图 9-98

⑩ 选择蝴蝶身体模型，如图 9-99 所示。

⑪ 执行菜单栏“动画 / 约束 / 路径约束”命令，将其约束至场景中的曲线上，如图 9-100 所示。

图 9-99

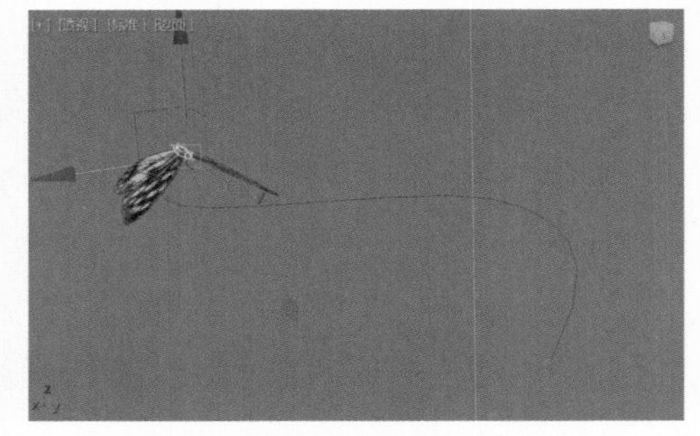

图 9-100

⑫ 在“运动”面板中，展开“路径参数”卷展栏，勾选“跟随”选项，设置“轴”的选项为 Y，如图 9-101 所示。

⑬ 设置完成后观察场景，可以看到蝴蝶模型的运动方向与路径的方向相匹配了，如图 9-102 所示。

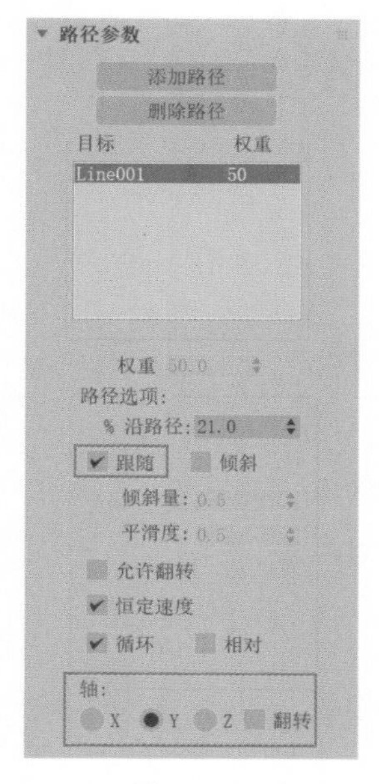

图 9-101

图 9-102

⑭ 本实例的最终动画效果如图 9-103 所示。

图 9-103

举一反三

学习完本实例后，读者还可以根据本实例所讲解的内容制作其他昆虫飞行的动画效果。

粒子系统

10.1　粒子概述

使用粒子系统，特效动画师可以制作出非常逼真的特效动画（如水、火、雨、雪、烟花等），以及众多相似对象共同运动而产生的群组动画，如图 10-1 和图 10-2 所示。

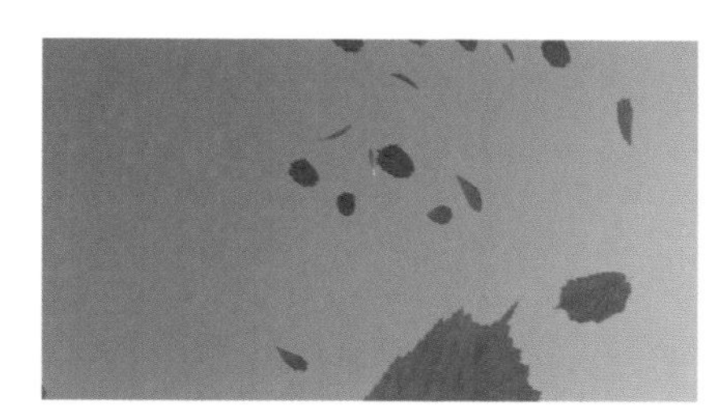

图 10-1

在“创建”面板中，将下拉列表切换至“粒子系统”选项，即可看到 3ds Max 软件为用户所提供的 7 个用于创建粒子的按钮，分别为“粒子流源”按钮、“喷射”按钮、“雪”按钮、“超级喷射”按钮、“暴风雪”按钮、“粒子阵列”按钮和“粒子云”按钮，如图 10-3 所示。

图 10-2

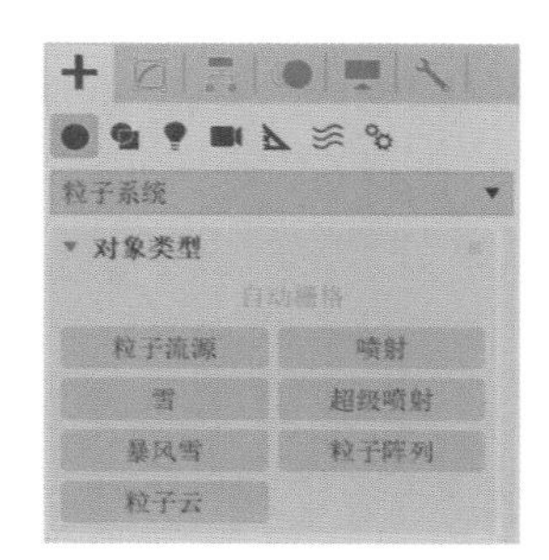

图 10-3

10.2　粒子流源

粒子流源是一种多功能的 3ds Max 粒子系统，通过独立的“粒子视图”面板来进行各个事件的创建、判断及连接。其中，每一个事件还可以使用多个不同的操作符进行调控，使得粒子系统根据场景的时间变化，依次计算事件列表中的每一个操作符来更新场景。在进行高级粒子动画计算时需要消耗大量时间及占用计算机的大量内存，所以用户应尽可能使用高端配置的计算机制作粒子动画。此外，高配置的显卡也有利于粒子加快在 3ds Max 视口（视图窗口）中的显示速度。

在 3ds Max 软件中，单击“粒子流源”按钮，即可在场景中以绘制的方式创建一个完整的“粒子流”，如图 10-4 所示。扫描

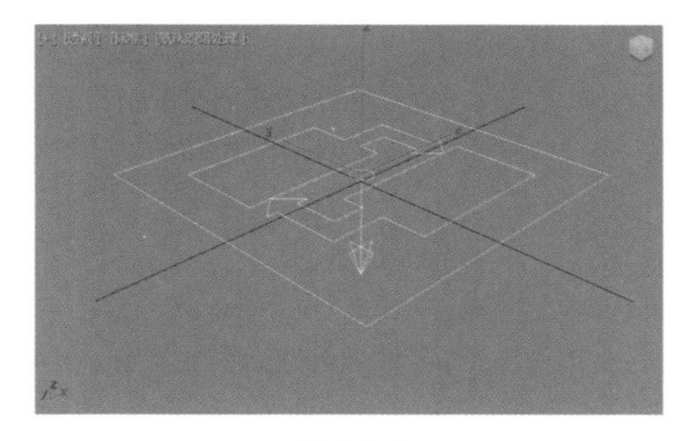

图 10-4

图 10-5 中的二维码，可观看“粒子流源”的基本设置详解视频。其他粒子的基本设置详解视频，可扫描图 10-6 中的二维码进行观看。

图 10-5　　图 10-6

10.3　技术实例

10.3.1　实例：制作树叶飘落动画

实例介绍

本实例将讲解如何使用粒子系统制作树叶飘落的动画效果，本实例的渲染效果如图 10-7 所示。

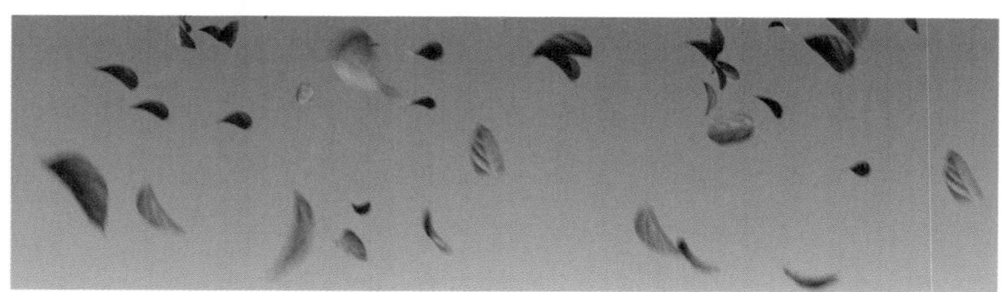

图 10-7

思路分析

在制作实例前，应先思考制作树叶飘落效果需要用到哪些操作符，再进行动画制作。

步骤演示

❶ 启动中文版 3ds Max 2022 软件，打开本书配套场景文件“树叶 .max”，场景里有一个赋予好材质的树叶模型，如图 10-8 所示。

❷ 在菜单栏中执行“图形编辑器 / 粒子视图”命令，如图 10-9 所示，可打开“粒子视图”面板，如图 10-10 所示。

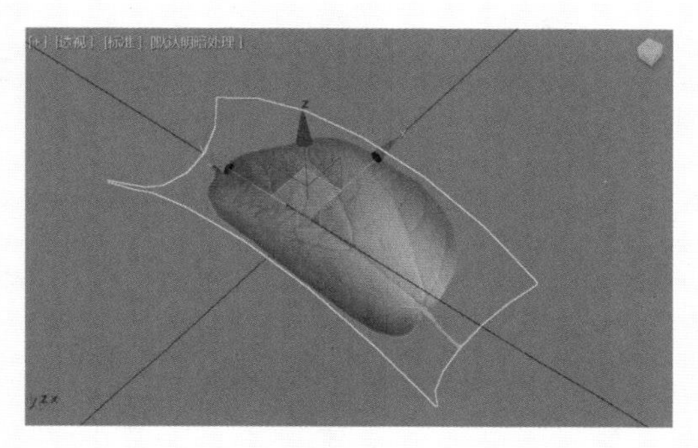

图 10-8

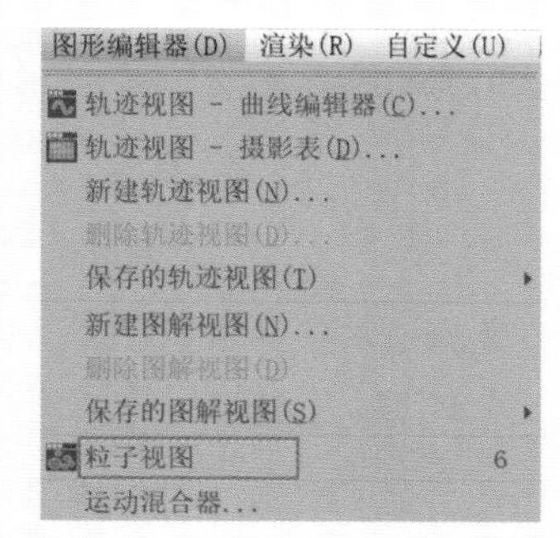

图 10-9

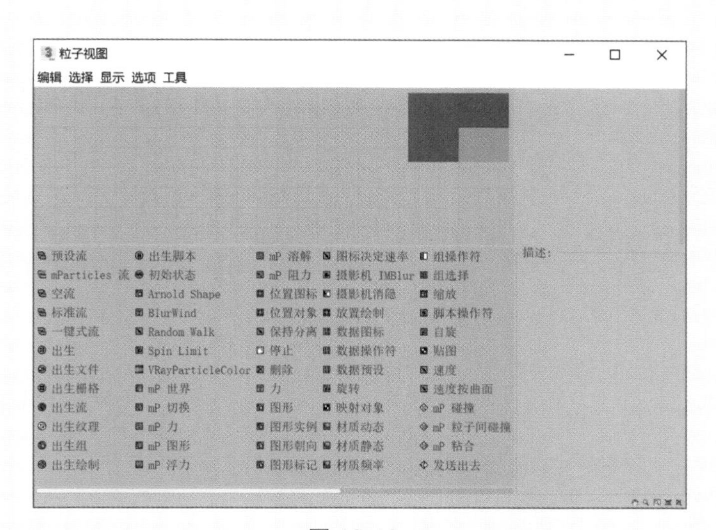

图 10-10

❸ 在“仓库”中选择“空流”操作符，并以拖曳的方式将其添加至“工作区”中，如图 10-11 所示。操作完成后，在“透视”视图中可以看到场景中自动生成粒子流的图标，如图 10-12 所示。

❹ 选择场景中的粒子流图标，在“修改”面板中，展开“发射”卷展栏，调整其“长度”值为 200，“宽度”值为 200，“视口”值为 100，如图 10-13 所示，并调整粒子流的图标位置，如图 10-14 所示。

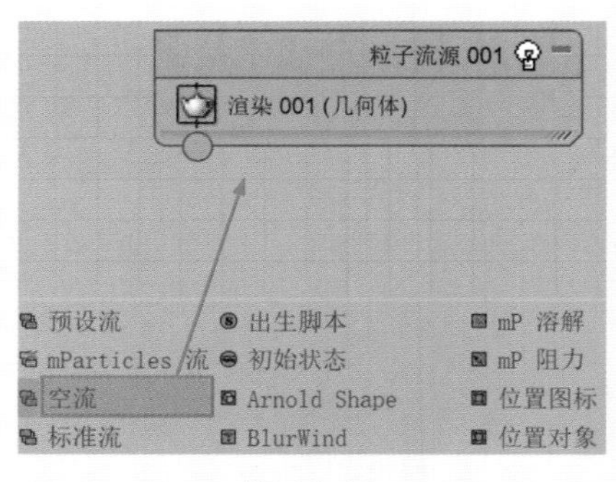

图 10-11

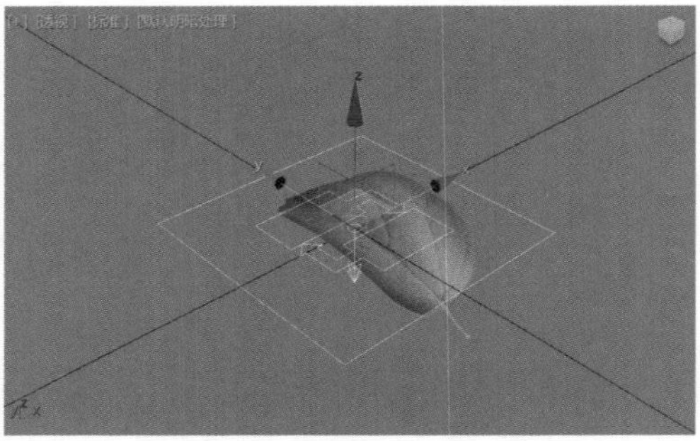

图 10-12

5 在“粒子视图”面板的“仓库”中，选择“出生 001(0-30T:200)”操作符，以拖曳的方式将其放置于“工作区”中作为“事件 001”，并将其连接至“粒子流源 001”上，如图 10-15 所示。

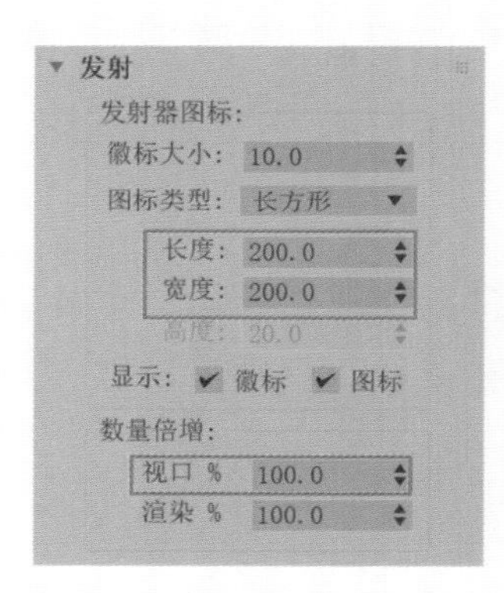

图 10-13

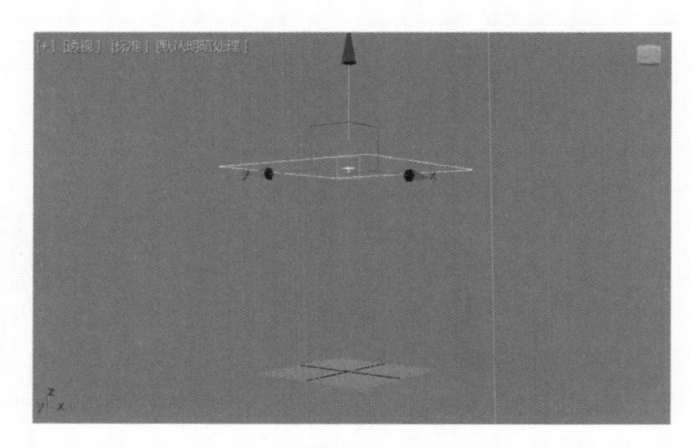

图 10-14

6 选择“出生 001”操作符，设置“发射开始”的值为 0，“发射停止”的值为 80，“数量”的值为 100，使得粒子在场景中从第 0 帧到第 80 帧之间共发射 100 个粒子，如图 10-16 所示。

7 在“粒子视图”面板的“仓库”中，选择“位置图标 001（体积）”操作符，以拖曳的方式将其放置于“工作区”中的“事件 001”中，将粒子的位置设置在场景中的粒子流图标上，如图 10-17 所示。

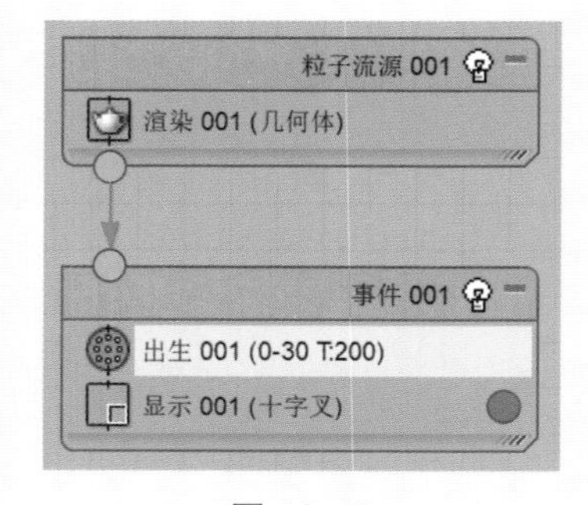

图 10-15

8 在“粒子视图”面板的“仓库”中，选择“图形实例 001（无）”操作符，以拖曳的方式将其放置于“事件 001”中，如图 10-18 所示，并将“粒子几何体对象”设置为场景中的叶片模型，如图 10-19 所示。

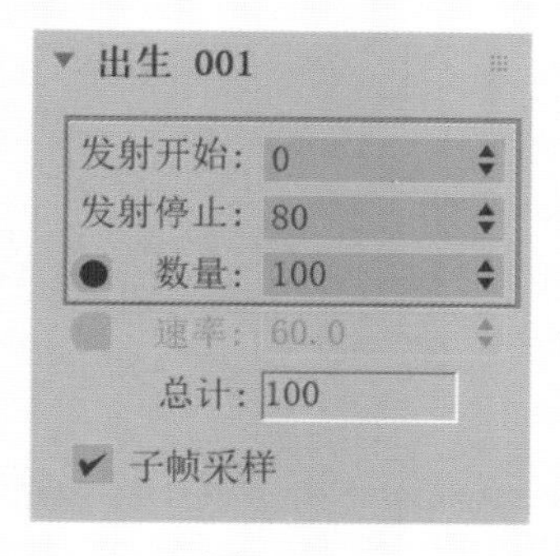

图 10-16

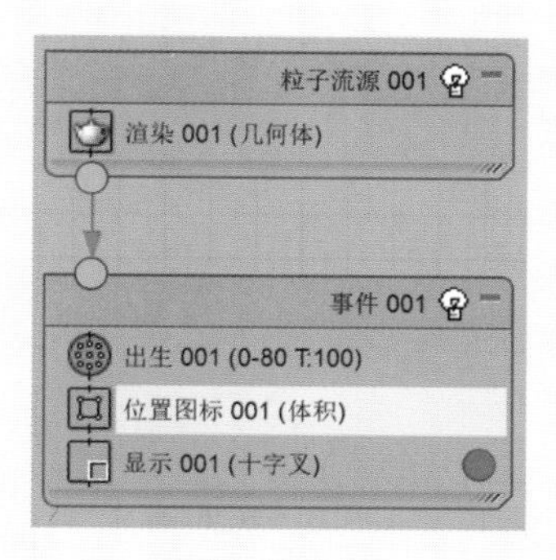

图 10-17

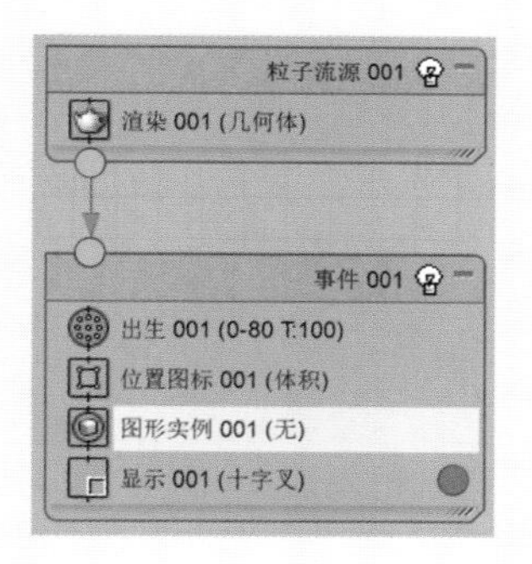

图 10-18

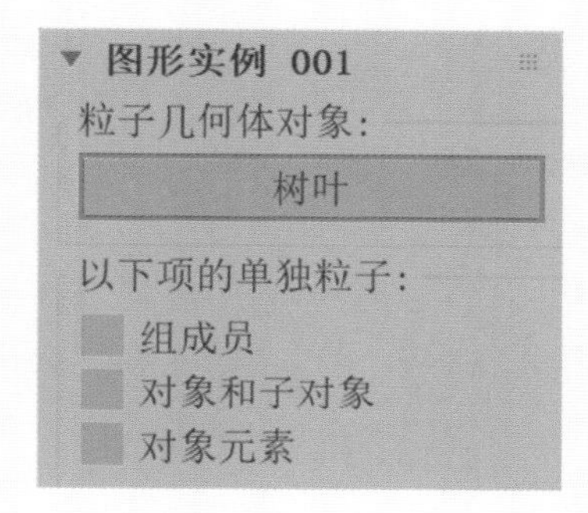

图 10-19

⑨ 在“创建”面板中单击“重力”按钮，如图 10-20 所示。

⑩ 在场景中任意位置处创建一个重力对象，如图 10-21 所示。

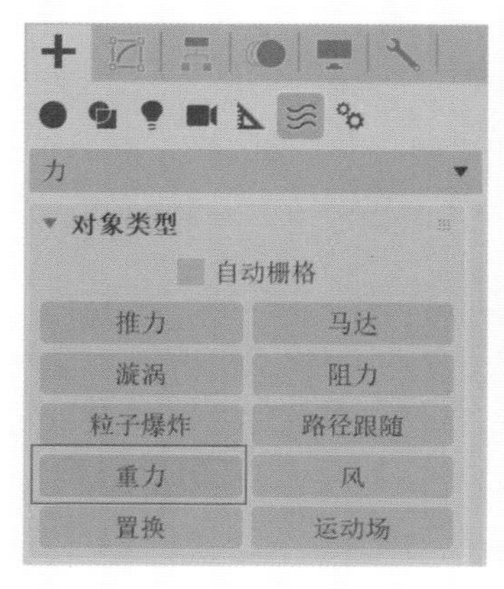

图 10-20

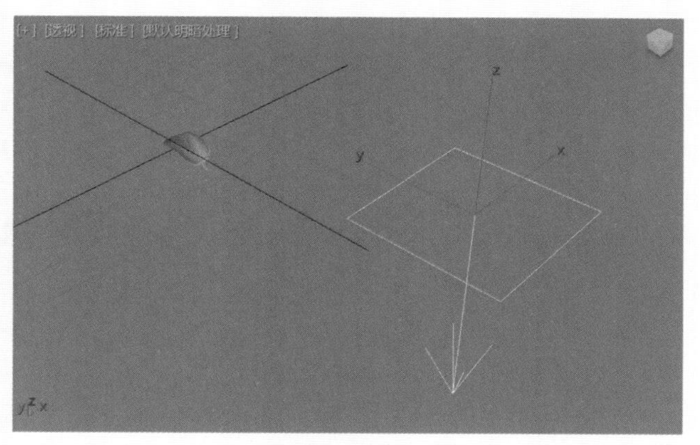

图 10-21

⑪ 在“修改”面板中，设置力的“强度”值为 0.5，使其对粒子的影响小一些，如图 10-22 所示。

⑫ 单击“创建”面板中的“风”按钮，如图 10-23 所示。

⑬ 在场景中任意位置处创建一个风对象，并调整风的旋转角度，如图 10-24 所示。

⑭ 在“修改”面板中，将风对象的力的“强度”值设置为 0.3，“湍流”值设置为 0.2，“频率”值设置为 0.1，如图 10-25 所示。

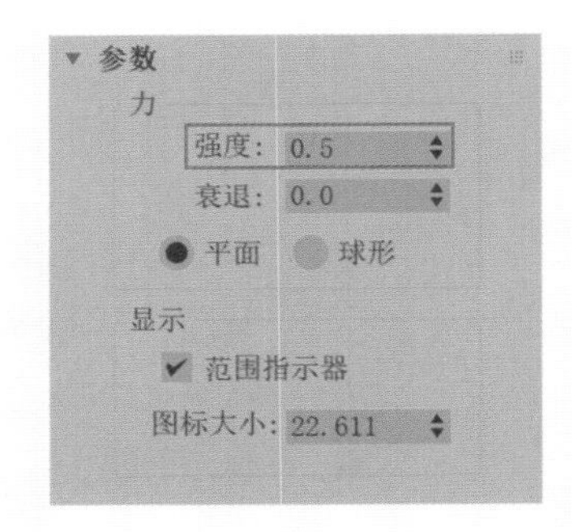

图 10-22

图 10-23

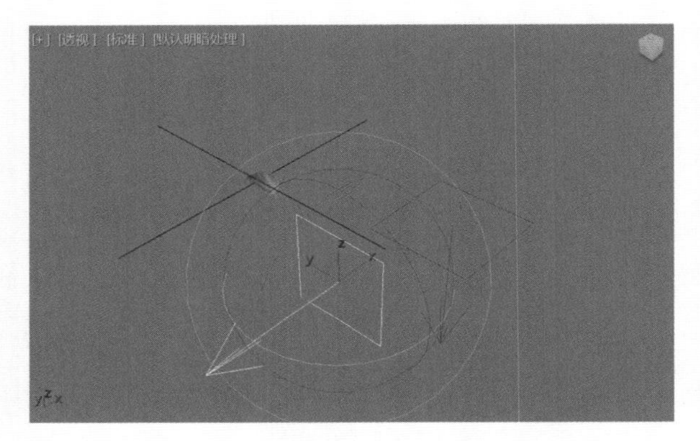

图 10-24

⑮ 在“粒子视图”面板的“仓库”中，选择“力 001”操作符，以拖曳的方式将其放置于“事件 001”中，如图 10-26 所示。

⑯ 将场景中的“Gravity001”重力对象和“Wind001”风对象分别添加至“力空间扭曲”文本框内，设置其“影响”值为 100，如图 10-27 所示。

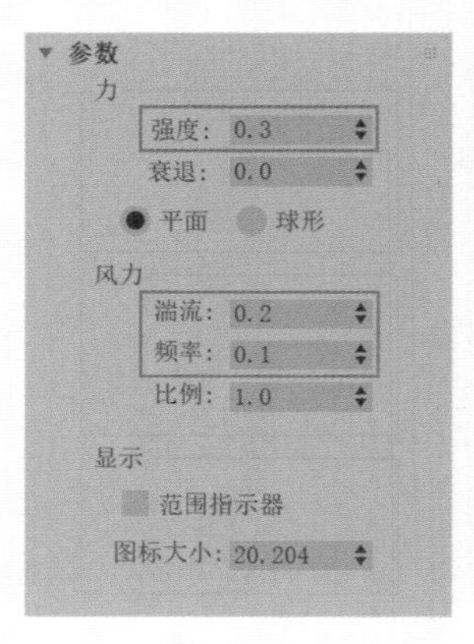

图 10-25

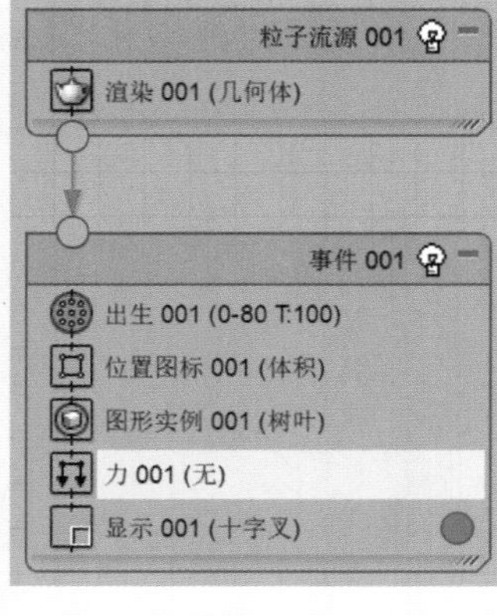

图 10-26

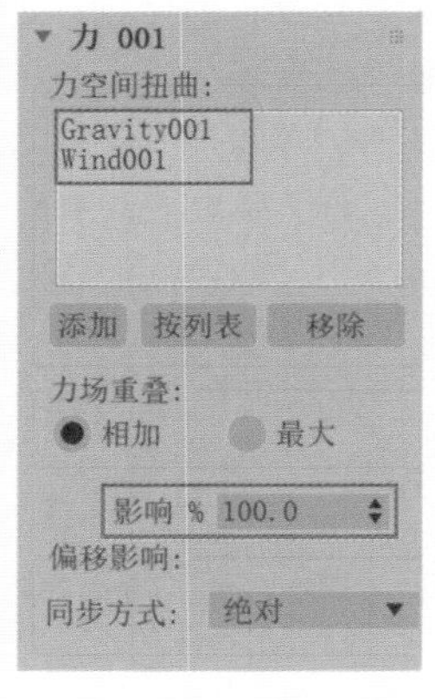

图 10-27

⑰ 选择“事件 001”中的“显示 001（几何体）”操作符，如图 10-28 所示。

⑱ 在“参数”面板中设置“类型”的选项为“几何体”，如图 10-29 所示。

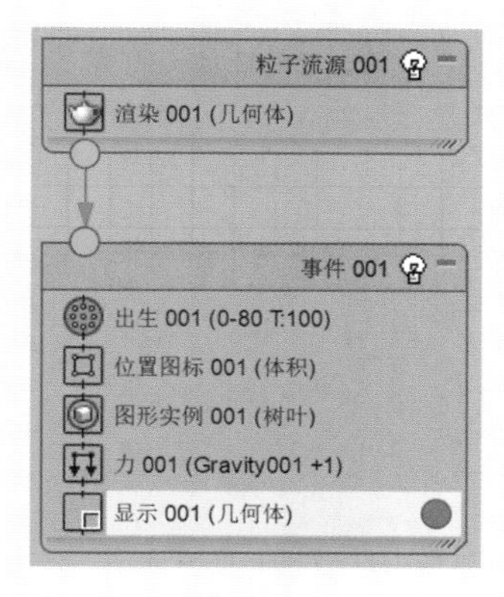

图 10-28

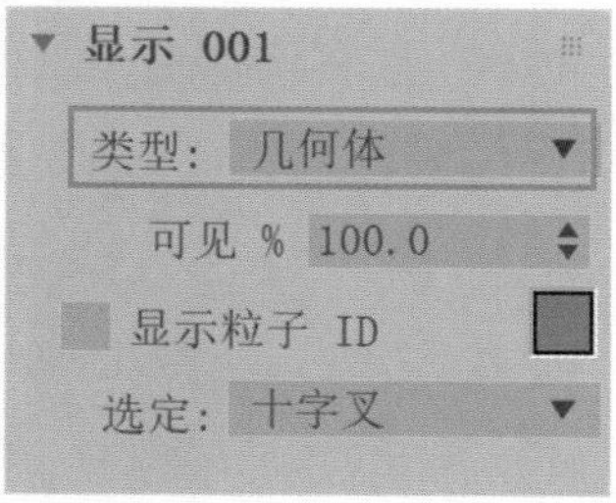

图 10-29

⑲ 拖动“时间滑块”按钮，观察场景动画效果，可以看到粒子受到力学的影响已经开始从上方向下缓慢飘落了，但是每个粒子的方向都是一样的，显得不太自然，如图 10-30 所示。

图 10-30

⑳ 在“粒子视图”面板的“仓库”中，选择“自旋 001（随机 3D 360）”操作符，以拖曳的方式将其放置于“事件 001”中，如图 10-31 所示。

㉑ 再次拖动“时间滑块”按钮，即可看到每个粒子的旋转方向都不一样了，如图 10-32 所示。

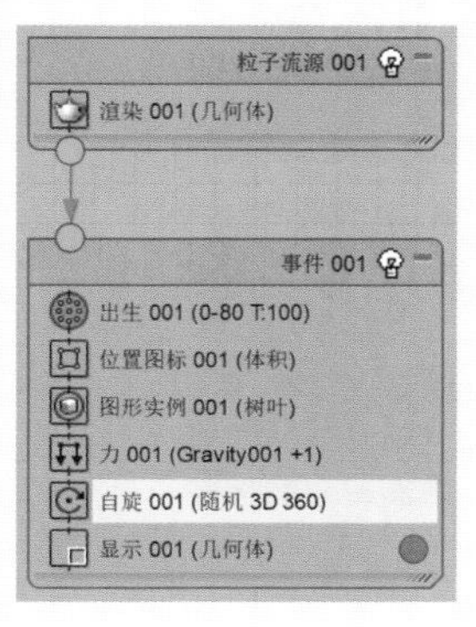

图 10-31

图 10-32

㉒ 本实例的最终效果截图如图 10-33 所示。

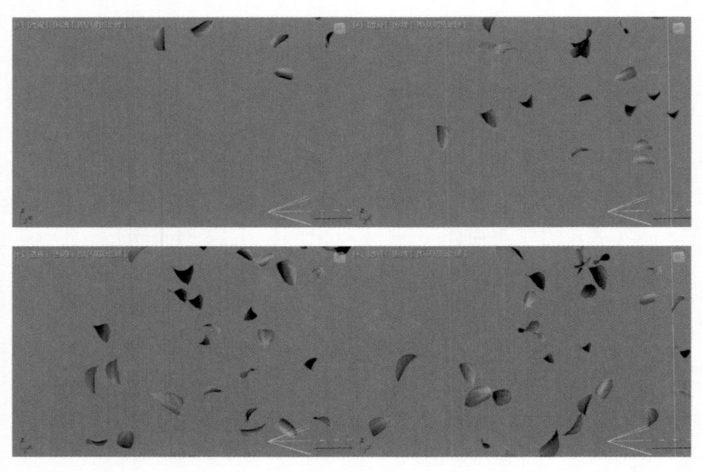

图 10-33

学习完本实例后，读者可以尝试制作多种不同叶片同时下落的动画效果。

10.3.2　实例：制作文字吹散动画

实例介绍

本实例将讲解如何使用粒子系统制作文字被风吹散开的动画效果，本实例的效果截图如图 10-34 所示。

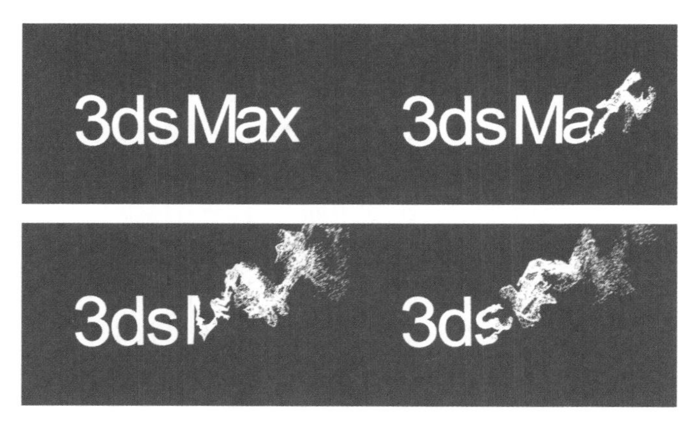

图 10-34

思路分析

在制作实例前，应先思考制作文字吹散效果需要用到哪些操作符，再进行动画制作。

步骤演示

❶ 启动中文版3ds Max 2022软件，打开本书配套场景文件“文字.max”，场景里有一个简单的文字模型，如图10-35所示。

图10-35

❷ 执行菜单栏“图形编辑器/粒子视图”命令，打开“粒子视图”面板，如图10-36所示。

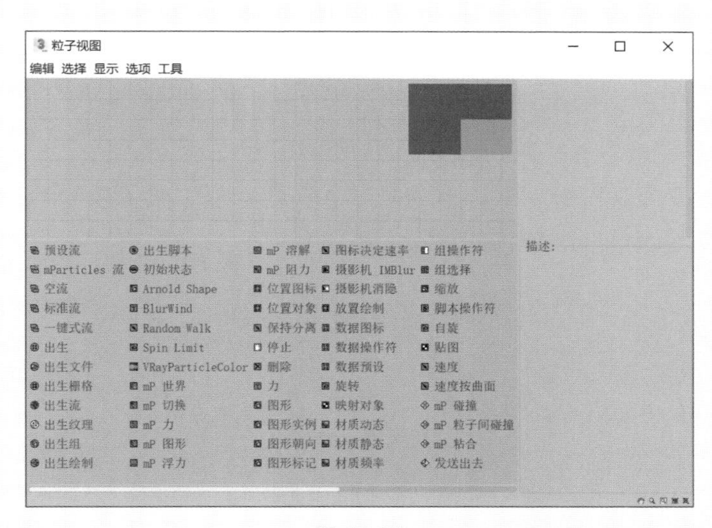

图10-36

❸ 在“仓库”中选择“空流”操作符，并以拖曳的方式将其添加至“工作区”中，如图10-37所示。

❹ 操作完成后，在“透视”视图中可以看到场景中自动生成粒子流的图标，如图10-38所示。

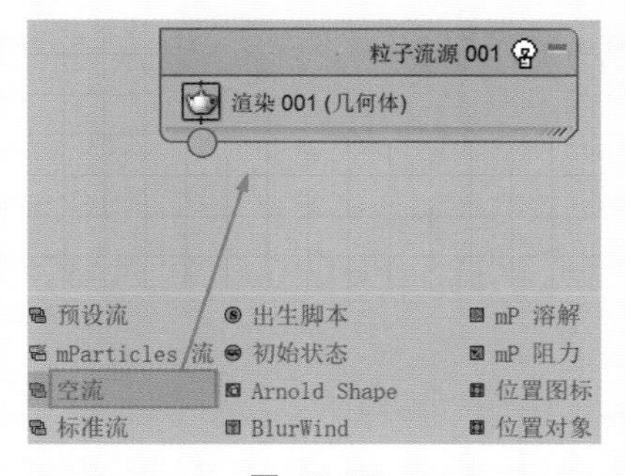

图10-37

❺ 在“粒子视图”面板的“仓库”中，选择“出生001（0-30T:200）”操作符，以拖曳的方式将其放置于“工作区”中作为“事件001”，并将其连接至“粒子流

源 001”上，如图 10-39 所示。

图 10-38

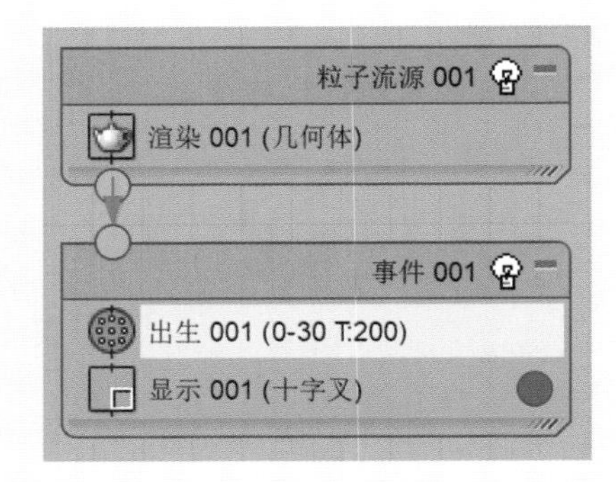

图 10-39

⑥ 展开“出生 001”卷展栏，设置“发射开始”值为 0，“发射停止”值为 0，“数量”值为 1000，使得场景中的粒子数量为 1000 个粒子，如图 10-40 所示。

⑦ 在“粒子视图”面板的“仓库”中，选择“位置对象 001（无）”操作符，以拖曳的方式将其放置于“事件 001”中，如图 10-41 所示。

⑧ 在“位置对象 001”卷展栏中，拾取场景中的“Text001”文字模型作为粒子的“发射器对象”，如图 10-42 所示。

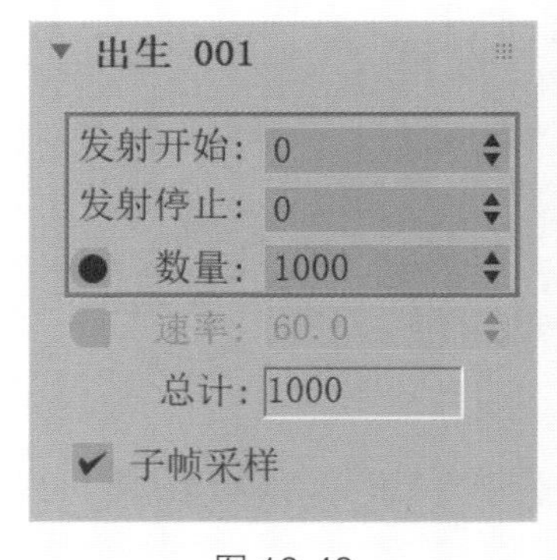

图 10-40

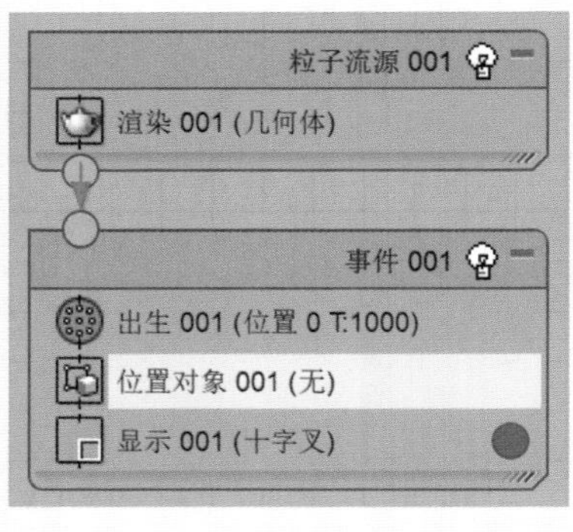

图 10-41

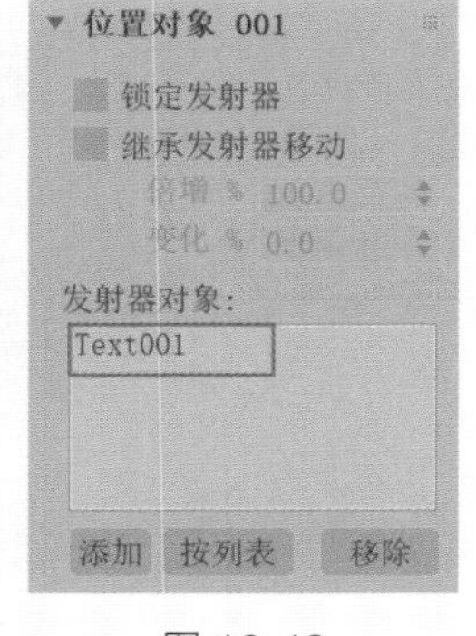

图 10-42

⑨ 设置完成后，在场景中可以看到文字模型上出现了大量的粒子，如图 10-43 所示。

⑩ 在“创建”面板中，单击“导向球”按钮，如图 10-44 所示。

⑪ 在“顶”视图中，在图 10-45 所示位置处创建一个导向球对象。

图 10-43

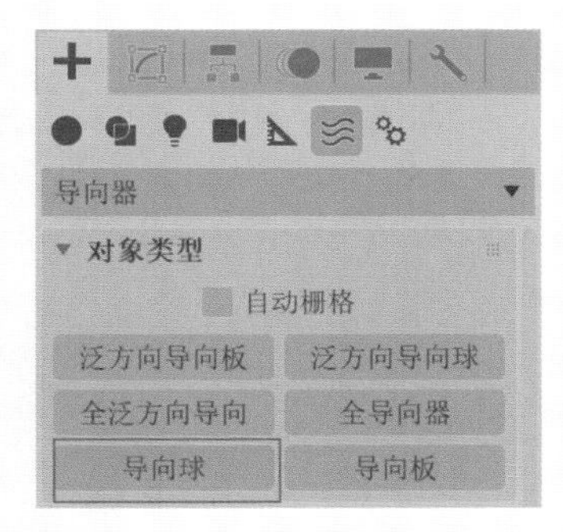

图 10-44

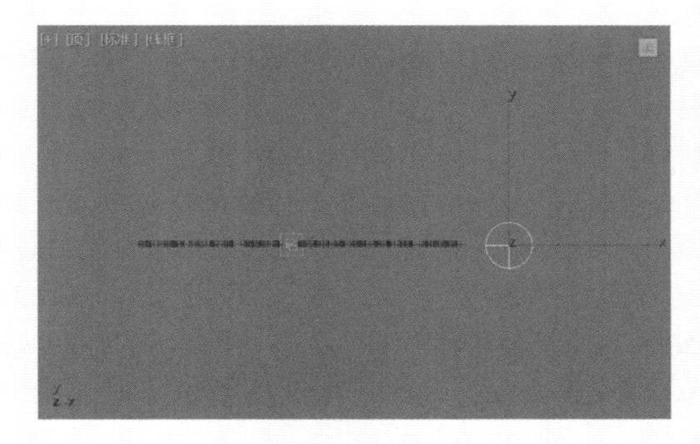

图 10-45

⑫ 在“修改”面板中，设置导向球的“反弹”值为 0，“直径”值为 40，如图 10-46 所示。

⑬ 单击“自动”按钮，如图 10-47 所示。在第 100 帧的位置，在“修改”面板中，设置导向球的“直径”值为 700，如图 10-48 所示给导向球的直径属性设置动画关键帧。

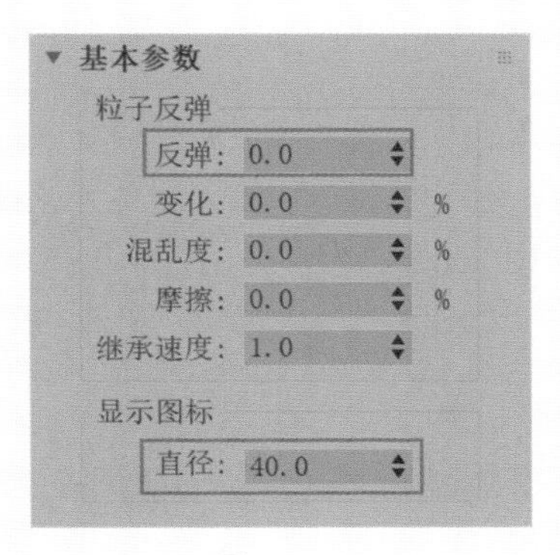

图 10-46

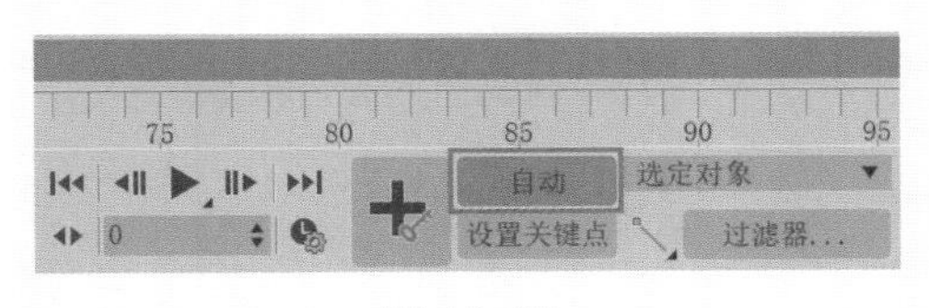

图 10-47

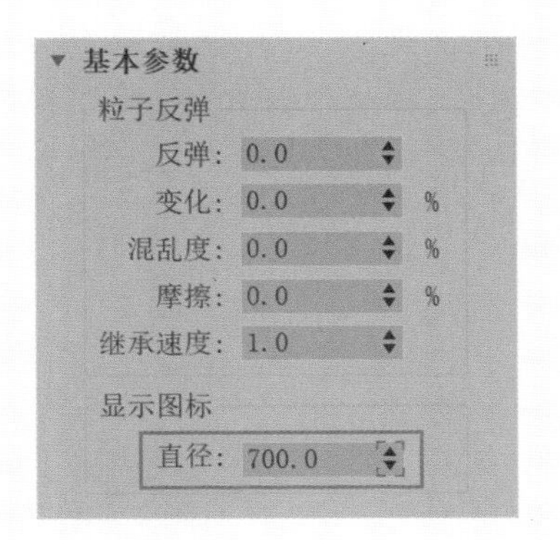

图 10-48

⑭ 在“粒子视图”面板的“仓库”中，选择“碰撞 001（无）”操作符，以拖曳的方式将其放置于“事件 001”中，如图 10-49 所示，并拾取场景中的“SDeflector001”导向球作为粒子的“导向器”，如图 10-50 所示。

⑮ 单击“创建”面板中的“风”按钮，如图 10-51 所示。

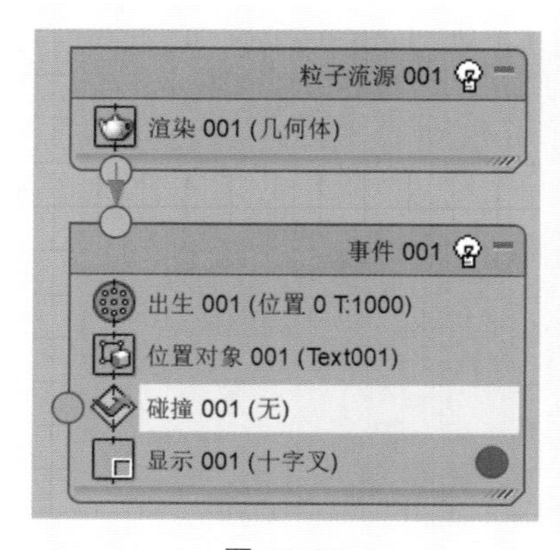

图 10-49

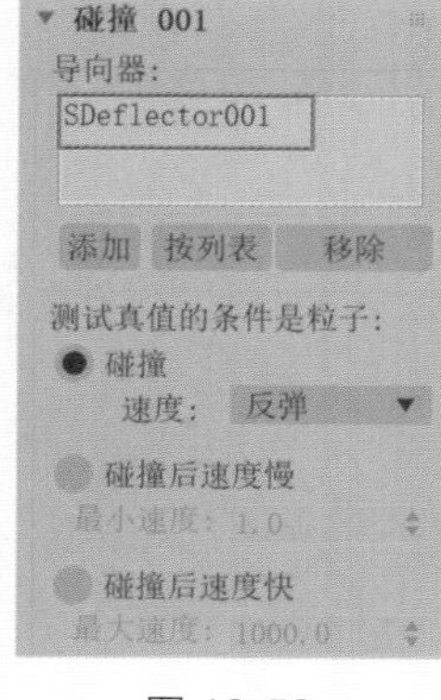

图 10-50

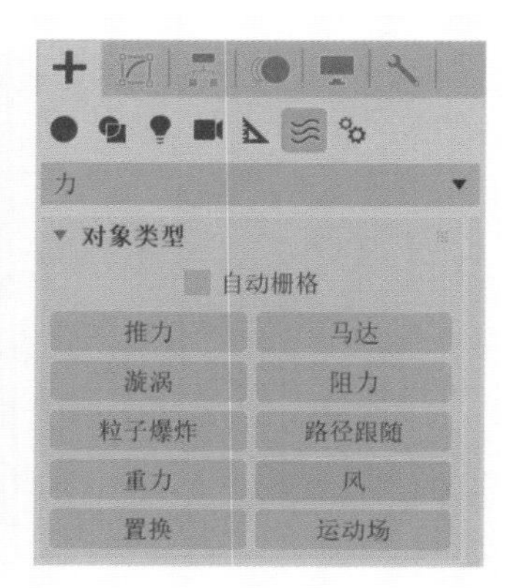

图 10-51

⑯ 在场景中创建一个风对象，并调整其旋转角度，如图 10-52 所示。

⑰ 在“修改”面板中，设置风的“强度”值为 0.5，“湍流”值为 0.8，“频率”值为 0.2，“比例”值为 0.2，如图 10-53 所示。

图 10-52

⑱ 在“粒子视图”面板的“仓库”中，选择“力 001（无）”操作符，以拖曳的方式将其放置于“工作区”中作为新的“事件 002”，并将其与“事件 001”中的“碰撞”操作符连接起来，如图 10-54 所示。

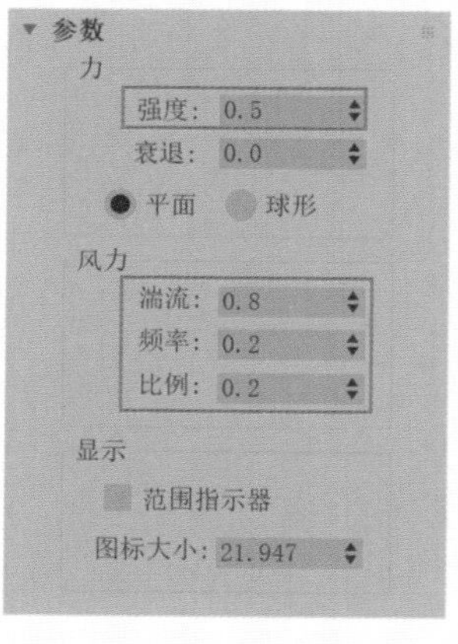

图 10-53

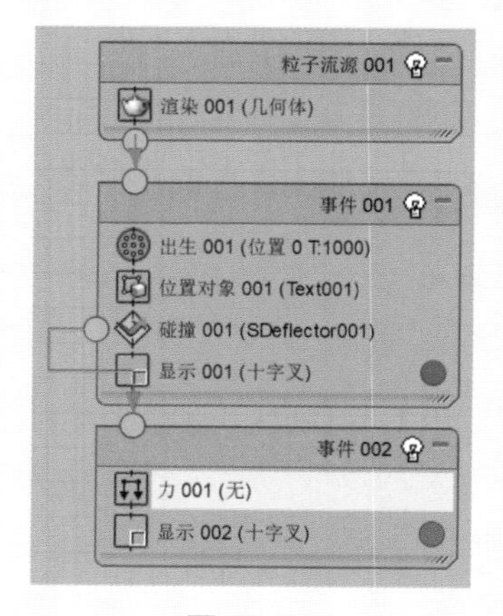

图 10-54

⑲ 在“力 001”卷展栏中，拾取场景中的“Wind001”风作为粒子的“力空间扭曲”

对象，如图10-55所示。

⑳ 在“粒子视图”面板的“仓库”中，选择“年龄测试001（年龄>30±5）”操作符，以拖曳的方式将其放置于 “事件002”中，如图10-56所示。

㉑ 在“年龄测试001”卷展栏中，设置年龄测试的方式为“事件年龄”，设置“测试值”为20，“变化”值为4，如图10-57所示。

㉒ 在“粒子视图”面板的“仓库”中，选择“删除001（全部）”操作符，以拖曳的方式将其放置于“工作区”中作为新的“事件003”，并将其和“事件002”中的“年龄测试001（年龄>8±4）”操作符进行连接，如图10-58所示。

图10-55

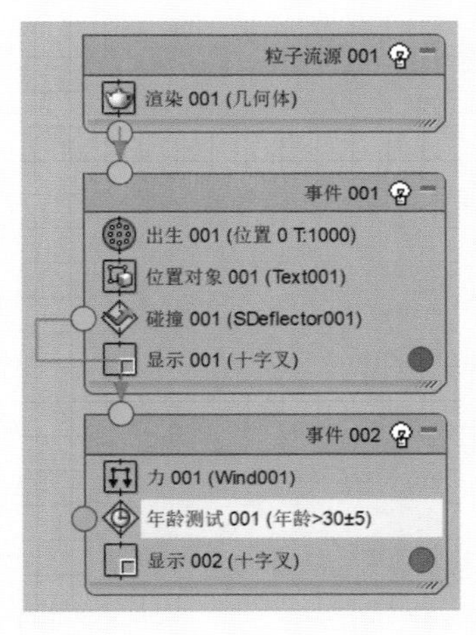

图10-56

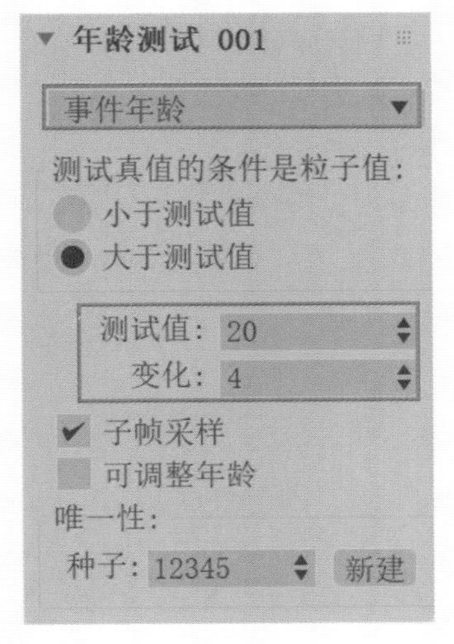

图10-57

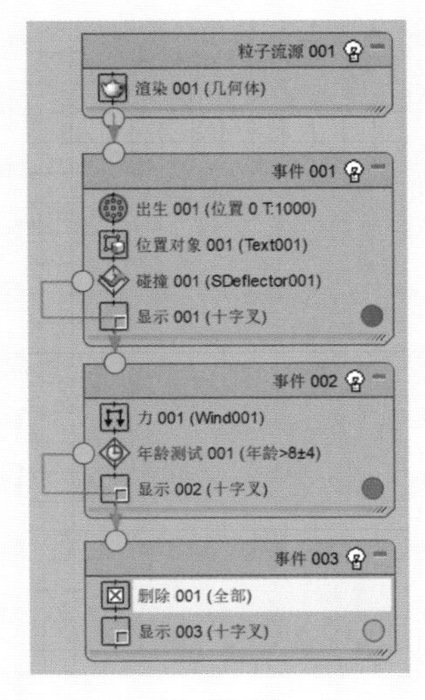

图10-58

㉓ 在“粒子视图”面板的“仓库”中，选择“形状001（立方体3D）”操作符，以拖曳的方式将其放置于“粒子流源001”中，如图10-59所示。

㉔ 在“形状001”卷展栏中，设置粒子的形状为“四面体”，设置其“大小”为1，如图10-60所示。

㉕ 在“粒子视图”面板的“仓库”中，选择“材质静态001（无）”操作符，以拖曳的方式将其放置于“粒子流源001”中，为粒子添加材质，如图10-61所示。

㉖ 按下快捷键M，打开“材质编辑器”面板，选择一个空白的物理材质球，在“基本参数”卷展栏中，设置“发射”的颜色为白色，如图10-62所示。

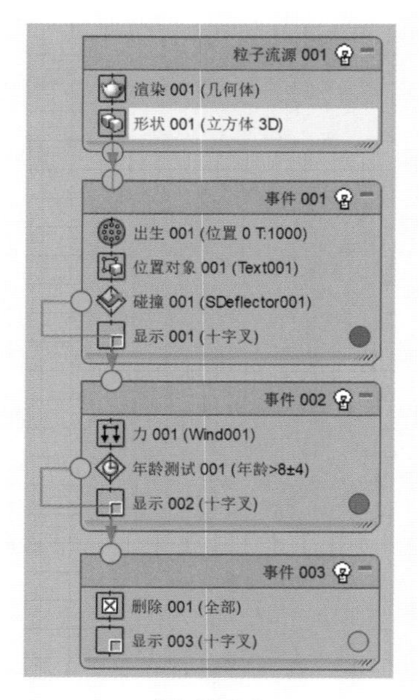

图 10-59

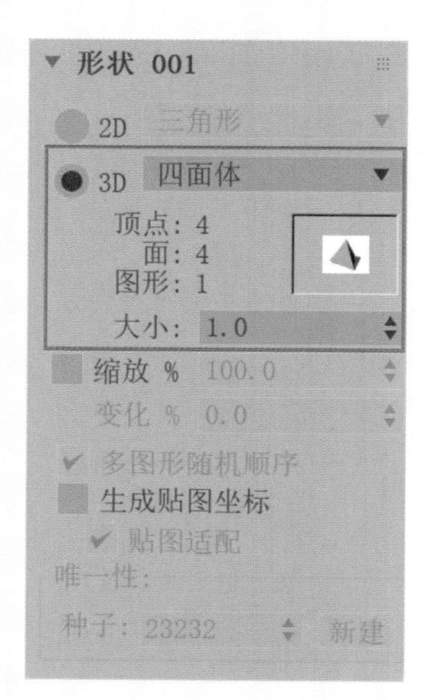

图 10-60

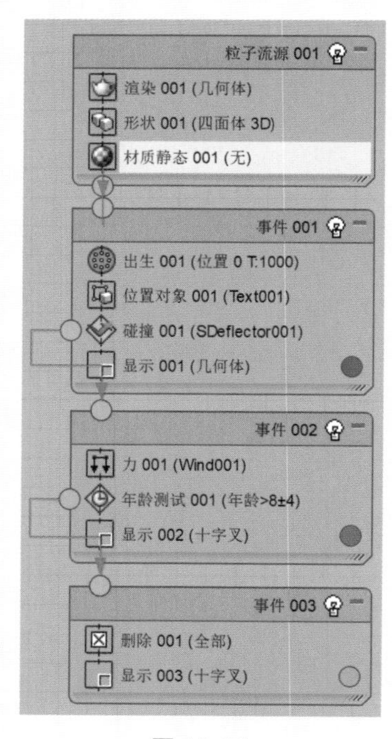

图 10-61

㉗ 将调试好的“01-Defaulf”材质球以拖曳方式指定到“材质静态001”中，作为粒子的“指定材质”，如图10-63所示。

㉘ 单击“粒子流源 001”的标题栏，如图 10-64 所示。

㉙ 在“参数”面板中，设置粒子的“渲染”值为 10000，并设置粒子数量的“上限”值为 10000000，如图 10-65 所示。

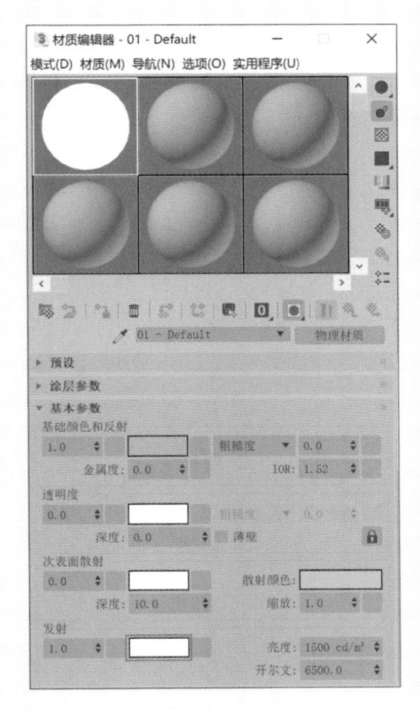

图 10-62

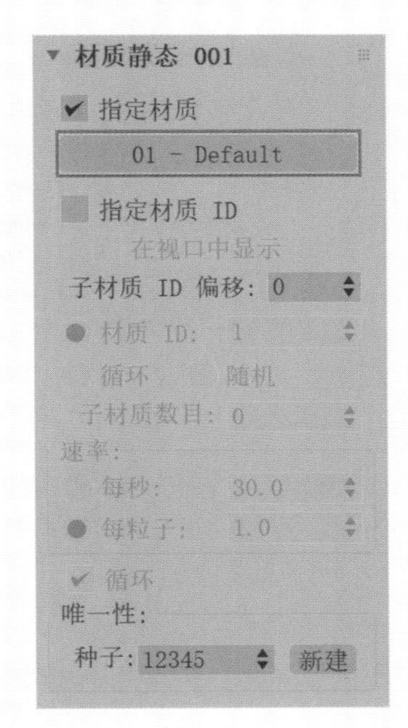

图 10-63

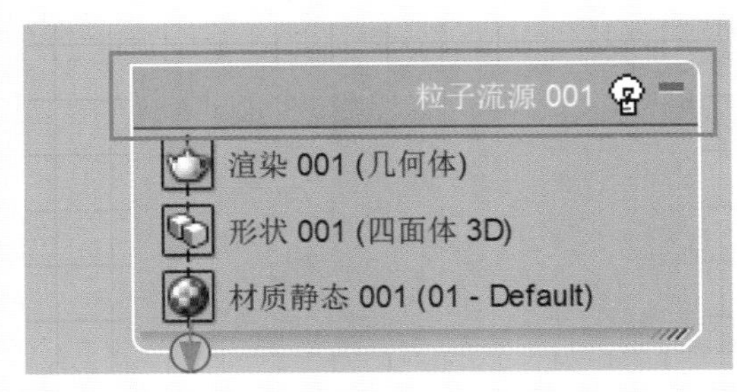

图 10-64

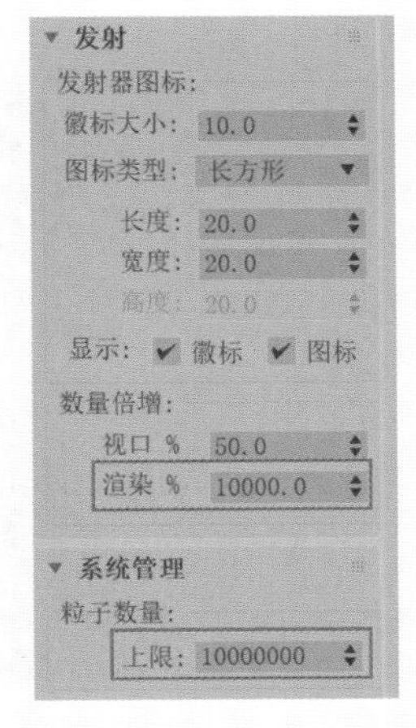

图 10-65

㉚ 设置完成后，将场景中的文字模型隐藏起来。播放场景动画，本实例的最终效果截图如图 10-66 所示。

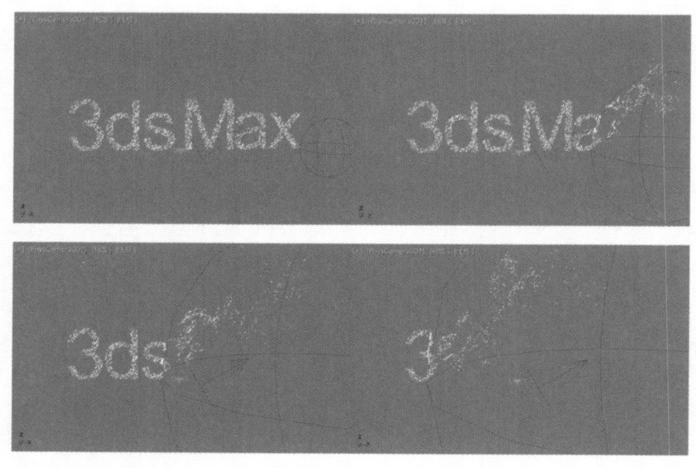

图 10-66

学习完本实例后，读者可以尝试制作其他几何形体的吹散动画效果。

10.3.3　实例：制作雪花飞舞动画

实例介绍

本实例将讲解如何使用粒子系统制作雪花飞舞的动画效果，本实例的渲染效果如图 10-67 所示。

图 10-67

思路分析

在制作实例前，应先思考制作雪花飞舞效果需要用到哪些操作符，再进行动画制作。

步骤演示

❶ 启动中文版 3ds Max 2022 软件，打开本书配套场景文件“楼房 .max”，场景里有一栋楼房模型，并且已设置好材质及灯光，如图 10-68 所示。

❷ 单击“创建”面板中的“粒子流源”按钮，如图 10-69 所示。

❸ 在场景中绘制出粒子发射器的图标，如图 10-70 所示。

图 10-68

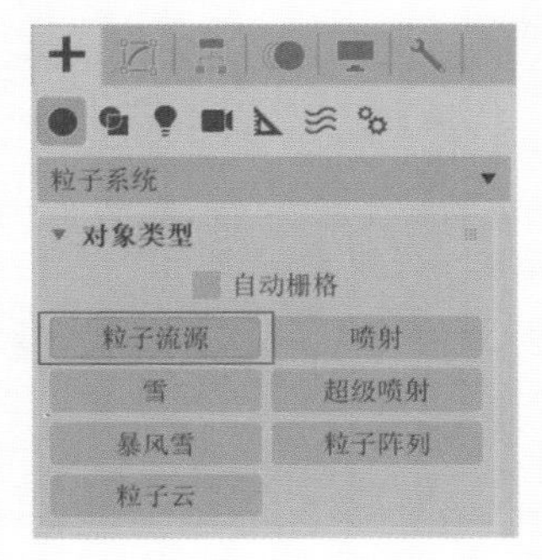

图 10-69

❹ 在“修改”面板中，展开“发射”卷展栏，设置“长度”值为 3000，“宽度”值为 5000，“视口”值为 100，如图 10-71 所示。

❺ 在“前”视图中调整粒子发射器图标的位置，如图 10-72 所示。

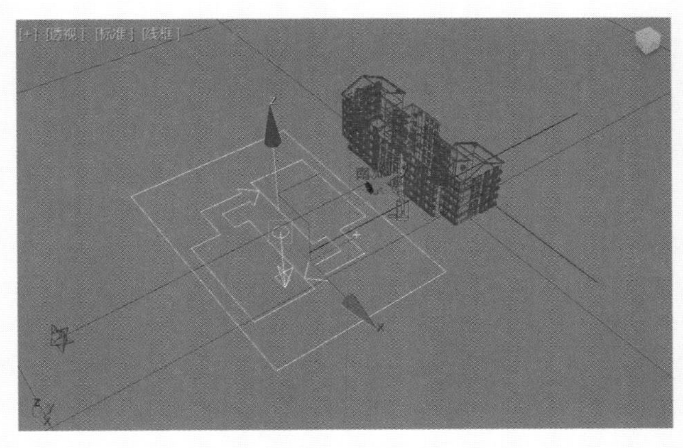

图 10-70

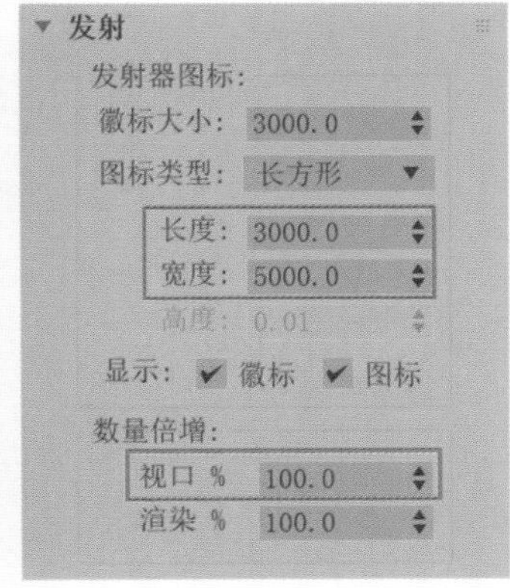

图 10-71

❻ 操作完成后，将“时间滑块”移动至第 100 帧的位置，并观察粒子的运动情况，如图 10-73 所示。

❼ 单击“时间配置”按钮，在弹出的“时间配置”对话框中，设置场景动画的“结束时间”值为 200，如图 10-74 所示。

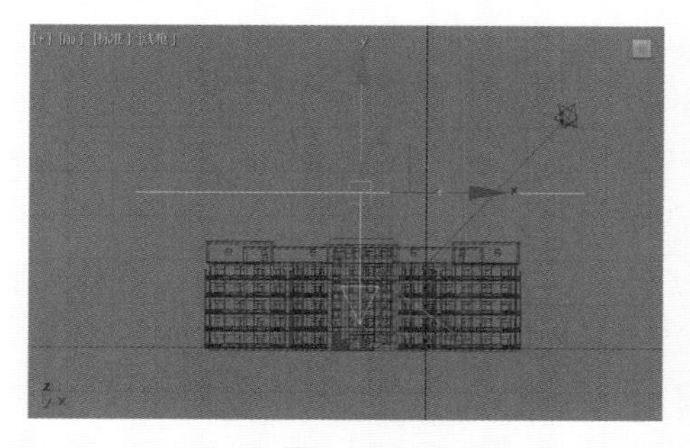

图 10-72

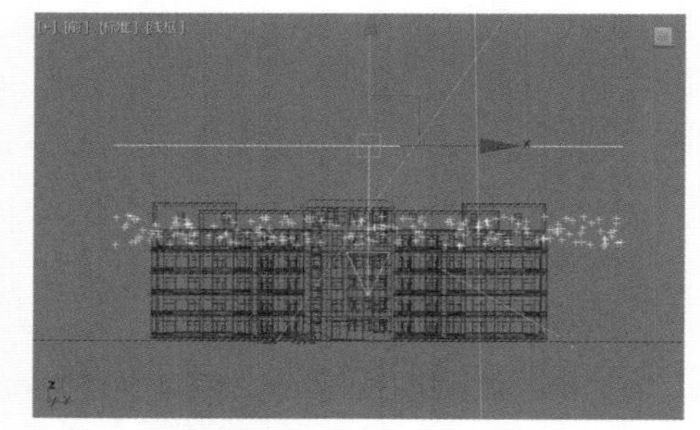

图 10-73

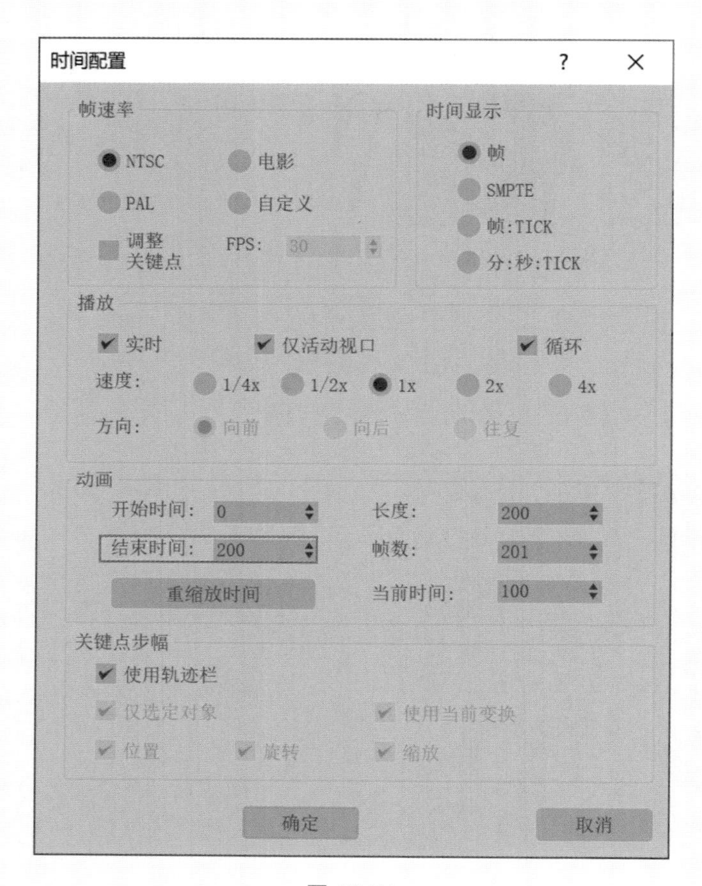

图 10-74

❽ 执行菜单栏“图形编辑器/粒子视图”命令，打开“粒子视图”面板，如图 10-75 所示。

❾ 在工作区中选择“出生 001（0-30T:200）”操作符，如图 10-76 所示。

❿ 在“出生 001”卷展栏中，设置“发射开始”值为 0，“发射停止”值为 200，“数量”值为 5000，如图 10-77 所示。

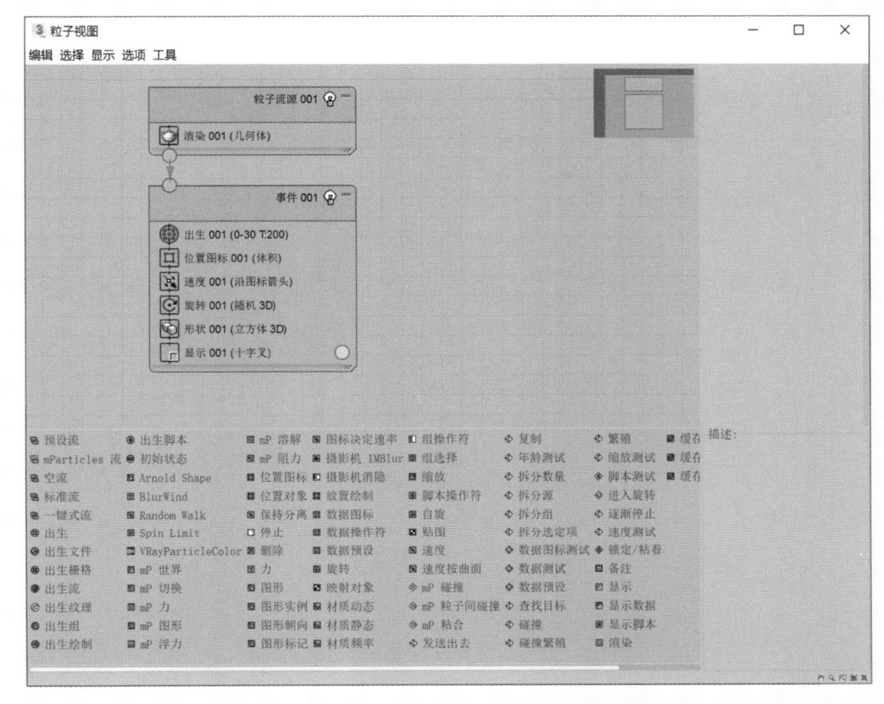

图 10-75

⓫ 在工作区中选择“速度 001（沿图标箭头）”操作符，如图 10-78 所示。

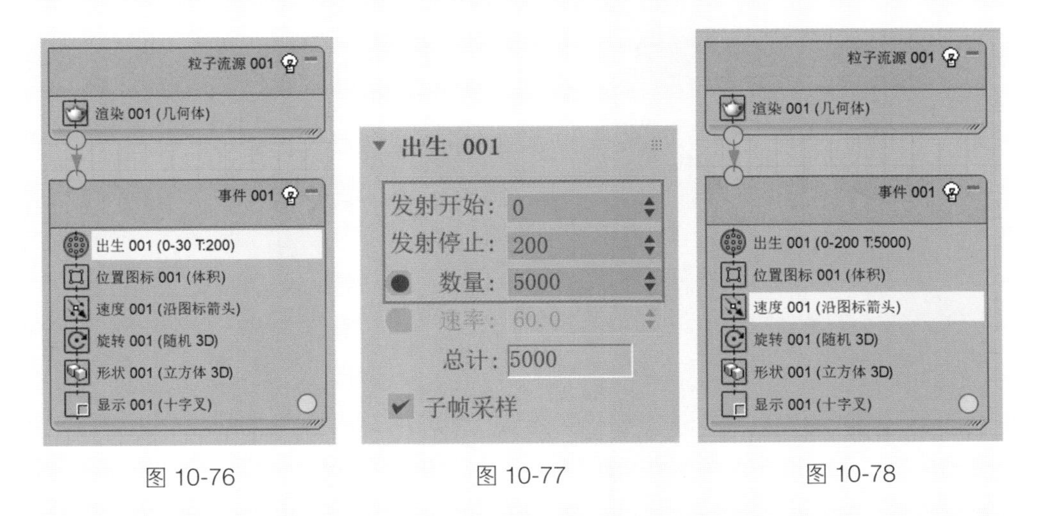

图 10-76　　图 10-77　　图 10-78

⓬ 在“速度 001”卷展栏中，设置“速度”值为 900，如图 10-79 所示。

⓭ 在工作区中选择“显示 001（几何体）”操作符，如图 10-80 所示。

⓮ 在“显示 001”卷展栏中，设置“类型”为“几何体”，如图 10-81 所示。

⑮ 在工作区中选择“形状 001（立方体 3D）”操作符，如图 10-82 所示。

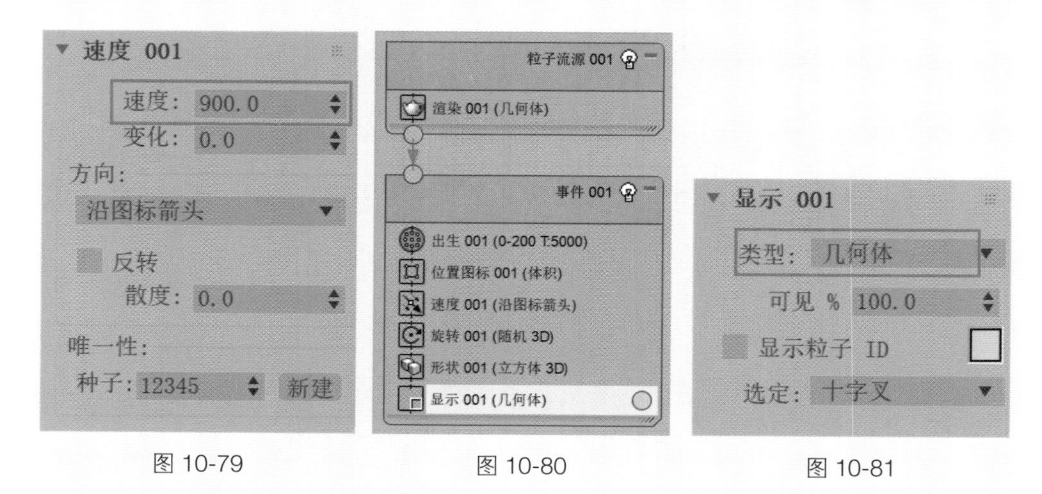

图 10-79　　图 10-80　　图 10-81

⑯ 在“形状 001”卷展栏中，设置 3D 为六角星，设置“大小”值为 30，如图 10-83 所示。

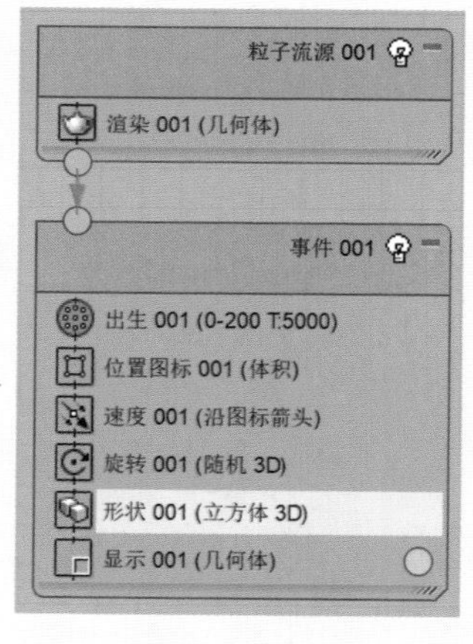

图 10-82

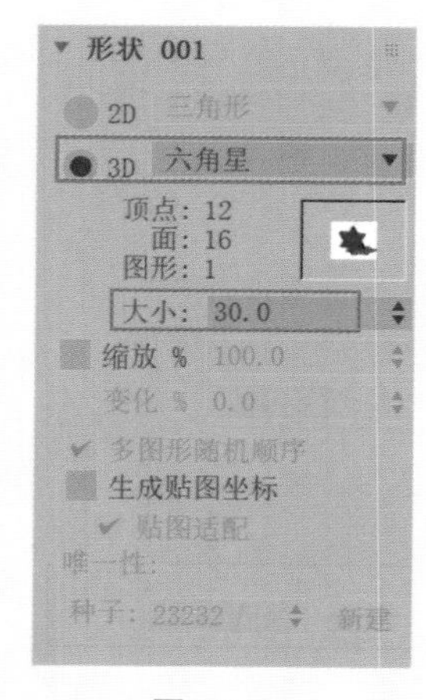

图 10-83

⑰ 设置完成后，播放场景动画，可以看到粒子所模拟的雪花效果，如图 10-84 所示。

⑱ 单击“创建”面板中的“风”按钮，如图 10-85 所示。

⑲ 在场景中创建一个风对象，并调整其方向，如图 10-86 所示。

⑳ 在“参数”卷展栏中，设置风的“湍流”值为 5，“频率”值为 5，如图 10-87 所示。

㉑ 在“粒子视图”面板的“仓库”中，选择“力 001（无）”操作符，以拖曳的方式将其放置于“事件 001”中，如图 10-88 所示。

图 10-84

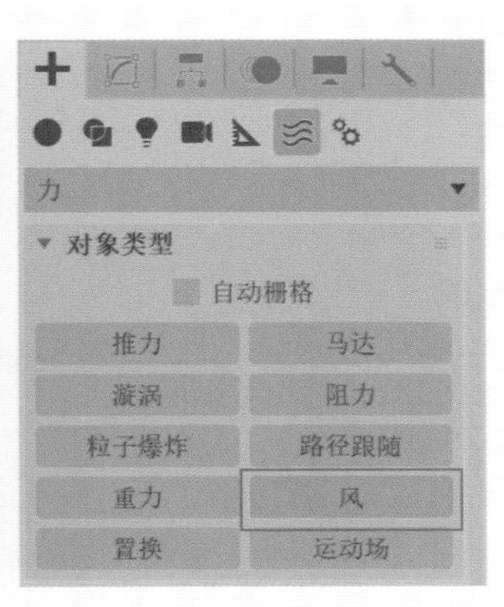

图 10-85

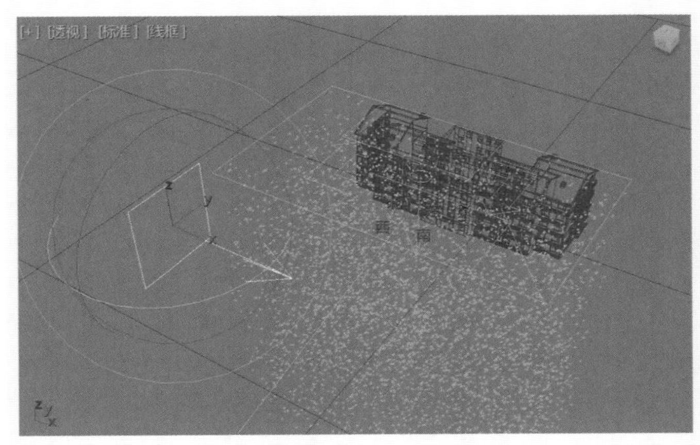

图 10-86

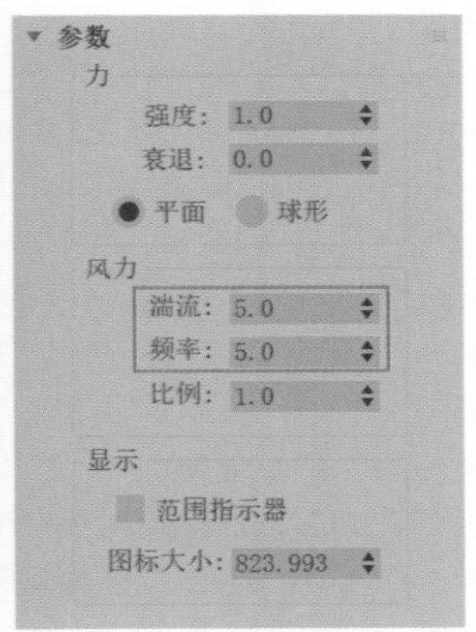

图 10-87

㉒ 将场景中的“Wind001”风对象添加至“力空间扭曲”文本框内，设置其“影响”值为300，如图10-89所示。

㉓ 在“粒子视图”面板的“仓库”中，选择“删除001（按年龄60±10）”操作符，以拖曳的方式将其放置于“事件001”中，如图10-90所示。

㉔ 在“删除001”卷展栏中，设置“移除”的选项为“按粒子年龄”，如图10-91所示。

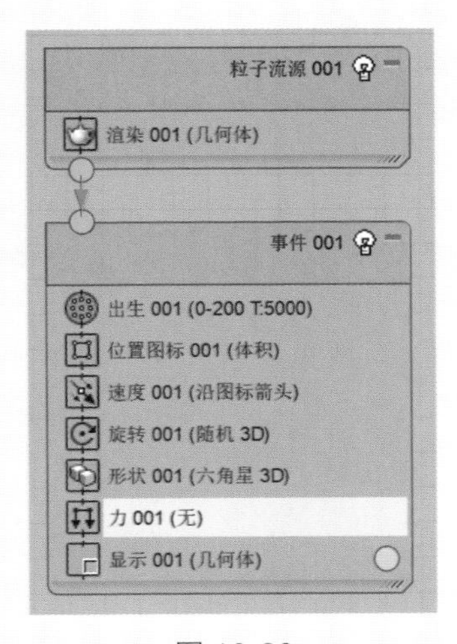

图 10-88

图 10-89

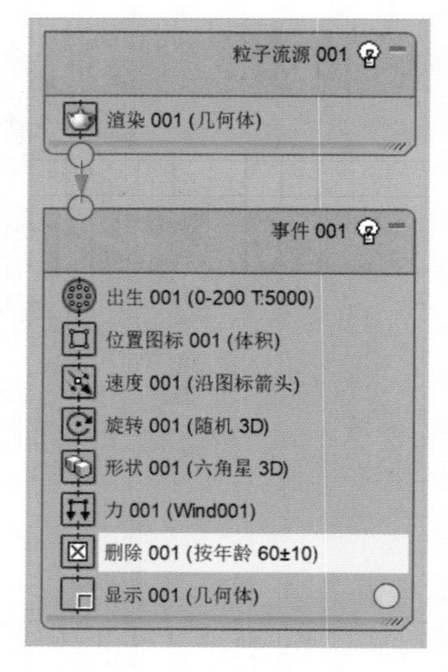

图 10-90

㉕ 播放场景动画，我们可以看到当粒子模拟的雪接近地面模型时刚好消失掉，如图 10-92 所示。

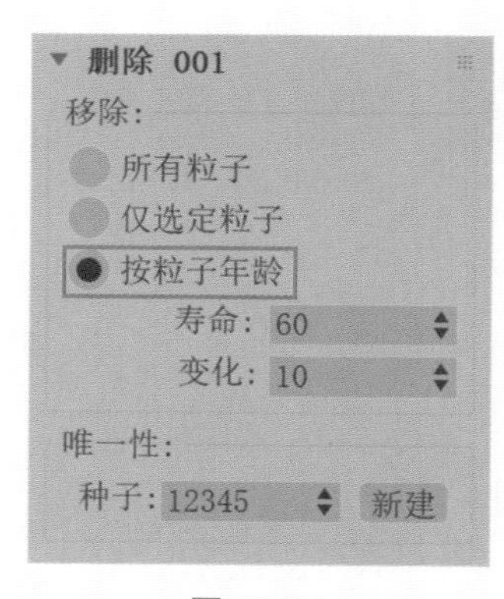

图 10-91

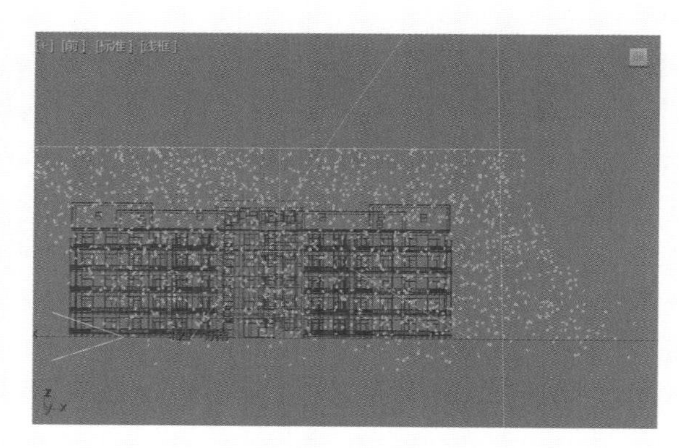

图 10-92

㉖ 在“粒子视图”面板的“仓库”中，选择“材质静态 001（无）”操作符，以拖曳的方式将其放置于“粒子流源 001”中，为粒子添加材质，如图 10-93 所示。

㉗ 按下快捷键 M，打开“材质编辑器”面板，将其中的“雪”材质设置为粒子的“指定材质”，如图 10-94 所示。

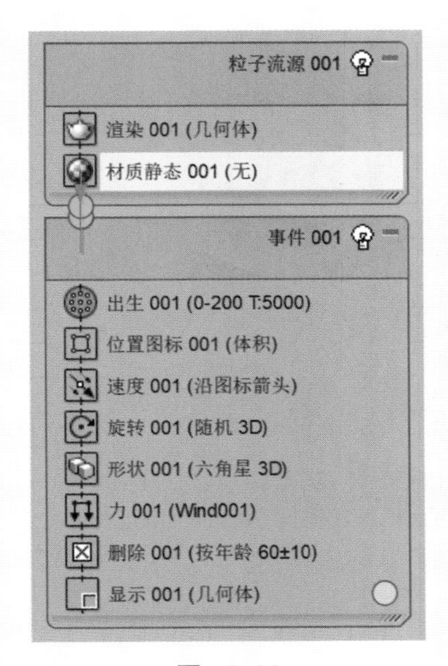

图 10-93

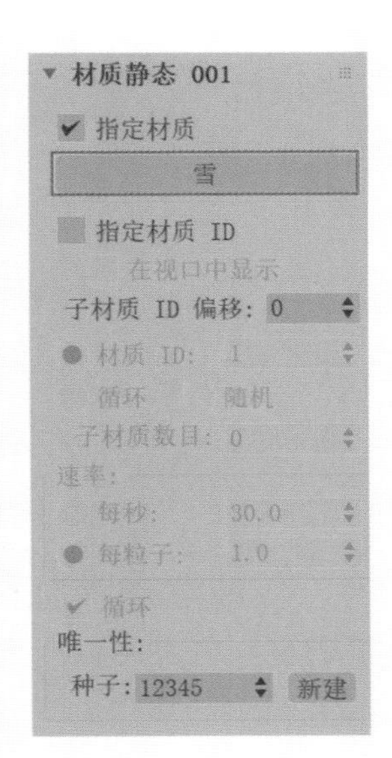

图 10-94

㉘ 设置完成后，播放场景动画，本实例的动画效果截图如图 10-95 所示，渲染效果如图 10-96 所示。

图 10-95

图 10-96

学习完本实例后，读者可以尝试制作其他类似雪花飞舞的动画效果。

10.3.4　实例：制作“箭雨”动画

实例介绍

本实例将讲解如何使用粒子系统来制作“箭雨”的动画效果，本实例的渲染效果如图 10-97 所示。

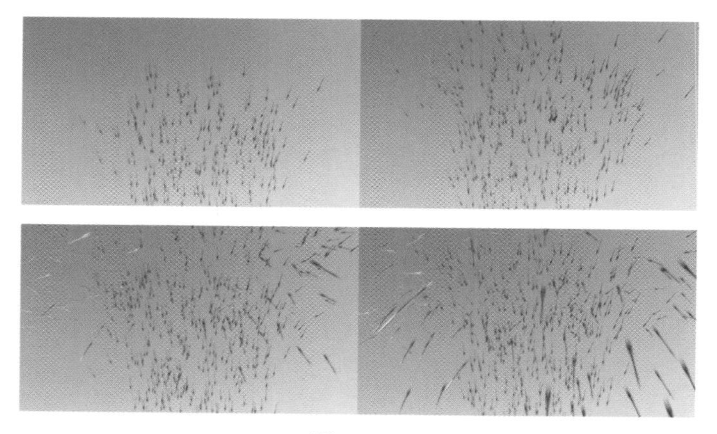

图 10-97

思路分析

在制作本实例前，应先思考制作“箭雨”效果需要用到哪些操作符，再进行动画制作。

步骤演示

❶ 启动中文版 3ds Max 2022 软件，打开本书配套场景文件“箭 .max”，场景里有一支箭的模型，并且已设置好材质，如图 10-98 所示。

❷ 在菜单栏执行“图形编辑器粒子视图”命令，打开“粒子视图”面板，如图 10-99 所示。

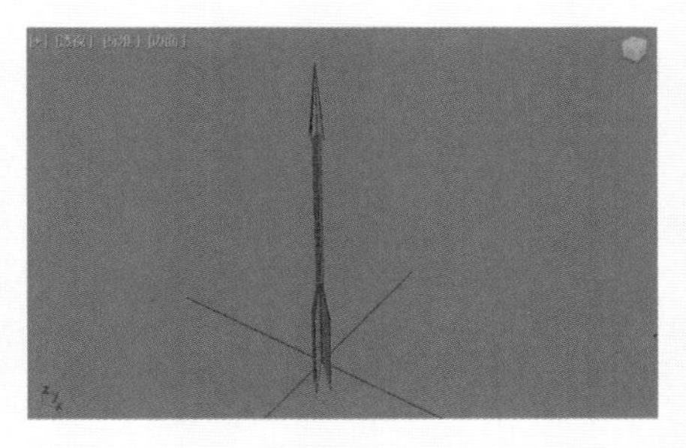

图 10-98

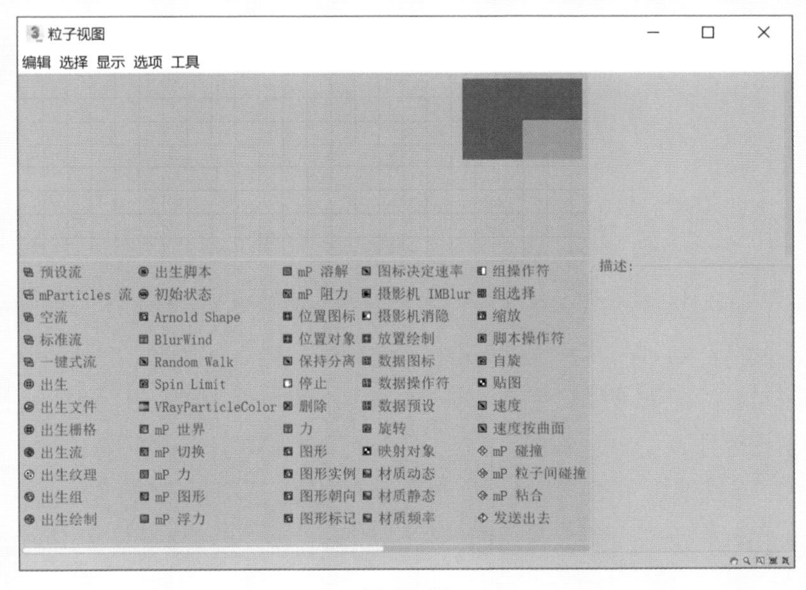

图 10-99

❸ 在“仓库”中选择“空流”操作符，并以拖曳的方式将其添加至“工作区”中，如图 10-100 所示。

❹ 在“发射”卷展栏中，设置“徽标大小”值为 200，“长度”值为 1200，“宽度”值为 200，“视口”值为 100，如图 10-101 所示。

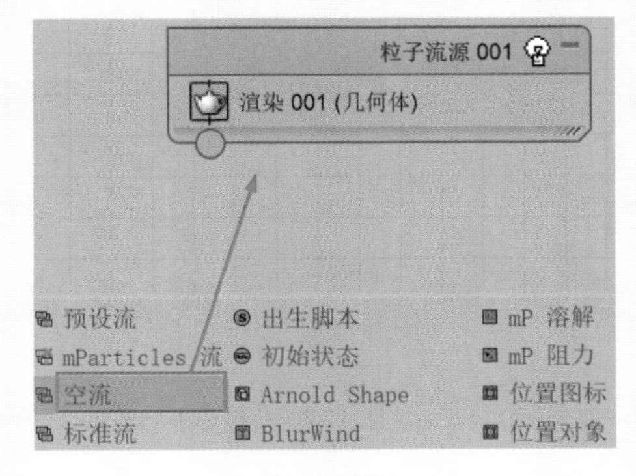

图 10-100

❺ 设置完成后，在“前”视图中调整粒子发射器的方向，如图 10-102 所示。

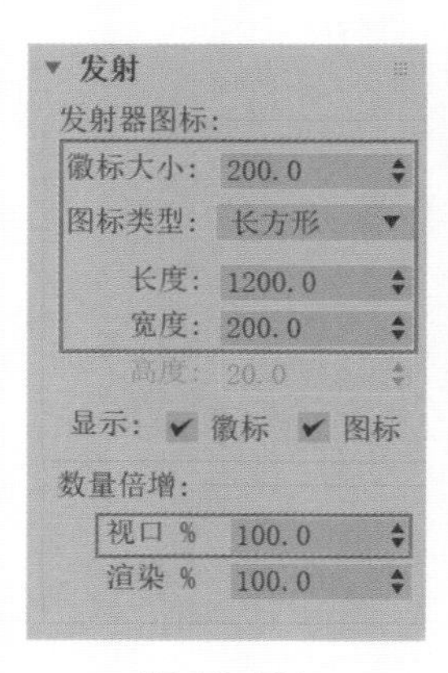

图 10-101

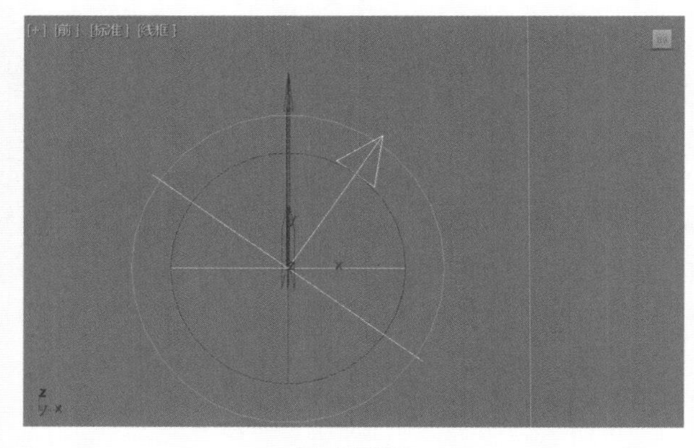

图 10-102

❻ 在“粒子视图”面板的“仓库”中，选择“出生 001（0-30T:200）”操作符，以拖曳的方式将其放置于“工作区”中作为“事件 001”，并将其连接至“粒子流源 001”上，如图 10-103 所示。

❼ 选择“出生 001”操作符，设置其“发射开始”值为 0，“发射停止”值为 100，“数量”值为 1000，使得粒子在场景中从第 0 帧到第 100 帧之间共发射 1000 个粒子，如图 10-104 所示。

❽ 在“粒子视图”面板的“仓库”中，选择“位置图标 001（体积）”操作符，以拖曳的方式将其放置于“工作区”中的“事件 001”中，将粒子的位置设置在场景中的粒子发射器图标上，如图 10-105 所示。

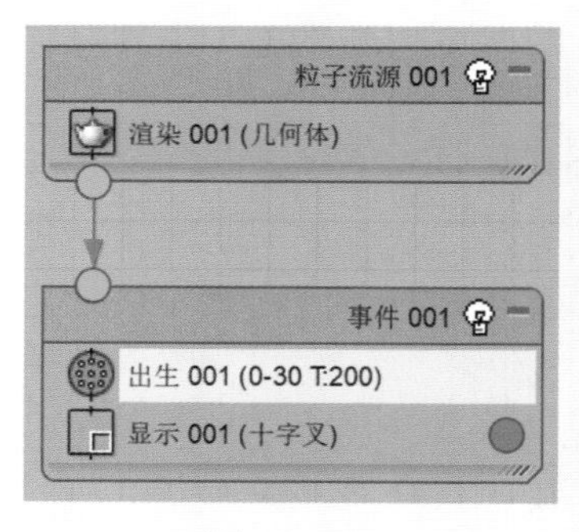

图 10-103

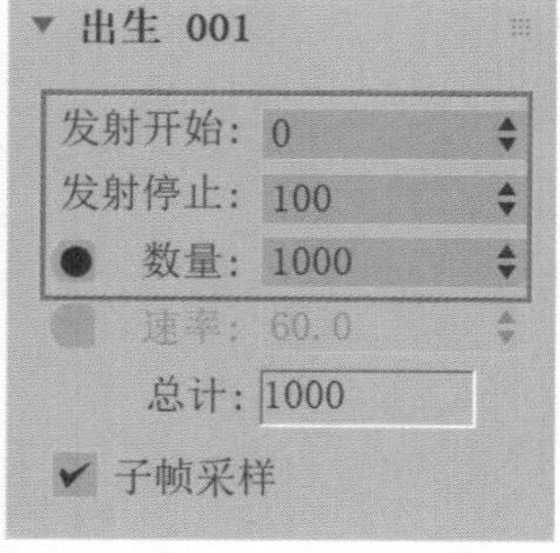

图 10-104

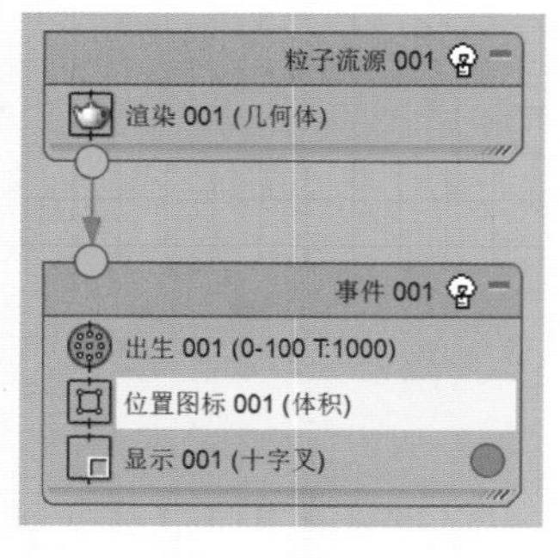

图 10-105

❾ 在“粒子视图”面板的“仓库”中，选择“图形实例 001（无）”操作符，以拖曳的方式将其放置于“事件 001”中，如图 10-106 所示。并将“粒子几何体对象”

设置为场景中的“箭”模型，如图 10-107 所示。

⑩ 选择“事件 001”中的“显示 001（十字叉）”操作符，如图 10-108 所示。

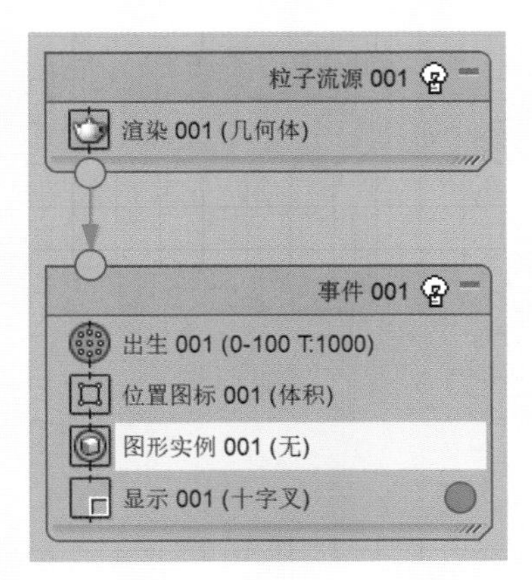

图 10-106

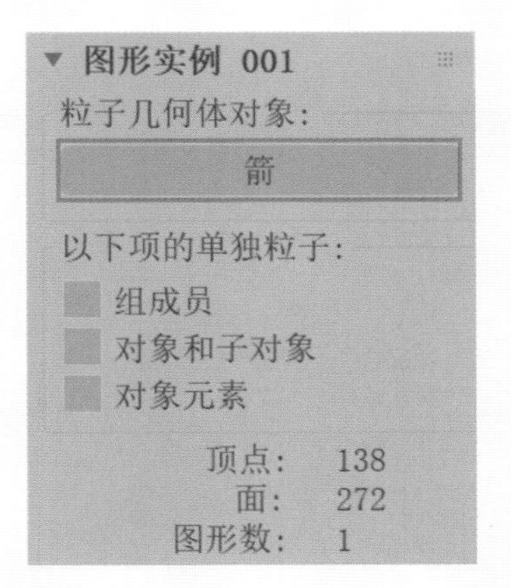

图 10-107

⑪ 在“显示 001”卷展栏中设置“类型”为“几何体”，如图 10-109 所示。这样，拖动“时间滑块”按钮，我们可以看到随着时间的变化，粒子发射器上会逐渐产生许多箭模型，如图 10-110 所示。

⑫ 在“粒子视图”面板的“仓库”中，选择“速度 001（沿图标箭头）”操作符，以拖曳的方式将其放置于“事件 001”中，如图 10-111 所示。

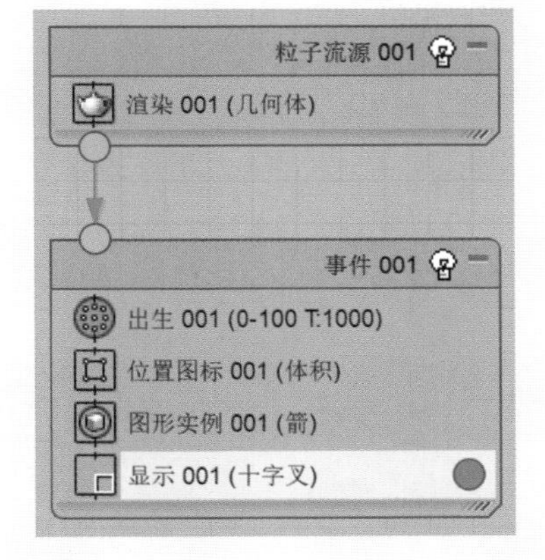

图 10-108

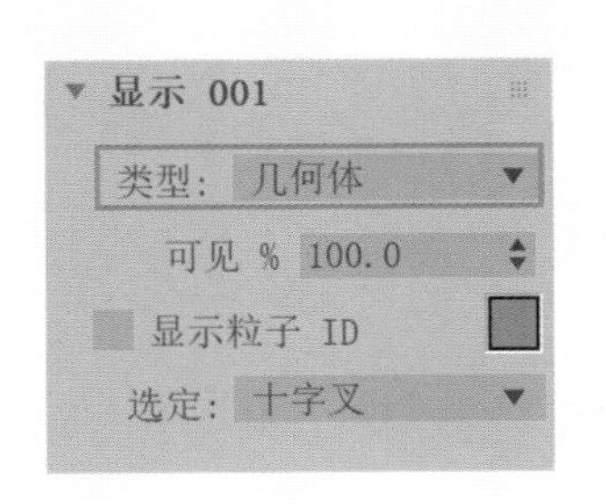

图 10-109

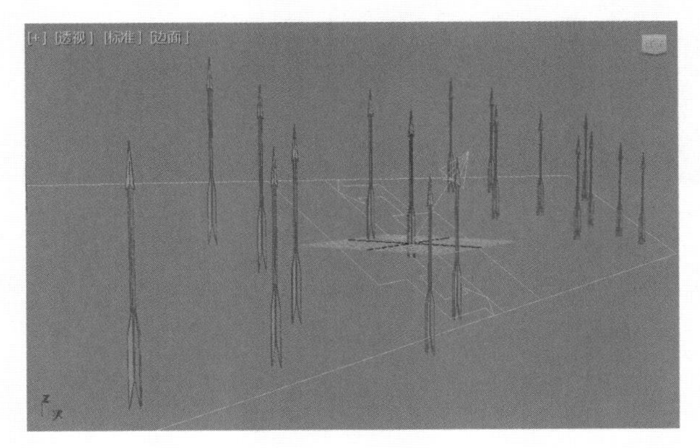

图 10-110

⑬ 在“粒子视图”面板的“仓库”中，选择“旋转 001（随机 3D）”操作符，以拖曳的方式将其放置于“事件 001”中，如图 10-112 所示。

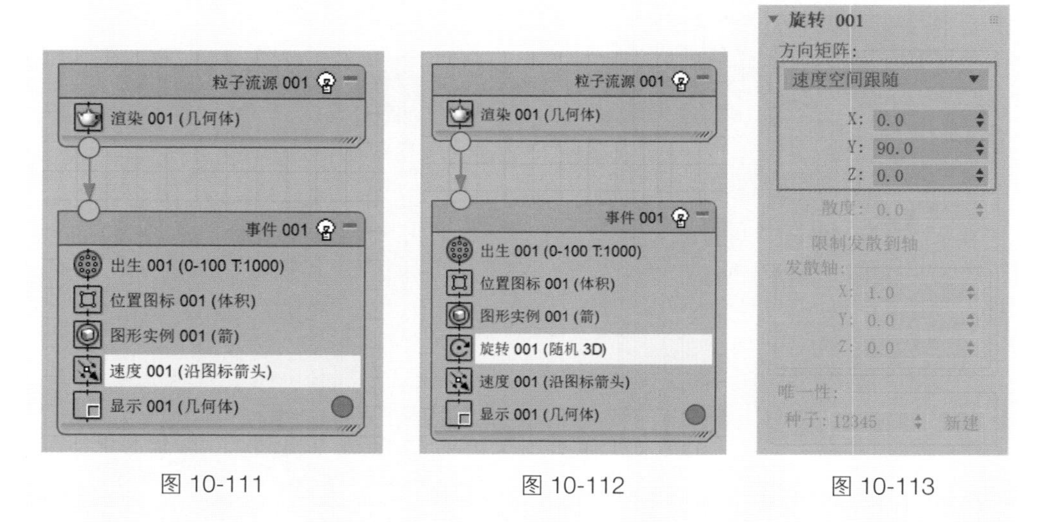

图 10-111　　图 10-112　　图 10-113

⑭ 在“旋转 001”卷展栏中，设置“方向矩阵”为“速度空间跟随”，设置 Y 的值为 90，如图 10-113 所示。设置完成后播放场景动画，可以看到现在箭的方向与其运动的方向是一致的，如图 10-114 所示。

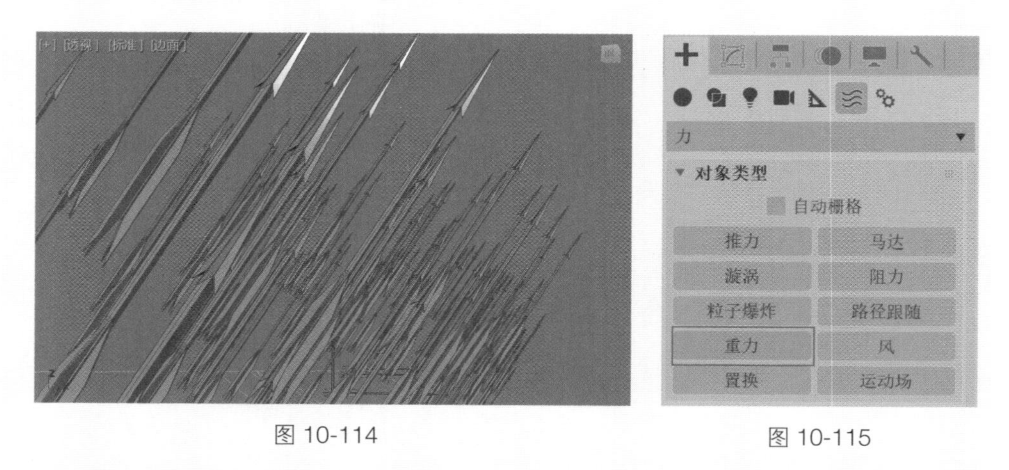

图 10-114　　图 10-115

⑮ 在“创建”面板中单击“重力”按钮，如图 10-115 所示。在场景中任意位置处创建一个重力对象，如图 10-116 所示。

⑯ 在“粒子视图”面板的“仓库”中，选择“力 001（无）”操作符，以拖曳的方式将其放置于“事件 001”中，如图 10-117 所示。

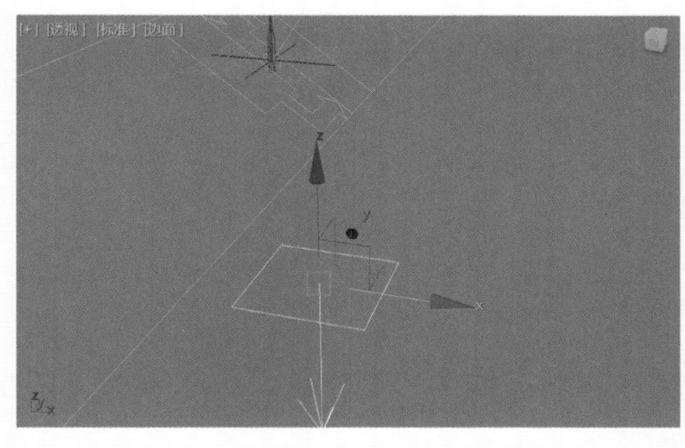

图 10-116

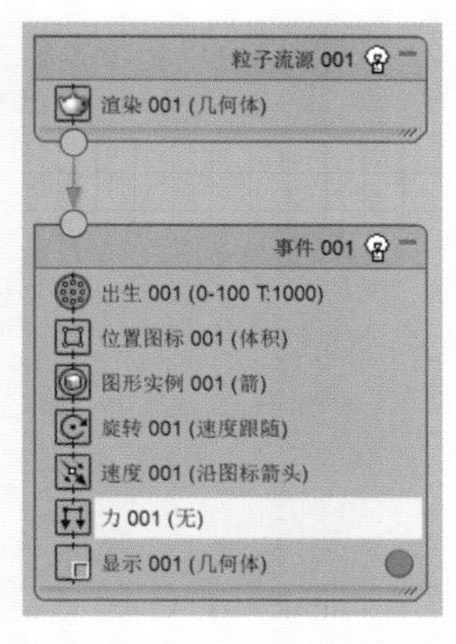

图 10-117

⑰ 将场景中的“Gravity001”重力对象添加至“力空间扭曲”文本框内，设置其“影响”值为 100，如图 10-118 所示。

⑱ 选择“事件 001”中的“速度 001（沿图标箭头）”操作符，如图 10-119 所示。

⑲ 在“速度 001”卷展栏中，设置“速度”值为 2300，“变化”值为 200，“散度”值为 10，如图 10-120 所示。

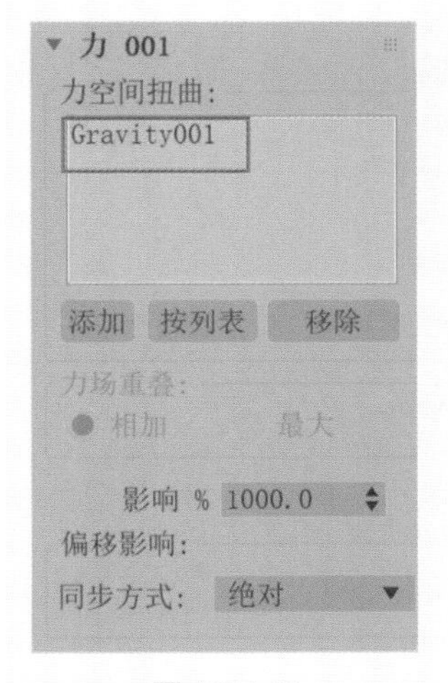

图 10-118

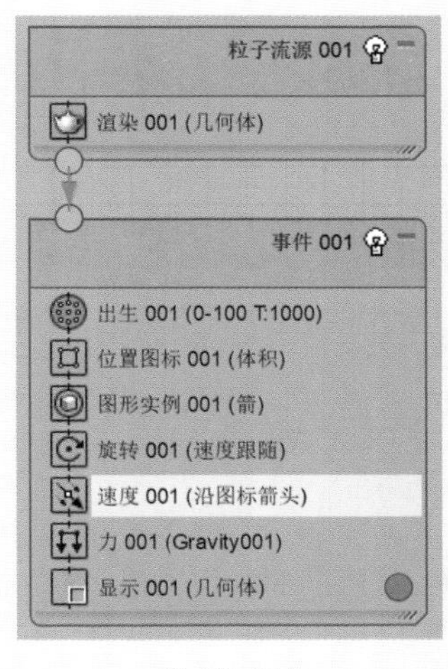

图 10-119

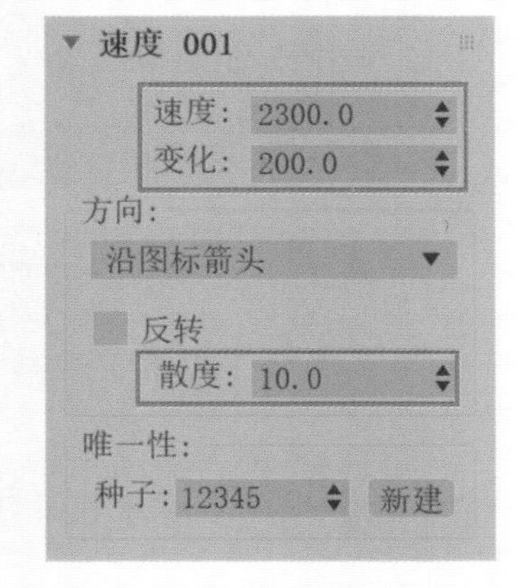

图 10-120

⑳ 在“粒子视图”面板的“仓库”中，选择“删除 001（全部）”操作符，以拖曳的方式将其放置于“事件 001”中，如图 10-121 所示。

㉑ 在“删除 001”卷展栏中，设置“移除”的选项为“按粒子年龄”，设置“寿命”值为 70，如图 10-122 所示。

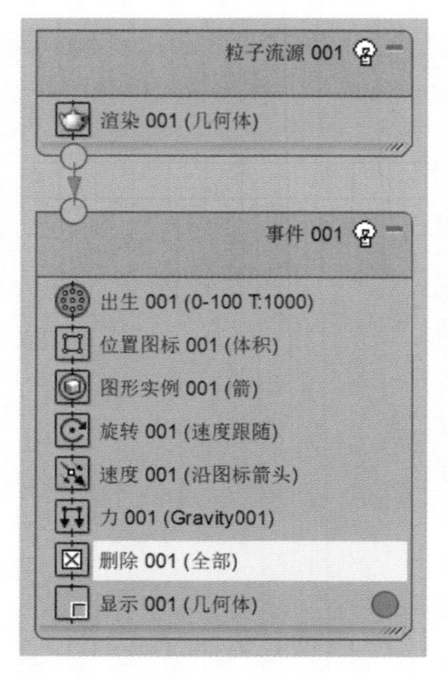

图 10-121

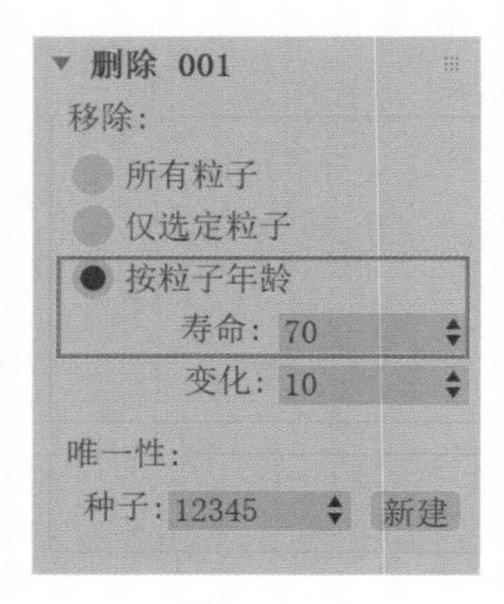

图 10-122

㉒ 设置完成后播放场景动画，本实例的最终效果截图如图 10-123 所示。

图 10-123

学习完本实例后，读者可以尝试制作炮弹发射等动画效果。

10.3.5 实例：制作移形换位动画

实例介绍

本实例将讲解如何使用粒子系统制作茶壶模型移形换位的动画效果，本实例的渲染效果如图 10-124 所示。

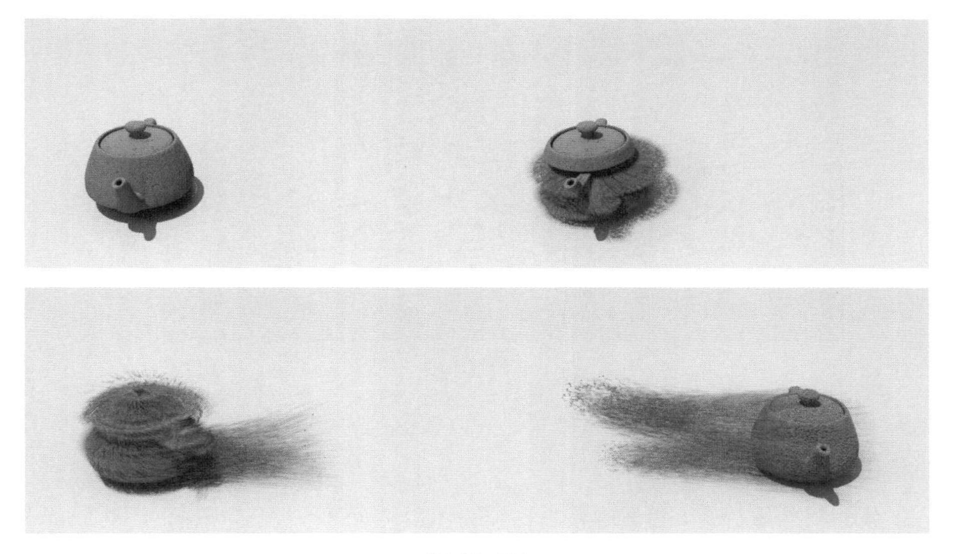

图 10-124

思路分析

在制作本实例前，应先思考制作移形换位效果需要用到哪些操作符，再进行动画的制作。

步骤演示

❶ 启动中文版 3ds Max 2022 软件，打开本书配套场景文件“茶壶.max”，场景里有两个茶壶的模型，并且已设置好材质，如图 10-125 所示。

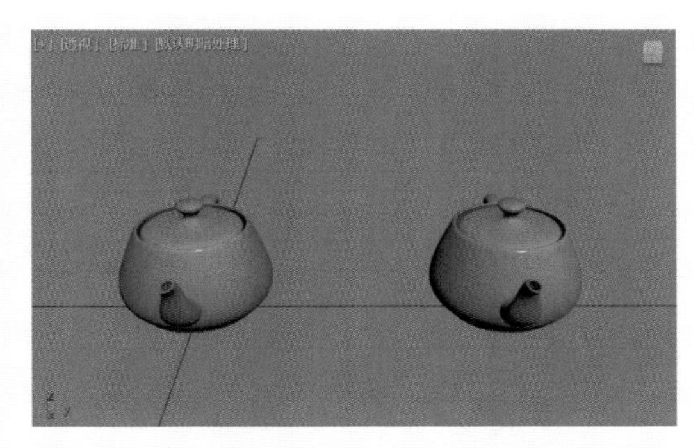

图 10-125

❷ 在菜单栏执行“图形编辑器 / 粒子视图”命令，打开“粒子视图”面板，如图 10-126 所示。

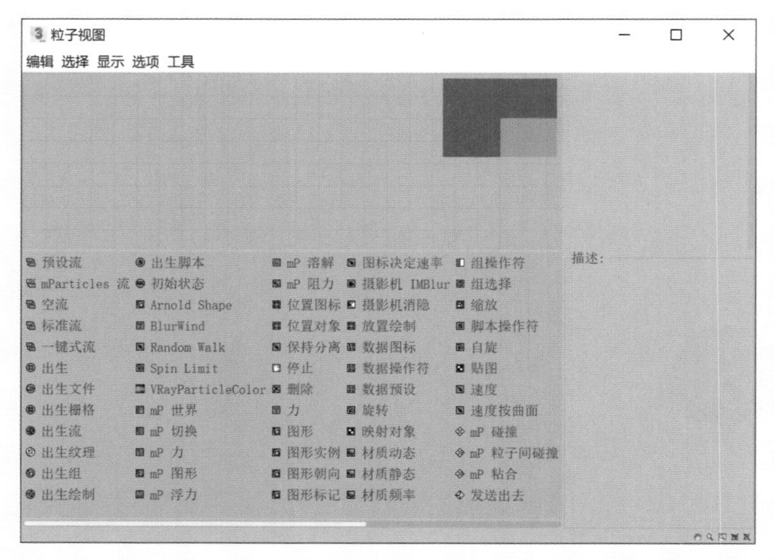

图 10-126

❸ 在“仓库”中选择“空流”操作符，并以拖曳的方式将其添加至“工作区”中，如图 10-127 所示。

❹ 在“发射”卷展栏中，设置“视口”值为 100，如图 10-128 所示。

❺ 在“粒子视图”面板的“仓库”中，选择“出生 001（0-30T:200）”操作符，以拖曳的方式将其放置于“工作区”中作为“事件 001”，并将其连接至“粒子流源 001”上，如图 10-129 所示。

❻ 在“出生 001”卷展栏中，设置“发射停止”值为 0，“数量”值为 20000，如图 10-130 所示。

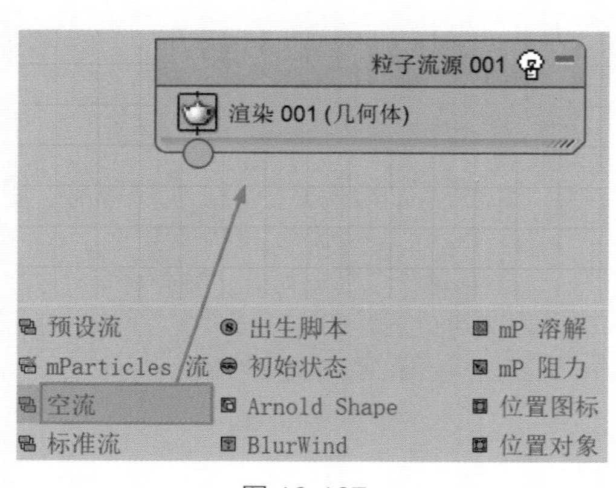

图 10-127

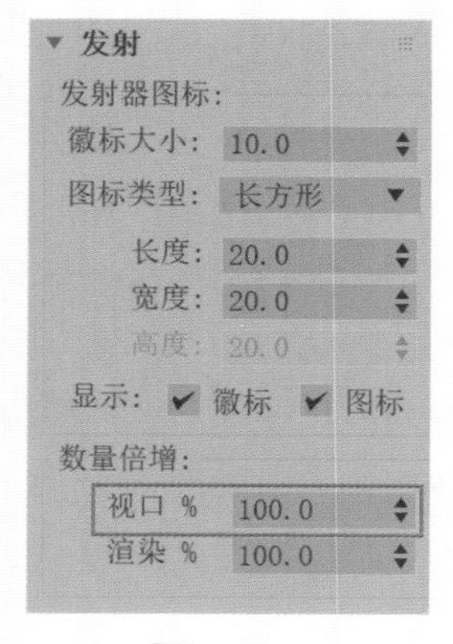

图 10-128

⑦ 在“粒子视图”面板的“仓库”中，选择“位置对象 001（无）”操作符，以拖曳的方式将其放置于“工作区”中的“事件 001”中，将粒子的位置设置在场景中的粒子发射器图标上，如图 10-131 所示。

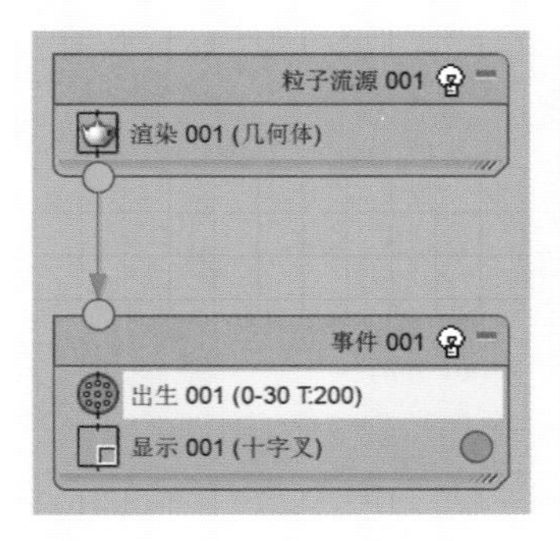

图 10-129

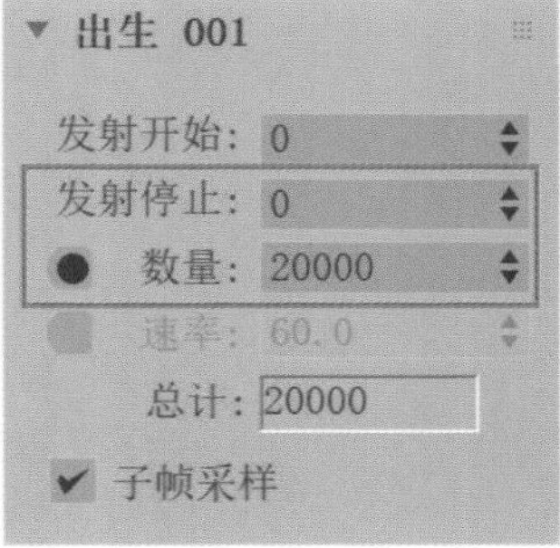

图 10-130

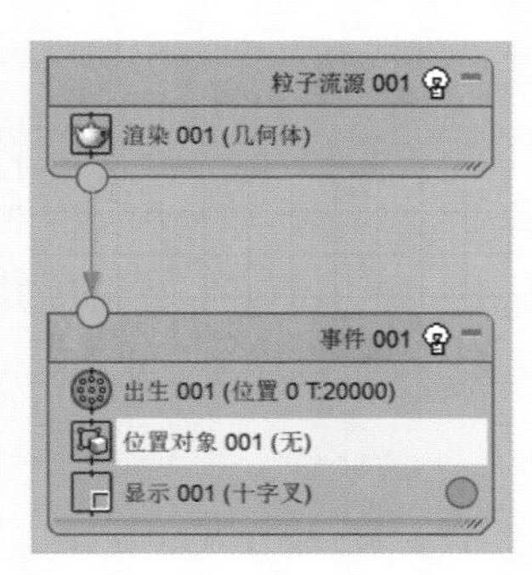

图 10-131

⑧ 在“位置对象 001”卷展栏中，拾取场景左侧的“Teapot001”茶壶模型作为粒子的“发射器对象”，如图 10-132 所示。设置完成后，可以看到该茶壶模型上所生成的粒子效果，如图 10-133 所示。

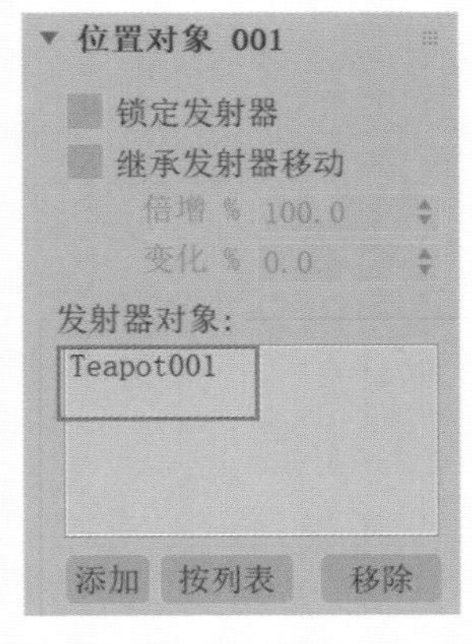

图 10-132

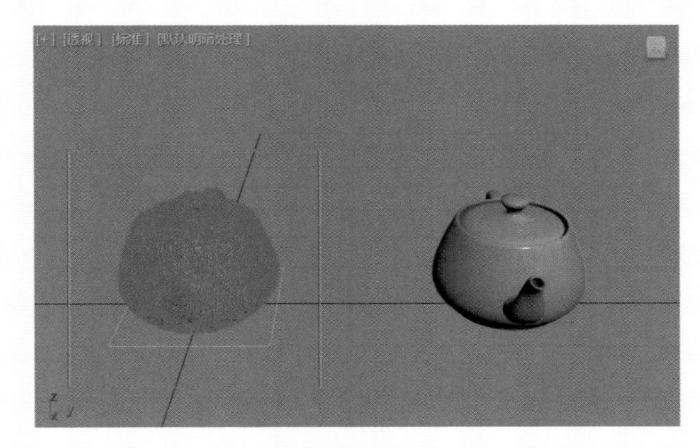

图 10-133

⑨ 在“粒子视图”面板的“仓库”中，选择“形状 001（立方体 3D）”操作符，以拖曳的方式将其放置于“事件 001”中，如图 10-134 所示。

⑩ 选择“事件 001”中的“显示 001（十字叉）”操作符，如图 10-135 所示。

⑪ 在“显示 001”卷展栏中，设置“类型”为“几何体”，如图 10-136 所示。

⑫ 在“形状 001”卷展栏中，设置粒子的形状为“立方体”，“大小”值为 0.7，如图 10-137 所示。

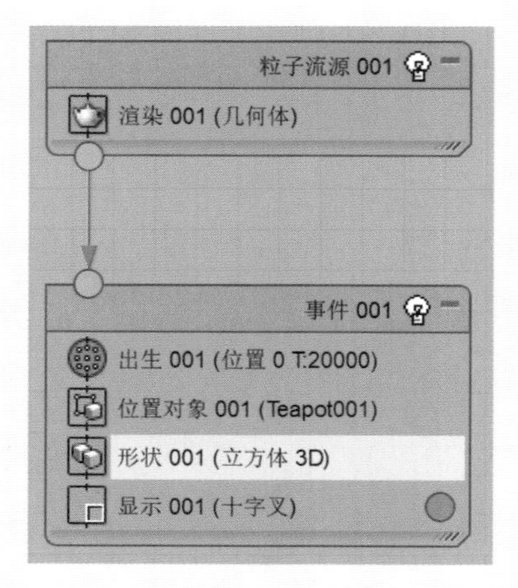

图 10-134

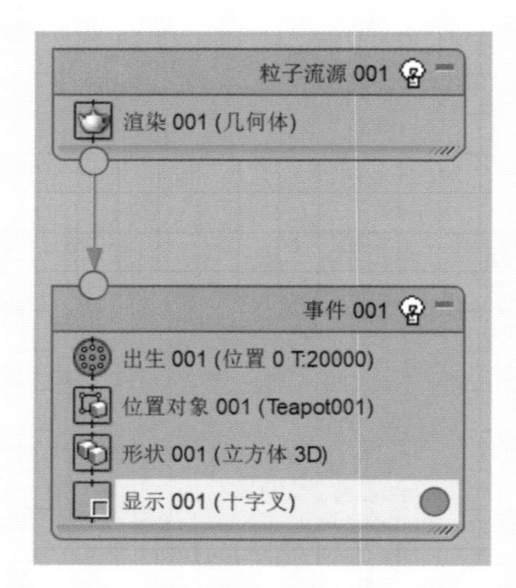

图 10-135

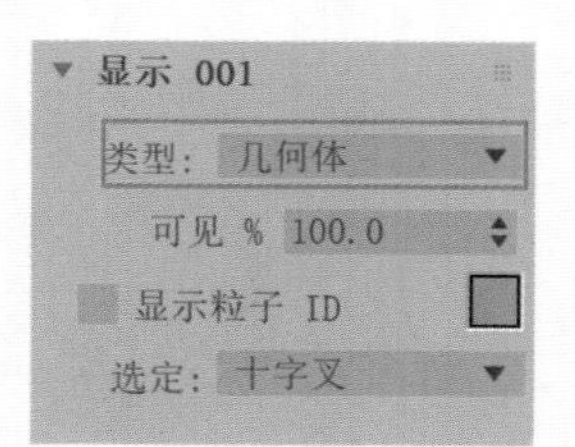

图 10-136

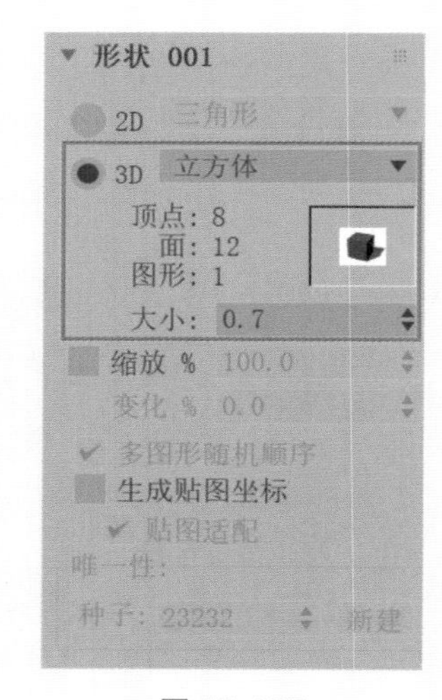

图 10-137

⑬ 设置完成后，隐藏左侧的茶壶模型，观察场景，粒子的视图显示效果如图 10-138 所示。

⑭ 在“创建”面板中，单击“导向板”按钮，如图 10-139 所示。在粒子下方创建一个导向板，如图 10-140 所示。

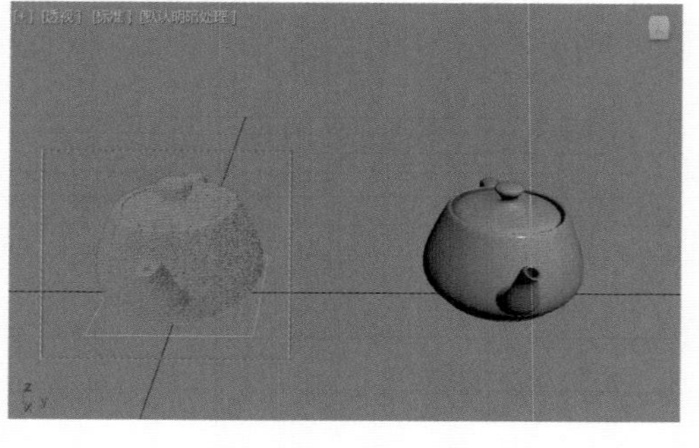

图 10-138

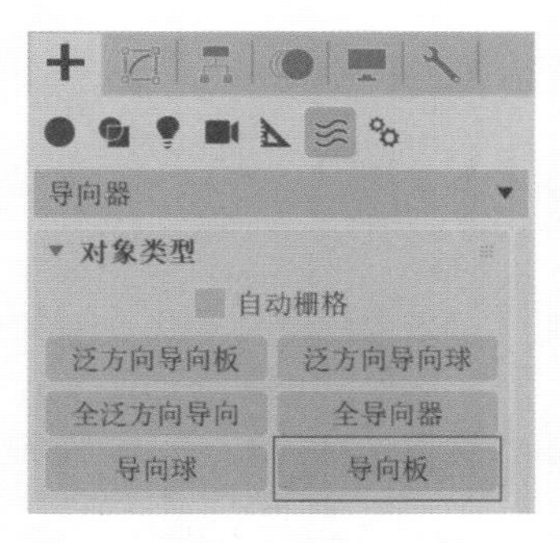

图 10-139

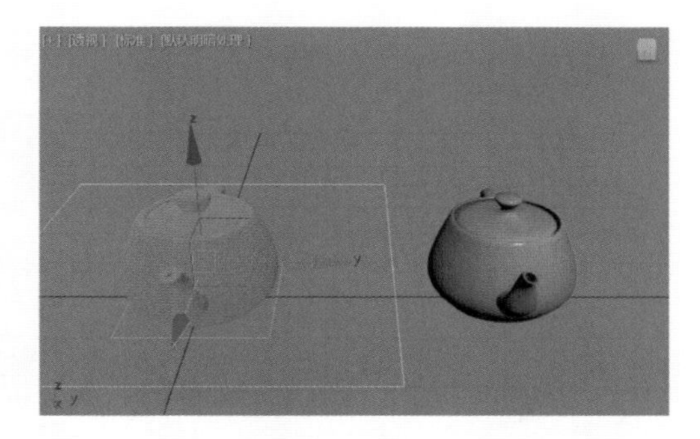

图 10-140

⑮ 单击“自动”按钮，如图 10-141 所示。在第 35 帧的位置，在“修改”面板中，设置导向板的位置，如图 10-142 所示。

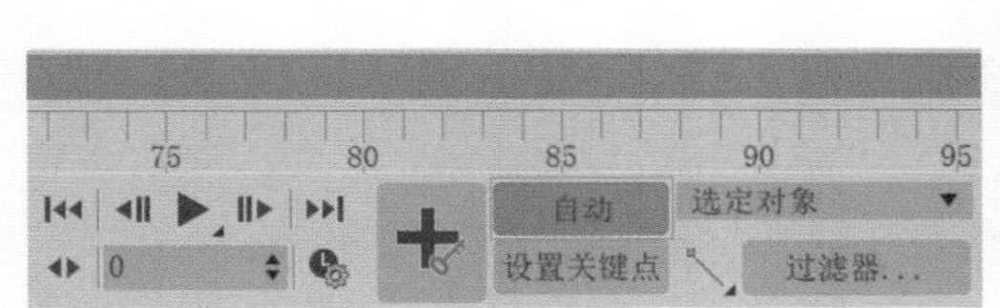

图 10-141

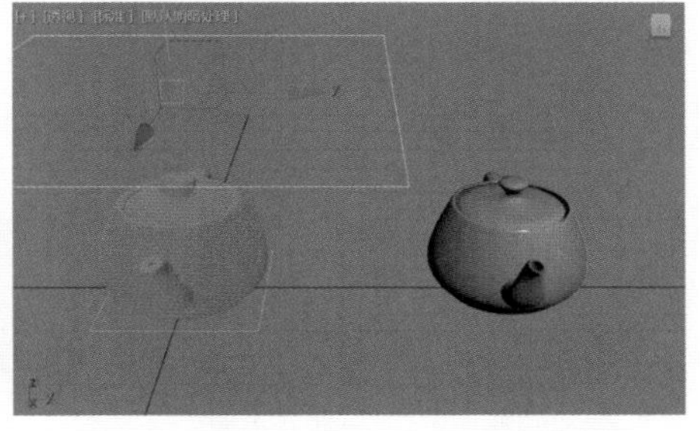

图 10-142

⑯ 将第 0 帧的关键帧移动至第 10 帧的位置，使导向板的位移动画从第 10 帧开始，设置完成后，再次单击“自动”按钮，使记录关键帧功能处于关闭状态，如图 10-143 所示。

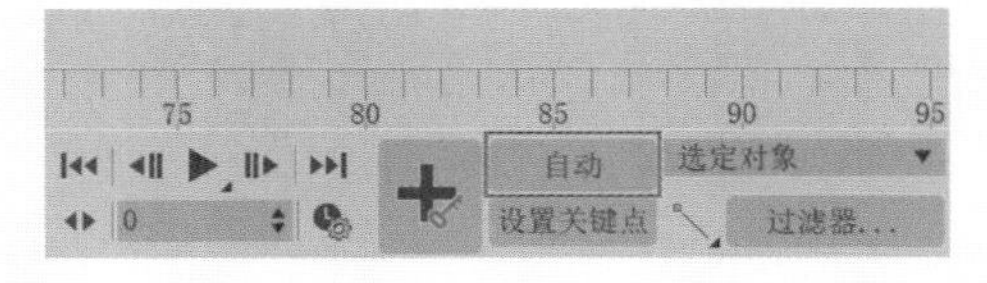

图 10-143

⑰ 在“创建”面板中，单击“漩涡”按钮，如图 10-144 所示。

⑱ 在场景中粒子的下方创建一个箭头方向向上的漩涡对象，如图 10-145 所示。

⑲ 在“粒子视图”面板的“仓库”中，选择“碰撞 001（无）”操作符，以拖曳的方式将其放置于“事件 001”中，如图 10-146 所示。并拾取场景中的“Deflector001”导向板作为粒子的“导向器”，设置“速度”为“停止”，如图 10-147 所示。

⑳ 在“粒子视图”面板的“仓库”中，选择“力 001（无）”操作符，以拖曳的方式将其放置于“工作区”中作为新的“事件 002”，并将其与“事件 001”中的“碰

撞 001（Deflector001）”操作符连接起来，如图 10-148 所示。

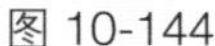
图 10-144

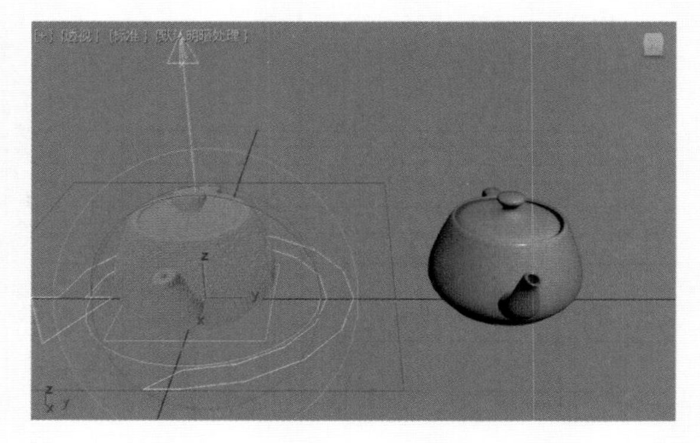
图 10-145

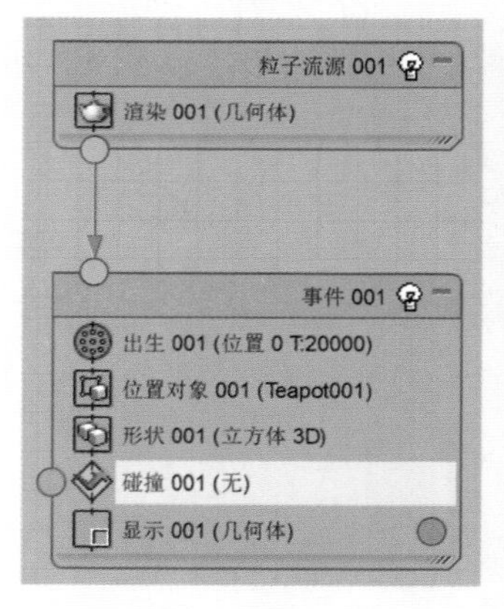

图 10-146

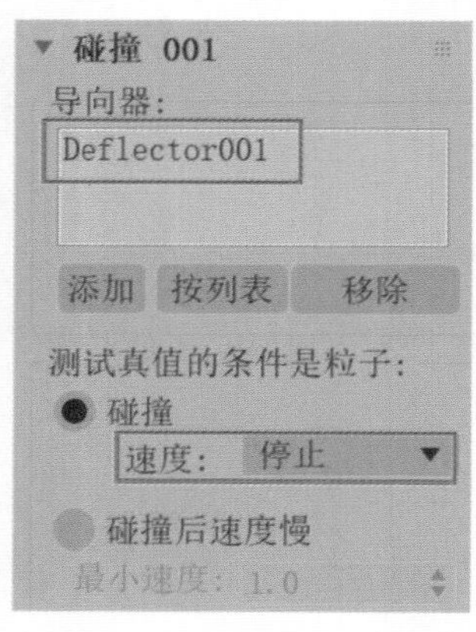

图 10-147

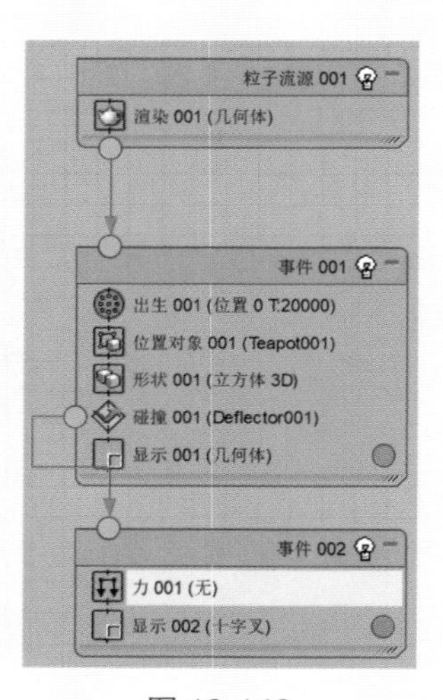

图 10-148

㉑ 在“力 001”卷展栏中，拾取场景中的漩涡作为粒子的“力空间扭曲”对象，如图 10-149 所示。

㉒ 选择漩涡对象，在“修改”面板中，设置“轴向下拉”值为 0，“径向拉力”值为 3.5，如图 10-150 所示。

㉓ 设置完成后，播放场景动画，粒子受到漩涡对象所产生的动画效果如图 10-151 所示。

㉔ 在“粒子视图”面板的“仓库”中，选择“年龄测试 001（事件 > 20±5）”操作符，以拖曳的方式将其放置于“事件 002”中，如图 10-152 所示。

图 10-149

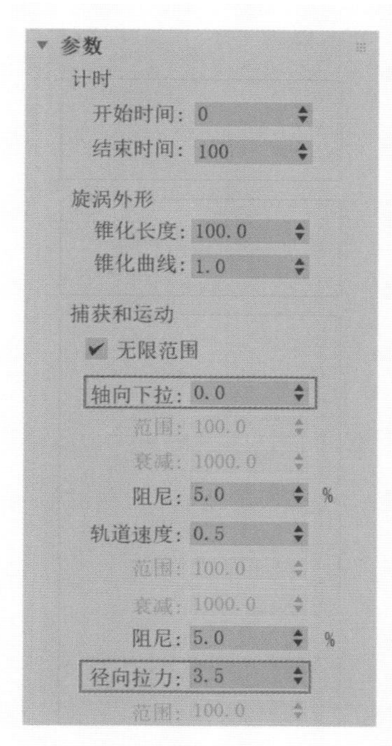

图 10-150

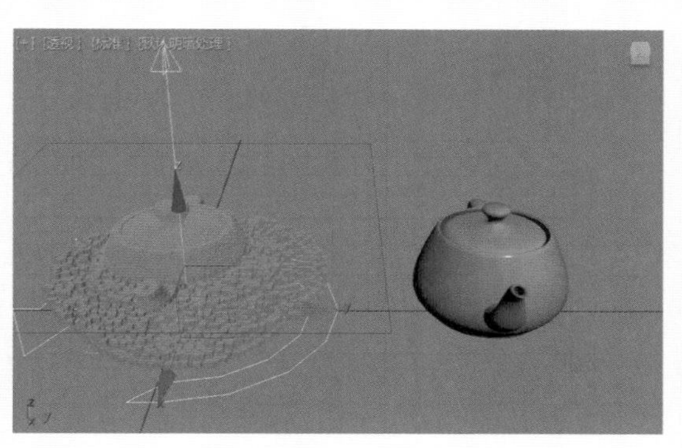

图 10-151

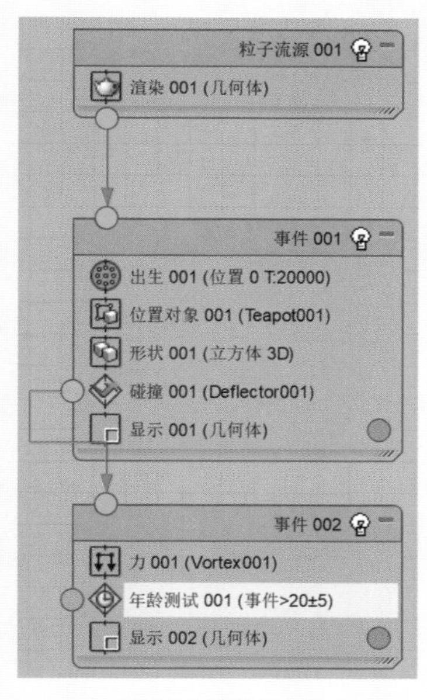

图 10-152

㉕ 在“年龄测试 001”卷展栏中，设置年龄测试的选项为“事件年龄”，设置“测试值”为 20，如图 10-153 所示。

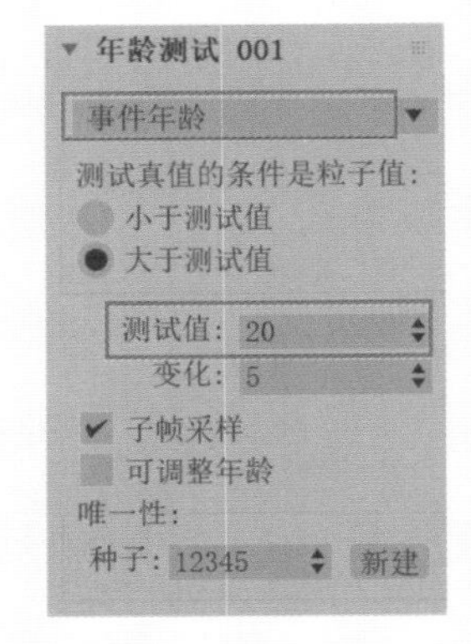

图 10-153

㉖ 在“粒子视图”面板的“仓库”中，选择“停止 001（位置 + 旋转）”操作符，以拖曳的方式将其放置于“工作区”中作为新的“事件 003”，并将其与“事件 002”中的“年龄测试 001（事件 > 20 ± 5）”操作符连接起来，如图 10-154 所示。

㉗ 在“粒子视图”面板的“仓库”中，选择“Find Target 001（速度）”操作符，以拖曳的方式将其放置于“事件 003”中，如图 10-155 所示。

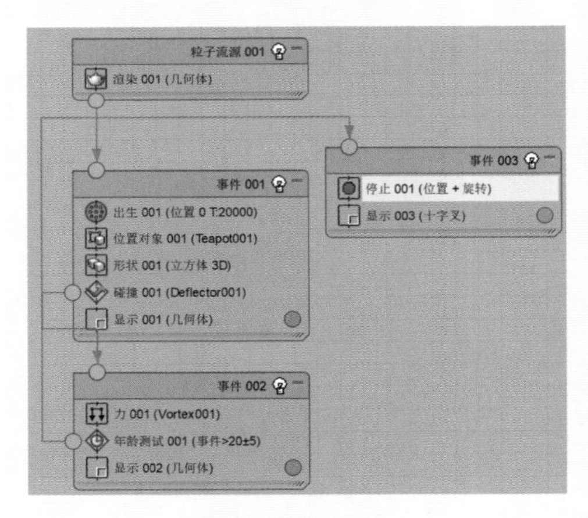

图 10-154

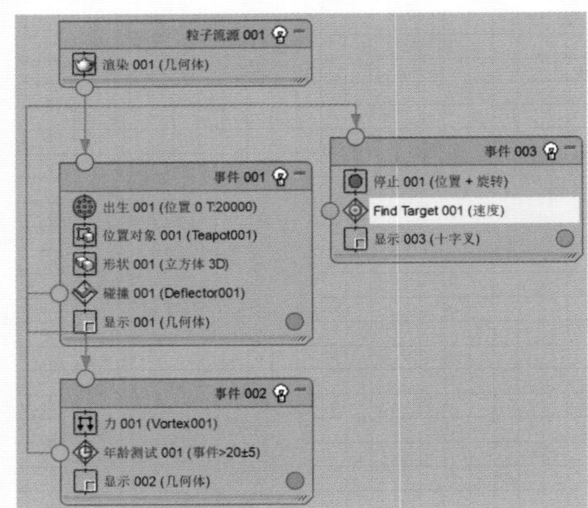

图 10-155

㉘ 在“Find Target001”卷展栏中，设置目标为“网格对象”，并将场景中右侧的“Teapot 002”茶壶模型添加进来，如图 10-156 所示。

㉙ 在“粒子视图”面板的“仓库”中，选择“停止 002（位置 + 旋转）”操作符，以拖曳的方式将其放置于“工作区”中作为新的“事件 004”，并将其与“事件 003”中的“Find Target 001（速度）”操作符连接起来，如图 10-157 所示。

㉚ 设置完成后播放场景动画，可以看到茶壶从一个地方散开后到了另一个地方又汇聚起来，本实例的最终动画效果截图如图 10-158 所示。

图 10-156

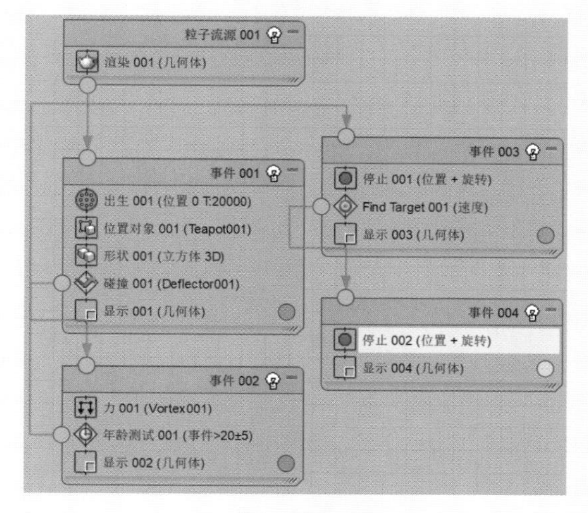

图 10-157

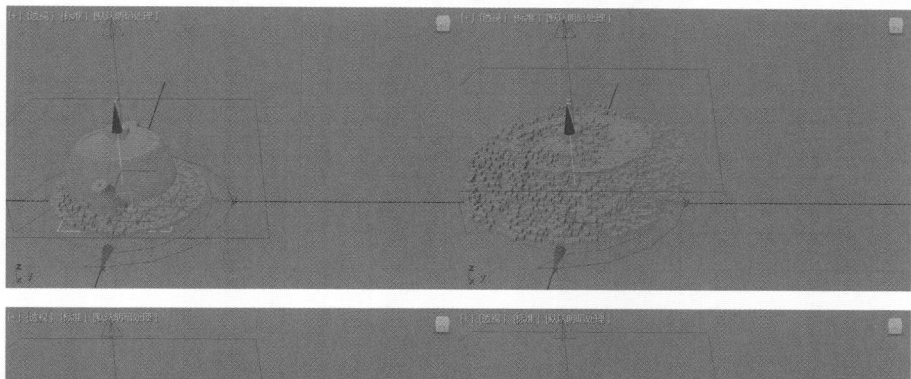

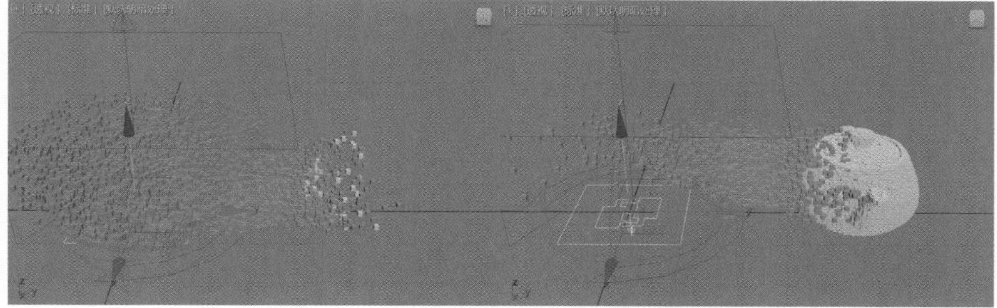

图 10-158

毛发系统

11.1 毛发概述

毛发特效一直是众多三维软件用户关注的核心技术之一，制作毛发不但麻烦，渲染起来也非常耗时。通过 3ds Max 软件自带的“Hair 和 Fur（WSM）”修改器，可以在任意物体或其局部上制作出非常理想的毛发效果及毛发的动力学碰撞动画。使用这一修改器，不但可以制作人物的头发，还可以制作出漂亮的动物毛发、自然的草地及逼真的地毯。如图 11-1 和图 11-2 所示。

图 11-1

图 11-2

11.2 Hair 和 Fur（WSM）修改器

“Hair 和 Fur（WSM）”修改器是 3ds Max 软件毛发技术的核心所在。该修改器可应用于任意对象，如网格对象或样条线对象。如果对象是网格对象，则可在网格对象的整体或局部表面生成大量的毛发；如果对象是样条线对象，毛发将在样条线之间生成，这样通过调整样条线的弯曲程度及位置便可轻易控制毛发的生长形态。“Hair 和 Fur(WSM)”修改器在“修改器列表”中属于“世界空间修改器”类型，这意味着此修改器只能使用世界空间坐标，而不能使用局部坐标，如图 11-3 所示。毛发修改器常用参数的详解视频，可扫描图 11-4 中的二维码进行观看。

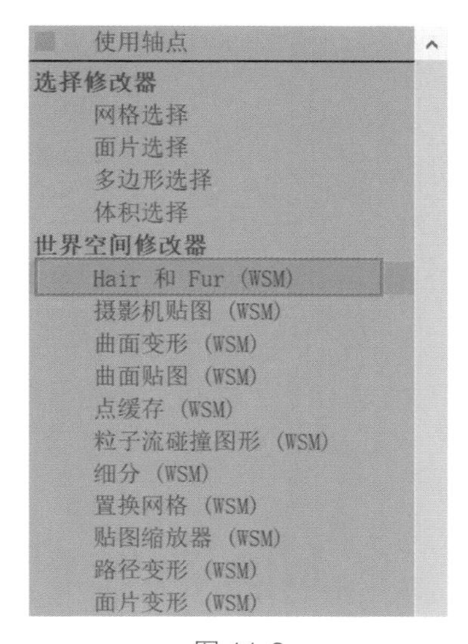

图 11-3

图 11-4

11.3 技术实例

11.3.1 实例：制作地毯毛发效果

实例介绍

本实例将为大家讲解如何使用“Hair 和 Fur（WSM）”修改器来制作地毯上的毛发效果，本实例的最终渲染效果如图 11-5 所示。

图 11-5

思路分析

在制作实例前，需要先观察地毯上的毛发形态，再思考调整哪些参数进行制作。

步骤演示

① 启动中文版 3ds Max 2022 软件，打开本书配套场景文件“地毯.max”，如图 11-6 所示。

② 由于“Hair 和 Fur（WSM）”修改器会自动依据模型本身的材质纹理生成毛发，

所以在为地毯模型添加“Hair 和 Fur（WSM）”修改器之前，首先应该为该模型添加正确的纹理贴图。选择场景中的地毯模型，按下快捷键M，打开“材质编辑器”面板，为其指定一个物理材质，并重命名为“地毯”，如图11-7所示。

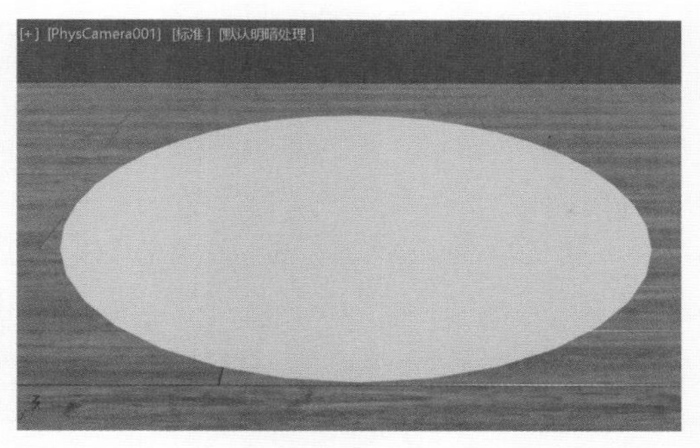

图 11-6

❸ 展开“常规贴图”卷展栏，在“基本颜色”的贴图通道上加载一张“地毯纹理.jpg”贴图，如图11-8所示。

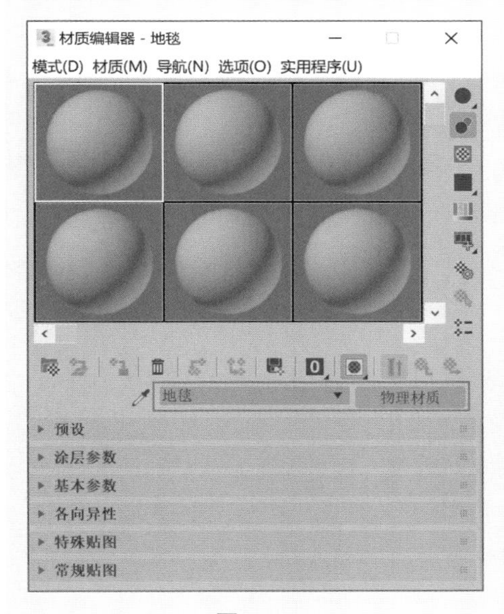

图 11-7

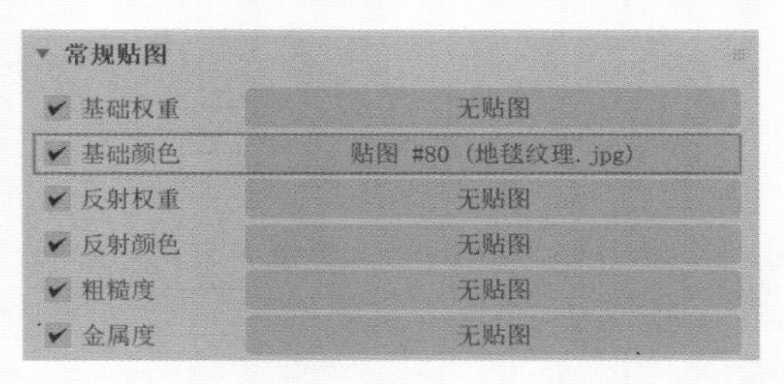

图 11-8

❹ 在“基本参数”卷展栏中，设置“粗糙度”值为0.8，如图11-9所示。

❺ 选择地毯模型，在“修改”面板中为其添加“UVW 贴图”修改器，如图11-10所示。

❻ 在 Gizmo 子对象层级中，调整 Gizmo 的大小，如图11-11所示。

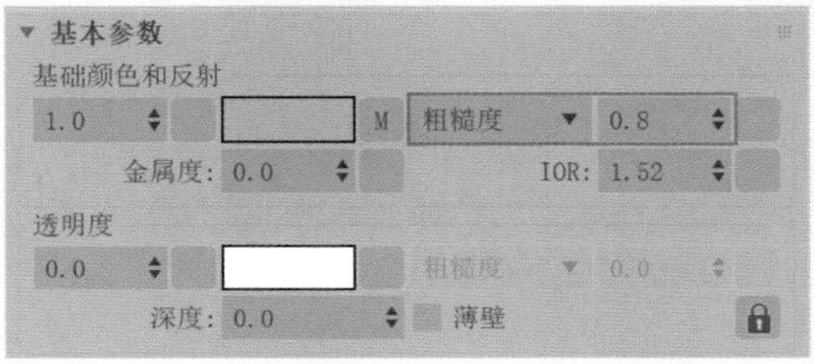

图 11-9

图 11-10

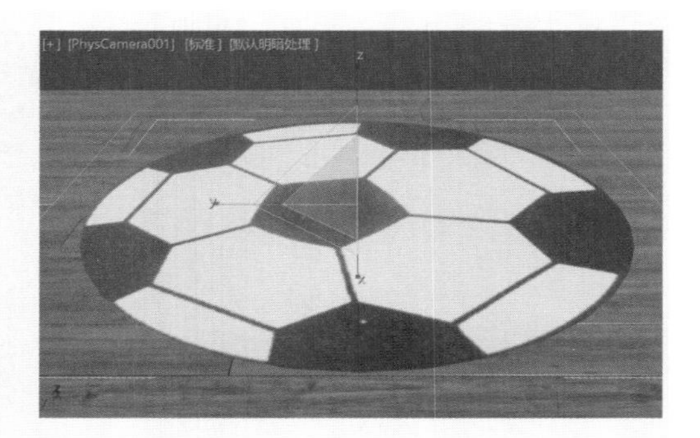

图 11-11

❼ 选择地毯模型，为其添加“Hair 和 Fur（WSM）”修改器，如图 11-12 所示。

❽ 添加完成后，地毯模型的视图显示效果如图 11-13 所示。

❾ 展开“常规参数”卷展栏，设置“毛发数量”的值为 100000，设置“比例”值为 10，设置“根厚度”值为 5，“梢厚度”值为 1，调整出地毯毛发的基本生长效果，如图 11-14 所示。

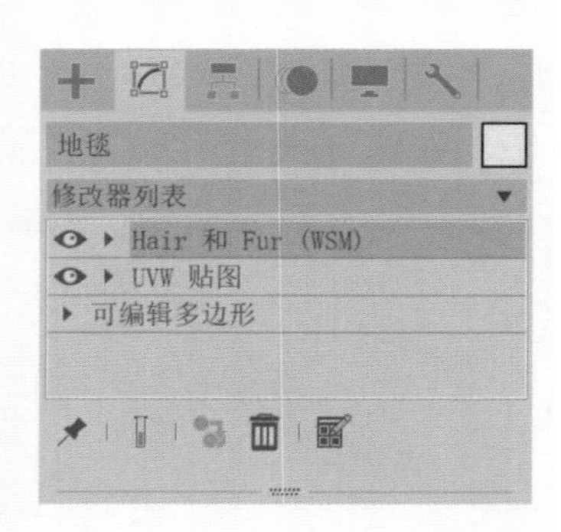

图 11-12

图 11-13

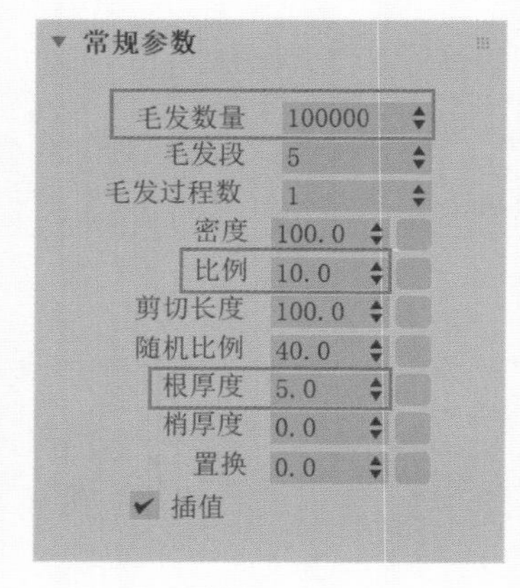

图 11-14

❿ 设置完成后的地毯视图显示效果如图 11-15 所示。

⓫ 渲染场景后，本实例的最终效果如图 11-16 所示。

图 11-15

图 11-16

学习完本实例后，读者可以尝试制作毛巾、毛毯等毛发效果。

11.3.2 实例：制作牙刷毛发效果

实例介绍

本实例将为大家讲解如何使用“Hair 和 Fur（WSM）”修改器来制作牙刷上的毛发效果，本实例的最终渲染效果如图 11-17 所示。

图 11-17

思路分析

在制作本实例前，需要先观察牙刷上的毛发形态，再思考调整哪些参数进行制作。

步骤演示

❶ 启动中文版 3ds Max 2022 软件，打开本书配套场景文件“牙刷 .max”，如图 11-18 所示。

❷ 在“创建”面板中，单击“圆柱体”按钮，如图 11-19 所示。

❸ 在“顶”视图中牙刷头位置处创建一个圆柱体，如图 11-20 所示。

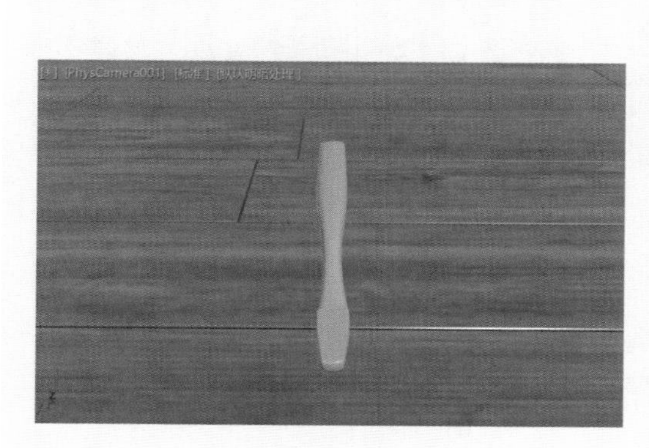

图 11-18

图 11-19

❹ 在“修改”面板中调整圆柱体的“半径”值为 0.15，“高度”值为 2，“高度分段”值为 1，如图 11-21 所示。

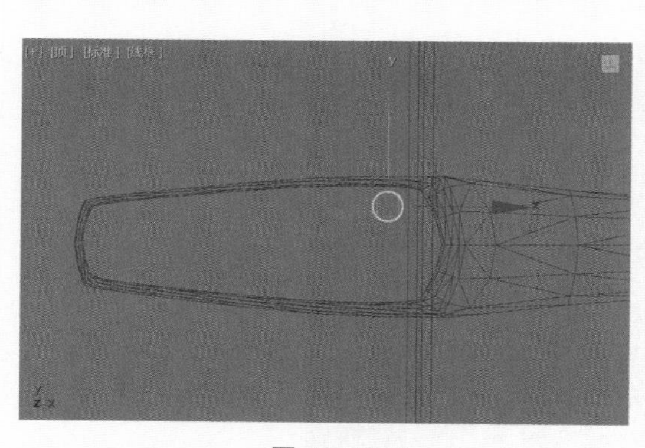

图 11-20

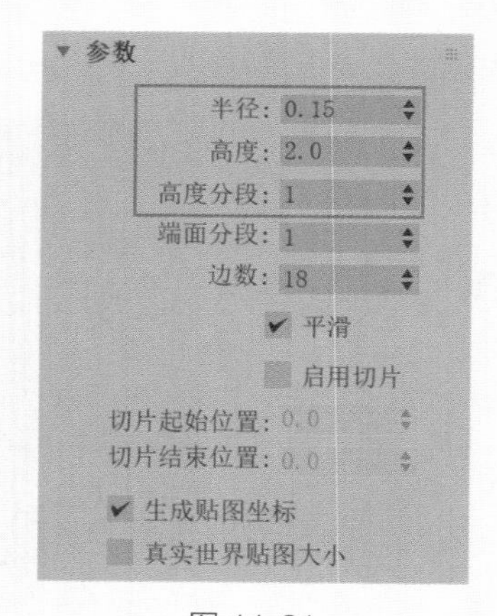

图 11-21

❺ 按住 Shift 键，对圆柱体模型进行多次复制，并分别调整其位置，如图 11-22 所示。

❻ 选择所有的圆柱体模型，在“实用程序”面板上，单击“塌陷”按钮，在展开的“塌陷”卷展栏内，单击“塌陷选定对象”按钮，如图 11-23 所示，将所有的圆柱体合并为一个几何体对象。

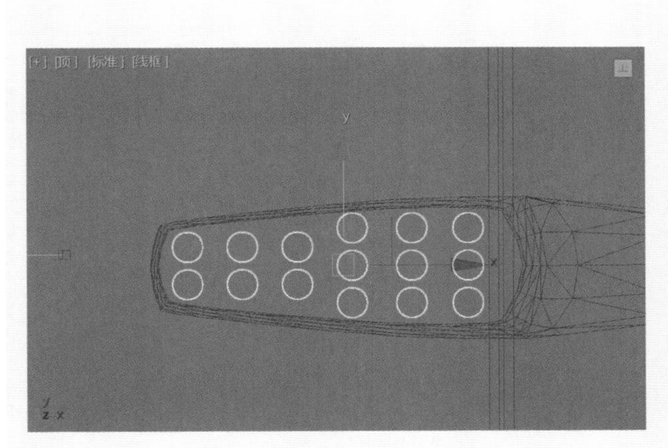

图 11-22

图 11-23

❼ 在“修改”面板中，按下快捷键 4，进入到“多边形”子层级，选择图 11-24 所示的面并将其删除，删除后的模型效果如图 11-25 所示。

❽ 在“透视”视图中，调整圆柱体模型的位置，如图 11-26 所示。

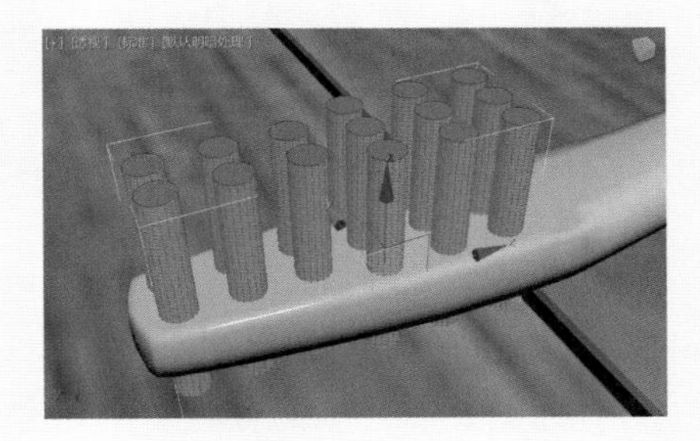

图 11-24

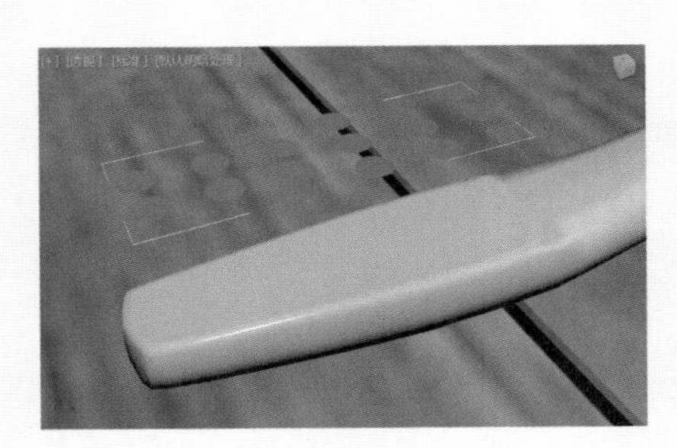

图 11-25

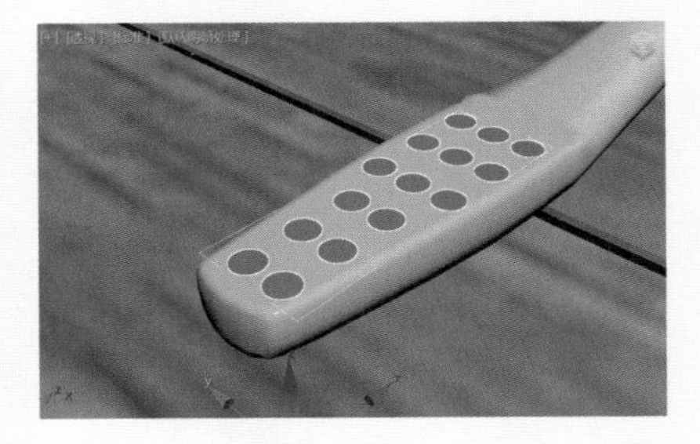

图 11-26

❾ 在“修改”面板中，为其添加“Hair 和 Fur（WSM）”修改器，即可看到短短的

牙刷毛制作出来了，如图 11-27 所示。

⑩ 单击“创建”面板中的“线”按钮，如图 11-28 所示。

⑪ 在“前”视图中创建一根线，用来定义牙刷毛的长度，如图 11-29 所示。

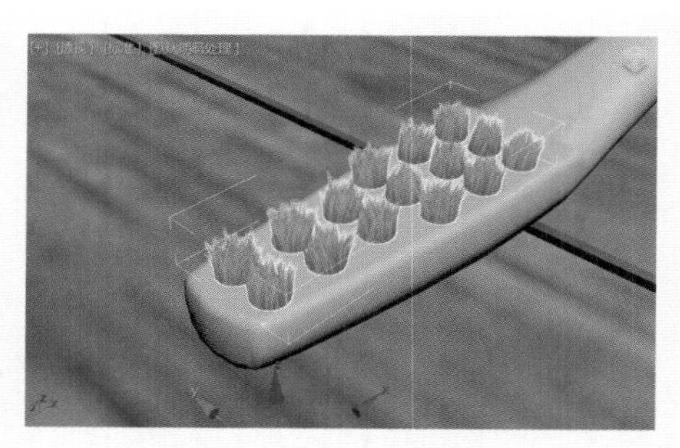

图 11-27

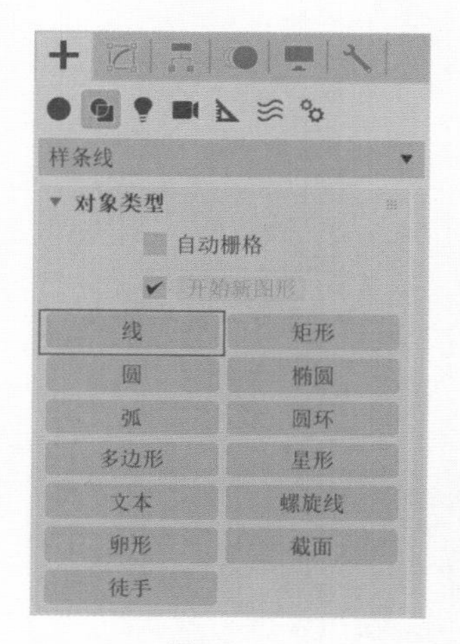

图 11-28

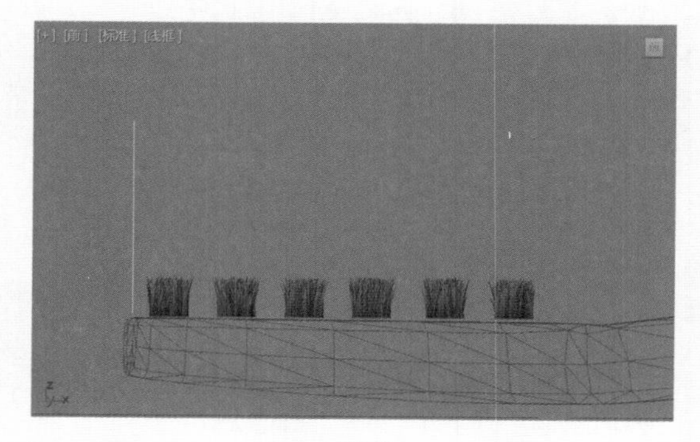

图 11-29

⑫ 在“修改”面板中，展开“工具”卷展栏，单击“从样条线重梳”按钮，如图 11-30 所示。再拾取场景中的直线，即可增加牙刷毛的长度，效果如图 11-31 所示。

⑬ 展开“常规参数”卷展栏，设置“毛发数量”值为 1000，设置“随机比例”值为 0，如图 11-32 所示。

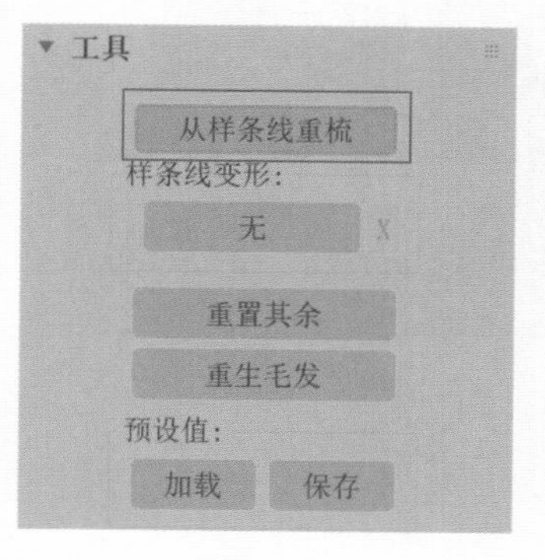

图 11-30

图 11-31

⑭ 设置完成后，毛发的视图显示效果如图 11-33 所示。

⑮ 渲染场景，这时我们会发现毛发并没有渲染出来，如图 11-34 所示。

⑯ 在“工具”卷展栏中，单击“毛发 -> 样条线”按钮，如图 11-35 所示，即可将毛发转化为样条线。

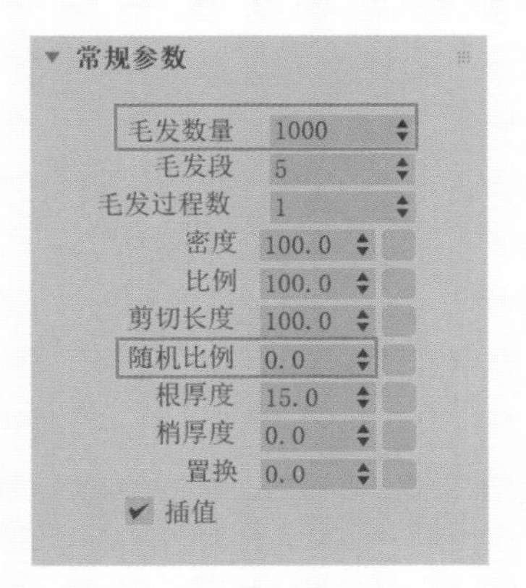

图 11-32

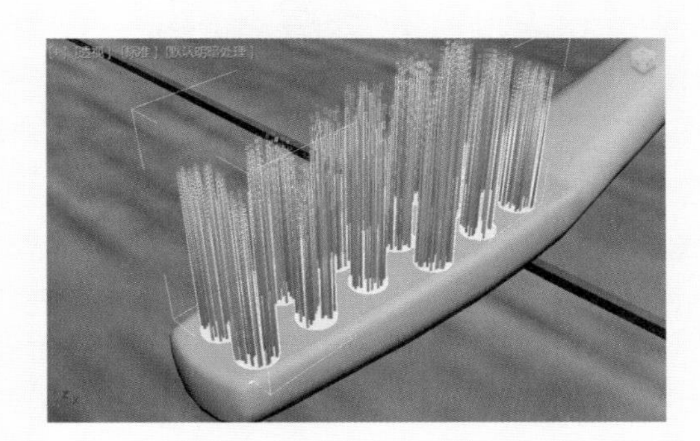

图 11-33

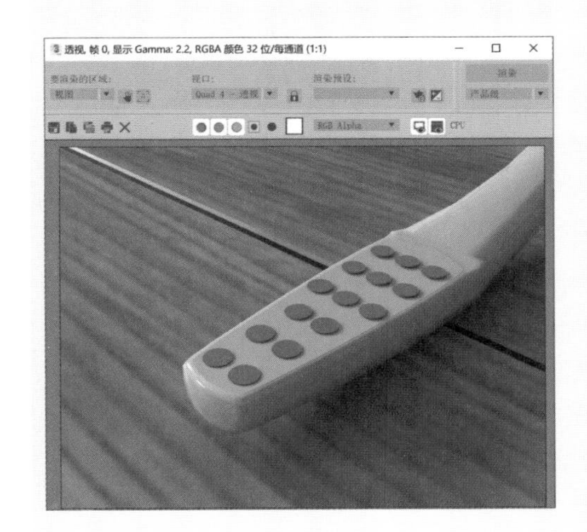

图 11-34

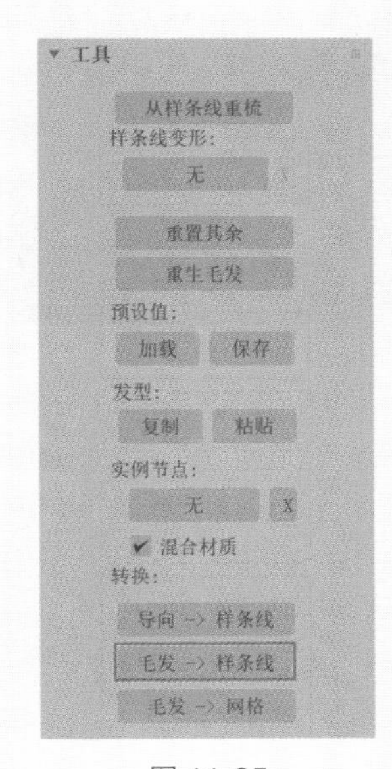

图 11-35

⑰ 选择场景中的样条线，如图 11-36 所示。

⑱ 在“渲染”卷展栏中，勾选“在渲染中启用”和“在视口中启用”选项，设置“厚度”值为 0.02，“边”值为 6，如图 11-37 所示。

⑲ 设置完成后，视图中的毛发显示效果如图 11-38 所示。

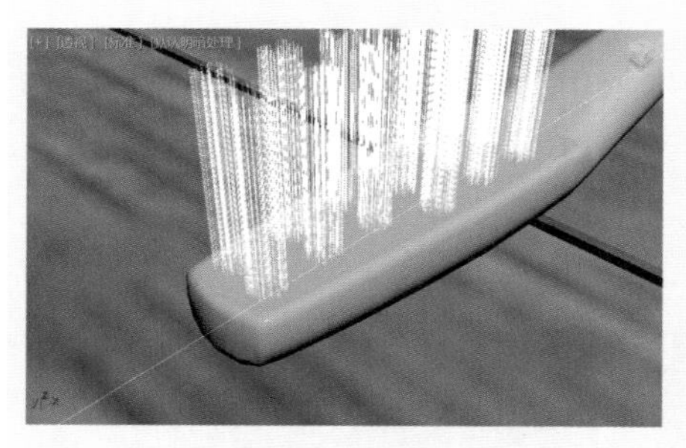

图 11-36

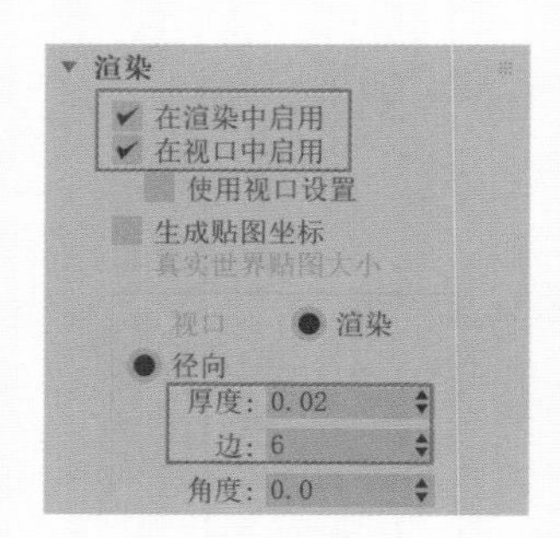

图 11-37

⑳ 渲染场景后，本实例的最终效果如图 11-39 所示。

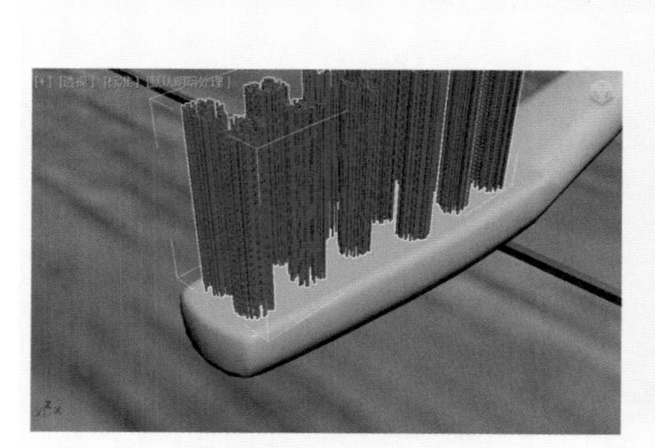

图 11-38

图 11-39

学习完本实例后，读者可以尝试制作毛刷、锅刷等物品的毛发效果。

动力学技术

12.1 动力学概述

动力学的出现使动画师不再需要花很多时间来制作运动规律复杂的物体掉落动画、布料特效动画、撞击动画，极大地节省了手动设置关键帧所消耗的时间。通过对物体质量、摩擦力、反弹力等多个属性进行合理设置，3ds Max 可以自动进行精细的物理作用动画计算，并在对象上生成大量的动画关键帧，如图 12-1 和图 12-2 所示。

图 12-1

图 12-2

启动中文版 3ds Max 2022 软件后，在“主工具栏”上单击鼠标右键，在弹出的快捷菜单上单击“MassFX 工具栏”命令，即可弹出跟动力学设置相关的命令图标，如图 12-3 所示。

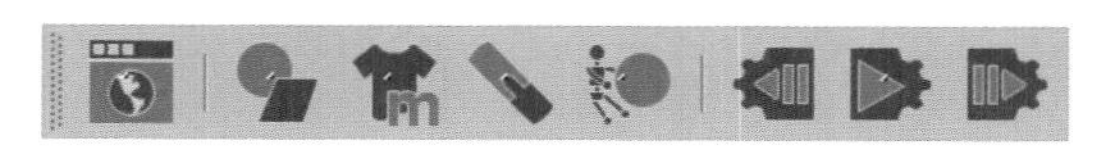

图 12-3

12.2 刚体设置

刚体是物理模拟中的对象，其形状和大小不会更改。例如，将场景中的任意几何体模型设置为刚体，它可能会反弹、滚动和四处滑动，无论对其施加多大的力，它都不会弯曲或折断，如图 12-4 所示。刚体动力学的基本设置详解视频，可扫描图 12-5 中的二维码进行观看。

图 12-4

图 12-5

12.3　布料设置

3ds Max 2022 软件除了为用户提供了刚体动力学模拟，还提供了布料动力学模拟，使动画师通过调节少量的参数即可快速制作出如窗帘飘动、旗帜飞舞、毛巾掉落等布料特效动画，如图 12-6 所示。布料动力学基本设置详解视频，可扫描图 12-7 中的二维码进行观看。

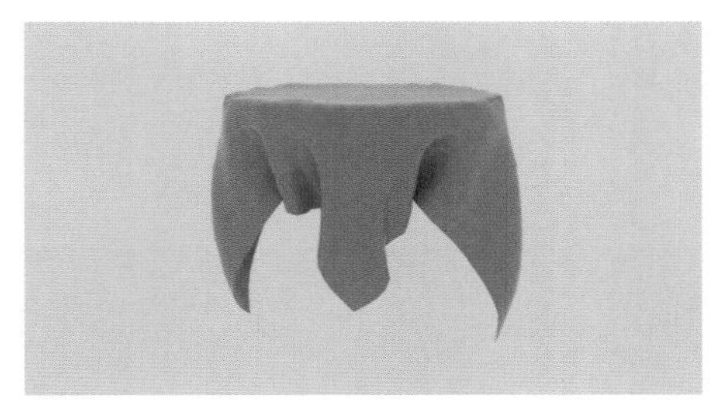

图 12-6

图 12-7

12.4　技术实例

12.4.1　实例：制作苹果下落动画

实例介绍

本实例将为大家讲解苹果掉落进碗里的动画设置方法，本实例的效果截图如图 12-8 所示。

图 12-8

思路分析

在制作本实例前，需要先思考该动画是否属于刚体动力学动画，再选择对应设置进行制作。

步骤演示

❶ 启动中文版 3ds Max 2022 软件，打开本书配套场景文件“苹果.max”，如图 12-9 所示。

❷ 选择场景中的苹果模型，在“前”视图中，按下快捷键 Shift，以拖曳的方式复制出另外两个苹果模型，如图 12-10 所示。

图 12-9

图 12-10

❸ 选择场景中的 3 个苹果模型，单击“将选定项设置为动力学刚体”按钮，如图 12-11 所示。

❹ 选择场景中的碗模型，单击“将选定项设置为静态刚体”按钮，如图 12-12 所示。

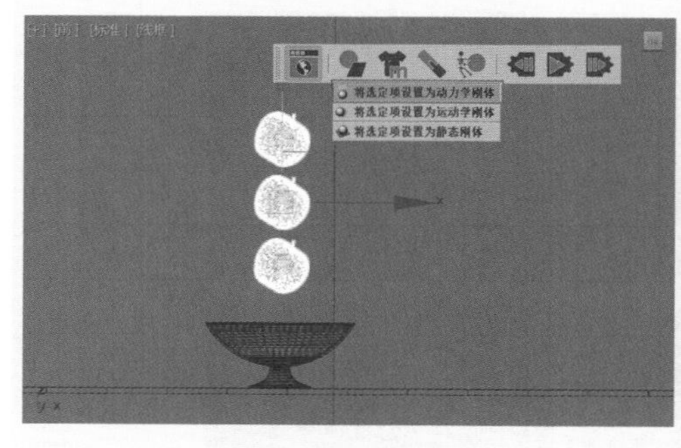

图 12-11

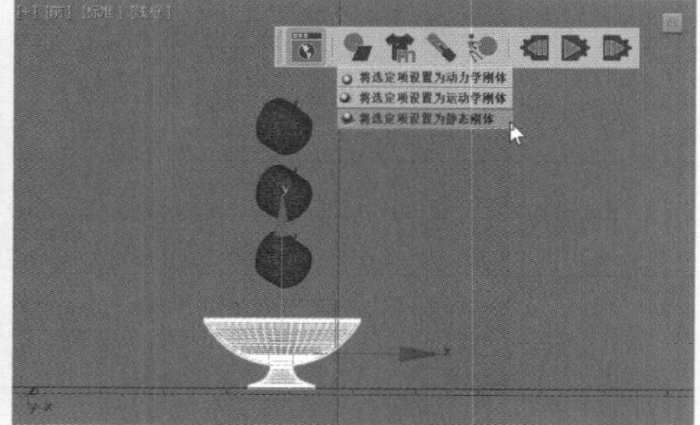

图 12-12

❺ 在“修改”面板中，展开“物理图形”卷展栏，设置“图形类型”为“原始的”，如图 12-13 所示。

❻ 在场景中选择 3 个苹果模型，如图 12-14 所示。

❼ 在“MassFX 工具”面板中，展开“场景设置”卷展栏，设置“子步数”值为 5，“解算器迭代数”值为 20，提高动力学计算的精度，如图 12-15 所示。

❽ 展开“刚体属性”卷展栏，单击“烘焙”按钮，开始动力学动画的计算，如图 12-16 所示。

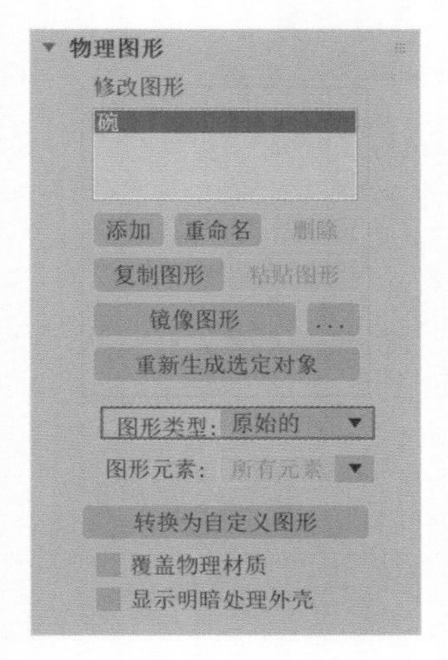

图 12-13

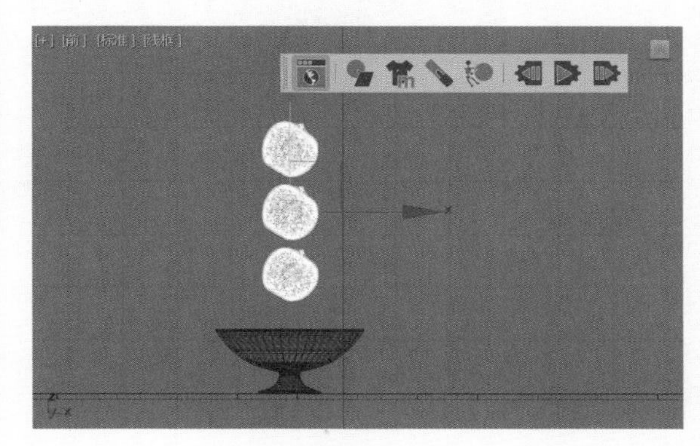

图 12-14

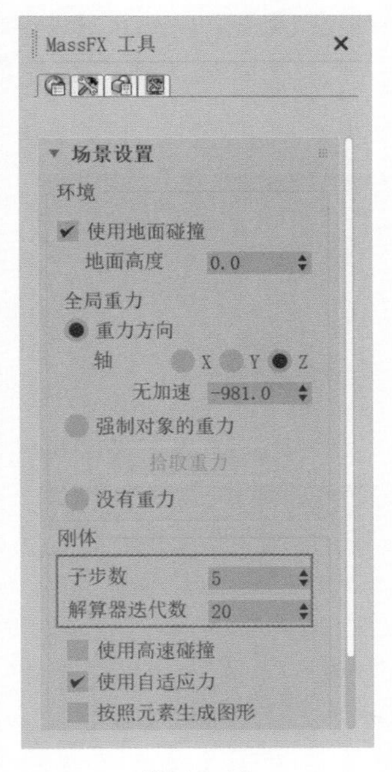

图 12-15

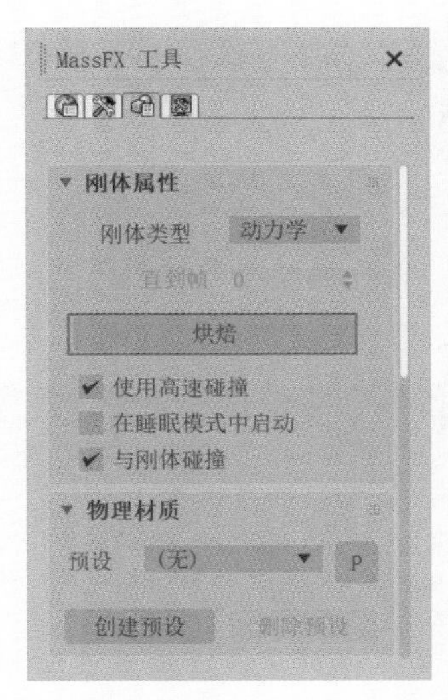

图 12-16

❾ 计算完成后，播放场景动画，其最终动画效果截图如图 12-17 所示。

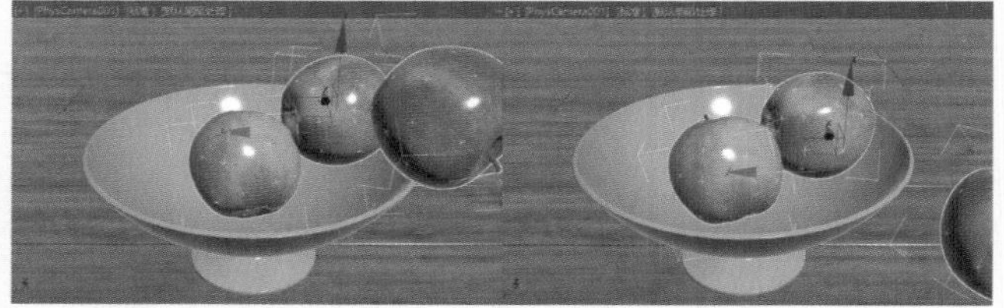

图 12-17

学习完本实例后，读者可以尝试制作其他物品的自由落体动画效果。

12.4.2 实例：制作球体撞击动画

实例介绍

本实例将为大家讲解保龄球撞击动画的设置方法，本实例的效果截图如图 12-18 所示。

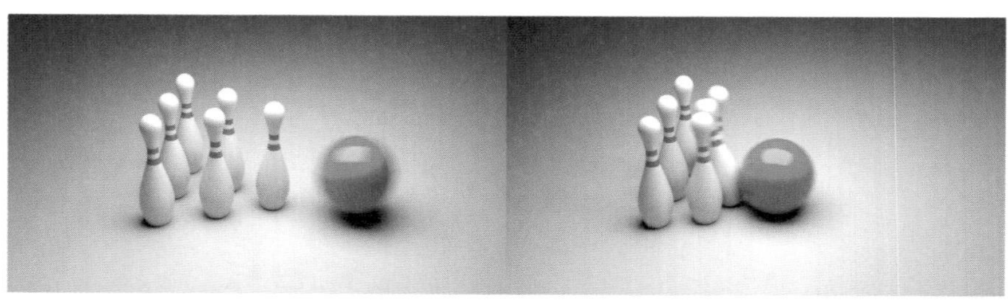

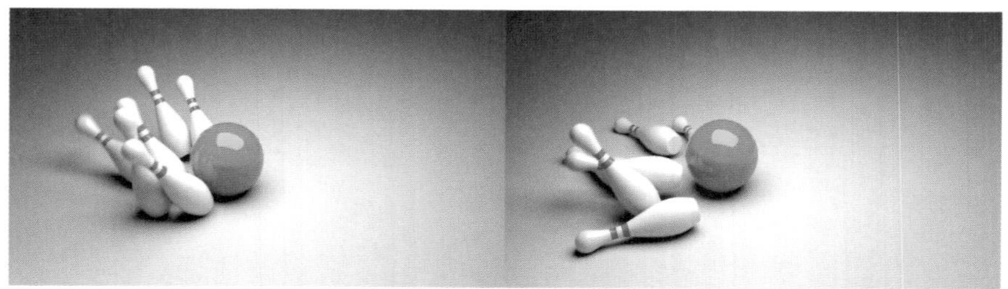

图 12-18

思路分析

在制作实例前，需要先思考该动画是否属于刚体动力学动画，再选择对应设置进行制作。

步骤演示

❶ 启动中文版 3ds Max 2022 软件，打开本书配套场景文件“保龄球 .max”，如图 12-19 所示。

❷ 单击“自动”按钮，如图 12-20 所示，开启自动关键帧记录功能。

图 12-19

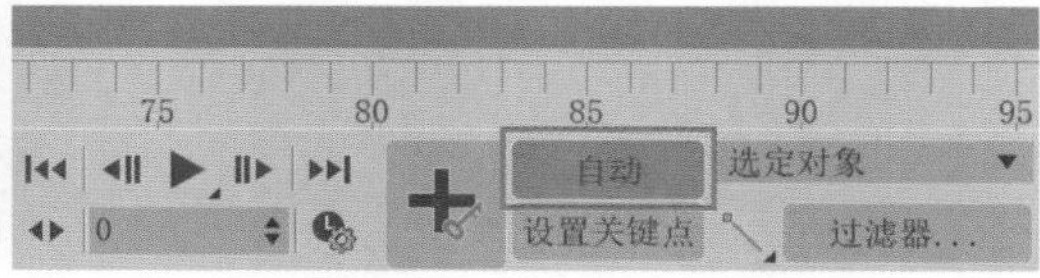

图 12-20

❸ 在第 0 帧处，设置红色球体的位置至如图 12-21 所示。

❹ 在第 20 帧处，设置红色球体的位置，如图 12-22 所示。设置完成后，再次单击“自动”按钮，关闭自动记录关键帧功能。

图 12-21

图 12-22

❺ 选择红色球体模型，单击鼠标右键，在弹出的菜单中执行“曲线编辑器”命令，如图 12-23 所示。

❻ 在“轨迹视图 - 曲线编辑器”面板中设置红色球的运动曲线形态，如图 12-24 所示，使其呈加速运动状态。

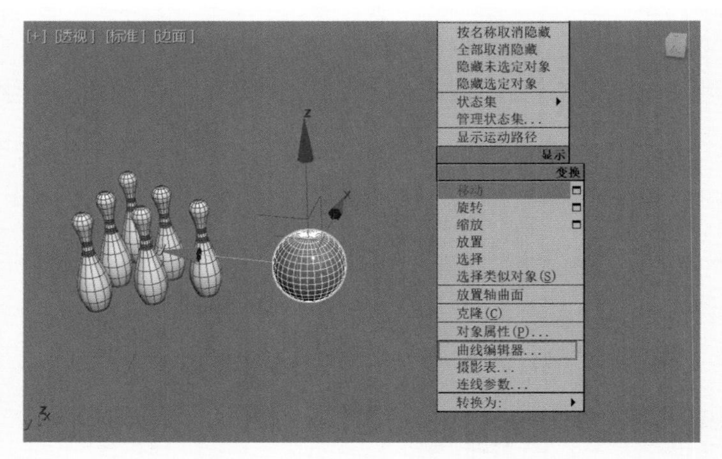

图 12-23

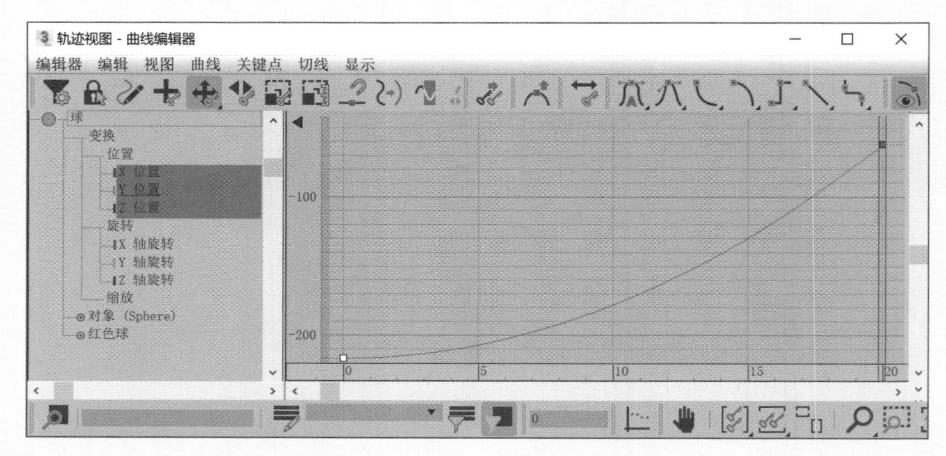

图 12-24

❼ 由于在本实例中，红色球体的刚体动力学计算需要依据刚刚为其制作的加速运动动画数据，所以红色球体应该作为“运动学刚体”参与到这一次的动力学模拟中。选择红色球体模型，单击“将选定项设置为运动学刚体”按钮，如图 12-25 所示。

❽ 在“MassFX 工具”面板中，勾选“直到帧”选项，并设置“直到帧”值为 20，如图 12-26 所示。

❾ 选择场景中的 6 个球瓶模型，单击“将选定项设置为动力学刚体”按钮，如图 12-27 所示。

❿ 在“MassFX 工具”面板中，勾选“在睡眠模式中启动”选项，如图 12-28 所示。

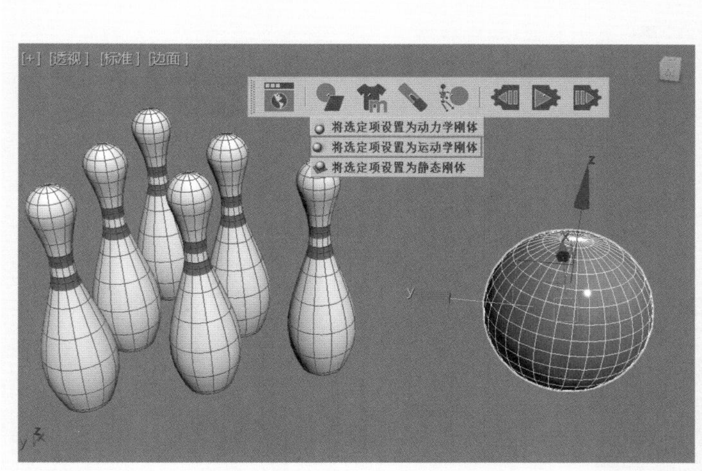

图 12-25

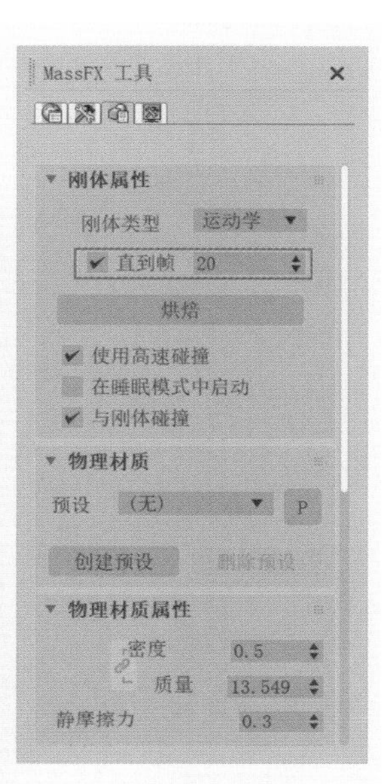

图 12-26

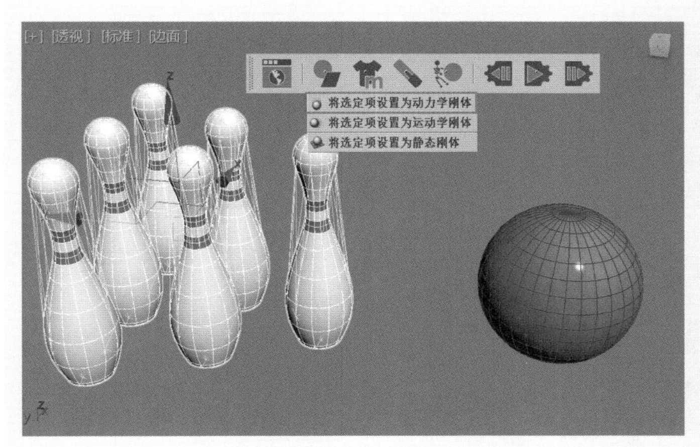

图 12-27

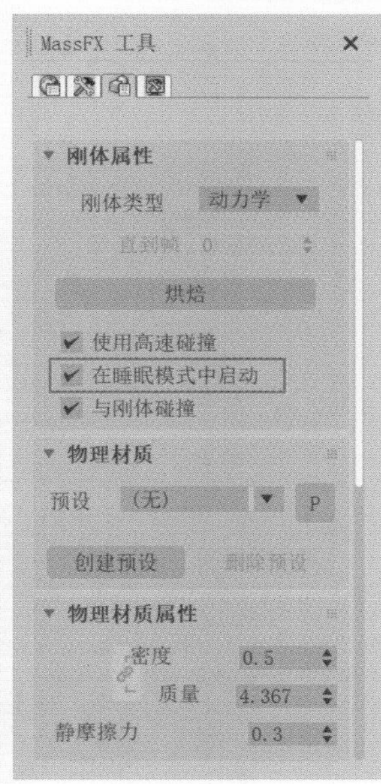

图 12-28

⑪ 在场景中选择 6 个球瓶模型和 1 个红色球体模型，如图 12-29 所示。

⑫ 在“MassFX 工具”面板中，设置刚体的“子步数”值为 5，“解算器迭代数”值为 20，如图 12-30 所示。

⑬ 单击“MassFX 工具”面板中的“烘焙”按钮，如图 12-31 所示。

图 12-29

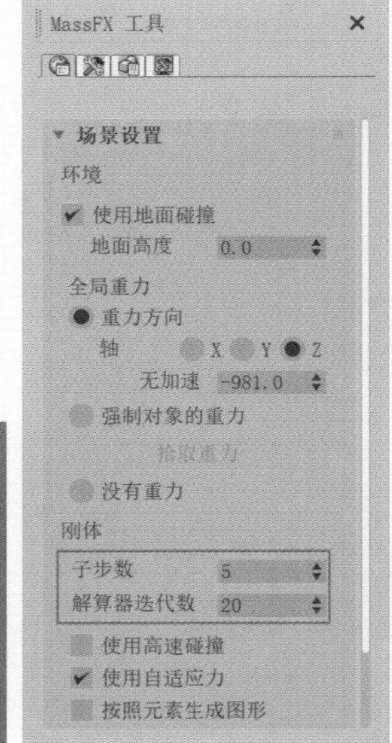

图 12-30

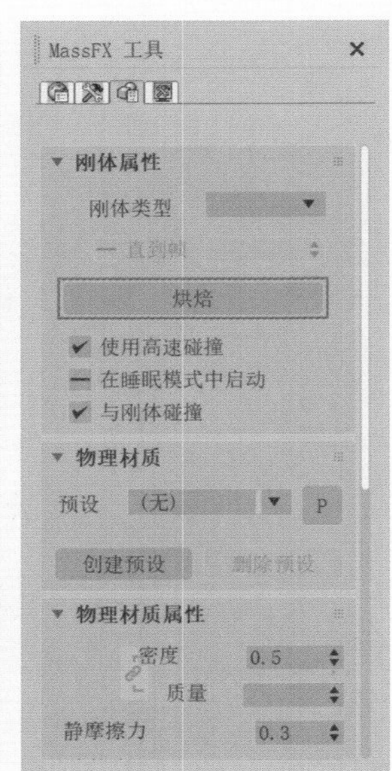

图 12-31

⑭ 设置完成后，播放场景动画，本实例动画的最终完成效果如图 12-32 所示。

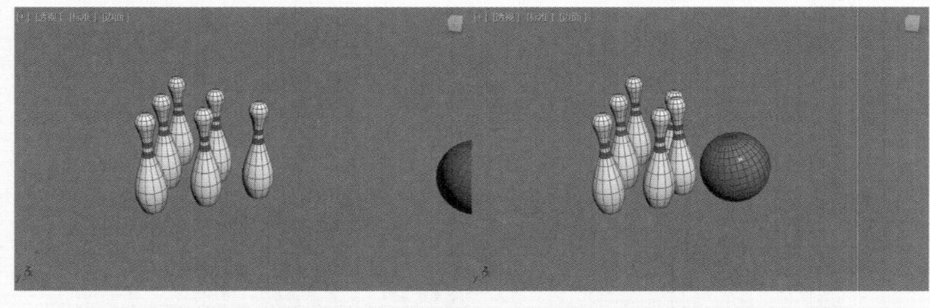

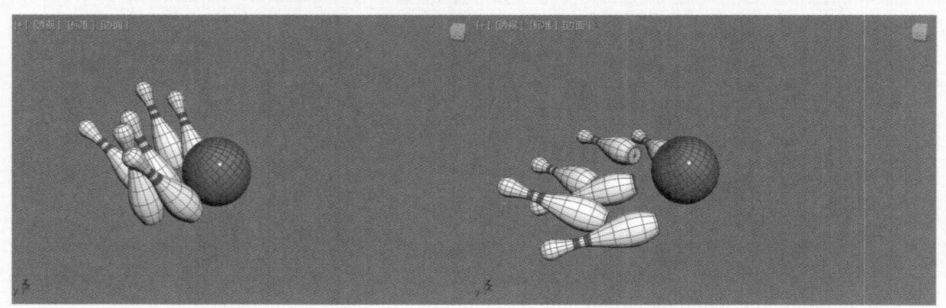

图 12-32

学习完本实例后，读者可以尝试制作生活中的其他撞击动画效果。

12.4.3 实例：制作窗帘拉开动画

实例介绍

本实例将为大家讲解窗帘拉开动画的设置方法，本实例的渲染效果如图 12-33 所示。

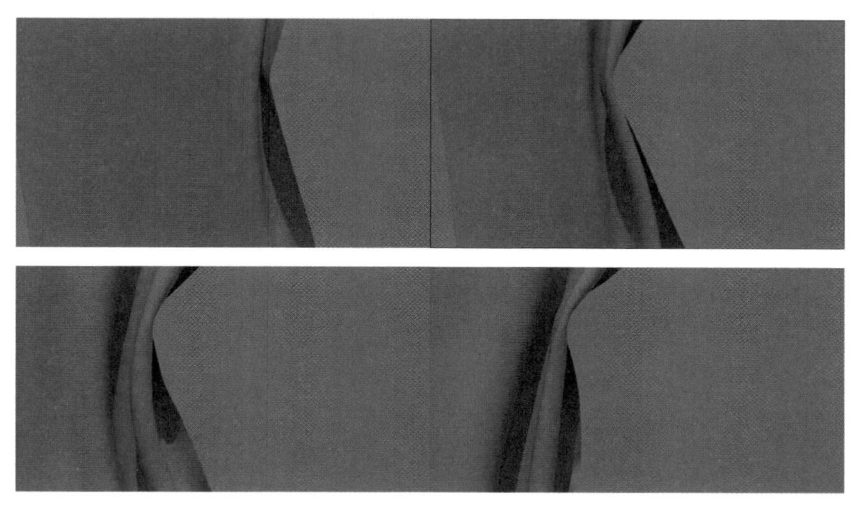

图 12-33

思路分析

在制作实例前，需要先思考该动画是否属于布料动力学动画，再选择对应设置进行制作。

步骤演示

❶ 启动中文版 3ds Max 2022 软件，打开本书配套场景文件“窗帘.max”，如图 12-34 所示。

❷ 选择场景中的圆柱体模型，如图 12-35 所示。

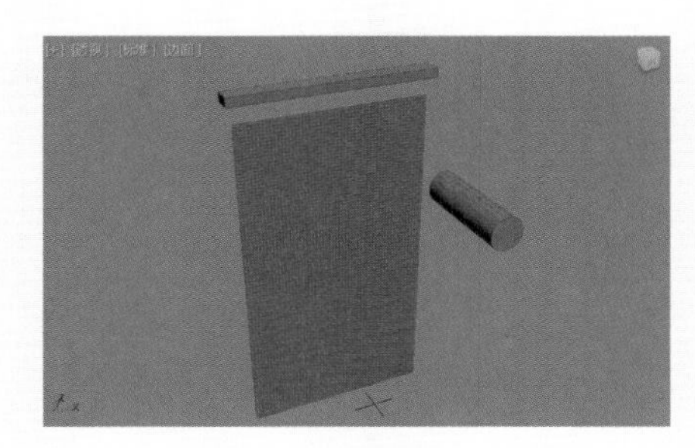

图 12-34

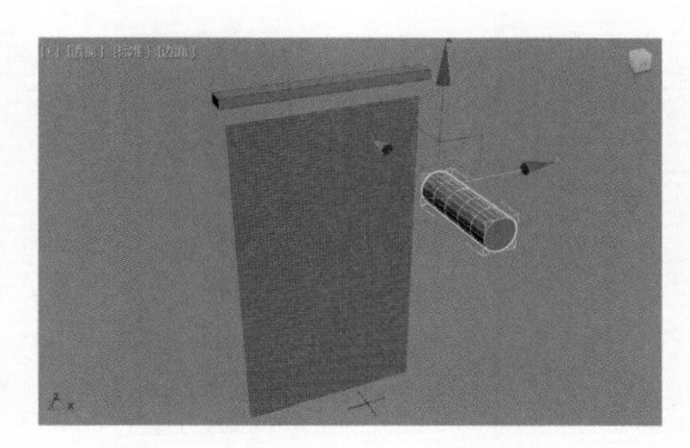

图 12-35

❸ 单击“自动”按钮，如图 12-36 所示，开启自动关键帧记录功能。

❹ 在第 70 帧处，将圆柱体移动至图 12-37 所示位置，并再次单击“自动”按钮，关闭自动记录关键帧功能。

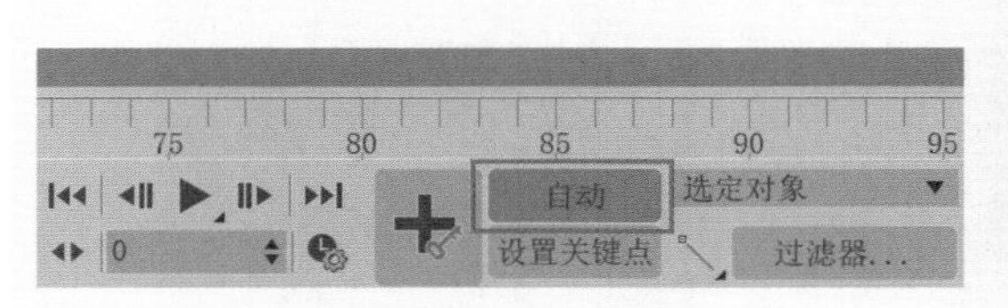

图 12-36

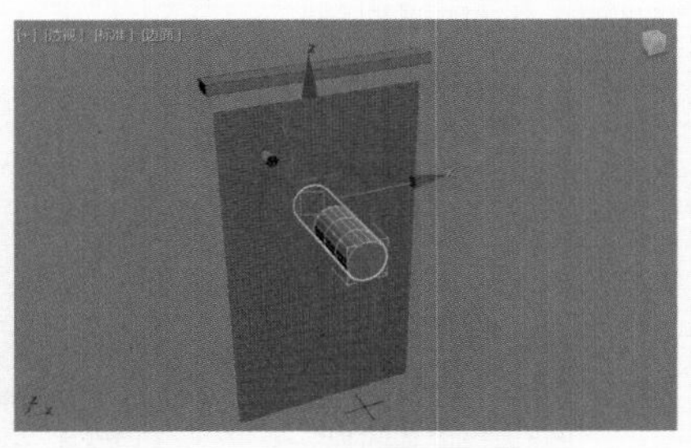

图 12-37

❺ 选择圆柱体模型，单击“将选定项设置为运动学刚体”按钮，如图 12-38 所示。

❻ 选择窗帘模型，单击“将选定对象设置为 mCloth 对象”按钮，如图 12-39 所示。

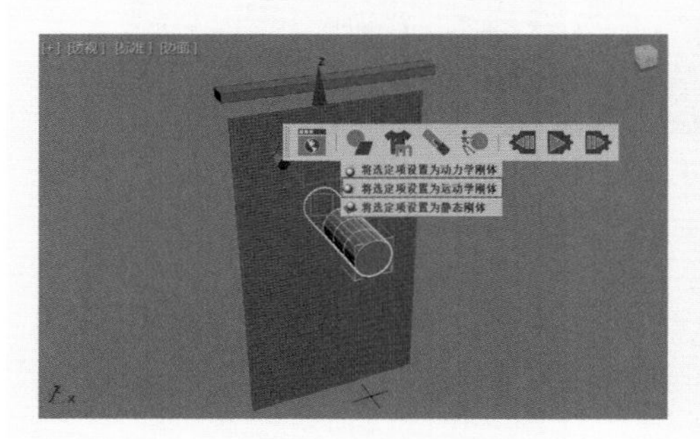

图 12-38

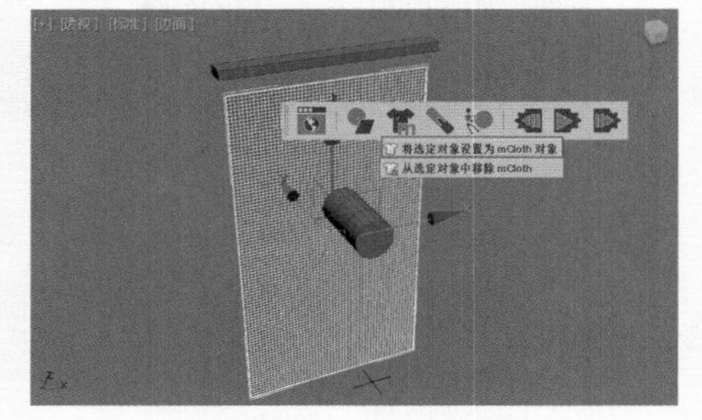

图 12-39

❼ 在“顶点”子对象层级中，选择图 12-40 所示的顶点。

❽ 在“修改”面板中，单击“组”卷展栏中的“设定组”按钮，如图 12-41 所示。

❾ 在系统自动弹出的“设定组”对话框中，单击“确定”按钮，如图 12-42 所示。

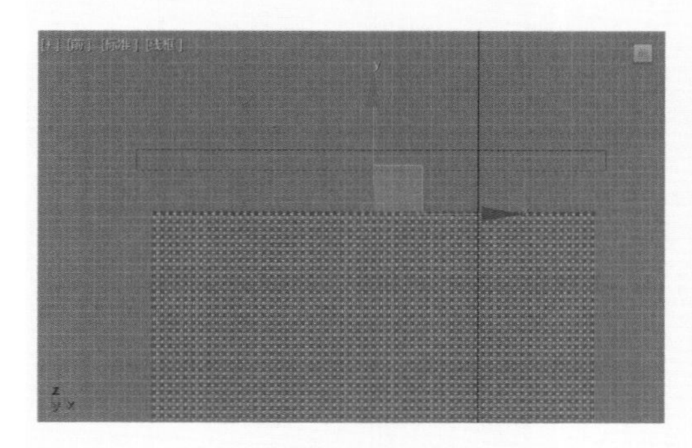

图 12-40

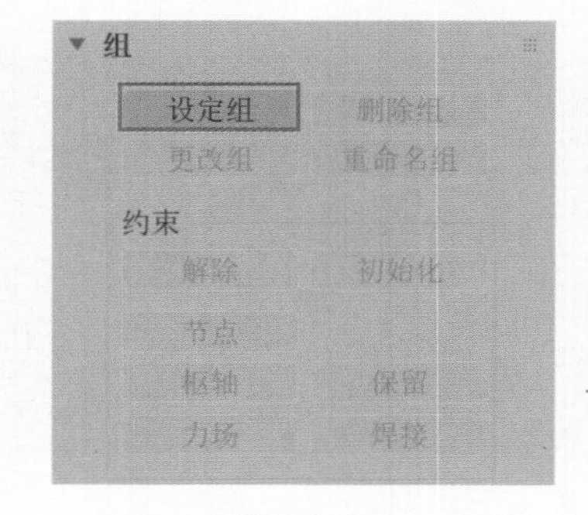

图 12-41

⑩ 单击“组”卷展栏中的“节点”按钮，如图12-43所示，再单击场景中的长方体模型，将节点约束至长方体模型上，如图12-44所示。

⑪ 在“mCloth模拟”卷展栏中，单击“烘焙”按钮，如图12-45所示，开始计算布料碰撞动画。

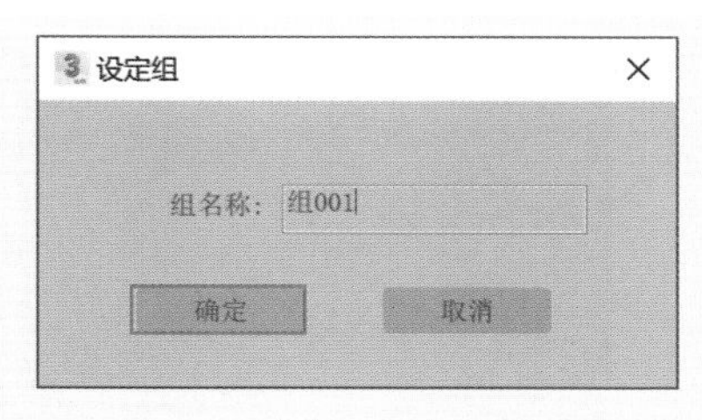

图12-42

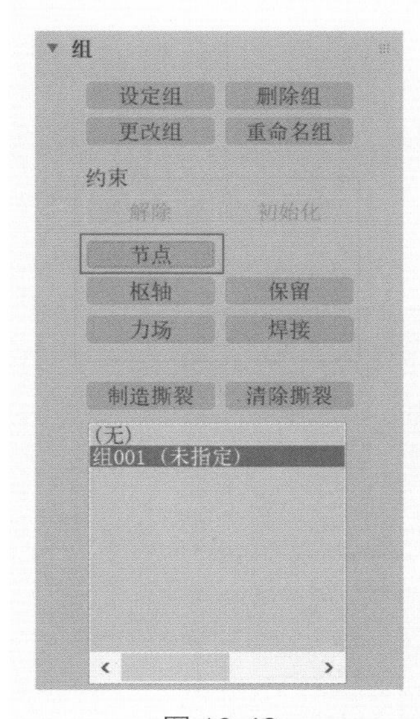

图12-43

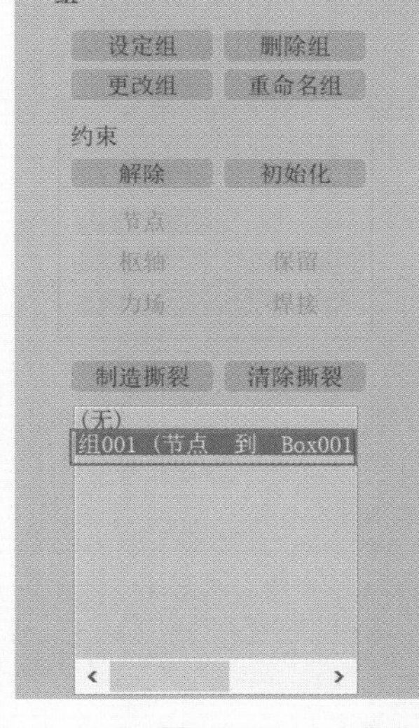

图12-44

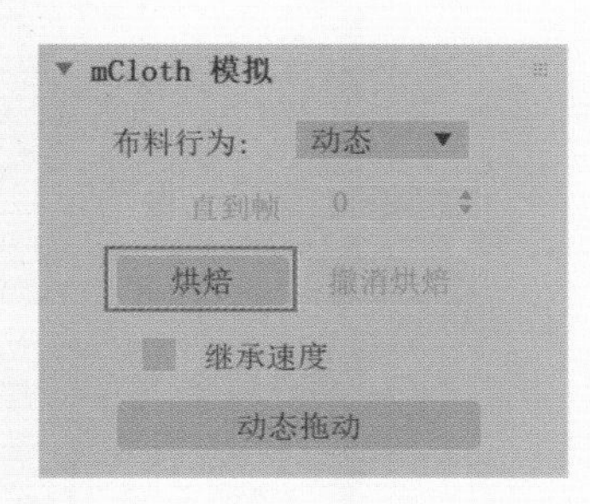

图12-45

⑫ 动画计算完成后，将圆柱体模型隐藏起来，本实例的最终动画效果截图如图12-46所示。

图12-46

图 12-46（续）

12.4.4　实例：制作旗帜飘动动画

实例介绍

本实例将为大家讲解旗帜飘动动画的设置方法，本实例的渲染效果截图如图 12-47 所示。

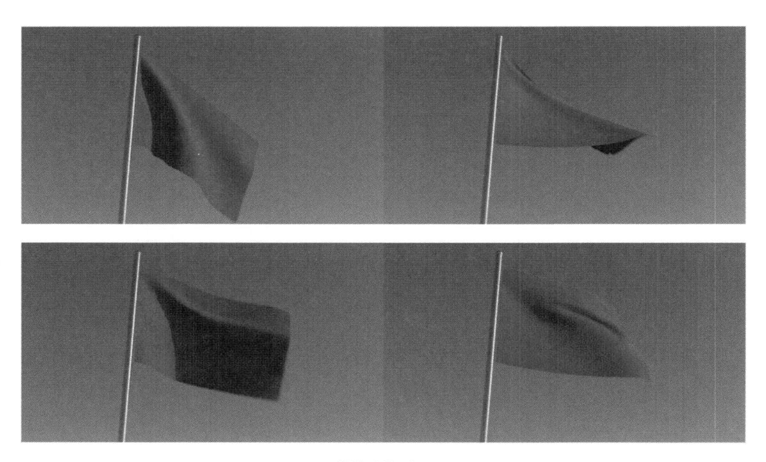

图 12-47

思路分析

在制作本实例前，需要先思考该动画是否属于布料动力学动画，再选择对应设置进行制作。

步骤演示

❶ 启动中文版 3ds Max 2022 软件，打开本书配套场景文件“小旗 .max”，如图 12-48 所示。

❷ 在“创建”面板中，单击“风”按钮，如图 12-49 所示。

❸ 在“顶”视图中创建一个风对象，如图 12-50 所示。

图 12-48

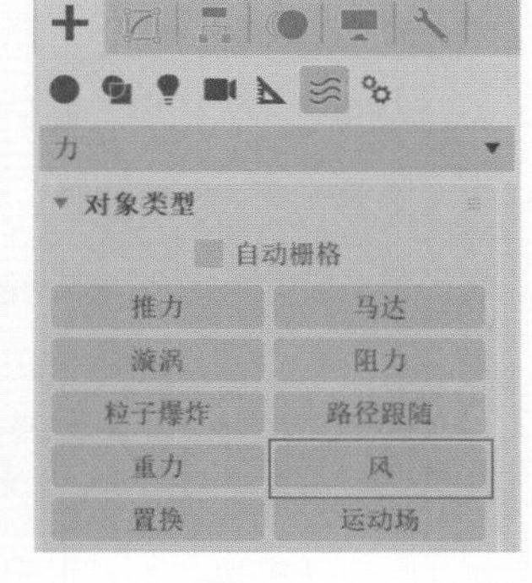

图 12-49

❹ 在“前”视图中，调整风对象的位置和角度，如图 12-51 所示。

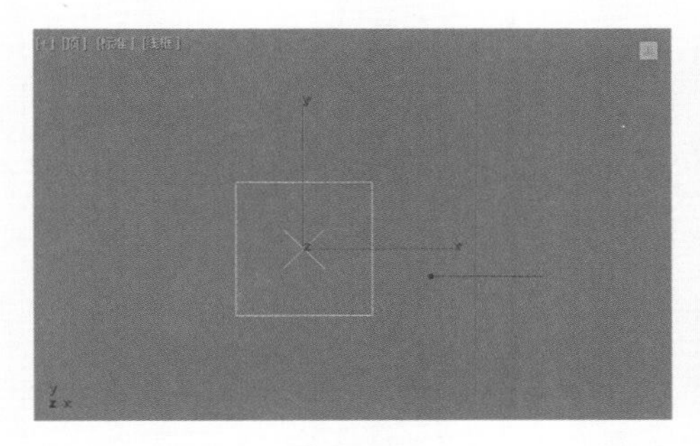

图 12-50

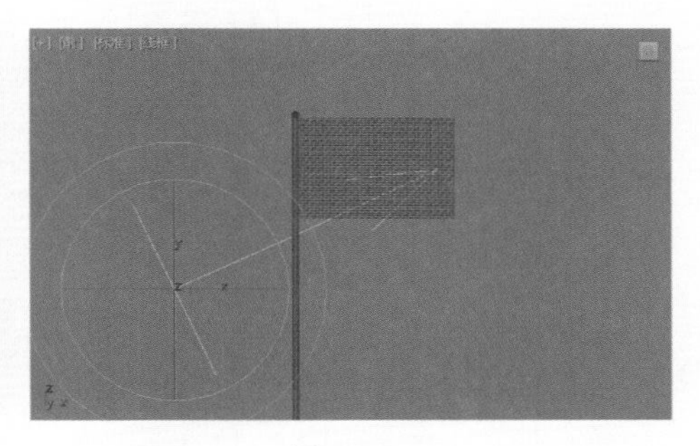

图 12-51

❺ 在“修改”面板中，设置风的“强度”值为 15，“湍流”值为 2，“频率”值为 2，如图 12-52 所示。

❻ 选择旗模型，在“修改”面板中，为其添加 Cloth 修改器，如图 12-53 所示。

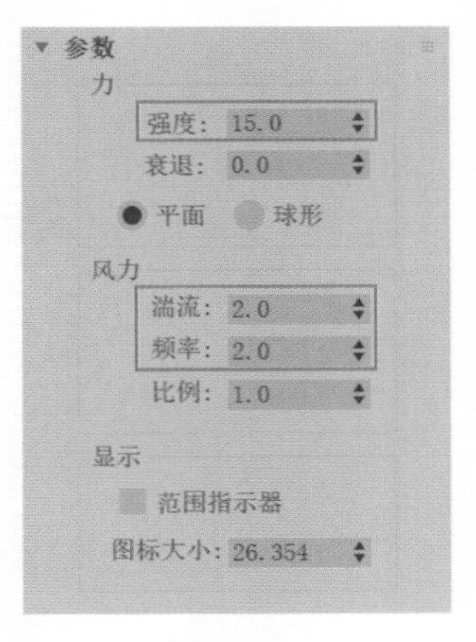

图 12-52

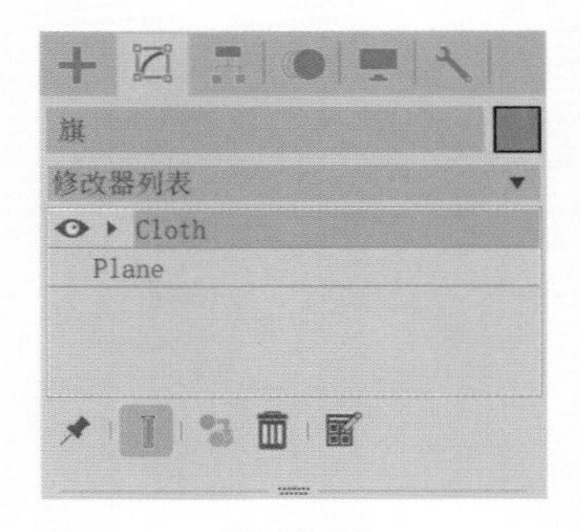

图 12-53

❼ 单击“对象”卷展栏中的“对象属性”按钮，如图 12-54 所示。

❽ 在弹出的“对象属性”对话框中，设置旗模型为“布料”，再单击对话框左下方的“确定”按钮，如图 12-55 所示。

❾ 单击“对象”卷展栏中的“布料力”按钮，如图 12-56 所示。

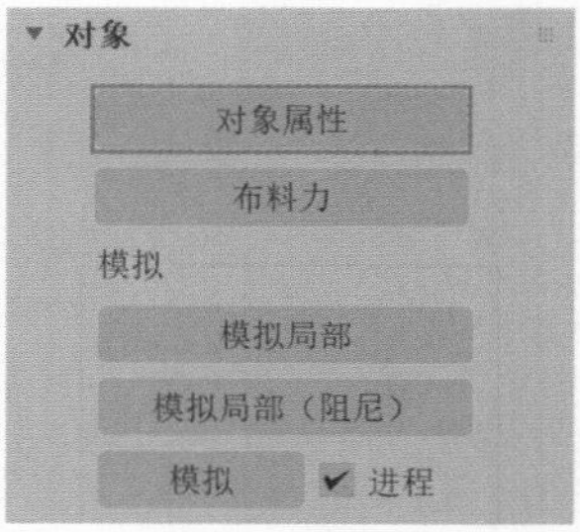

图 12-54

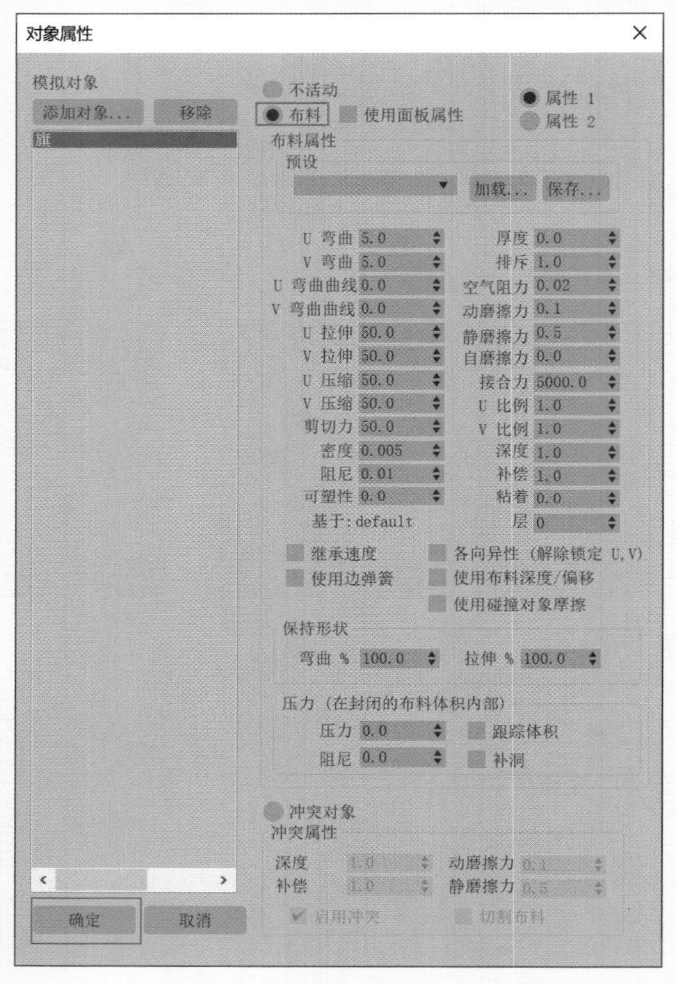

图 12-55

❿ 在“力”对话框中选择之前创建的风对象，单击“>”按钮，将其移动至“模拟中的力”里，如图 12-57 所示。

⓫ 进入 Cloth 修改器中的“组”子层级，如图 12-58 所示。

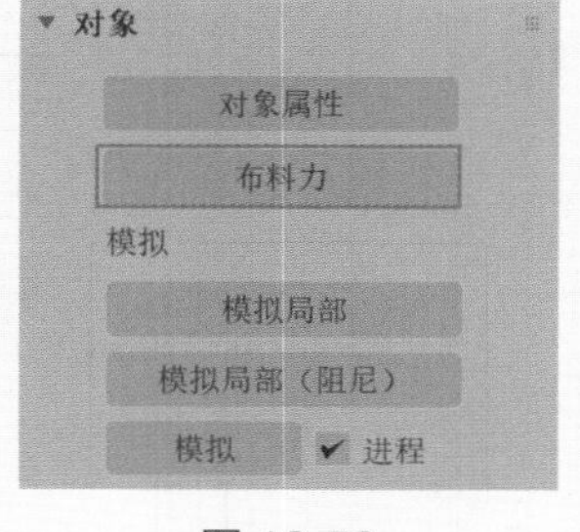

图 12-56

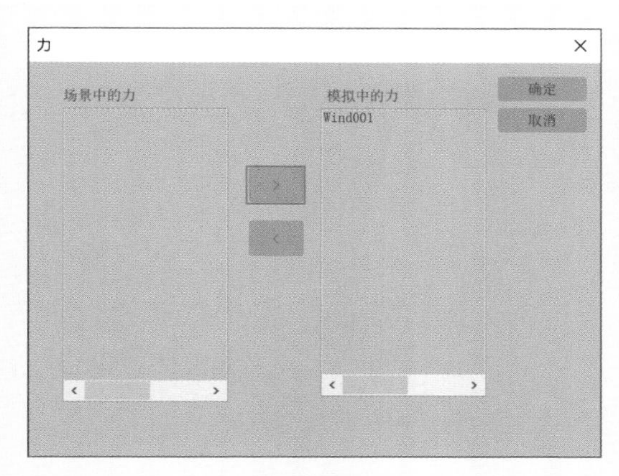

图12-57

图12-58

⑫ 选择图12-59所示的顶点。单击“组”卷展栏中的“设定组”按钮，如图12-60所示，将其设置为一个组合。

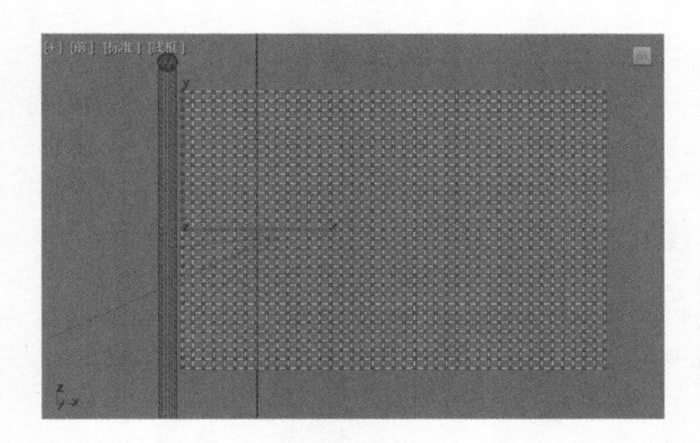

图12-59

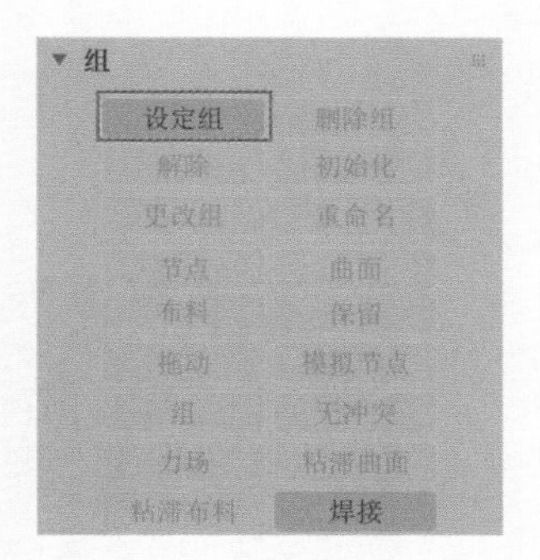

图12-60

⑬ 单击“组”卷展栏中的“节点”按钮，如图12-61所示。然后在场景中单击旗杆模型，将小旗的顶点组合约束至场景中的旗杆模型上，如图12-62所示。

⑭ 设置完成后，展开“对象”卷展栏，单击“模拟”按钮，开始计算小旗的布料动画，如图12-63所示。

图12-61

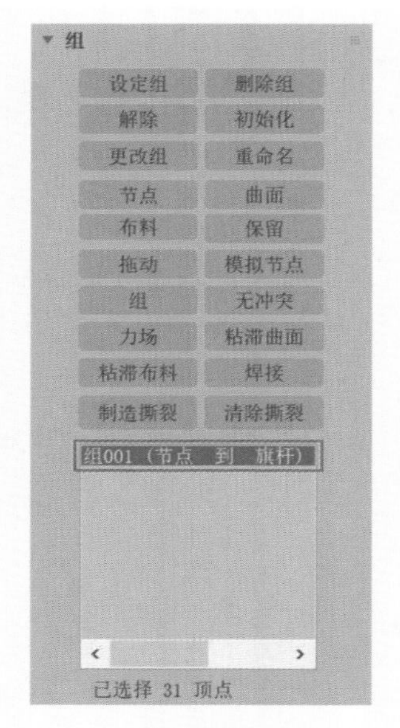

图 12-62

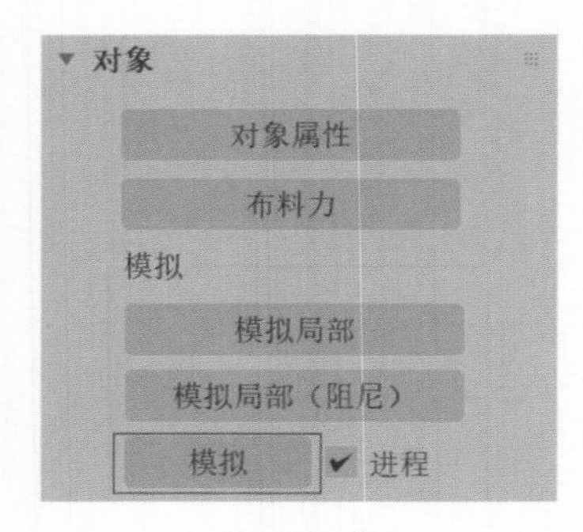

图 12-63

⑮ 经过一段时间的系统计算后，布料动画就计算完成了。播放场景动画，本实例的最终动画效果截图如图 12-64 所示。

图 12-64

学习完本实例后，读者可以尝试制作窗帘飘动的动画效果。